普通高等教育"十一五"国家级规划教材

仪器制造技术

第2版

主 编 曲兴华

副主编 贾维溥

参 编 （排名不分前后）

王 平   王喆垚

胡鹏浩   赵伯雷

郭敬滨   贾果欣

主 审 陆伯印

机 械 工 业 出 版 社

本书为普通高等教育"十一五"国家级规划教材。

现代仪器科学技术是机械、光学、电学、计算机以及控制技术的综合，其制造过程涉及的内容广泛、加工方法多样化。本书介绍了一些常用仪器加工方法和基本制造原理及相关技术，包括：工艺过程基本概念与组成、加工精度与制造质量监控技术、常用仪器仪表材料特性和选材方法、精密机械制造、特种加工、仪器仪表元器件的成形工艺及特殊工艺、制造自动化、装配与调整、微电子机械系统（MEMS）制造技术等内容。

本书为测控技术与仪器专业及相近专业的制造技术类教材，也可以作为仪器制造工程技术人员的参考书。

图书在版编目（CIP）数据

仪器制造技术/曲兴华主编 . —2 版 . —北京：机械工业出版社，2013.1
（2024.8 重印）

普通高等教育"十一五"国家级规划教材

ISBN 978-7-111-40943-4

Ⅰ.①仪… Ⅱ.①曲… Ⅲ.①仪器—机械制造工艺—高等学校—教材
Ⅳ.①TH7

中国版本图书馆 CIP 数据核字（2012）第 308516 号

机械工业出版社（北京市百万庄大街 22 号 邮政编码 100037）

策划编辑：王小东 责任编辑：王小东 王 康
版式设计：霍永明 责任校对：刘志文
封面设计：鞠 杨 责任印制：李 昂

北京捷迅佳彩印刷有限公司印刷

2024 年 8 月第 2 版第 7 次印刷

184mm×260mm · 23.75 印张 · 588 千字

标准书号：ISBN 978-7-111-40943-4

定价：53.80 元

电话服务 网络服务

客服电话：010-88361066 机 工 官 网：www.cmpbook.com

010-88379833 机 工 官 博：weibo.com/cmp1952

010-68326294 金 书 网：www.golden-book.com

封底无防伪标均为盗版 机工教育服务网：www.cmpedu.com

第2版前言

仪器仪表是现代科学技术的"五官",是人类自身能力的延伸;仪器仪表是信息技术不可缺少的重要组成部分,对信息进行采集和处理;仪器仪表是信息技术的源头,在国民经济和科技发展中具有重要作用。由于仪器仪表需要综合运用多种技术,自身要求很高的科技含量,具有应用的多样性,因此仪器仪表技术集中体现了当代最新、最高科学技术水平。

现代仪器科学技术是光(光学)、机(精密机械)、电(电子技术)、算(计算机)、控(自动控制)技术的综合,其制造过程涉及的内容广泛、加工方法多样化。制造时不仅采用精密/超精密机械制造、电子电路制造、光学元件制造、特种工艺、专用元器件加工、装配工艺等加工方法,还要应用制造精度理论、在线质量监控技术、误差补偿技术等辅助加工手段,也与仪器仪表材料特性密切相关。新的仪器制造发展方向是高精度、微型化、模块化、智能化,因此还增加了制造自动化技术和微光机电系统加工技术等。仪器制造技术的学习就是从这些方面了解和掌握相应的工艺方法与技术。

本书为测控技术与仪器专业及类似专业的制造技术类教材,是培养高素质综合性人才不可缺少的技术基础课程教学用书。编写过程中更加充分地考虑了仪器仪表类及相关专业教学、科研的特色,将先进的仪器制造技术和方法、独特的仪器工艺原理介绍给学生。本书的特色是:将普遍工艺原理与特色加工技术相结合;将理论介绍与实际应用相结合;将近年来科学技术发展所涉及的制造新工艺、新技术纳入书中。本书也可以作为仪器制造工程技术人员的参考书。

本书共分为9章,其中:

第1章 工艺过程基本概念与组成。介绍仪器加工技术概述、工艺过程的基本概念和术语、基准、夹具设计原理等。

第2章 加工精度分析与制造质量监控技术。介绍影响加工精度的因素、加工误差的分析方法、在线质量测控技术和表面质量等。

第3章 常用的仪器仪表材料特性和选材方法。介绍材料学基础知识、金属材料、高分子材料、无机非金属材料、复合材料与其他新材料等在仪器仪表中的应用。

第4章 精密机械制造技术。介绍机加工工艺路线的拟定,精密磨削、精密车削加工、光整加工方法及精密仪器零件的加工等。

第5章 特种加工。介绍电化学加工、电火花加工、激光加工、超声波加工、喷射加工、高能粒子束加工方法等。

第6章 仪器仪表元器件的成形工艺及特殊工艺。介绍金属元器件的精密成形工艺、非金属元器件的精密成形工艺、仪器仪表元器件的连接成形工艺、刻划技术、光学零件的加工工艺、电子组装技术、表面覆盖与装饰等。

第7章 制造自动化技术。介绍制造自动化技术概论、数控加工技术、柔性制造系统、计算机集成制造系统、快速原型制造技术等。

第8章 装配与调整。介绍装配生产形式与组织形式、结构工艺性、尺寸链、装配方法和精度等。

第9章 微电子机械系统（MEMS）制造技术。介绍微小尺寸设计与加工特点、集成电路制造技术基础、硅微加工技术、LIGA加工技术、键合、微系统的封装等。

本教材的编写吸收了作者在教学、科研工作中的诸多心得体会，同时大量参考了其他相关的教材、著作、论文和研究成果，在此向有关作者表示感谢。还要特别感谢中国科学院上海微系统研究所杨恒博士和荷兰Delft科技大学荷兰材料研究所宋桂明博士对第9章审阅过程中提出的建议与意见。

本书是由来自天津大学、清华大学、合肥工业大学、天津科技大学的作者共同完成的。其中天津大学曲兴华教授编写了第1章和第8章；合肥工业大学胡鹏浩教授编写了第2章；天津大学贾果欣副教授编写了第3章；天津大学郭敬滨副教授编写了第4章；天津大学赵伯雷副教授编写了第5章；清华大学贾维溥教授编写了第6章；天津科技大学王平教授编写了第7章；清华大学王喆垚教授编写了第9章。全书由曲兴华教授和贾维溥教授负责统稿；由天津大学陆伯印教授主审。河北工业大学的张思祥教授在制订大纲和部分章节审稿中也提出了很多重要建议和意见。本书在编写过程中还得到了天津大学精密仪器与光电子工程学院的吴小津工程师、李金荣工程师的大力协助，书中的很多图、表是由她们绘制的，在此向他们的认真工作和无私奉献致以深深的敬意。

虽然我们尽力做好编写工作，但也难免有错误和遗漏之处，欢迎广大读者随时提出意见，给予帮助，以便这本教材能不断地得到充实提高。

编　者

目　录

第1章 工艺过程基本概念与组成

1.1 仪器的生产过程

1.1.1 仪器生产过程的主要研究内容

仪器的生产过程从广义上可划分为新产品构思与实验、产品设计、产品制造、产品销售和售后服务四个阶段。

新产品构思是科技人员根据具体的使用需要和现有科学技术的水平和制造能力，对新型仪器的开发进行规划。构思阶段要充分考虑仪器中现代科技成果的应用，要具有可行性及独立自主的知识产权，要考虑产品定型后的市场前景，即仪器应具备先进性、新颖性和实用性三性。

产品设计是将成熟的构思落实到具体可实现的技术和方法上。仪器设计人员一方面要理解产品的构思，另一方面要了解实际的仪器制造技术和方法，使设计的产品易于实现。

产品的制造过程，也是狭义的仪器生产过程，它是形成最终仪器的主要工作，目的是获取具有一定几何特性和物理、化学性能的产品。制造中要根据市场的需要，决定仪器生产的批量。制造活动包括了：原材料运输、保管和准备，毛坯制造，零件制造，部件和成品装配，产品质量检查及运行试验，表面装饰和包装等。同时也涉及了制造过程的规划、调度与控制等。

主要的仪器制造工艺方法有：①材料成形，如铸造、锻压、焊接、注塑、冲压、冷锻加工等；②机械加工，如车、铣、刨、磨加工等；③特种加工，如电化学、化学、电火花、激光、超声波、射流、高能粒子束加工等；④表面加工，如光整、电镀、镀膜、转换膜、装涂、表面改性加工等；⑤仪器常用元器件加工，如弹性元件、陶瓷元件、光学元件、塑料零件加工等；⑥仪器常用工艺，如钎焊、粘结、刻划、MEMS 工艺、电子装联加工等。热处理工艺，如退火、淬火、正火、发黑、表面处理等，则是使零件获得一定的力学性能（强度、硬度）、物理、化学（耐磨、耐蚀）等特性的工艺方法。还有计算机辅助工艺技术等。

产品销售与售后服务：销售是指把生产出的仪器通过市场卖到用户手中，为企业赢取合理的利润；售后服务是帮助用户使用好仪器，并根据具体应用环境进一步开发仪器的功能。这个过程可以通过意见反馈获取产品改型的重要信息，而且越来越多的企业认识到良好的服务会给企业带来良好的信誉，是企业的无形资产，会促进产品的销售和企业的进一步发展。

从制造质量控制和成本的角度考察仪器生产过程，是一种由后向前不断反馈的过程，其中设计阶段要贯穿整个过程，制造阶段要贯穿使用阶段，如图 1-1 所示。而在每一个部分产生误差所带来的经济损失差别很大，误差消灭在构思阶段只会带来 0.1% 的损失，误差消灭

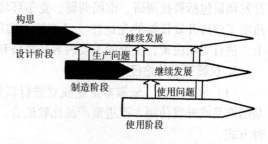

图 1-1 仪器制造过程质量与成本概念

在设计阶段会带来1%的损失，误差消灭在制造阶段会带来10%的损失，一旦到了使用者手中才发现问题就将带来100%的损失。因此，在仪器制造过程中应当做到认真构思、仔细设计、精心加工、搞好服务，千方百计提高产品质量，减少顾客的损失。这也正是学习仪器制造技术的根本目的。

1.1.2　仪器的开发过程

1. 仪器开发的必要性

任何产品都有一定的寿命周期。随着科技的发展和消费的个性化趋势，产品的市场寿命越来越短，产品的开发也越来越重要。为满足工农业生产和科学技术的更高需求，要求制造业尽可能地不断开发出新的仪器；企业在市场竞争中为了获取较高的利润，势必也需要不断推出适销的新产品。产品寿命周期一般可以分为介绍期、成长期、成熟期和衰退期，分别对应产品在市场上影响力和利润从低向高然后回落的发展过程。对于一个企业，应有足够的新产品储备，并不失时机地推向市场，形成具有竞争力的产品，以保持利润的稳定增长。除此之外，更应该很好地经营管理处于成长期和成熟期的产品，对产品不断地进行改进，延长其寿命周期。

2. 仪器开发的内容

新仪器可分为：原创性仪器、更新换代仪器、性能改进仪器、移植仪器四类。

原创性仪器指应用新原理、新结构、新技术和新材料制造的前所未有的产品，往往是科技史上的重大突破，如第一台示波器、第一架光学显微镜、第一部计算机等。更新换代仪器是在原来产品的基础上，不断提高其使用性能，如美国Intel公司的计算机CPU从8086发展到286、386、486、586等。性能改进仪器主要是对老产品的精度和使用的不便进行改进，提高实用性，如万能工具显微镜通过光栅读数系统的改进提高了精度，增加了自动计数功能，使用更加方便。移植仪器是通过对其他领域或其他厂产品的学习，经过允许进行仿造，或仿造未进行知识产权保护的部分。但这只是一种短期的行为，从企业长远发展的需要，必须要开发具有自主知识产权的新仪器，才能在市场上处于长久不败之地。

新仪器开发应具有整体概念，要涉及仪器的三个方面：核心部分、形式部分及延伸部分。仪器的核心部分是其使用价值，如"三坐标测量机"是用于进行空间三维尺寸测量的；形式部分指仪器的品质、包装、品牌、款式等内容，如三坐标测量机针对不同的使用要求和测量对象，需要不同的结构形式和尺寸，如龙门式、悬臂式等；仪器延伸部分主要指的是服务，如运送安装、质量承诺、售后服务保证。

新仪器的开发决策取决于市场的需要，因此，在开发前要进行充分、详细的市场调研。开发调研包括科技调研、市场调研、竞争环境调研、企业内部调研等几个方面，分别从不同角度了解待开发仪器的先进性、经济性、实用性、可行性等几个重要方面。在调研的基础上，进行立项决策，决策的主要内容是经济和风险分析。

3. 仪器开发的途径

（1）独立开发　依靠本企业独立进行新仪器开发的全部工作。独立开发对开发不太复杂的产品或开发仿制、改进型产品比较适合。一些技术、经济实力雄厚的企业，往往采用这种方式。

（2）合作开发　由企业和高校或科研机构合作进行技术开发。由于新仪器开发可能涉及较广泛的学科领域，需要各种检测、实验设备，需要各类人才进行创新研究，因此，需要多方面合作。应当提倡这种"产、学、研"结合的开发方式。

（3）技术引进　通过购买专利，引进国外技术等方式进行开发。这样可以使企业产品迅速赶上世界先进水平，进入国际市场。但对项目的引进应符合国情，进行充分市场分析，充分掌握国内外技术发展，以避免风险和损失。

4. 仪器开发的实施

仪器开发实施主要由概念设计、方案设计、工艺设计、样机试制与评审、新产品定型与鉴定、试销、生产准备、批量生产等组成。

概念设计在仪器构思时就基本形成了，它以开发任务书的形式进行了较明确的规定。一般包括产品基本特征、技术原理、主要结构形式、主要功能、市场定位、技术规格、主要参数、目标成本及与国内外类似产品的比较等。

方案设计主要确定实现概念设计的总体方案，包括：信号测量采集、信息传输、机械结构、电气控制、外形方案等。工艺设计阶段落实具体结构，以零件图、装配图、电路图、光路图、测量和控制软件框图等形式体现出来。详细设计后要组织设计、工艺、生产管理、销售等部门人员进行设计评审，评审后进行修改，然后完成各类零件和样机的制造。

样机经测试后，连同设计资料一起进行新产品鉴定。由于产品制造总是存在误差，单个样机的质量并不能代表批量生产的质量。单机的制造方法与批量生产也不一致。因此，还应根据批量的需要安排小批量试制，或直接组织批量生产并制备必要的工夹量具。

仪器开发的传统方法是采用查手册与计算相结合进行的。由于计算机在制造中的广泛应用，计算机辅助设计（CAD）、辅助制造技术（CAM）已得到越来越普遍的应用。如精密机械设计有 AutoCAD 方法、电路设计有 Protel 方法、光学设计有计算机辅助光学设计软件等。基于计算机辅助制造技术可以大大加速产品的开发过程，通过计算机模拟产品的运行和使用，可在设计阶段及早发现问题，减少试制—运行测试—改进设计的多次反复过程，也节约了开发费用。

1.1.3　生产的组织形式

1. 制造活动的定义

生产是将各种生产要素的输入转变为产品输出的过程。生产要素包括四个方面：

1）生产对象：指完成生产活动所使用的原材料和辅助材料。

2）生产劳动：包含每个劳动者用于进行生产活动的体力和智力劳动。

3）生产资料：借助于生产劳动把生产对象转变成产品的手段。

4）生产信息：为有效地进行生产过程所用到的知识。

仪器的制造活动是一个系统的工程，要完成的主要任务有：

1）将原材料或毛坯（元件）转变成一定尺寸和形状的零件和产品。

2）达到加工质量的要求，包括几何参数、力学、物理、化学性能的要求。

图 1-2 为制造活动过程的基本概念。其中能量的输入可以是电、热、机械、化学能或光量等，提供加工动力。制造信息是一

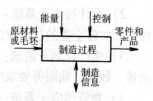

图 1-2　制造活动过程

种双向的交互式传递过程，输入信息可能是订单要求、零件图、装配图、工艺文件、或直接采用 CAD、CAM 软件代码等；输出的信息可能是产品尺寸、形状或加工质量、设备状态、加工环境等。控制分为开环控制与闭环控制两类。开环控制按预先给出的控制方案，进行制造控制，达到控制目标时停止；闭环控制则要在控制过程中不断分析制造信息，求出与理想目标的误差，动态地修改控制参数，达到控制目标时停止。

2. 生产的组织方式

仪器的制造过程实际上包括了零件、部件、整机的制造和装配过程。因此，企业组织生产可以有多种模式。

1）生产全部零部件、组装机器。

2）生产一部分关键的零部件，其余的由其他企业供应。

3）完全不生产零部件，自己只负责设计、装配和销售。

第一种模式的企业，必须拥有加工所有零件、完成所有工序的设备、技术人员和全套加工能力。但会因为大而全或小而全，而导致投资大，而且一旦市场发生变化，会影响资源的利用率并产生设备的积压浪费。

第二种模式具有场地占用少、固定设备投入少等优点，较适宜市场变化快的产品生产。但核心技术往往难于自己把握。许多复杂的产品，在大批量生产中多采用第二种模式，如示波器生产厂家多采用其他企业的阴极射线管（示波器的主要部件）。

对第二种和第三种模式，零部件供应的质量是重要的。需要有保证质量的一套检测手段，采取对供应零件进行全检或抽检的方法控制质量，并且有意识地形成一定的竞争机制，如同时向多个供应商订货，既保证了供货时间和质量，又降低了原材料成本。

现在国外也在兴起一种新的制造模式——敏捷制造企业，它是指为了快速响应市场而由跨地区已具有不同个性的企业所形成的、灵活的、可重构的合作联合体这种"插件兼容"式的企业，其实质是在网络信息技术支持下，在全球范围内实现生产。这种生产组织方式把传统的全面而集中式管理的企业分散在各个松散耦合、协同合作的制造单元合作伙伴中，作为一种灵活的、动态的合作机制。敏捷制造企业的成员通过合作关系可以共享专家知识、软件工具和产品数据，同时形成敏捷制造企业的物质流和信息流。这更显示出知识在现代制造业的突出作用和地位。实质上，敏捷制造是将制造业由资金密集型向知识密集型过渡的模式。

3. 生产与工艺系统

生产与工艺系统是由若干部分组成的有机整体。如机床、刀具和工件构成的一个工艺系统用来改变工件形状和尺寸，通过信息流、物质流和能量流联系起来。

一个生产系统往往由以下几个子系统构成：

1）决策管理子系统：用来制定经营目标、方针和生产经营计划。

2）设计技术子系统：用来进行产品的开发和研制，对生产进行技术上的组织和管理，规划和实施企业的技术改造。

3）生产计划子系统：用来合理运用各种生产要素，科学地组织制造过程，按照品种、质量、数量、期限等要求生产适销对路的物美价廉的产品。

4）物资供应子系统：用来保证经济地供应企业生产活动所必需的各种资料（原材料、外购件、标准件等）并做好库存保管工作。

5）产品销售子系统：用来进行市场调查、制订销售计划、组织销售管理和用户服务。

6）人事教育子系统：用来进行人力的组织和调配、职工的培训、使用和管理。

7）成本财务子系统：用来进行生产费用预算、产品成本计划、核算、分析和控制以及企业利润的计划、核算。

8）制造过程及辅助生产子系统：负责动力、能源的供应和设备的维修及工具的制造。

1.2　工艺过程设计的基本概念

工艺过程设计是指把产品的设计信息转化为制造信息的过程设计。工艺过程设计涉及产品、制造过程模型等一系列活动。完整的工艺过程设计可分为以下步骤：

1）进行零件的描述，建立零件的信息模型。

2）设计加工工艺方法和路线，选择机床或其他设备。

3）确定加工基准，选用或设计夹具。

4）确定工序等加工工艺过程。

5）设计加工余量和工序尺寸参数。

6）计算工时和制造成本。

7）设计检验方法，选择或设计检验量具。

8）生成工艺卡片等。

1.2.1　机械加工工艺过程的组成

加工工艺过程，是指在加工车间直接改变生产对象的形状、尺寸、相对位置及其物理、化学性质等，使其成为成品的过程。

零件的机械加工工艺过程由一系列工序组成，毛坯依次通过这些工序而制成合格的零件。对于批量生产，每一个工序又可分为若干个安装、工位、工步、进给及动作。

（1）工序　一个或一组工人在一个工作地对一个或同时对几个工件所连续完成的那一部分工艺过程称为一个工序。工序是工艺过程的基本单元。

如图 1-3 所示，一种轴在成批生产时的六个工序如下：

1）在中心孔钻床上钻两端中心孔 1、3。

2）在一台车床上粗车 A、B、C 各段及各肩端面。

3）在另一台车床上精车 A、B、C 各段及各肩端面。

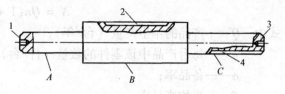

图 1-3　轴加工工艺过程
1、3—中心孔　2、4—键槽

4）在铣床上铣 2、4 两槽。

5）在外圆磨床上磨外圆。

6）去毛刺。

以工序 2）为例，当夹住工件 A 部分，粗车 B、C 及各肩端面后，调头夹住 C 完成 A 及各肩端面的加工，因为是连续完成的，则整个过程为一个工序。如果一批工件的加工顺序安排为：每个工件车完 B、C 外圆及端面后卸下，一批工件加工完，再对这批工件的 A 段外圆及端面进行加工，这样，一个工件前后两次加工不是连续完成的，则被认为是两个工序。

（2）安装　在某一工序中，有时需要对零件进行多次装夹加工，每装夹一次所完成的那一部分工艺过程称为一次安装。上述工序2）就是两次安装。

（3）工位　在某一工序中，工件在机床所占的每一个位置上所完成的那一部分工艺过程称为一个工位。上述工序4）便是用转位工作台，在一次安装中完成两个工位，即铣完键槽2后，转台转180°铣槽4，这样可以缩短辅助时间。

（4）工步　一道工序（一次安装或一个工位）中，可能需要加工若干个表面，也可能虽只加工一个表面，但却要用若干把不同刀具，或虽然只用一把刀具，但却要以若干种不同切削用量（转速和进给量）作若干次加工。在加工表面、切削刀具和切削用量都不变的情况下完成的那一部分工艺过程，即称为一个工步。

（5）进给　有些工步，由于余量较大或其他原因，需用同一刀具在同一切削用量（转速及进给量）下，对同一表面进行多次切削，这样，刀具对工件的每一次切削就称为一次进给。

（6）动作　工艺过程的最小单位。动作是工人或机器本身的一个行动单元。例如在一次进给中可有开车、接近、送进、停车、退刀等各种动作。

1.2.2　生产类型

产品用途的不同，决定了其市场需求量也是不同的，于是形成了不同的生产规模类型，即大批量、中小批量、单件生产等，对应的生产组织方式及相应的工艺过程也大不相同。对此应根据不同生产类型的工艺特点和要求制订工艺规程，以取得最大的经济效益。一般来讲，仪器的生产批量较小，但也有批量之分，如示波器、游标卡尺的批量较大，三坐标测量机批量较小，一些专用的仪器多是单件生产等。

大批量生产往往是由自动生产线、专用生产线来完成的，一个零件往往分成了许多工序，在流水线上协调完成加工任务。单件、小批生产往往采用多工序集中在一起，由通用设备、靠人的技术或技艺来完成。数控机床、加工中心和其他计算机辅助制造技术的应用使得大批量和小批量的生产界线趋于模糊，使单件小批生产也能接近大批生产的效率及成本。

对生产类型的估计，要根据年产量计算产品的生产纲领 N（件/年），即

$$N = Qn(1 + \alpha + \beta)　　　　　　　　　　　　　　　　（1-1）$$

式中　Q——产品的年生产量（台/年）；

　　　n——每台产品中该零件的数量（件/台）；

　　　α——备品率；

　　　β——平均废品率。

零件的生产纲领确定后，还要根据车间的具体情况，分批生产。每批投产的数量即为批量，它是一次投入或产出的同一产品的数量。

1.2.3　加工工艺规程

1. 工艺规程的内容

在实际生产中，一个零件从毛坯（元件）加工到成品所采取的工艺过程，用一定的文件形式规定下来，称为工艺规程。工艺规程是指导生产的依据，是组织生产、做好生产技术准备的主要技术文件。

　　在新产品生产中，首先要制订零件的各种工艺规程，以便了解零件加工要经过的车间，使用哪些设备，需多少工人和多大生产面积，应购买或自制哪些工艺装备（机床、刀具、量具、夹具等），关键工艺技术难题的研究等。各企业所使用的加工工艺规程的具体格式不完全一样，但基本内容是类似的。如在机械生产中，企业需要根据生产批量决定制订哪些工艺规程。机械加工综合工艺过程卡，用于单件小批生产，供生产管理和调度使用，每道工序应如何加工，则由操作者自己决定。大批量生产则要求有完整和详细的工序卡片，甚至是分得更细的操作卡、调整卡和检验卡等。各种工艺卡片正式形成工艺文件后就成为车间及全厂生产的法规，要严格执行，修改前，要进行审批。一种机械加工综合工艺过程卡片如图 1-4 所示。

工厂名	机械加工工艺过程卡片	产品名称及型号		零件名称			零件图号				
		材料	名称	毛坯	种类		零件重量	毛重		第　页	
			牌号		尺寸		/kg	净重		共　页	
			性能		每台件数			每批件数			
工序	安装	工步	工序内容	同时加工零件数	切削用量			设备名称及编号	工艺装备名称及编号			技术等级	工时定额/min	
					背吃刀量/mm	切削速度/(m/min)	进给量（mm/r或mm/行程）		夹具	刀具	量具		单件	准备终结
更改内容														
编制		校对				审核				会签				

图 1-4　机械加工综合工艺过程卡片

2. 制订工艺规程的原则

制订加工工艺规程应遵循如下原则：

1）工艺规程应满足生产纲领的要求，要与生产类型相适应。

2）工艺规程应保证零件的加工质量，达到图样上所提出的各项技术要求。

3）在保证加工质量的基础上，应使工艺过程具有较高的生产率和较好的经济性。

4）工艺规程要尽量减轻工人的劳动强度，保证安全生产，创造良好的文明劳动条件。

最佳的工艺过程，并不一定是加工精度最高的，也不一定是生产率最高的，而是能够符合技术要求和相应生产率的最经济的工艺过程。

3. 制订工艺规程的步骤

1）研究产品图样，进行工艺分析。

2）计算零件生产纲领，明确生产类型。

3）确定毛坯（元件）种类，设计毛坯图（选择元件）。

4）拟定工艺路线。

5）确定机械加工余量，计算工序尺寸及公差，并绘制工序草图。

6）研究企业现有的设备条件，选择各工序所用设备、工艺装备、工艺参数和工时定额。

7）研究产品验收的质量标准，制定产品检验方法。

8）填写有关工艺文件。

1.2.4 机械加工余量和工序尺寸

1. 机械加工余量

机械加工余量是工件加工前后尺寸之差。平面加工的工序余量分单面和双面；外圆和内孔加工余量为对称双边，如图1-5所示。

图1-5a 平面的外表面加工余量：$Z_b = a - b$

图1-5b 平面的内表面加工余量：$Z_b = b - a$

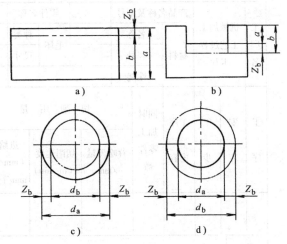

图1-5c 轴加工余量：$2Z_b = d_a - d_b$

图1-5d 孔加工余量：$2Z_b = d_b - d_a$

式中 Z_b、$2Z_b$——本工序的加工余量；

       a、d_a——前工序的工序尺寸；

       b、d_b——本工序的工序尺寸。

加工余量的大小，应留得合适。过大的余量将浪费材料，浪费工时，增加机床和刀具的磨损，降低生产率；过小的余量不能修正上道工序的误差和加工后的痕迹，影响加工质量，造成废品。为了合理确定加工余量，应清楚影响余量的各项因素：

图1-5   典型表面加工余量

a）平面的外表面加工余量   b）平面的内表面加工余量
c）轴加工余量   d）孔加工余量

1）前一工序的公差 T_a。

2）前一工序所遗留的表面粗糙度 R_{za} 和表面缺陷度 I_a，如图1-6所示。

3）前一工序各表面间相互位置的空间误差 ρ_a，如图1-7所示。

4）本工序的装夹误差 ε_b。

确定工序余量的方法如下：

1）分析计算法。用于大批量生产中，在某些重要工序上应用。

2）经验估计法。工艺人员凭经验，采用类比法确定工序余量。一般应选得偏大一些。多用于单件小批生产。

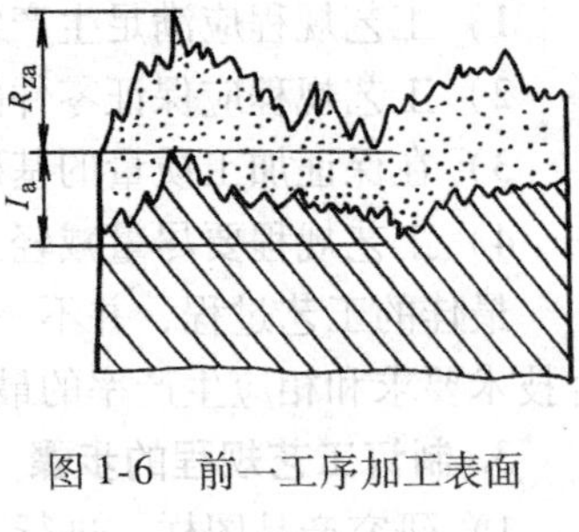

图1-6   前一工序加工表面

2. 工序尺寸

机械加工中，计算工序尺寸和标注工序公差是制订工艺规程的主要工作之一。工序尺寸是指零件在加工过程中各工序所应保证的尺寸，要根据已确定的加工余量及定位基准的转换情况进行计算，其公差按各种加工方法的经济精度选定，可以归纳为三种情况：

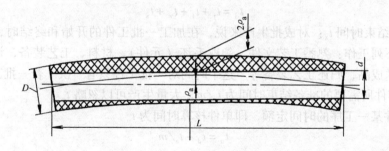

图 1-7　前一工序空间误差

1）当定位基准、工序基准、测量基准与设计基准重合时，在加工过程中，使用同一基准对某一表面进行多次加工，达到尺寸要求的情况，只需考虑各工序的加工余量。

2）当定位基准、测量基准、工序基准与设计基准不重合时，经尺寸换算后所得的工序尺寸。

3）尚需继续加工的表面，它的工序尺寸实际上是指基准不重合及保证加工余量所进行的尺寸换算。

第一种情况，只需根据工序间余量和工序尺寸之间的关系确定，先按工序计算加工余量，再按工序确定其经济精度和表面粗糙度，就可以确定各工序间尺寸及公差。后两种情况需要应用尺寸链原理进行计算。

1.2.5　时间定额与技术经济分析

1. 时间定额

完成某一工序所规定的时间，称为"时间定额"。它是安排生产计划、计算产品成本的重要依据。时间定额是用单件生产时间来计算的。按零件的年生产纲领可以确定完成一个工序所要求的单件时间 t_p。应采取相应的工艺措施，使它与按照工艺规程确定的工序单件时间 t_d 相等，即 $t_p = t_d$，以保证工艺过程按需要的生产率进行。

零件的年生产纲领按式（1-1）计算。零件的年生产纲领所要求的单位时间 t_p 按下式计算

$$t_p = 60t\eta / N$$

式中　t——年基本工时（h/年）；

　　　η——设备负荷率（一般取 0.75 ~ 0.85）；

　　　N——工作班制。

（1）工序单件时间的确定　零件加工的工序单件时间 t_d，包括下列部分：

1）基本时间 t_j：是直接改变工件的尺寸和形状、物理和化学性能所需的时间。

2）辅助时间 t_f：它是每道工序中用于辅助动作所需的时间，其中包括：装卸工件，开、停设备，试加工和测量工件等所用的时间。

3）工作地服务时间 t_w：它包括更换工艺装备，设备小调整；工作班开始时分配工具，了解工艺文件；工作班结束时，收拾工具，清除和保养工作现场等所消耗的时间。

4）休息和自然需要时间 t_x：是在工作班内允许的必要休息和生理上自然需要的时间。

上述四部分时间的总和即为工序单件时间：

$$t_d = t_j + t_f + t_w + t_x$$

5）准备结束时间 t_z：对成批生产来说，在加工一批工件的开始和终结时，需要准备结束时间进行下列工作：熟悉工艺文件，领取毛坯（元件）、材料、工艺装备，调整设备，交付检查，发送成品，归还工艺装备等。这个时间对一批工件只有一次。若一批工件的数量为 m，则每个零件所需要的准备结束时间为 t_z/m，大量生产可以忽略 t_z。

每个工件某一工序的时间定额，即单件核算时间为 t_n

$$t_n = t_d + t_z/m$$

（2）提高劳动生产率的工艺措施

1）平衡工序单件时间：根据加工顺序，计算出每一工序的单件核算时间 t_n，并采取工艺措施使各工序的 t_n 大致相等，以充分发挥各加工设备的生产效能，并使各工序的平均 $t_n <$ t_p，以确保完成全年生产任务。为此，可采用高效率加工方法，也可增加顺序加工工序，将一个工序内容分散在几个工序上顺序加工；或者增加并行加工工序，以提高该工序的生产率，缩短该工序的 t_n，从而使生产线有节奏地正常运行。

2）缩短单件时间：

①　缩短基本时间：如机械加工中，选用切削能力强的陶瓷、金刚石刀具等，提高切削用量（切削速度、背吃刀量、进给量），减少加工余量等；或采用组合加工方法，多刀同时加工一个零件或几个零件上的几个表面，使几个加工的基本时间重合，从而缩短每个零件加工的基本时间，如组合铣、组合磨削。

②　缩短辅助时间：使辅助动作自动化。如：提高机床自动化程度，采用高效先进夹具，采用主动测量装置，减少测量时间；或将辅助时间与基本时间相重合，如采用多工位夹具和多工位工作台，装卸工件时机床不停。

③　缩短服务时间：主要措施是缩短工艺装备调整时间。例如机械加工中采用快换刀夹、专用对刀样板和样件，减少装卸和对刀时间；或使用修磨少的硬质合金刀片等。

④　缩短准备结束时间：如按成组工艺设计成组可调夹具，在更换同类工件时，不需更换工、夹具就能投入生产，从而减少了准备结束时间。

2. 工艺方案的技术经济分析

工艺方案的技术经济分析，一是计算分析技术经济指标，二是对不同工艺方案进行工艺成本的分析和比较。生产成本最少的工艺方案就是最经济的方案。

（1）**技术经济指标**　包括：每一产品所需劳动量（工时及台时）；每个工人每年的产量（台或重量）；每一台设备的产量；以及每一平方米生产面积的年产量；材料消耗和动力消耗等。

（2）**工艺成本的计算**　生产成本是制造一个零件或一台产品所消耗费用的总和。在生产成本中，大约有 70% ~ 75% 的费用是与工艺过程直接有关的，称为工艺成本，在制订工艺规程时只需分析这部分费用。

工艺成本可分为两大部分：

1）可变费用：可变费用（V）是与年产量有关，并与之成正比例的费用。它包括：材料费，生产工人的工资，机床电费，通用机床折旧费，修理费，刀具费与万能夹具费等七项。

2）不变费用：不变费用（S）是与年产量的变化没有直接关系的费用，当产量在一定范围内变化时，不变费用基本上保持一定。它包括：调整工人的工资，专用机床折旧费，修理费，以及专用夹具费。

全年的工艺成本 E（元/年）为

$$E = S + VN$$

式中　N——年产量（件）；

V——可变费用（元/件）；

S——不变费用（元）。

零件的单件工艺成本或某一个工序的工序成本 E_d（元/件）为

$$E_d = V + S/N$$

（3）最佳生产纲领的分析　单件工艺成本 E_d 与年产量 N 是双曲线的关系，如图 1-8 所示。曲线 A 段相当于设备负荷很低的情形，此时若年产量略有变化 ΔN，单件成本就有很大的变化 ΔE_d。在曲线 C 段，曲线已趋近于水平线，此时年产量虽有很大变化，对单件成本的影响却很小。分析说明，对于某一工艺方案，当专用设备的不变费用 S 一定时，就具有一个与此设备生产能力相适应的产量，称为最佳生产纲领，以 N_p 表示。

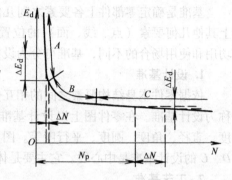

图 1-8　单件工艺成本与年产量关系

当 $N < N_p$ 时，由于 S/N 比值增大，工艺成本亦增加，该方案显然不经济。

当 $N > N_p$ 时，S/N 的比值变得愈来愈小，并趋于稳定。达到一定程度后，则不能再降低工艺成本。

（4）临界产量和投资回收期的分析　对不同工艺方案，应分析比较各自的经济效果。下面按两种不同的情况说明其经济性。

1）若两种工艺方案的基本投资相近，以单件工艺成本进行比较，当 $E_{d1} = V_1 + S_1/N$，$E_{d2} = V_2 + S_2/N$ 时，若 $E_{d1} > E_{d2}$，则第二方案经济性好。由此可知，各方案的优劣与零件的产量有密切的关系。

2）若两种方案的基本投资相差较大，除比较工艺成本外，还必须同时考虑不同方案的基本投资差额的回收期限。例如第一方案由于采用了基本投资（K_1）较大、生产率较高、价格较高的机床和工艺装备，使工艺成本（E_1）较低；第二方案采用了基本投资（K_2）较小、生产率较低，但价格低廉的机床和工艺装备，使工艺成本（E_2）较高。在这种情况下，工艺成本的降低，是由于增加基本投资而得到的。因此单纯比较工艺成本是难以全面评定其经济性的。

回收期限可比价格可用下式求得

$$\tau = (K_1 - K_2) / (E_2 - E_1) = \Delta K / \Delta E$$

式中　ΔE——全年生产费用节约额；

ΔK——基本投资差额（元）。

回收期愈短，则经济效果愈好。一般回收期应满足以下要求：回收期应小于所采用设备的使用年限；回收期应小于市场对该产品的需求年限。

质量、成本、生产率长期以来是评价制造过程的三准则。然而随着技术的飞速发展及人们消费水平的提高，消费的个性化使大批量生产类型越来越被多品种、小批量所取代。T（交货时间）、Q（质量）、C（成本）、S（服务）准则也就相应地提出来了。服务也成为质量的一个要素。因此，在考虑提高经济效益的同时，要综合 TQCS 各要素，以保持企业良好的社会影响力和长久发展的后劲。

1.3　基准

1.3.1　基准及分类

基准是确定零部件上各要素之间几何关系所依据的那些点、线、面。在计算和测量工件上其他几何要素（点、线、面）的位置尺寸时，基准就是计算和测量的起点。根据基准的功用和使用场合的不同，基准可分为设计基准、工艺基准和测量基准。

1. 设计基准

依据零件本身结构要素之间的相互位置关系，确定标注尺寸起始位置的那些点、线、面称为设计基准。在零件图上以设计基准为依据标出一定的尺寸、形状和位置要求，例如长度、直径、角度、圆度、平行度等。图 1-9a 所示阶梯轴的零件图，表面 I、II、III 的尺寸 d、D、C 的设计基准是中心线。它主要是体现设计该零件的基本要求。

2. 工艺基准

机械加工中常用的工艺基准有工序基准、定位基准和装配基准。

（1）工序基准　在工序图上，用以标定被加工表面加工后位置的基准称为工序基准。它可以是实际存在的，也可以是理想的几何要素，如图 1-9b 中的中心线即为工序基准；标定加工表面位置的尺寸叫做工序尺寸，如图 1-9b 中尺寸 D。

（2）定位基准　工件在机床上或夹具上加工时，用来决定工件在工序尺寸方向上相对刀具确定位置的点、线、面称为定位基准。定位基准须采用实际存在的几何要素，如图 1-9b 所示。图中表示用三爪自定心卡盘夹持工件，车大端直径 D（表面 II）。在本工序中，D 为工序尺寸，中心线为工序基准，定位基准为表面 I。由于三爪自定心卡盘具有自动定心的特点，所以工件在安装后，也可用工件中心线代表定位基准，尺寸 D 可直接由本工序得到。

定位基准又分为粗基准和精基准。在加工的最初工序中，只能用毛坯上未经加工的表面做定位基准，称为粗基准。在以后的工序中，则尽量使用已加工表面做定位基准，称为精基准。

（3）装配基准　装配时用来确定需要组装的零部件在产品中相对位置所采用的那些点、线、面。装配基准也须采用实际存在的几何要素。

3. 测量基准

测量时所采用的基准称为测量基准，如图 1-9c 中的表面 I 即为该零件的测量基准。测量基准也须采用实际存在的几何要素。

1.3.2　定位的基准选择

1. 粗基准的选择

（1）便于装夹原则　选择加工余量小的、较精确光滑的、面积较大的毛面做粗基准，

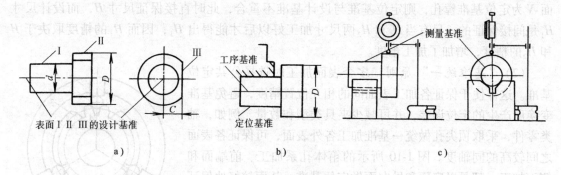

图 1-9　基准举例

a）阶梯轴零件图　b）工序基准　c）测量基准

以利于被加工零件定位准确、装夹方便。在精基准选择中，也应满足这条原则。

（2）余量均匀原则　选择重要表面为粗基准，是为保证重要表面的余量均匀，后续工序则用加工后的精基准定位，这样被加工表面的余量和精度都能得到保证。

例如图 1-10 所示的箱体主轴孔精度很高，且在加工时主轴孔余量要求均匀，所以应选主轴孔为粗基准定位来加工底面 M（或顶面 N），随后再以底面或顶面为精基准加工主轴孔。

（3）相互位置原则　选择不加工的表面做粗基准，以保证加工表面和不加工表面之间的相互位置要求。同时在一次装夹下，尽量加工更多的表面（"一刀活"）。

如图 1-11 所示，阶梯轴的小直径段的外圆表面不需要加工，以它作为粗定位基准，可对阶梯轴大、中直径段的外圆表面、交界的端面、右端面和内孔进行粗加工，保证了这些加工表面与小直径段外圆表面的相对位置关系。

（4）一次性原则　粗基准只能用一次。因为毛面定位基准位移误差较大，若重复使用，则不能保证加工要求，因此在制订工艺规程时，开始几道工序一般是为了加工零件自身的精基准而安排的。

实际应用中，要根据具体的加工要求，灵活运用上述原则，合理地选择粗基准。

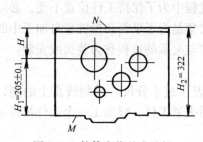

图 1-10　箱体定位基准选择

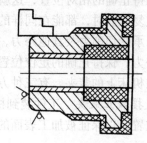

图 1-11　阶梯轴定位基准选择

2. 精基准的选择

选用的精基准应有利于保证工件加工精度和装夹方便。

（1）"基准重合"的原则　即选设计基准同时为定位基准和测量基准等。这样可避免基准不重合误差。例如图 1-10 所示的箱体简图，主轴孔中心高为 H_1，其设计基准是底面 M，在镗主轴孔时以底面 M 定位，则定位基准与设计基准重合，可直接保证 H_1 尺寸；若选择顶

面 N 为定位基准镗孔，则定位基准与设计基准不重合，此时直接保证尺寸 H，而设计尺寸 H_1 是间接保证的。只有当 H 和 H_2 两尺寸加工好以后才能得出 H_1，因而 H_1 的精度取决于 H 和 H_2 的精度，增加了加工难度。

（2）"基准统一"原则　多个表面加工时选择公共定位基准。这样便于保证各加工表面间的相互位置精度，避免基准变换所产生的定位误差，并可减少夹具类型和数量。例如，轴类零件，采取顶尖孔做统一基准加工各外表面，可保证各表面之间较高的同轴度。图 1-10 所示的箱体孔系加工、前端面和侧面加工，都是以底面和导向面做定位基准，从而较好地保证了孔系、端面、侧面的平行度、垂直度和同轴度。

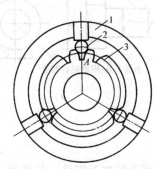

图 1-12　齿轮定位基准选择
1—卡盘　2—滚柱　3—齿轮

（3）"互为基准"原则　对空间位置要求高的零件，通常采用互为基准的更迭加工原则。如图 1-12 所示的精密齿轮加工，为了消除淬火变形，提高齿面分度圆与轴孔的同轴度，在进行内孔的精磨时常以齿面分度圆作为定位基准，然后再以内孔为定位基准磨齿面，如此反复加工可提高其位置精度。

（4）"自为基准"原则　在精加工或光整加工工序中，有些加工面要求余量小且均匀，而且只为提高加工面自身的尺寸与形状精度，则可在加工中尽量选择待加工表面本身作为定位基准，而位置精度应由先行工序保证。"自为基准"加工原则，不能提高位置精度，但可以提高尺寸和形状精度。典型的自为基准加工方法有：铰孔、拉孔、无心磨、珩磨等。

1.4　夹具设计原理

1.4.1　夹具的组成

1. 工件的装夹方式

工件在机床上加工时，应按照定位基准的要求，把工件安放在工作台上或夹具里使它和刀具之间保持正确的相对位置，这就是定位。定位是为了能够使工件占据正确的空间坐标位置，多次重复摆放时，都能在同样的位置。在加工过程中为了保持工件位置不变，必须把工件夹紧，以承受切削力及其他外力，这就是夹紧。夹紧是为了平衡和抵抗来自加工中的切削力及其他外力，保持正确的定位位置不变。工件定位与夹紧的过程称为装夹或安装。

工件在机床上的装夹，有三种方式：

（1）直接找正装夹　工件装到机床后，用百分表（或千分尺）或划线盘上的划针目测校正工件位置，以保证被加工表面的位置精度，而后夹紧工件。每加工一个工件都得重复上述过程。

（2）划线找正装夹　有些重、大、复杂工件，先在待加工处划线，然后装到机床上，按线找正定位。例如在车床上加工一个非圆工件上的通孔，用四爪单动卡盘按划线找正。同时应在工件上找出检验线，以便检测比对。

（3）夹具装夹　夹具是使工件在机床上迅速、正确装夹的一种工艺装备。夹具与刀具间的相对位置，已在加工前预先调整好，所以一批工件加工时，不必逐个找正定位。在夹具上装夹工件时，由工件上的定位基准与夹具定位元件的工作表面保持接触来实现工件的定位，再用夹紧装置夹紧。在成批和大量生产中广泛采用夹具装夹工件。

2. 夹具的组成

图 1-13 所示的夹具由下列几部分组成：

（1）定位元件　用于确定工件在夹具中准确位置，如固定支承等。

（2）夹紧装置　用于实现对工件的夹紧，如螺杆螺母夹紧装置等。

（3）对刀、引导元件　用于确定刀具相对于夹具正确位置的元件，如对刀块，钻模中的钻套，镗模中的镗套等。

（4）夹具在机床上的安装装置　用以确定夹具在机床上的正确位置，如定位键（连接元件）与铣床工作台上的 T 形槽配合等。

（5）夹具体　用于安装夹具上各种元件和装置，使其成为一个整体，如夹具体等。

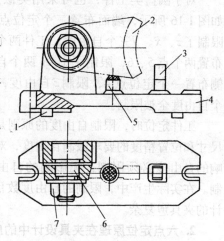

图 1-13　铣床夹具

1—连接元件　2—工件　3—对刀元件
4—夹具体　5、6—定位元件
7—夹紧装置

（6）其他元件及装置　如为满足加工，有些夹具还设分度、上下料机构等。

1.4.2　定位原理与自由度分析

1. 工件在加工中的六点定位原理

一个工件在空间可能具有的运动，称为自由度。工件在空间的自由度，用直角坐标来表示时，共有六个，即沿 x、y、z 轴的移动和绕 x、y、z 轴的回转，分别用符号 $\vec{x}$、$\vec{y}$、$\vec{z}$ 和 $\hat{x}$、$\hat{y}$、$\hat{z}$ 表示，如图 1-14 所示。

六点定位原理：工件进行定位时，用定位元件限制可能的六个自由度，则工件在空间的位置就完全确定了。

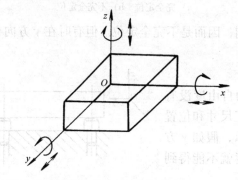

图 1-14　自由度示意图

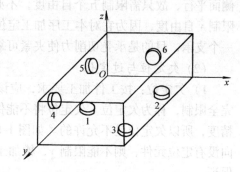

图 1-15　长方体工件的定位

例如在讨论长方体工件的定位时，可以在底面布置三个不共线的定位点 1、2、3，侧面布置两个定位点 4、5，端面布置一个定位点 6，如图 1-15 所示。定位点 1、2、3 限制 $\vec{z}$、$\hat{x}$、$\hat{y}$ 三个自由度，定位点 4、5 限制 $\vec{x}$、$\hat{z}$ 两个自由度，定位点 6 限制 $\vec{y}$ 一个自由度，因此完全限制了工件六个自由度。它符合几何上的三点构成一平面，二点构成一直线的基本原则。在实际夹具中，对于比较大的定位基准面，支承钉可作为定位点使用。

对于圆盘类工件，也可采用类似方法定位。如图 1-16 所示，端面布置三个定位点 1、2、3，限制了 $\vec{z}$、$\hat{x}$、$\hat{y}$ 三个自由度，工件两个侧面分别布置两个点 5、6，限制了 $\hat{x}$、$\hat{y}$ 两个自由度；槽侧布置一个定位点 4，限制 $\vec{z}$ 自由度，则工件六个自由度全被限制。

工件定位时，限制自由度的原则是根据工序尺寸和位置精度的要求限制自由度，对加工有影响的自由度必须限制，无影响的自由度不必限制。在实际生产中，限制的自由度数目愈多，设计的夹具愈复杂。

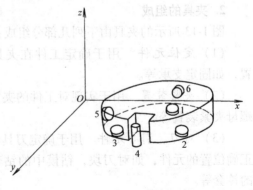

图 1-16　圆盘工件的定位

2. 六点定位原理在夹具设计中的应用

（1）完全定位与不完全定位

1）完全定位：当工件的六个自由度均被夹具的定位元件所限制时，称为完全定位。如图 1-17a 所示，工件铣槽要求保证工序尺寸 x、y、z 及与底面、侧面平行，因此，六个自由度都需要限制。

2）不完全定位：按工件加工要求，当应限制的自由度都被限制，但还未完全限制到六个自由度时，称为不完全定位。不完全定位是对不需要限制的自由度不进行限制，有时可简化夹具设计。

如图 1-17b 所示，工件铣削台阶表面，要求保证工序尺寸 z 和 x 及与底面、侧面平行，故只需限制五个自由度，不必

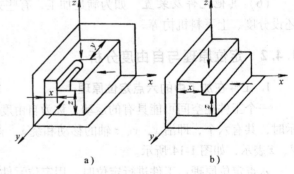

图 1-17　完全与不完全定位
a）完全定位　b）不完全定位

限制 $\hat{y}$ 自由度，因为它对本工序加工定位无影响，因而是不完全定位。但有时在 y 方向也加一个支承，目的是承受切削力使夹紧可靠。

（2）欠定位与过定位

1）欠定位：按工件加工要求，应该限制的自由度没有完全限制，称为欠定位。欠定位将不能保证加工尺寸和位置精度，所以欠定位是不允许的。如图 1-17a 所示，假如 y 方向没有定位元件，则不能限制 $\hat{y}$，槽加工的长度就不能得到保证。

2）过定位：在夹具中有一个以上的定位元件重复限制同一个自由度，称为过定位。对于过定位，应具体分析。

图 1-18 所示为用四个支承钉支承一个平面的定位。四个点只限制 $\vec{z}$、$\hat{x}$、$\hat{y}$ 三个自由度，为过定位。若工件定位基面是加工精密的精基准，同时四个支承钉的工作面是一次磨

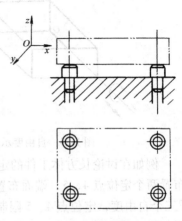

图 1-18　超定位

出的，处于同一平面内，此时的过定位带来了支承稳固，刚性好，减小工件受力变形的优点，因而是允许的。但如果工件定位基面是粗基准或加工粗糙，此时定位只能有三点接触，而且对一批工件哪三个点接触是不确定的，从而引起工件定位位置不定，增加误差，此时过定位是不允许的，应改用三点支承。

3. 典型定位元件的自由度分析

工件以夹具装夹方式进行加工时，其定位是通过定位元件来实现的。在表1-1 中列出了典型定位元件的自由度分析。其中有：长销、长 V 形块、长孔限制四个自由度，短销、短孔、短 V 形块限制两个自由度，长锥限制五个自由度，短锥限制三个自由度的差别。定位元件的长短是"相对的"，主要看定位元件的尺寸与工件定位基准的尺寸之比。

表 1-1　典型定位元件自由度

工件定位基准面	定位元件	定位情况及限制的自由度		
平面	支承钉	一个支承钉	两个支承钉组合	三个支承钉组合
		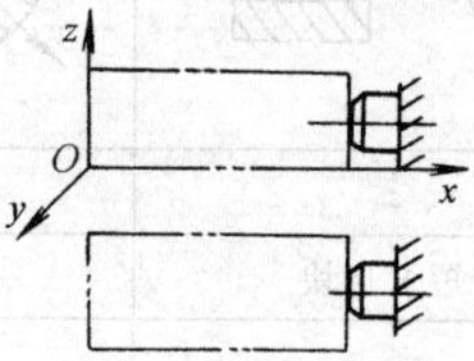	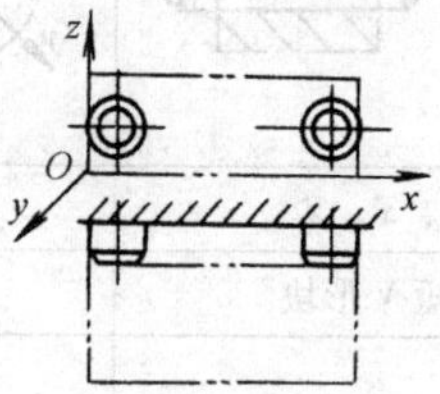	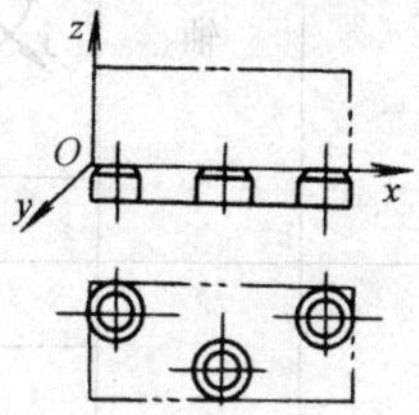
		$\vec{x}$	$\vec{y}$、$\vec{z}$	$\vec{z}$、$\widehat{x}$、$\widehat{y}$
	支承板	一块条形支承板	两块条形支承板组合	一块矩形支承板
		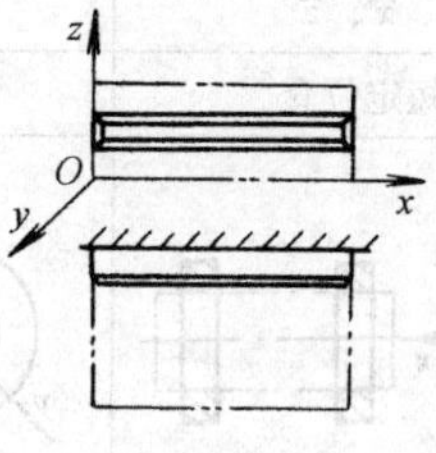	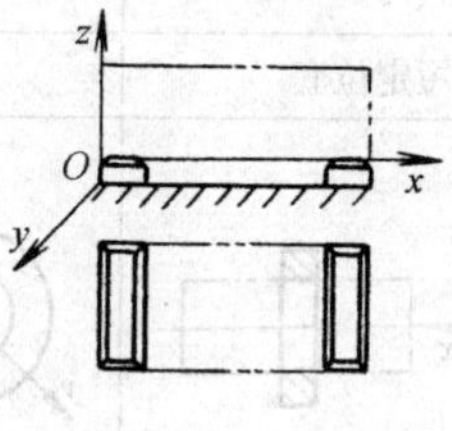	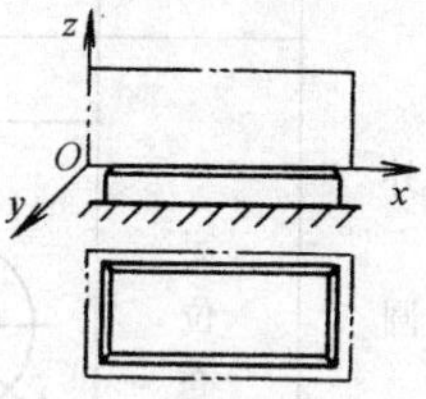
		$\vec{y}$、$\vec{z}$	$\vec{z}$、$\widehat{x}$、$\widehat{y}$	$\vec{z}$、$\widehat{x}$、$\widehat{y}$
	环形支撑	大圆环面支承		小圆环面支承
		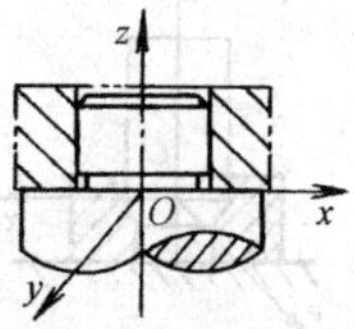	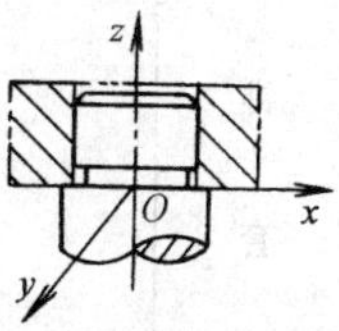	
		$\vec{z}$、$\widehat{x}$、$\widehat{y}$		$\vec{z}$

（续）

工件定位基准面	定位元件	定位情况及限制的自由度		
圆孔	定位销	**短定位销** $\vec{x}$、$\vec{y}$	**长定位销** $\vec{x}$、$\vec{y}$、$\hat{x}$、$\hat{y}$	**短锥销** $\vec{x}$、$\vec{y}$、$\vec{z}$
	心轴	**长圆柱心轴** $\vec{x}$、$\vec{z}$、$\hat{x}$、$\hat{z}$	**短圆柱心轴** $\vec{x}$、$\vec{z}$	**小锥度心轴** $\vec{x}$、$\vec{z}$
外圆柱面	V形块	**一个短V形块** $\vec{x}$、$\vec{z}$	**两个短V形块** $\vec{x}$、$\vec{z}$、$\hat{x}$、$\hat{z}$	**一个长V形块** $\vec{x}$、$\vec{z}$、$\hat{x}$、$\hat{z}$
	定位套	**一个短定位套** $\vec{x}$、$\vec{z}$	**两个短定位套** $\vec{x}$、$\vec{z}$、$\hat{x}$、$\hat{z}$	**一个长定位套** $\vec{x}$、$\vec{z}$、$\hat{x}$、$\hat{z}$
	锥套	**一个锥套** $\vec{x}$、$\vec{y}$、$\vec{z}$		

（续）

工件定位基准面	定位元件	定位情况及限制的自由度		
圆锥孔	锥销	一个顶尖	两个顶尖	一个锥心轴
		$\vec{x}$、$\vec{y}$、$\vec{z}$	前 $\vec{x}$、$\vec{y}$、$\vec{z}$、后 $\widehat{y}$、$\widehat{z}$	$\vec{x}$、$\vec{y}$、$\vec{z}$、$\widehat{y}$、$\widehat{z}$
球面	球面垫套	一个球面垫	一个球面套	一个平面
		$\vec{x}$、$\vec{y}$、$\vec{z}$	$\vec{x}$、$\vec{y}$、$\vec{z}$	$\vec{z}$

1.4.3　定位方法与定位元件设计

设计夹具时，要根据工件的加工要求和已确定的定位基准，选择定位方法及定位元件，分析定位精度。

定位元件的设计应满足下列要求：精度应与工件相适应；应有足够的刚度，定位元件不允许受力变形，避免影响定位精度；应耐磨，以保持使用中的精度；便于清除切屑；在夹具体上装拆方便。一些典型的定位元件都已标准化，可查手册选用。

1. 工件以平面做定位基准

当以粗基准定位时，由于定位基面误差较大，故定位元件采用接触面小的支承钉；当以精基准定位时，定位基面精度较高，采用支承板为定位元件，增大接触面积，可减小压强，避免损坏定位基面。

（1）固定支承　支承钉和支承板结构如图1-19所示。其中：图 a 为平头支承，用于已加工表面；图 b 为圆头支承，用于未加工表面，以便保

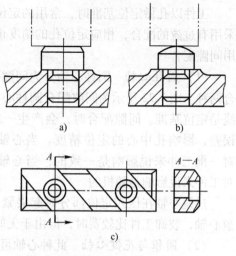

图1-19　固定支承
a) 平头支承　b) 圆头支承　c) 支承板

证有良好的接触；图 c 为常用的支承板，开有排屑槽。支承钉和支承板在装配到夹具体上后，为保证其等高性，应终磨一次。

（2）可调支承　支承高度在一定范围内可调整，用于未加工的表面，以调整补偿各批毛坯尺寸的误差，一批毛坯调整一次；有时也用于同一夹具加工结构相同、尺寸规格不同的工件，如图 1-20 所示六方可调支承，支承调节后锁紧，防止松动。

（3）自位支承　自位支承又称浮动支承，是指支承本身的位置在工件定位过程中，随工件定位基准位置变化而自动与之适应。这种支承一般具有两个以上的支承点，但是一个整体，若压下一点，迫使其余点上升，使得各点全部与工件接触。其定位作用只限制一个自由度，相当于一个固定支承。图 1-21 所示为两点自位支承，此外还有三点自位支承。自位支承多用于不连续表面、台阶表面或有基准角度误差的平面定位。

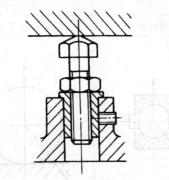
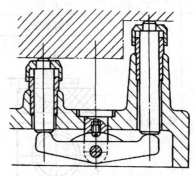

图 1-20　可调支承　　　　　　　　　　图 1-21　自位支承

（4）辅助支承　在夹具中不限制自由度，主要用于提高工件支承刚度，防止工件受力变形。当工件在夹具中定位后，调节辅助支承的位置与工件接触。

可调支承与辅助支承都是通过调整来参与定位，但前者是主要定位元件，对限制自由度必不可少；后者只辅助提高工件支承刚度。

2. 工件以孔做定位基准

工件以孔做定位基准时，常用的定位元件是各种心轴和定位销。要求高精度定位时，应采用有过盈的配合，相应定位孔的精度也较高。当定位精度要求较低时，为了装卸方便，可用间隙配合。

（1）圆柱心轴　圆柱心轴分为间隙配合和过盈配合两种。图 1-22 所示为间隙配合圆柱心轴，孔的中心线是定位基准。间隙配合时，会产生一定的基准位移误差，影响孔中心的定位精度。当心轴水平放置时，对一批工件来说影响是一致的；当心轴垂直放置时，对工件来说影响是随机的。

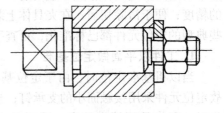

图 1-22　间隙配合圆柱心轴

过盈心轴在压入定位部分时起夹紧作用。采用过盈心轴，装卸工件比较费时，但由于无间隙，基准位移误差为零，所以定位精度较高。

（2）圆锥与花键心轴　此种心轴可提高定位精度，且不破坏工件内孔表面，小锥度可防止工件在心轴上倾斜，这种心轴的定位精度较高。但它是靠工件与心轴配合面的摩擦力来抵抗切削力的，因此只用于切削力不大的精密加工中。图 1-23 为圆锥心轴。

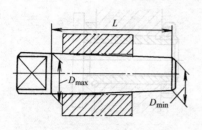

图 1-23　圆锥心轴

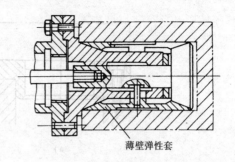

薄壁弹性套

图 1-24　弹性心轴

花键心轴用于带花键孔的工件定位。

（3）弹性心轴（涨胎心轴）　工件装入后，靠薄壁弹性变形，使工件既定位又夹紧，如图 1-24 所示。也可用液性塑料使薄壁涨出而定心夹紧。此种心轴装卸方便，定位精度很高，但结构较复杂。

（4）定位销　定位销用于零件中小孔定位，直径不超过 $\phi50\text{mm}$。短定位销限制两个自由度，短棱形销限制一个自由度。图 1-25 为常用定位销结构，采用过盈配合压入夹具体孔中，定位销头部有 15°倒角引导工件套入，突肩可以避免夹具体磨损。定位销还可以镶套，磨损后便于更换。

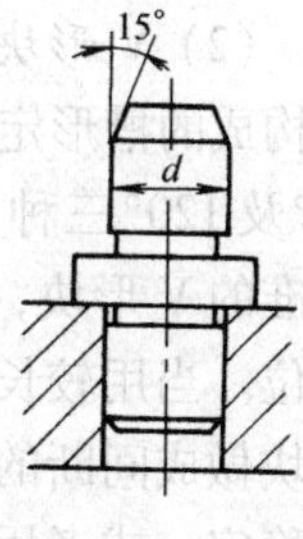

（5）圆锥销　圆锥销的定位如图 1-26 所示。其中，图 1-26a 用于精基准孔定位，图 1-26b 用于粗基准孔定位。由于孔与圆锥销是在圆周上线接触，所以工件容易倾斜。为避免这种情况，常和其他元件组合定位，如图 1-26c 所示的浮动锥销。

图 1-25　定位销

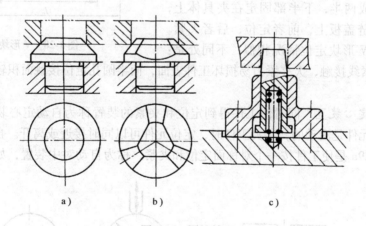

a)　　　　　　　b)　　　　　　　c)

图 1-26　圆锥销

a）用于精基准孔　b）用于粗基准孔　c）浮动锥销

3. 工件以外圆柱面做定位基准

工件以外圆柱表面做定位基准时，应使工件轴线与规定的轴线重合。常用的定位元件有套筒、V 形块、组合支承、半圆孔、锥孔及自动定心装置。

（1）套筒　工件以外圆柱表面做定位基准在夹具的圆孔中定位，其定位元件常做成套筒，如图 1-27 所示。图 a 为以工件端面作为主要定位基准，而图 b 为工件以外圆柱面做主要定位基准。当工件垂直放置时，定位基准可用工件中心线来代表。这种定位元件的优点是

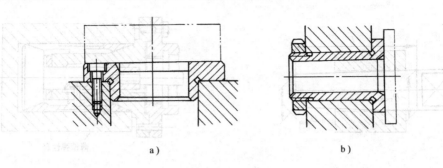

图 1-27　套筒

a）工件端面为主要定位基准　b）工件外圆柱面为主要定位基准

结构简单，缺点是基准位移误差较大。

（2）V 形块　V 形块是由两个夹角为 α 的斜面构成的槽形定位元件。斜面夹角一般做成 60°、90° 及 120° 三种，其中 90° 最为常用。图 1-28 为标准的 V 形块，用于对精基准面长度较短的工件定位。当用较长的圆柱面做定位基准时，应将 V 形块做成间断的形式，与工件中部不接触，使定位稳定；或者用两个短 V 形块安装在夹具体上，V 形工作面在装配后同时磨出，以求一致。

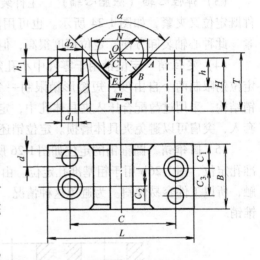

（3）半圆孔　对于工件尺寸较大或采用整个孔定位有困难时，可用半圆孔定位。一般是将完整的定位孔切成两半，下半部固定在夹具体上，上半部装在铰链盖板上，前者定位，后者夹紧。半圆孔定位与 V 形块定位情况相似，不同处是：

图 1-28　V 形块

V 形块是两条素线接触，大夹紧力易损坏工件表面，而半圆孔定位接触面积较大，可避免此缺点。

（4）自动定心装置　同时使工件得到定位和夹紧的装置称为自动定心装置，其特点是它的几个定位元件是活动的，装夹工件时，定位元件可以同时接近或离开。自动定心装置分为两类：图 1-29a 是使工件按一个对称面定位和夹紧，称为自动对中装置，如螺旋自动对中

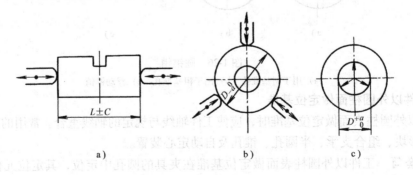

图 1-29　自动定心装置

a）自动对中装置　b）、c）自动定心装置

装置。图 1-29b、c 是使工件按中心线定位和夹紧，称自动定心装置，典型的如三爪自定心卡盘。这些装置的优点是定位与夹紧同步进行，可减少工时。

1）楔式自动定心装置（弹簧夹头）。如图 1-30 所示，夹头内套 1 的外圆为开有纵槽的锥面（3~4 瓣），内套径向受力时，产生弹性变形，对工件定位和夹紧。图 a 为拉式夹头，工作时内套 1 向左拉，外套 2 不动，因锥面作用将工件同时定位夹紧；图 b 为推式夹头，工作时内套 1 向右推，外套 2 不动，因锥面作用将工件同时定位夹紧；图 c 为不动式夹头，工作时使中间套筒 3 向右推，内套轴向无位移，靠中间套筒圆锥面的作用使内套收缩，进行定位夹紧。

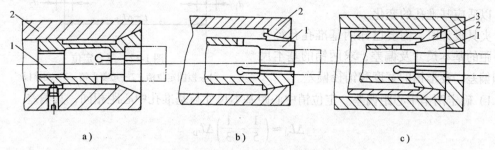

图 1-30　楔式自动定心装置

a）拉式夹头　b）推式夹头　c）不动式夹头

1—内套　2—外套　3—中间套筒

2）偏心自动定心装置。如图 1-31 所示，转动手柄 4，双面凸轮 3 推动夹爪 1 和 2 从两面同时对工件定位夹紧。

3）弹性自动定心装置。如采用液性塑料套筒夹具，在夹具体与薄壁套之间充满液性塑料。使用时将工件的外圆柱面定位在薄壁套筒内，然后挤压液性塑料，由于液性塑料自身基本不可压缩，迫使薄壁套筒对工件外表面定位并夹紧。液性塑料压力均匀，薄壁套变形对称，故定位精度很高，可达几微米。但薄壁筒的变形量有限，因此要求工件的基准面精度高方可使用这种夹具。

（5）平头支承　外圆表面的定位基准也可以采用平头支承定位。

4. 工件以特殊表面做定位基准

（1）用齿轮分度圆定位　图 1-12 为齿面定位原理简图。它是用三个精度很高的定位圆柱，均布地插入齿间，实现定位。这样定位可以保证分度圆与被磨孔同轴。然后再以孔定位磨削齿面，可保证齿侧余量均匀，从而提高了磨齿精度。

（2）用导轨面定位　常见的有 55°的燕尾导轨面和 V 形导轨面定位。

5. 工件以一平面和两个与其垂直的孔做定位基准

这是一种复合定位方法，定位元件为一个平面和两个短定位销（其中一个为菱形销），两个基准孔可以是工件上原有的，也可以是为定位需要而专门加工的工艺孔。这种定位方法

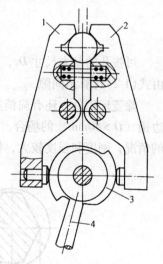

图 1-31　偏心自动定心装置

1、2—夹爪　3—双面凸轮
4—手柄

常用于箱体、壳体类零件加工。图1-32为示意图。

支撑板3限制$\vec{z}$、$\vec{x}$、$\vec{y}$三个自由度，短圆销1限制$\vec{x}$、$\vec{y}$两个自由度，短菱形销2限制$\vec{z}$一个自由度。采取这种定位方案的原因是因为工件的两基准孔的中心距为$L \pm \Delta L_D$，两定位销中心距为$L \pm \Delta L_d$，一般$\Delta L_d \neq \Delta L_D$，一批零件中，由于孔中心距误差，可能使工件难以安装，为此将其中一个圆销变成菱形销，以适应基准孔的变化。

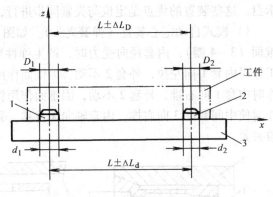

图1-32　复合定位

1—短圆定位销　2—短菱形销　3—支撑板

夹具设计时，需要已知两基准孔孔径及孔心距的基本尺寸及偏差，求两销的基本尺寸和偏差、菱形销的宽度和销径偏差。

1）确定两销中心距偏差。定位销中心距基本尺寸与基准孔中心距相同，其偏差

$$\Delta L_d \approx \left(\frac{1}{5} \sim \frac{1}{3} \right) \Delta L_D$$

式中　ΔL_D——对称分布的孔的中心距偏差值。

2）确定短圆定位销的基本尺寸及偏差。由于基准孔一般为基孔制的孔，因此销与孔的基本尺寸应相同，配合种类一般选H/g、H/f，销的公差等级应比孔高1~2级。

3）确定菱形销的基本尺寸、宽度及偏差。菱形销在y向上保留的局部圆柱面的基本尺寸与孔径相同，公差带按f7或g6选取。菱形销宽的近似公式为

$$b \approx \frac{x_{2min} D_2}{2(\Delta L_D + \Delta L_d)} = \frac{x_{2min} D_2}{2e} \tag{1-2}$$

可按孔的基本尺寸D_2，查表1-2，得到菱形销的尺寸b、B（如图1-33a所示），然后再由式(1-2)计算出间隙x_{2min}。

除菱形销外，还有扁销、鼓肚销等结构。其中扁销（如图1-33b所示）应用于大直径削边销（$D > 50mm$）的场合，刚度较弱；鼓肚销（如图1-33c所示）应用于较小直径削边销的情况，刚度和强度较大，但制造复杂。

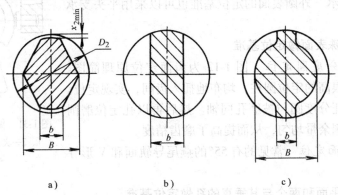

a)　　　　　　　b)　　　　　　　c)

图1-33　菱形销、扁销、鼓肚销

a）菱形销　b）扁销　c）鼓肚销

表 1-2　菱形销尺寸表　　　　　　　　　（单位：mm）

D_2	3~6	>6~8	>8~20	>20~25	>25~32	>32~40	>40~50
b	2	3	4	5	6	7	8
B	$D_2 - 0.5$	$D_2 - 1$	$D_2 - 2$	$D_2 - 3$	$D_2 - 4$	$D_2 - 5$	$D_2 - 5$

复合定位在设计夹具时经常采用。除上述之外，还有一个平面和一个与其垂直的孔的组合（如图 1-27a 所示）等。在复合定位中容易出现过定位和定位基准的主次选择不当的问题。

6. 定位误差的分析与计算

六点定理原理是为了解决工件在夹具中位置"定与不定"的矛盾；定位精度是为了解决工件在夹具中位置确定得"准与不准"的问题；分析定位误差则是研究定位精度对加工精度的影响程度，从而为选择定位方案提供依据。

同批工件在夹具中定位时，工序基准位置在工序尺寸方向上的最大变动量，称为定位误差，以 ε_D 表示。引起定位误差的原因有基准不重合误差 ε_C 和基准位移误差 ε_W。

（1）基准不重合误差 ε_C 引起的定位误差　定位中，若工件的工序基准与定位基准不重合，就会导致工序基准相对于定位基准的位置产生变动，产生了基准不重合误差 ε_C，影响定位精度。

由 ε_C 引起的定位误差 ε_{DC} 应取 ε_C 在工序尺寸方向上的分量（投影），即

$$\varepsilon_{DC} = \varepsilon_C \cos\beta$$

式中　β——定位尺寸与工序尺寸方向间的夹角。

图 1-34a 中其他表面在前工序都已加工，本工序铣通槽，要求保证工序尺寸 A、B、C，其定位方案如图 1-34b 所示，B 尺寸的工序基准为 D，而定位基准为 F，基准不重合将对尺寸 B 带来一定的加工误差。已知前工序尺寸 L 在公差范围内变化 $L \pm \Delta L$，使一批零件的本工序尺寸 B 在 B_1 和 B_2 之间变动，其数值等于定位尺寸（定位基准到工序基准的尺寸）的公差

$$\varepsilon_C = 2\Delta L = T_L$$

式中　ΔL——尺寸 L 的偏差；

　　　T_L——尺寸 L 的公差。

本例中尺寸 L 与 B 的方向相同，因此 $\beta = 0$，定位误差 $\varepsilon_{DC} = \varepsilon_C$。

定位尺寸若是某一尺寸链中的封闭环，应根据尺寸链原理计算出该尺寸公差。

（2）基准位移误差 ε_W 引起的定位误差　由于工件的定位基准和定位元件的制造误差，引起同批工件的定位基准在夹具中的位置的最大变动量，称为基准位移误差 ε_W。

它包含系统误差和随机误差。由定位元件不准确引起的基准位移误差，对同一个夹具加工的一批零件是系统误差。

ε_W 引起的定位误差 ε_{DW} 是在加工工序尺寸方向上的分量（投影），即

$$\varepsilon_{DW} = \varepsilon_W \cos\gamma$$

式中　γ——基准位移方向与工序尺寸方向间的夹角。

1）工件以平面为定位基准的基准位移误差。当夹具上的定位元件工作面处于同一平面时：精基准时，定位元件与工件接触良好，同批工件中的定位基准的位置基本一致，则基准位移误差很小，可以忽略不计；粗基准时，多数用于粗加工，加工精度要求低，则不必计算

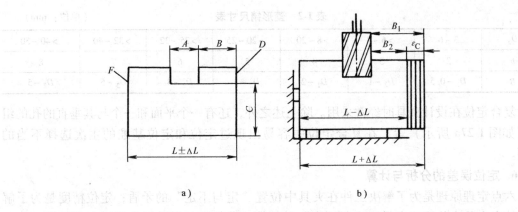

图 1-34　铣通槽基准不重合误差

a）铣通槽工序　b）定位基准不重合误差

基准位移误差。

2）工件以孔为定位基准的基准位移误差。当心轴垂直放置时，工件以孔面作为定位基准与心轴做间隙配合时，孔的位置相对于心轴可以在间隙范围内作任意变动，如图 1-35a 所示，孔中心线位置的最大变动量 X_{max} 即为基准位移误差，它发生在孔轴处于最小实体状态时的配合。

$$\varepsilon_W = O_1 O_2 = X_{max} = D_{max} - d_{min} + X_{min}$$
$$= (D + T_D) - (d - T_d) + X_{min}$$
$$= T_D + T_d + X_{min}$$

式中　D——基准孔最小直径；

　　　　T_D——基准孔直径公差；

　　　　d——定位心轴最大直径；

　　　　T_d——定位心轴直径公差；

　　　　X_{min}——孔与轴最小配合间隙。

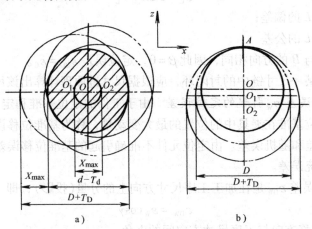

图 1-35　间隙配合心轴定位时基准位移误差

a）心轴垂直放置　b）心轴水平放置

当心轴水平放置时，在重力作用下，工件基准孔与心轴始终在一个固定处接触，如

图 1-35b 所示的 A 点，则这种定位形式已转化为支承定位。此时工件以上素线 A 为定位基准，一批工件基准孔直径的变化对定位基准 A 无影响。因此，由工件定位基准不准确引起的基准位移误差为零。而定位心轴直径不准确引起的基准位移误差当然为：$\varepsilon_W = T_a/2$。实际上，定位心轴一旦装上，不再变化，对一批加工工件的基准位移误差也就不存在了。

3）工件以外圆柱面为定位基准的基准位移误差。图 1-36 为 V 形块定位，当工件直径变化时，定位基准 A、B 的位置也发生位移，图示为工件直径最大、最小两种情况。当直径由最小变到最大时，定位基准 A 沿 z 轴方向位置变动为零，沿 x 方向的位置变动即为基准 A 的位移误差：

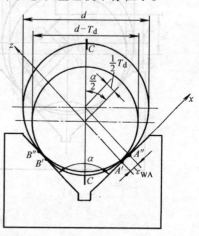

$$\varepsilon_W = (T_d/2)\cot(\alpha/2) \tag{1-3}$$

式中　T_d——工件直径公差；

　　　α——V 形定位块夹角。

基准 B 的位移误差与基准 A 相同。由于工件直径变化时，A、B 的位置同时变动，因此 A 和 B 的对称平面 C—C 始终处于 V 形块分角平面内，即工件中心线始终在 V 形块对称面内，水平方向没有位移，保证了工件轴心线对中，这是 V 形块定位元件的最大优点。

图 1-36　V 形块定位基准位移误差

（3）定位误差的综合计算　定位误差 ε_D 是 ε_C 和 ε_W 在工序尺寸方向上的分量代数和，即

$$\varepsilon_D = \varepsilon_{DC} + \varepsilon_{DW} = \varepsilon_C\cos\beta \pm \varepsilon_W\cos\gamma$$

当 ε_C 和 ε_W 的方向相同时取 " + " 号，相反时取 " – " 号。

【例 1-1】　图 1-37 所示，一圆柱形工件在 V 形块上定位铣槽，槽底的位置尺寸标注方法有三种，其相应工序尺寸分别为 h、h_1、h_2，分别代表了三种不同工序基准的选择：①外圆中心 O；②上素线 C；③下素线 E，而定位基准为素线 A 和 B，求：定位误差。

解　定位基准与工序基准不重合，因此，存在着基准不重合误差，同时 V 形块定位还有基准位移误差，定位误差是二者之和。现以定位基准 A 来分析定位误差。

（1）工序基准为外圆中心 O。设工件的直径为 $D - T_d$，工件定位时的两种极端情况如图 1-37a 所示。工件直径为最大值 D 时，工序基准位于 O′；直径为最小值 $D - T_d$ 时，工序基准位于 O‴。

由式（1-3）知 V 形块的基准位移误差为

$$\varepsilon_{WA} = (T_d/2)\cot(\alpha/2)$$

由于"基准不重合"，当工件直径 D 变为 $D - T_d$ 时，工序基准 O 对定位基准 A 的位置发生变化，O 的位置由 O″变到 O‴，其变动值 O″O‴即等于基准不重合误差：

$$\varepsilon_{CO} = T_d/2$$

定位误差 ε_{Dh} 为基准位移误差 ε_{WA} 和基准不重合误差 ε_{CO} 在影响加工尺寸方向上的几何和，即工序基准位置在工序尺寸方向上的最大变动量 O′O‴，如图 1-37b 所示。

$$O'O''' = \varepsilon_{Dh} = \varepsilon_{WA}\cos\gamma + \varepsilon_{CO}\cos\beta$$

式中　$\gamma = \alpha/2$；

　　　$\beta = 90° - \alpha/2$。

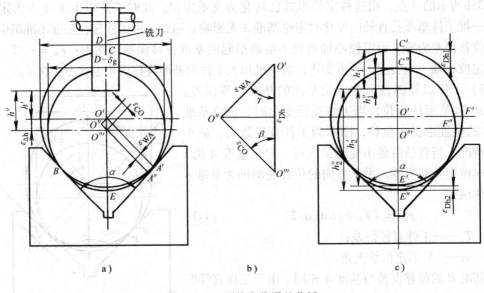

图 1-37　V 形块定位误差分析

a) 外圆中心为工序基准　b) 定位误差　c) 外圆上、下素线为工序基准

故

$$\varepsilon_{Dh} = \varepsilon_{WA}\cos\alpha/2 + \varepsilon_{CO}\sin\alpha/2 = \frac{T_d}{2\sin\dfrac{\alpha}{2}}$$

式中　γ——基准位移误差方向与加工尺寸 h 方向的夹角；

　　　α——V 形块夹角。

（2）工序基准为上素线 C（如图 1-37c 所示）。定位误差 ε_{Dh1} 为工序基准位置在工序尺寸方向上的最大变动量 $C'C''$，即基准位移误差 ε_{WA} 和此时的基准不重合误差 ε_{CC} 在影响加工尺寸方向上的几何和，两者方向与工序尺寸 h_1 一致，因此

$$\varepsilon_{Dh1} = C'C'' = C'O' + O'O''' - C''O'''$$
$$= D/2 + \varepsilon_{Dh} - (D - T_d)/2$$
$$= \frac{T_d}{2}\left(\frac{1}{\sin\dfrac{\alpha}{2}} + 1\right)$$

（3）工序基准为下素线 E（如图 1-37c 所示）。定位误差 ε_{Dh2} 为工序基准位置在工序尺寸方向上的最大变动量 $E'E''$，即基准位移误差 ε_{WA} 和此时的基准不重合误差 ε_{CE} 在影响加工尺寸方向上的几何和，两者方向相反，所以

$$\varepsilon_{Dh2} = E'E'' = O'O''' + E''O''' - E'O'$$
$$= \varepsilon_{Dh} + (D - T_d)/2 - D/2$$
$$= \frac{T_d}{2}\left(\frac{1}{\sin\dfrac{\alpha}{2}} - 1\right)$$

综合上述三种情况，在 α 与 T_d 相同情况下有

$$\varepsilon_{Dh2} < \varepsilon_{Dh} < \varepsilon_{Dh1}$$

即当基准不重合误差不可避免时，采用方式 3 作为工序基准产生的定位误差最小。

1.4.4 夹紧方法与夹紧元件

1. 夹紧装置

（1）夹紧装置的组成　工件在切削过程中，将受到切削力、惯性力等力的作用，必须可靠夹紧，以保证定位。典型的夹紧装置是由以下部分组成：

1）力源装置：产生夹紧力的原动力，有手动、气动、液压、电磁、真空等方式。

2）中间传力机构：是将动力源的原始力传递给夹紧元件，用以改变夹紧力大小和方向，并使夹紧具有自锁性质，夹紧可靠。

3）夹紧元件：是夹紧装置的终端执行元件，与工件接触完成对工件的夹紧。

（2）对夹紧装置的基本要求

1）夹紧装置应保证定位，不能破坏定位。

2）夹紧力大小应保证工件在加工时的位置不变，同时又不能使工件产生变形。

3）夹紧力方向应尽量与切削力方向一致，力求减小夹紧力。

4）夹紧装置动作迅速、方便、安全。

（3）夹紧装置按结构特点分类

1）简单夹紧装置。有斜楔、螺旋、偏心、杠杆、铰链等装置。

2）复合夹紧装置。由几个简单夹紧装置组合而成，是为了扩大夹紧力或取得较好的夹紧力作用点。

3）联动夹紧装置。①浮动夹紧，一个夹紧动作使工件同时在多点得到均匀的夹紧；②定心夹紧，定位和夹紧同时进行，用于几何形状对称零件加工；③联动夹紧，一个原始力完成若干顺序动作；④多件夹紧，一个原始力同时夹紧多个工件，适用于小件，生产率高。

2. 夹紧力的确定

计算夹紧力时，要确定其大小、方向和作用点。

（1）夹紧力的方向

1）夹紧力的方向应使工件的定位基准与定位元件紧密接触，确保工件定位准确可靠。如图 1-38 所示，工件放在六个定位点上，当单独使用 z 方向的夹紧力时，欲使工件底面紧贴定位元件 1、2、3，必须使夹紧力 F_{Wz} 通过 1、2、3 三点组成的三角形之间；同理，若使工件左侧基面贴在定位元件 4、5 上，必须使力 F_{Wx} 通过 4、5 两点组成的连线之间；夹紧力 F_{Wy} 要通过 6 点才使工件贴紧后面，否则会有定位点脱开。当 F_{Wx}、F_{Wy}、F_{Wz} 三个夹紧力同时加在工件上时，应要求各定位元件受到的都是压力，否则须改变该夹紧力的位置和大小，或改变定位元件的位置。在实际夹具中，往往不需要在所有方向上都安排夹紧装置，有的方向仅靠摩擦力限制工件移动。

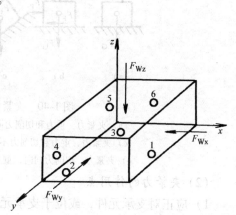

图 1-38　夹紧力的方向
1、2、3、4、5、6—定位元件

如图 1-39 所示，如果 1、2、3 点都受压力，则这三点的反作用力的合力一定在 AB 范围内，并且是向上的；如果4、5点上也受压力，则这两点的反作用力，一定通过A、B两点，并且向右；这两个方向反作用力的合力一定是向上向右的，同时它和AB线的交点一定在AB段以内。因此，夹紧力的合力只要在此范围内且方向相反（向下向左）工件就稳定，1、2、3、4、5这五个定位元件上都受压力；否则工件就不稳定。

上述稳定条件可用图中的稳定区域（图中断面线部分）来表示。如果夹紧力的合力加在工件表面上的M点，联AM与BM线，只要夹紧力的合力在断面线所示的α角范围内，就符合上述稳定条件，即通过AB线段以内。如果合力通过N点，联AN与BN线后，这时的稳定条件应当用α'的区域来表示。如果合力在β区域内，虽也能通过AB线段，但是不稳定的，将使工件脱离4、5两定位元件。

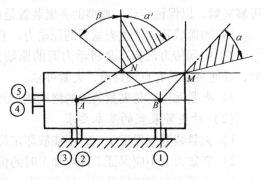

图 1-39 受力稳定条件
1、2、3、4、5—定位元件

对于用以克服切削力的主要夹紧力，其方向应正对主要定位基准，因为主要定位基准面积大，压强小，所以既能保证工件定位的稳定，又可使夹紧力引起的变形最小。

2）夹紧力方向应与工件刚度最大的方向一致，以减小工件变形。并且尽量避免夹紧力与工序尺寸方向一致，防止变形给工序尺寸带来大的误差。

3）夹紧力F_W的方向应与切削力F_P、工件重力F_G相适应，从而减小夹紧力。图1-40给出了一些三力方向关系，如图a所示为三力同向，此时所需夹紧力最小；图f所示为三力逆向，所需夹紧力最大；图b所示为切削力由夹紧力和工件重力产生的摩擦力来克服。

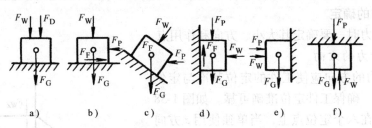

图 1-40 夹紧力、重力和切削力相互关系
a）夹紧力、重力和切削力同向　b）夹紧力、重力同向，切削力垂直
c）夹紧力、重力和切削力不同向　d）重力、切削力同向，夹紧力垂直
e）夹紧力、切削力同向，重力垂直　f）重力、切削力同向，夹紧力逆向

（2）夹紧力的作用点

1）应正对支承元件，或位于支承元件所形成的支承面内。保证支承元件受压力，避免工件产生翻转或倾覆力矩。

2）应位于工件刚性最好的部位。

3）应尽量靠近加工表面。

（3）夹紧力的大小　通常将夹具和工件看成一个刚性系统，并且工件在切削力、夹紧力、重力和惯性力作用下，处于静力平衡状态。由平衡方程式，求出理论夹紧力，再乘以安全系数K，作为实际采用的夹紧力。K值在粗加工时取2.5～3，精加工时取1.5～2。在计算时，要注意切削力在加工过程中的作用点、方向和大小可能是变化的，应按最不利情况考虑。实际中，也常根据经验或类比法确定所需夹紧力。

1）车削夹紧力。如图 1-41 所示，工件用三爪自定心卡盘紧夹，每爪的夹紧力为 F_W，车削时，工件在直径 d 处受到切削力 F_P，F_P 分解为 F_{Px}、F_{Py}、F_{Pz} 三个分力。三个爪的夹紧力 F_W 要克服工件切削时的轴向移动力 F_{Px} 和绕轴线的转矩 M

$$M = F_{Pz}d/2$$
$$F_W \geqslant KF_{Px}/(3\mu)$$

式中　K——安全系数；

　　　μ——夹爪与工件的摩擦因数。

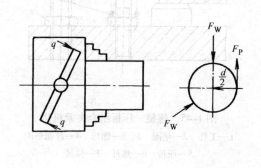

图 1-41　车削夹紧力

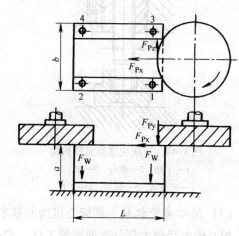

图 1-42　铣削夹紧力

2）铣削夹紧力。图 1-42 所示箱体件用四个压板将四角压在平面基准上。箱体尺寸为 $a \times b \times l$。用立铣刀铣平面时，如果不计切削分力 F_{Py} 的有利影响，则 F_{Px} 的作用使 1、3 角抬起，F_{Pz} 的作用使 1、2 角抬起。所以四角上的压力 F_W 必须足以抵抗两个切削分力 F_{Px}、F_{Pz} 的作用。于是

$$F_W \geqslant Ka\left[F_{Px}/(2L) + F_{Pz}/b\right]$$

上式中 F_{Pz} 项没有除 2，是因为 F_{Pz} 的作用主要是由 1 角压板承受的，而 F_{Px} 的作用则是由 1、3 两角压板平均分担的。由于夹紧因刀具位置变化而不同，在计算夹紧力时，应按受力最大或最不利的元件进行计算。

3. 典型夹紧机构

（1）斜楔夹紧机构　它是利用斜面将原始力转变为夹紧力，多与其他机构组合使用。图 1-43 所示为楔式螺纹夹紧机构。螺旋、偏心夹紧也是斜楔夹紧原理的变形。

（2）螺旋夹紧机构　在螺旋夹紧机构中，如果用螺钉头部直接压紧工件，因接触面积小，容易损伤工件表面，故进行了一些变形。如图 1-44 所示，在螺钉头部装摆动的压块 5，它只能上下移动，在压紧工件时不会随螺杆转动而带动工件。压块底面积大，使夹紧可靠，不会损坏工件表面。图 1-45 是螺旋—压板组合夹紧机

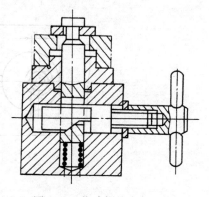

图 1-43　楔式螺纹夹紧机构

构，利用螺旋和杠杆原理实现夹紧。压板 5 开有长槽使压板能左右移动，便于装卸工件。压板由弹簧 7 支承，当卸下工件后压板不会下落。螺母 3 下有球面垫圈 4，在工件高度尺寸变化和压板倾斜时，螺杆不受弯曲力矩。垫圈 2 的作用是防止弹簧末端卡入槽内阻碍压板移动。

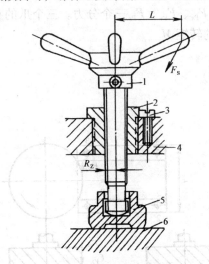

图 1-44　带摆块螺旋夹紧机构
1—手柄　2—螺母　3—螺钉
4—夹具体　5—压块　6—工件

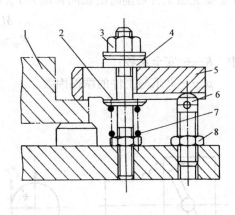

图 1-45　螺旋—压板组合夹紧机构
1—工件　2—垫圈　3、8—螺母　4—球面垫圈
5—压板　6—螺杆　7—弹簧

（3）偏心夹紧机构　圆偏心机构的基本元件为偏心轮，当原始力 F_Q 使偏心轮绕轴回转时，偏心轮半径较大部分逐渐压紧工件，产生夹紧力 F_w，并逐渐加大，将工件夹紧。由于圆偏心夹紧机构中夹压点处的升角是变化的，因而自锁性能不稳定，不宜在振动的条件下应用。除此之外，还有曲线偏心轮结构，它属于凸轮结构，制造比较复杂。

图 1-46 为几种偏心夹紧机构。图 a 为用偏心轮直接夹紧机构；图 b 为圆偏心轮与压板及与螺杆组合使用的夹紧机构。

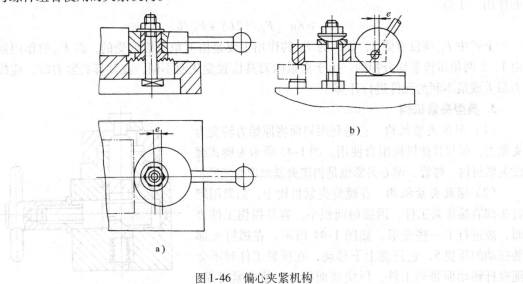

图 1-46　偏心夹紧机构
a）偏心轮直接夹紧机构　b）偏心轮与压板及螺杆组合夹紧机构

（4）其他夹紧机构

1）自动定心装置：它是一种既具有定位功能有能进行夹紧的机构（见本节 1.4.3 的 3）。

2）铰链夹紧机构：该机构结构简单，增力倍数大，动作迅速，容易改变力的传动方向，压板张开量大，但自锁性能较差。铰链夹紧机构的增力比随铰链杠杆倾角而变化，倾角愈小，增力比愈大。

3）联动夹紧机构：联动夹紧包括多点及多向联动夹紧、多件联动夹紧。

① 多点及多向联动夹紧。一个零件多处夹紧称多点夹紧；夹紧力方向不同时称之为多向夹紧。如图 1-47 所示，其中图 a 是螺旋多向夹紧机构，同时在两个方向上夹紧工件；图 b 是偏心杠杆多点夹紧机构，是在同一方向对工件的两处进行夹紧。

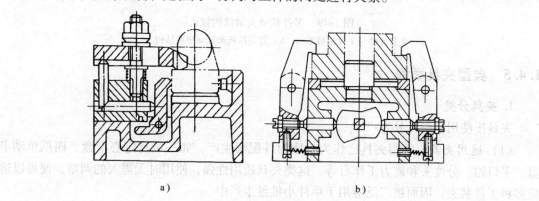

a)　　　　　　　　　　　　　b)

图 1-47　多点及多向联动夹紧

a）螺旋多向夹紧机构　b）偏心杠杆多点夹紧机构

② 多件联动夹紧。图 1-48 为多件串联式联动夹紧机构，夹紧力 F_W 依次从一个工件传到下一个工件，一次可装夹多个工件。串联式夹紧的缺点是工件定位基准位移误差逐个积累，使最后一个工件的定位基准 A_n 的位移误差为

$$\varepsilon_{Wan} = (n-1)T_b$$

即工件数量 n 愈大，ε_{Wan} 愈大，因此这种方法对工序尺寸方向与基准位移方向垂直的场合才较合适。

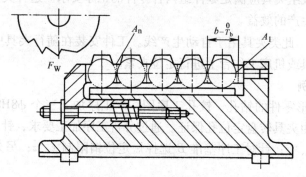

图 1-48　多件联动夹紧

在设计联动机构时，必须在机构中设置能自动调整的浮动环节，以免因工件尺寸误差造成夹紧元件与工件接触不良，而难以夹紧。对于图 1-49a 所示的问题，可采用图 1-49b 所示

的浮动压板和球面垫圈结构来解决。

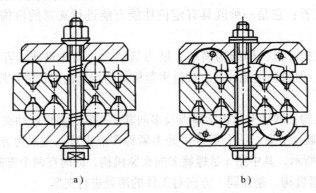

图 1-49   多件联动夹紧机构修正

a）夹紧元件与工件接触不良   b）浮动压板和球面垫圈结构

1.4.5   典型夹具举例

1. 夹具分类

夹具按使用范围可分为：

（1）通用夹具   通用夹具已作为机床附件配套生产，如三爪自定心卡盘、四爪单动卡盘，平口钳、分度头和磁力工作台等。这类夹具通用性强，使用时无需大的调整，便可以适应多种工件装夹，因而被广泛应用于单件小批量生产中。

（2）专用夹具   根据零件某个工序的加工要求专门设计的夹具。专用夹具主要用于产品和工艺相对稳定，批量较大的生产中。

（3）组合夹具   根据零件加工工序的需要，由标准夹具元件组合而成的夹具，用毕可拆卸保存待用，常用于单件小批量生产中。

（4）成组夹具   成组夹具是指在成组加工中所使用的专用夹具。在组织成组加工时，首先是根据零件的相似性，对零件归类分组，制订成组加工工艺，然后设计各工序所用的夹具。该夹具经过适当调整或更换夹具上的个别元件后，即可用于加工形状、尺寸和加工工艺相似的一类工件。成组夹具应满足零件组内各零件的工序要求。这种夹具使小批量生产有可能获得类似大批量生产的效益。

（5）随行夹具   此类夹具用于自动生产线。工件安装在随行夹具中由运输装置送往各机床，并在机床夹具或机床工作台上进行定位夹紧。

2. 专用夹具举例

图 1-50 为一扇形零件的钻孔、铰孔工序图，本工序加工三个 $\phi 8H8$ 孔，孔径精度由铰刀保证，孔位精度由夹具转盘定位孔保证。通过分析工序加工要求，针对工序基准 A 选择定位大平面限制 $\vec{y}$、$\hat{x}$、$\hat{z}$；针对工序基准 B 选择短定位销限制 $\hat{x}$、$\hat{z}$；另外增加一个挡销限制 $\hat{y}$，实现完全定位。

加工在钻床上进行。钻床夹具简称钻模。该工件的钻模如图 1-51 所示。工件以大孔、端面 A 在定位销 4 及其台阶面上定位，并以侧面靠紧在挡销 13 上。松开分度盘 7，利用手轮 10 将定位销 1 从定位套孔 12 中拨出，使分度盘与工件一起回转 20° 后，将销 1 重新插入套孔 12′（或 12″）中进行分度。拧动螺母 3，将工件夹紧。由于钻套引导钻头，保证了钻头与工件的相对位置。

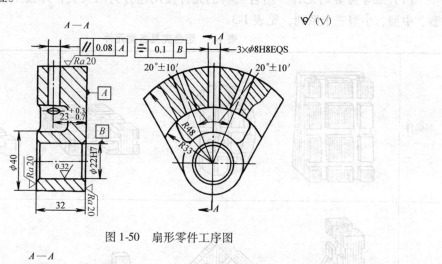

图 1-50 扇形零件工序图

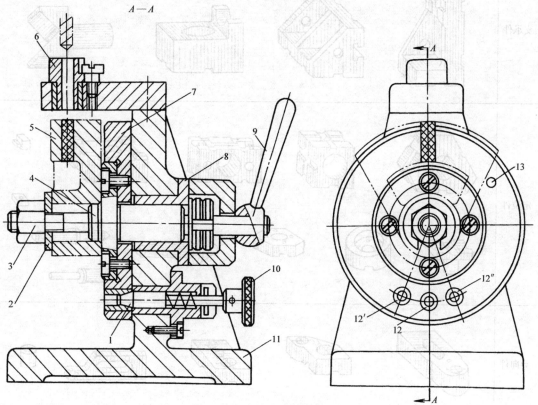

图 1-51 回转式钻模

1—定位销 2—开口垫圈 3—螺母 4—定位销 5—工件 6—钻模套 7—分度盘
8—衬套 9—手柄 10—手轮 11—夹具体 12—定位套孔 13—挡销

3. 组合夹具

组合夹具是根据工件的工艺要求，利用一套标准元件组装的夹具。组合夹具不用时可以拆卸保管。可节省专用夹具的设计和制造时间，缩短了生产准备周期。组合夹具在小批量、多品种生产中得到广泛的应用。

（1）组合夹具的元件　组合夹具的元件按用途分为八大类，并按工件外形尺寸分为大型、中型、小型三个系列，见表1-3。

表1-3　组合夹具各类元件

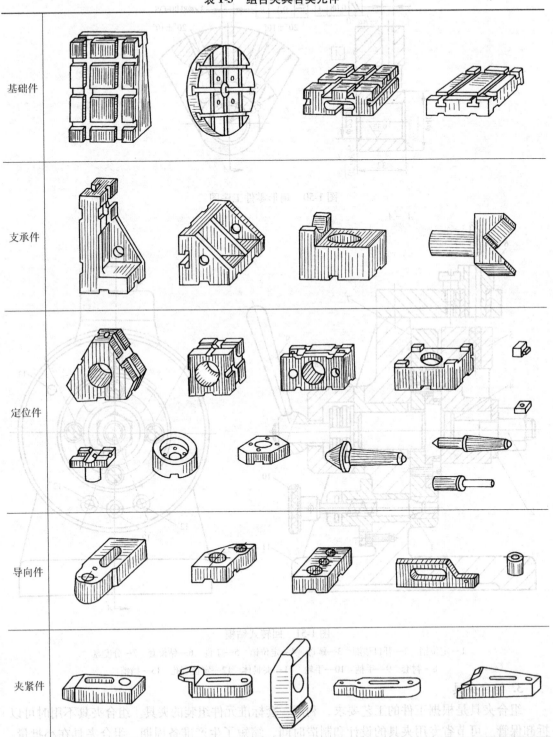

基础件	
支承件	
定位件	
导向件	
夹紧件	

（续）

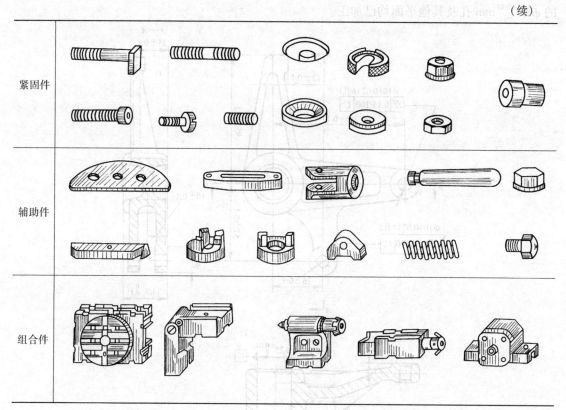

紧固件	
辅助件	
组合件	

　　1）基础件：用作夹具体，有方形、长方形、圆形和角尺形等，各面上都有 T 形槽、螺钉孔，通过定位键、螺栓来安装其他元件。圆形工作面上的 T 形槽可做成 45°或 60°径向分布，中央设有定位孔，底面有定位止口，可与机床主轴上过渡盘相连。

　　2）支承件：用于各种定位支承面，分为垫片、角铁、V 形块等垫板支承。支承件有时可以和基础件一起构成夹具体，在小型组合夹具中也可以独立作夹具体。

　　3）定位件：用作定位元件，有定位销、定位键、定位盘、定位支承、定位板、定位支座、定位轴和顶尖等。

　　4）导向件：用于确定孔加工刀具的位置和引导刀具，也可起定位件作用。有钻模板、钻套和导向支承等。

　　5）夹紧件：用来夹紧工件用的各种压板。

　　6）紧固件：包括各种螺钉、螺栓、螺母以及各种垫圈。

　　7）辅助件：即上述六类元件之外的元件，如连接板、手柄、浮动块、接头、弹簧、支承环等。

　　8）组合件：由若干元件组成的组件，在组装过程中作为一个独立单元使用。组合件有定位、导向、夹紧、分度等，如顶尖座、回转顶尖、可调 V 形块等定位组合件。折合板是导向组合件；浮动压头是夹紧组合件；端面齿分度盘是分度组合件等。

　　（2）组装举例　组合夹具的组装工作是夹具设计和装配的统一过程。组装步骤包括组装前准备、确定组装方案、试装、连接、检验等。

　　如图 1-52 所示，工序内容是钻、铰两个 $\phi 10^{+0.02}_{0}$ mm 孔，要求组装工序夹具。已知工件

的 $\phi 25_{0}^{+0.01}$ mm 孔及其他平面均已加工。

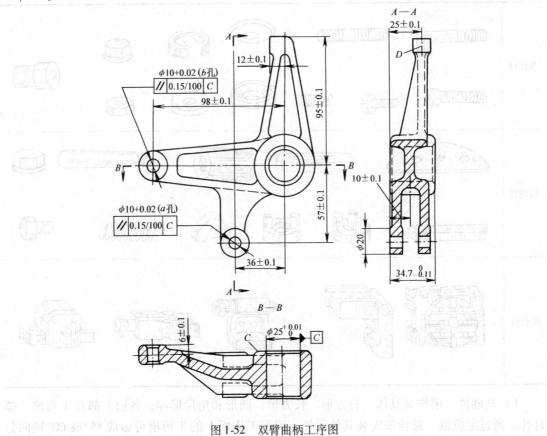

图 1-52　双臂曲柄工序图

1）根据基准重合原则，确定工件定位基准为孔 $\phi 25_{0}^{+0.01}$ mm 及端面 C。因为 $\phi 25_{0}^{+0.01}$ mm 孔的中心线是被加工孔 $\phi 10_{0}^{+0.02}$ mm 位置尺寸的工序基准，工序尺寸为（36 ± 0.1）mm 和（57 ± 0.1）mm，b 孔是（98 ± 0.1）mm，并要求平行度 0.15/100。采用长销与支承板对 $\phi 25_{0}^{+0.01}$ mm 孔与端面 C 定位，共限制五个自由度，挡板对平面 D 定位限制一个自由度，工件被完全定位。

2）组装过程如图 1-53 所示。根据工件和两块钻模板的尺寸，选用 240mm × 120mm × 60mm 长方形基础板。为便于调整，在 T 形槽十字交叉处装 $\phi 25$ mm 圆形定位销和与其相配的定位盘，装在一块 60mm × 60mm × 20mm 的方形支承块上，垫高工件，以便在 a、b 孔附近安装可调辅助支承。

将钻、铰 b 孔用的钻模板及方形支承，装在与 $\phi 25$ mm 定位销同一条纵向 T 形槽内，以便于调整尺寸 98 ± 0.1 mm。

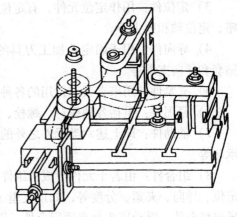

图 1-53　组合夹具组装过程

对于 a 孔的工序尺寸，采用在基础板后侧面 T 形槽中接出方形支承，组装钻 a 孔的钻模板，用方形支承垫高。

两钻套下端距离工件孔端为 0.5~1mm。

在基础板前侧面 T 形槽中装方形支承和伸长板,使 D 面定位。

习题与思考题

1-1　什么是加工工艺过程、工艺规程?工艺规程在生产中起何作用?

1-2　什么是工序、安装、工位、工步和进给?

1-3　某电感测微仪年产 1500 台,每台电感测微仪有一个测杆,已知测杆的备品率为 8%,机械加工废品率为 0.8%,试计算电感测微仪测杆的年生产纲领。

1-4　简述制订加工工艺规程的原则、步骤。

1-5　何谓机械加工余量?影响最小工序余量的因素有哪些?

1-6　何谓时间定额?零件加工的工序单件时间包括哪些部分?

1-7　提高劳动生产率的工艺措施有哪些?

1-8　何谓生产成本与工艺成本?两者有何区别?比较不同工艺方案的经济性时,需要考虑哪些因素?

1-9　何谓加工经济精度?选择加工方法时应考虑的主要问题有哪些?

1-10　何谓基准?基准分哪几类?

1-11　简述定位基准选择中,粗基准选择原则、精基准选择原则。

1-12　图 1-54 为一种箱体的一个视图,图中 I 孔为加工孔。试利用"基准重合原则"选择加工 I 孔的精基准。

1-13　工件装夹的含义是什么?在机械加工中有哪几种装夹工件的方法?简述每种装夹方法的特点和应用场合。

1-14　何谓六点定位原理?何谓"欠定位"?何谓"过定位"?欠定位与不完全定位有何区别?

1-15　在图 1-55 中,注有"✓"的表面为待加工表面,试分别确定应

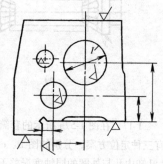

图 1-54　习题 1-12 图

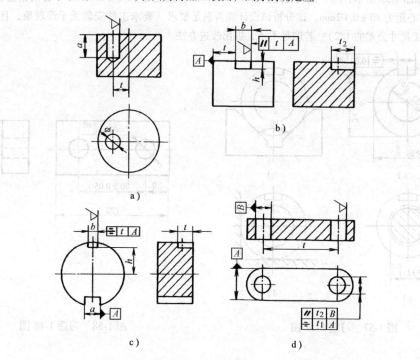

图 1-55　习题 1-15 图

限制的自由度。

1-16　根据六点定位原理，分析图1-56中a、b、c、d各图的定位方案，并判断各定位元件分别限制了哪些自由度？

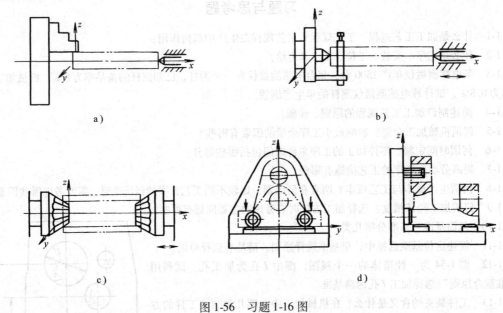

图 1-56　习题 1-16 图

1-17　在图1-57a所示的套筒零件上铣键槽，要求保证尺寸 $54_{-0.14}^{\ 0}$mm 及对称度，并在图中示意画出现有三种定位方案，分别如图b、c、d所示。试计算三种不同定位方案的定位误差，并从中选择最优方案（已知内孔与外圆的同轴度误差不大于0.02mm）。

1-18　如图1-58所示，用一面两孔定位加工 A 面，要求保证尺寸 18 ± 0.05mm。若两销直径为 $\phi16_{-0.02}^{-0.01}$ mm，两销中心距为 80 ± 0.02mm。试分析该设计能否满足要求（要求工件安装无干涉现象，且定位误差不大于工件加工尺寸公差的1/2）？若满足不了，提出改进办法。

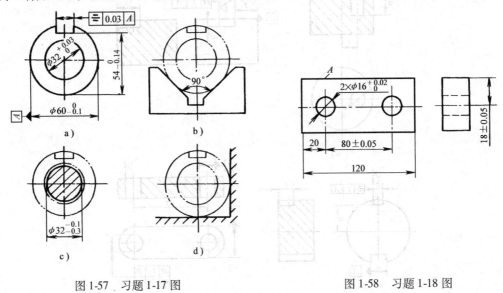

图 1-57　习题 1-17 图　　　　　　　图 1-58　习题 1-18 图

第2章 加工精度分析与制造质量监控技术

2.1 基本概念

2.1.1 精度的基本含义

加工精度是零件在加工后，其尺寸、几何形状、表面相互位置等几何参数的实际数值与理想零件的几何参数相符合的程度。符合程度愈高，加工精度愈高。

对保证仪器质量来说，不仅要使零件加工后满足上述尺寸、形状和位置等几何参数条件，还必须满足仪器工作的有关物理性能精度的要求，如力学、电学、光学等，该项指标在仪器制造中尤为重要。在某些情况下还应考虑化学性能、如耐腐蚀性等。

任何一种加工方法，不论多么精密，都不可能将零件加工得绝对准确，并且同理想零件完全一致，总会有大小不同的差异；即使加工条件完全相同，制造出的零件其精度也各不相同。零件实际几何参数与理想几何参数的偏差，称为加工误差。从仪器的使用性能来看，也没有必要把零件的尺寸、形状以及相互位置关系做得绝对准确，只要这些误差大小不影响仪器的使用性能，就允许它在一定的范围内变动，这就是公差。规定公差的目的就是为了限制加工误差，控制加工难度。

研究加工精度就是研究如何把各种误差控制在公差内，弄清楚各种因素对加工精度的影响规律，从而找出减少加工误差、提高加工精度、降低加工成本的途径。公差标准中有尺寸公差、形状公差和位置公差。与公差标准相对应，机械加工精度包括尺寸精度、形状精度和位置精度。

2.1.2 获得规定加工精度的方法

1. 获得尺寸精度的方法

试切法：就是通过试切—测量—调整—再试切的反复过程来获得尺寸精度的方法，在普通车床上车削外圆就是典型的试切法。该方法花费在测量和试切上的时间较多，而且最后一次试切容易超过公差范围，同时要求操作者有较高的技术水平。这种方法常用在单件小批量生产中，生产率比较低。

定尺寸刀具法：用具有一定形状和尺寸的刀具加工，使加工表面得到要求的形状和尺寸。例如：钻孔、铰孔、拉孔和攻螺纹等。影响尺寸精度的主要因素为刀具本身的尺寸精度、磨损和刀具安装正确与否。

调整法：用样件或首件试切，预先调整好机床、夹具、刀具与工件的相对位置和相互运动关系，再进行加工。在加工过程中，根据刀具或砂轮的磨损规律，可对机床作定期补充调整，以避免工作尺寸超差。这种方法，工件的加工精度在很大程度上取决于调整精度，对于操作工人的技术要求可以适当降低。此法广泛用于各种半自动机、自动机和自动线上，适用于成批和大量生产。

数控加工：采用数字控制法加工零件时，只要将刀具用对刀装置安装在一定的位置上，依靠软件输入的信息，通过计算机和数字控制装置，就能使数控机床保证刀具和工件间按预定的相对运动轨迹运动，获得所要求的加工尺寸。当需要加工不同的工件时，只需更换不同的软件程序，输入与加工要求相应的信息就能实现。数控加工方法越来越多地应用在各种加工类型中。

2. 获得形状精度的主要方法

零件的几何形状精度，主要由机床精度和刀具精度来保证。在机械加工中，获得零件表面形状精度的主要方法有三种：

仿形法：即使用特定形状的刀具切削工件，工件的表面形状和精度完全取决于刀具的制造精度。例如，用指状铣刀铣削齿轮齿面，用成形拉刀拉削花键孔等。在特种加工技术中的电火花、电解加工等从本质上说也是一种逐步的仿形过程。

成形运动法：即以刀具的切削刃作为一点，相对工件作一定规律的切削运动，从而使零件表面获得所要求形状的加工方法。此时刀具对工件的切削成形面即为工件的加工面。如通过刀具相对工件作各种成形运动，就可得到圆柱面、圆锥面及平面等各种不同形状的表面。

在生产中，为了提高效率，往往不用刀具刃口上的一个点，而是采用刀具整个刃口加工，如用铰刀、拉刀、成形车刀及宽砂轮等对工件进行加工。在采用成形刀具的条件下，使刀具相对于工件作展成啮合的成形运动，就可以加工出形状复杂的表面，如各种花键表面和齿形表面。

在机械加工中，采用成形运动法加工零件的各种表面，主要是通过机床上工件和刀具两大系统的相对运动实现的。因此，加工后零件有关表面的形状精度既有刀具精度本身的影响，在相当程度上也取决于所使用机床的精度。

非成形运动法：即零件表面形状精度的获得，不是依靠刀具相对于工件的准确成形运动，而是靠加工过程中对工件表面的检验和工人熟练操作技术的加工方法。典型的方法有刮削和手工研磨等。这种非成形运动法，虽然是获得零件表面形状精度最原始的方法，但直到目前为止，某些复杂的成形表面和形状精度要求很高的表面仍沿袭这种传统工艺，如具有复杂空间成形表面的模具、高精度测量平台和平尺及精密量块的加工等均属于这种方法。

3. 获得位置精度的主要方法

工件加工表面间的位置精度主要由机床、夹具和刀具的精度来保证，其中定位基准的选择和确定尤为重要。若能使有位置精度要求的各表面，在同一次安装中加工出来，采用同一个定位基准，则这些表面之间的位置精度直接由机床、夹具精度和安装精度来保证，这就是一次安装法或符合"基准统一"原则。如轴类工件内孔与外圆的同轴度，外圆与端面的垂直度，箱体孔系加工中各孔之间的同轴度、平行度和垂直度等均可在一次安装中得到保证。有些零件无法在一次安装中完成加工，则要采用不同的基准，分多次安装，这就会加大零件的位置误差。多次安装法又可根据工件的安装方式划分为直接安装法、调整安装法和夹具安装法。

2.2 影响机械加工精度的工艺因素

2.2.1 方法误差

方法误差亦称原理误差，这是由于加工时采用了近似的加工运动方式，或者形状近似的刀具轮廓而产生的加工误差。如图 2-1 所示，用滚刀在滚齿机上滚切渐开线齿形时，由于滚刀的切削刃是直线，以八条槽的滚刀为例，则在滚刀一转中就要由八条切削刃依次切出一个齿形。因此，切出的齿形并非是一条连续的渐开线，而是由 *AB*、*BC*、*CD*…折线组成的近似渐开线齿形。

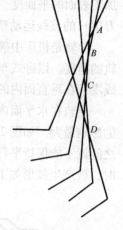

用成形刀具加工复杂的曲线表面时，要使刀具刃口做出完全符合理论曲线的轮廓，有时非常困难，常采用圆弧、直线等简单、近似的线型。例如，在仪器仪表中，当被加工齿轮精度要求不高的情况下，齿轮铣刀的齿形可以用圆弧齿形来代替渐开线齿形。

在某些情况下，采用理论上完全正确的加工运动方式或刀具轮廓，会使机床或刀具结构十分复杂。为此，可以考虑采用近似的加工运动方式或近似的刀具轮廓，其加工精度不一定比理论上完全正确的加工运动方式或刀具轮廓的低，而且还可以提高生产率和经济性。

2.2.2　机床误差

图 2-1　方法误差

机床误差主要由主轴回转误差、机床导轨误差及机床传动链误差组成。

1. 主轴回转误差

机床主轴是工件或刀具的位置基准和回转运动基准。它的误差直接影响着工件的加工精度。

主轴回转轴线是主轴回转时速度为零的一条直线，它与主轴几何轴线（通过主轴各截面圆心的线）不同，只有主轴回转时才出现，与几何轴线不一定重合。主轴回转轴线理想状态下是不变的。但是，由于主轴径向圆跳动误差、装配不良、温度及润滑剂的变化、磨损及弹性变形等因素的影响，主轴回转轴线就会发生偏移，主轴回转精度降低。如图 2-2 所示，主轴回转误差又分为轴向窜动误差、径向圆跳动误差和角度偏摆。

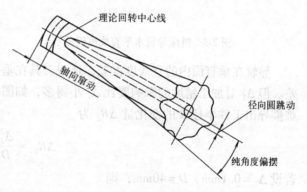

图 2-2　主轴误差

机床主轴系统的回转精度对工件加工表面的形状精度有直接影响。如在圆柱类工件精加工中，机床主轴系统的回转误差，往往是影响工件圆度的主要因素。如精密车床、坐标镗床、坐标磨床等高精度机床，其主轴回转时精度必须很高，否则难以加工出高精度的工件。实践和理论分析表明，影响主轴回转精度的主要因素有：滑动轴承或滚动轴承滚道的圆度误差；滚动轴承内外环与滚道的同轴度误差；滑动轴承的内孔和滚动轴承滚道的坡度；滚子的形状和尺寸误差；滑动轴承的间隙、滚动轴承的游隙以及切削中的受力变形等。此外，轴承定位端面与轴心线垂直度误差、轴承端面之间的平行度误差及锁紧螺母端面的跳动等，都会降低主轴的回转精度。

2. 机床导轨误差

对于刨床、铣床等平面加工机床来说，工作台（或滑枕）的直线运动精度直接影响被加工表面的平面度。对于车床、镗床等以回转运动为主切削运动的机床来说，工作台（或刀架）的直线运动精度直接影响工件外圆和孔在纵向截面内的形状误差（如圆柱度等）。

导轨是机床中确定各主要部件的相对位置的基准，机床直线运动精度主要取决于机床导轨的精度。以卧式车床为例，对机床导轨的精度要求主要有以下三个方面：在水平面内的直线度；在垂直面内的直线度；前后导轨在垂直面内的平行度。

导轨在水平面内的直线度 Δ_1 将直接反映在被加工工件表面的法线方向上，对加工精度的影响最大。如图 2-3 所示，在刀具纵向切削的过程中，刀尖的运动轨迹相对于工件轴心线之间就不能保持平行。当导轨向后凸出时，工件上就产生鞍形加工误差；而当导轨向前凸出时，就产生鼓形加工误差。

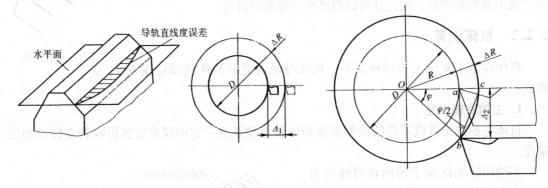

图 2-3　机床导轨水平直线度误差　　　　图 2-4　导轨垂直面内直线度误差

导轨在垂直面内的直线度误差，造成刀具在垂直方向上移动，引起被加工工件的尺寸误差。但 Δ_2 对加工精度的影响要比 Δ_1 小得多，如图 2-4 所示，因 Δ_2 使刀尖由 a 下降至 b，不难推导出工件半径 R 的变化量 ΔR_2 为

$$\Delta R_2 \approx \frac{\Delta_2^2}{D}$$

若设 $\Delta_2 = 0.1\text{mm}$，$D = 40\text{mm}$，则

$$\Delta R_2 \approx 0.25\mu\text{m}$$

即垂直方向刀尖下移 0.1mm，仅使工件半径增大 $0.25\mu\text{m}$。

从上面的分析可以看出，在车削加工中，导轨运动在水平面内直线度误差比垂直面内直线度误差对加工精度影响更大，在此可引入"误差敏感方向"的概念来分析问题。误差敏感方向是指加工中刀具接触处工件的法线方向。可以看出，车削中误差敏感方向是水平的。凡是加工误差本身的方向与误差敏感方向一致的，则此误差因素对加工精度的影响较大；若误差因素的方向与敏感方向相垂直，则此误差因素的影响较小。因此，我们可分析出平面磨床中，工作台导轨在垂直面内的直线度误差将直接反映在工件的加工误差中，而水平面内的直线度误差影响则很小。误差敏感方向的概念不仅可用来分析机床的导轨误差，而且也可以用来分析其他误差因素对加工精度的影响。

前、后导轨在垂直平面内的平行误差 Δ_3 表征前后导轨存在扭曲，刀架移动时产生摆动，刀尖的成形运动轨迹变成一条空间曲线，使工件产生形状误差如图 2-5 所示，当前后导轨有扭曲误差 Δ_3 以后，引起的加工误差 ΔR 由几何关系可得

$$\Delta R = \frac{H}{B}\Delta_3$$

一般车床的 $H/B \approx 2/3$，外圆磨床的 $H/B \approx 1$，故这类机床前后导轨的平行度误差（扭曲）几乎直接反映到被加工工件上。

上述三种导轨误差的计算，对于不同种类和规格的机床，会产生不同的影响，应根据具体情况进行计算和分析。除了导轨本身的制造误差外，导轨的不均匀磨损和安装质量，也是造成导轨误差的重要原因。例如普通车床前后导轨工作 9 个月后（两班制），磨损量可达 0.03mm。对于重型机床，由于安装不当，因机床自重而下沉的量有时可达 2～3mm。这些问题应该在安装机床时进行水平位置的调整，在制造机床时选择合适的导轨材料，对导轨面进行高质量的热处理，来改善导轨的耐磨性，提高导轨面的表面硬度。

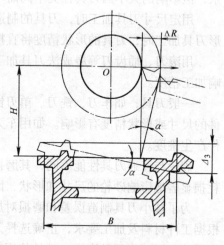

图 2-5　导轨的扭曲

3. 机床传动链误差

对于螺纹、齿轮、蜗轮加工和精密刻划等加工方式，机床传动链精度对加工精度影响很大。车削螺纹时，要求工件转一圈，刀具走一个精确导程；滚切齿轮时，要求滚刀转一圈工件转过一个分齿角。这种一定的速比关系靠传动链精度来保证。

机床传动链精度与传动链中各传动零件的制造和安装精度有关。各传动零件在传动链中所处的位置不同，则对传动精度的影响程度不同。

在具有丝杠—螺母副传动的机床中，传动链中最后一个与丝杠同步旋转的齿轮对加工精度影响最大，因为它的传动误差将以 1:1 传给丝杠。

提高传动链精度的方法，除了减少传动元件数量和提高传动元件精度外，还可以采用校正装置来减少传动链误差。

随着自动化数字控制技术的发展，采用激光干涉仪、感应同步器、磁尺、光栅和磁栅尺等精密检测元件作为位置测量装置组成的精密同步随动系统，可以省略主动和从动元件间一系列的传动副，减少了传动误差，提高螺纹和齿轮类机床的传动链精度。

2.2.3　夹具误差和磨损

夹具误差包括夹具的制造误差、定位元件和导向元件的磨损、夹具在机床上安装的误差等。

夹具误差会严重影响工件的加工精度。为了保证工件的加工精度，必须严格保证夹具的制造精度，一般来说，夹具的制造公差应小于被加工工件的公差。粗加工时，可取工件相应尺寸公差的 1/3～1/5；精加工时，可取工件相应尺寸公差的 1/2～1/3。同时，还应注意提高夹具易损件（如钻套、镗套、定位元件等）的耐磨性，当磨损到一定程度后，必须及时更换。

2.2.4　刀具误差和磨损

工件的加工精度与所采用的刀具精度、磨损程度及刀具在机床上的正确安装有直接的关系，但影响的大小因刀具种类不同而不同。

用定尺寸刀具加工时，刀具的制造误差及磨损会直接影响被加工工件的尺寸精度。用成形刀具加工时，刀具的形状精度将直接影响工件的形状精度。

用滚刀、插齿刀等展成法刀具加工齿轮时，刀具切削刃的几何形状及有关尺寸会直接影响加工精度。

一般刀具，如车刀、铣刀、单刃镗刀的制造精度对工件精度没有直接影响，但磨损对工件的尺寸或形状精度有影响。如用车刀车削一根直径较大的长轴的外圆时，车刀磨损将使工件产生锥度。

砂轮与普通刀具性能不同，其磨损比较快，尤其是内圆磨削时，砂轮尺寸较小，砂轮的耗损显著地影响砂轮的尺寸和形状，因而精磨前一般都要重新修整一次砂轮。

为了减小刀具制造误差和磨损对加工精度的影响，除应合理规定刀具的制造误差外，应根据工件材料及加工要求，正确选择刀具材料、几何参数、切削用量，同时选择合适的冷却润滑液，对减小刀具磨损，延长使用寿命非常重要。

2.2.5　工艺系统的受力变形

1. 基本概念

在仪器制造中由机床、夹具、刀具、工件所组成的工艺系统是一个弹性系统。在切削力、传动力、重力、惯性力、夹紧力等外力的作用下，该弹性系统会产生相应变形，从而破坏刀具与工件之间预先已经调整好的正确相对位置，使工件的加工精度下降。例如，将工件装在前后顶尖上车削细长轴时，若不采取任何工艺措施，工件在切削力作用下会发生变形，使加工出来的轴出现中间粗两头细的形状；在内圆磨床上以切入式磨孔时，由于机床系统的受力变形，加工后孔尺寸比事先调整好的尺寸大。因此，为了消除工艺系统的弹性变形对加工精度的影响，必须采取一定的工艺措施。

工艺系统是各种零部件按不同连接方式和运动方式组合起来的总体，因此它受力后的变形是复杂的，其中包括弹性变形、塑性变形、摩擦和间隙的影响。为了研究与比较工艺系统抵抗变形的能力，减小受力变形对加工精度的影响，首先需要建立刚度的概念，在此基础上来分析问题。

刚度(J)是物体抵抗使其变形的外力的能力

$$J = F/Y$$

式中　F——外力（N）；

　　　Y——外力作用方向的变形量（mm）。

如果引起弹性变形的外力是一个大小、方向和作力点都不变的静力，则由此力和变形关系所决定的刚度称为静刚度；如果引起弹性变形的外力是一个交变力，则力的变形所决定的刚度称为动刚度。静刚度影响工艺系统的受力变形，进而影响工件的加工精度，在本节中为叙述方便，把静刚度简称为刚度。动刚度主要影响工艺系统的振动，在表面质量一节中，我们再讨论有关动刚度的问题。

2. 工艺系统刚度及其对加工精度的影响

在机械加工过程中，机床、夹具、刀具和工件在切削力的作用下，都有不同程度的变形，致使刀具和被加工表面的相对位置发生变化，因而产生加工误差。工艺系统受力作用的变形 $Y_{系}$ 是各组成部分变形的叠加值

$$Y_{系} = Y_{机床} + Y_{夹具} + Y_{刀具} + Y_{工件}$$

由刚度的定义可知

$$\frac{1}{J_{系}} = \frac{1}{J_{机床}} + \frac{1}{J_{夹具}} + \frac{1}{J_{刀具}} + \frac{1}{J_{工件}}$$

我们以在车床上用顶尖装夹光轴进行纵向车削为例，来说明加工中受力变形的分析方法和受力变形的规律，以便在分析其他种类的机床刚度时，可以推而广之。

由于刀具变形对工件直径尺寸影响很小，可以忽略不计，而在此加工中没有使用专用夹具，故有

$$Y_{系} = Y_{机床} + Y_{工件}$$

机床的变形 $Y_{机床}$ 是各部件变形的综合结果。我们以车床的刚度分析为例，来说明工艺系统刚度分析的步骤和方法，如图 2-6 所示。此外由于车削加工中加工误差的敏感方向是水平的，故只需分析吃刀抗力 F_Y 作用方向的机床变形。

在切削过程中，刀架沿纵向进给，其位置距离尾架为 x，在吃刀抗力 F_Y 的作用下，头架由位置 A 位移到 A'，尾座由 B 位移到 B'，刀架由 C 位移到 C'，它们的位移分别为 $Y_{头架}$、$Y_{尾架}$、$Y_{刀架}$。此时工件的轴心线在头架和尾座位移的带动下由 AB 移到 $A'B'$。$J_{头架}$、$J_{尾架}$、$J_{刀架}$，三者的位移量分别为

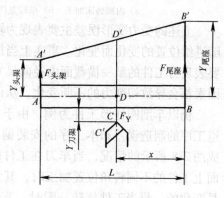

图 2-6　机床刚度分析

$$Y_{头架} = \frac{F_{头架}}{J_{头架}} \qquad Y_{尾架} = \frac{F_{尾架}}{J_{尾架}} \qquad Y_{刀架} = \frac{F_Y}{J_{刀架}}$$

由于 $Y_{头架}$ 和 $Y_{尾架}$ 造成的刀尖和工件的相对位移 DD' 可根据几何学推导为

$$DD' = \frac{F_Y}{J_{头架}}\left(\frac{x}{L}\right)^2 + \frac{F_Y}{J_{尾架}}\left(\frac{L-x}{L}\right)^2$$

$Y_{头架}$、$Y_{尾架}$、$Y_{刀架}$ 而造成的机床总变形为

$$Y_{机床} = DD' + CC' = \frac{F_Y}{J_{头架}}\left(\frac{x}{L}\right)^2 + \frac{F_Y}{J_{尾架}}\left(\frac{L-x}{L}\right)^2 + \frac{F_Y}{J_{刀架}}$$

工件本身的受力变形可按材料力学公式估算为

$$Y_{工件} = \frac{F_Y(L-X)^2X^2}{3EIL}$$

故可得

$$\frac{1}{J_{系}} = \frac{1}{J_{头架}}\left(\frac{X}{L}\right)^2 + \frac{1}{J_{尾架}}\left(\frac{L-X}{L}\right)^2 + \frac{1}{J_{刀架}} + \left(\frac{(L-X)^2X^2}{3EIL}\right)$$

由此可见，工艺系统的刚度在沿工件轴向的各个位置是不同的，所以加工后工件各个横截面上的直径尺寸也不相同，造成了加工后工件轴向的形状误差（如锥度、鼓形、鞍形

等）。图 2-7 表示在内圆磨床、单臂龙门刨床和卧式镗床上加工时，工艺系统中对加工精度起决定性作用的部件的变形情况，它们都是随施力点位置的变化而变化的。图 2-7d 同样表示镗孔加工，但采用了工件进给而镗杆不进给的方式，此时工艺系统刚度不随施力点位置变化，镗杆受力情况从悬臂梁变成简支梁，从而大大地提高了加工精度。

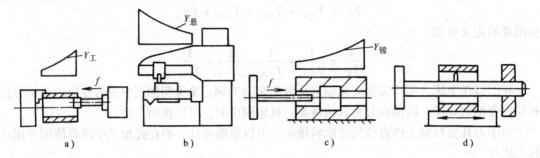

图 2-7　工艺系统刚度变化的分析

a) 内圆磨床加工　b) 单臂龙门刨床加工　c) 卧式镗床上加工　d) 卧式镗床上加工

上述的受力变形误差主要表现为轴向误差，其产生的根本原因，是由于工艺系统的刚度随进给位置的变化而变化。事实上当加工过程中切削力变化时，也会导致变形误差产生，主要表现为工件的某一横截面内径向尺寸误差。工件毛坯加工余量的不同和材料硬度的变化等因素都会导致切削力的不断变化，从而产生受力变形，造成工件尺寸和几何形状的变化。

仍以车削圆柱形工件为例，由于毛坯或上一道工序的制造误差和本工序的安装偏心，就会造成图 2-8 所示的情况，当车刀在工件同一径向截面上工件的不同转角位置加工时，其背吃刀量 a_p 是变化的。每当工件旋转一圈时，其最大背吃刀量为 a_{p1}，而最小背吃刀量为 a_{p2}，背吃刀量的变化量

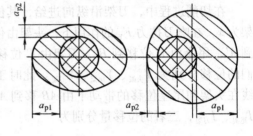

图 2-8　毛坯误差

$$\Delta a_p = a_{p1} - a_{p2} = \Delta_{毛}$$

式中　$\Delta_{毛}$——毛坯在半径上的尺寸差。

根据切削力计算公式

$$F_Y = C_{py} a_p f^{0.75}$$

式中　C_{py}——切削力系数；

　　　　a_p——背吃刀量；

　　　　f——进给量。

工艺系统中，两者变形量之差为

$$\Delta Y = Y_1 - Y_2 = \frac{C_{py} f^{0.75} (a_{p1} - a_{p2})}{J_{系}}$$

这里 Δa_p 是由于毛坯误差造成的，故用 $\Delta_{毛}$ 代替 Δa_p，则

$$\Delta Y = \frac{C_{py} f^{0.75} \Delta_{毛}}{J_{系}}$$

ΔY 就是工件同一径向截面上，由于实际切深不同而导致切削力不同，最后造成加工后

工件在半径上的径向尺寸误差 $\Delta_\text{工}$。将上式移项得

$$\frac{\Delta_\text{工}}{\Delta_\text{毛}} = \frac{\Delta Y}{\Delta a_\text{p}} = \frac{C_\text{py} f^{0.75}}{J_\text{系}} = K$$

或

$$\Delta_\text{工} = K\Delta_\text{毛} \qquad \Delta Y = K\Delta a_\text{p}$$

即：每进给一次，毛坯的误差会以一定的缩小比例"复映"在加工后的工件上。这个比值 K 称为"复映系数"，它与 $J_\text{系}$ 成反比，正常的加工系统 K 小于 1。

"复映"的意义是：毛坯椭圆，加工后工件仍为椭圆；毛坯偏心，加工后工件仍有偏心。但椭圆度和偏心度减小了，工件加工后的这种误差称为"复映误差"。这种误差传递规律称为"误差复映规律"。

如果以粗车过一刀的工件为"毛坯"（其实是光坯），再精车一刀，则精车后工件的误差为

$$\Delta_{\text{工}2} = K_2 \Delta a_{\text{工}1}$$

而

$$\Delta_{\text{工}1} = K_1 \Delta_\text{毛}$$

故

$$\Delta_{\text{工}2} = K_1 K_2 \Delta_\text{毛} = K_{12} \Delta_\text{毛}$$

即经过粗车、精车两次进给后的复映系数

$$K_{12} = K_1 K_2$$

同理，如果某加工表面经过 n 次进给（或工序）加工，则总的加工误差为

$$\Delta_{\text{工}n} = K_1 K_2 K_3 \cdots K_n \Delta_\text{毛} = K_\text{总} \Delta_\text{毛}$$

这就告诉我们多次进给能提高加工精度，给我们建立了一个机械加工过程的"渐精概念"。说明了毛坯误差较大或工件精度要求较高时，为什么要采用多次加工的道理，以及制定工艺规程时，为什么一个加工表面要分成粗加工、半精加工、精加工和超精密加工等阶段，才能获得最后高精度的要求。当然，我们不能孤立地看待"渐精加工"的作用，因为影响加工精度的因素很多，比如某台外圆磨床主轴的径向圆跳动为 $2\mu\text{m}$，则用这台磨床磨出的工件外圆径向圆跳动不可能小于 $2\mu\text{m}$，渐精加工毕竟是有限的，从前面分析计算可以看出，只有当复映系数 $K < 1$，多次进给才有实际意义。

仪器制造中除了切削力作用于工艺系统外还受到其他力的作用，如传动力、惯性力、夹紧力、工件的重量、机床移动部件的重量等，它们也能使工艺系统中某些环节的受力变形发生变化，从而造成加工误差，具体问题分析时，可参考相关资料。

3. 减少工艺系统受力变形的途径

（1）提高机床部件中零件间结合表面的质量　如提高机床导轨的刮研质量，提高顶尖锥体同主轴和尾座导筒锥孔的接触质量，提高刀架镶铁的刮研质量，都能减小结合面的表面粗糙度值和提高结合面的形状精度，使实际接触面积增加，使微观表面和局部区域的弹性、塑性变形减小，从而有效地提高接触表面的刚度。

（2）对部件运动面预加载荷　一般机床主轴部件常用预加载荷的滚动轴承结构。机床主轴使用一段时间后，由于磨损或松动，需要进行合理地调整，以保证适当的预加载荷。同样，刀架的楔铁也需经常调整以保证恰当的紧度。预加载荷不但能消除结合面间的间隙，而且可以增大实际接触面积，从而提高表面间接触刚度。

（3）提高工件定位基面的精度和减小定位基面的表面粗糙度值　工件的定位基面一般总是承受夹紧力和切削力的作用，定位基面若有较大的尺寸误差、形状误差和粗糙度值，

会产生较大的接触变形。例如在外圆磨床上磨轴，若轴的中心孔质量不高，就不能磨出正圆形的表面。

（4）设置辅助支承，提高工艺系统刚度 例如车床上加工细长轴时，工件刚度差，应采用中心架或跟刀架来提高工件的刚度。在六角车床上加工较细的轴类零件时，为了增强刀架刚度，常采用导套、导杆辅助支承副来加强刀架的刚度。

（5）采用合理的安装夹紧方式减少装夹变形 在加工薄壁有色合金零件时尤为重要。

2.2.6 工艺系统的受热变形

热胀冷缩是物体的热物理性质之一，它对于精密机械及精密仪器的设计、制造和使用均有重要的影响，温度变化引起的工件热变形误差对加工精度的影响是很大的。国内外的专家学者在统计调查了热变形误差对机械加工业的影响以及热变形误差占加工总误差的比例之后，普遍认为在目前的精密加工中，热变形误差已占到总误差的40% ~ 70%。例如在磨削400mm 长的丝杠螺纹时，被磨丝杠的温度若比机床母丝杠高1℃，则被磨丝杠的热伸长为4.7μm，而5级丝杠的螺距累积误差在40mm 长度上不允许超过5μm 左右。由此可见其影响。

工艺系统的热变形可分为工件热变形、机床热变形和刀具热变形，从本质上说这三种热变形都是通过破坏原先调整好的刀具和工件之间的相对位置，通过改变实际背吃刀量来形成加工误差的。

1. 热源种类

引起工艺系统热变形的热源分为内部热源和外部热源两大类。内部热源主要是指因相对运动等而产生的摩擦热和因加工过程而存在于工件、刀具、切屑及切削液中的切削热；外部热源主要指环境温度和辐射热（如阳光、照明灯、暖气设备、人体等）。

（1）切削热 切削热对工件加工精度的影响最直接。在工件切削加工过程中，消耗在弹塑性变形及刀具、工件和切屑之间摩擦的能量，绝大部分转变成热能，成为切削热。

不同种类切削加工的热量传入刀具、切屑和工件的比例是不同的。一般来说，车削时传给工件的热量约占30%；铣、刨加工时传给工件的热量约占30% 以下；钻削和镗削时，由于有大量切屑留在孔中，因此传给工件的热量多达80% 以上。磨削加工时，由于切屑很小，故带走的热量非常有限，约4%，传给砂轮的热量约12%，而约84% 的热量传给工件，使磨削区的温度可高达800 ~ 1000℃造成磨削烧伤等。因此，磨削热对工件的加工精度和表面质量影响较大，也是产生磨削烧伤和磨削热裂纹的根本原因。

（2）摩擦热 机床有各种运动副，如主轴、离合器、齿轮副、导轨副、丝杠副等，它们在相对运动时会产生一定的摩擦力并消耗一定的机械能，这些能量大部分转化为摩擦热，另外机床的液压系统、电动机等动力源也要发热，这些转化热也是内部热源的一种。虽然摩擦热所导致的绝对温升，没有切削热那么明显，但它却是导致机床产生热变形的主要原因。因而破坏了工艺系统原有的精度。

（3）辐射热及环境温度 工艺系统周围环境的温度，随气温变化及昼夜温度的变化而变化，车间内局部温差、空气对流、热冷风等，都会使机床的温度发生变化。靠近窗口的机床受到日光照射，因上下午照射情况不同，机床的温升和变形亦不同，而且日光通常只能照射机床的一侧或局部的位置，受到照射的部分与未受照射的部分之间会出现温度差，从而使机床产生变形。照明灯光、取暖设备的影响，与日照的影响相类似，对于某些精密加工，工作人员的体温对加工精度都会产生类似的影响。

2. 刀具的热变形

切削加工中切削热的大部分被切屑带走，传给刀具的热量只占很小部分。但是刀具的体积小，热容量小，刀具温升非常高，它对加工精度的影响有时是不能忽视的，刀具的热变形对不同种类的加工影响不同，定尺寸刀具、成形刀具的热变形对加工精度影响较大。例如，用高速钢车刀车削时，刀头部分的温度可高达 700 ~ 800℃，刀具的热伸长量可达 0.03 ~ 0.05mm。车刀温升虽高，但一般会很快进入热平衡、且由于一般的刀具尺寸简单、形状规则，车刀的热变形无论是计算、验证还是补偿都较容易。如图 2-9 所示，曲线 A 表示了车刀在连续工作状态下的变形过程；曲线 B 表示在加工一批短小轴类零件时，由于刀具间断切削而温度忽升忽降所形成的变形过程。间断切削车刀达到热平衡所需要的时间比连续切削时车刀达到热平衡所需要的时间要短。间断切削刀具总的热变形比连续切削要小一些，其波动量最后保持在 Δ 范围内。车刀的热变形，一般只影响尺寸精度。

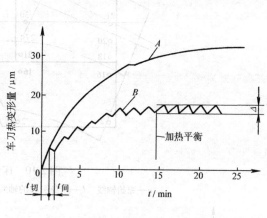

图 2-9　刀具热伸长

3. 工件热变形对加工精度的影响

工件在机械加工中所产生的热变形，主要是受切削热的影响。切削热对工件的影响一般来说是不均匀的，切削区域的温度远高于其他区域的温度，切削热在工件上所形成的是非均匀、非稳定的温度场，即是空间和时间的函数。工件处在这样的温度场中，随着切削时间的增加，工件的平均温升逐渐增加，其热变形也逐渐增加，工件的热变形理论分析非常复杂，必须在精确求解温度场的基础上，借助于热弹性力学，分析热应力和热变形后，才能得出热变形量。一般而言，工件质量越小，加工中零件温差越大，工件热变形问题越突出。

4. 机床热变形对加工精度的影响

对某一台机床而言由于内部热源分布不均匀，结构复杂，尺寸形状各异以及工作条件变化很大等原因，机床各个部分的温升是不同的，甚至同一零件各个部分的温度也有明显差异，这就使机床各种部件相互位置发生变化，从而破坏了机床原有的相互位置精度。

不同类型的机床，其内部主要热源各不相同，机床在工作状态下热变形的形式是多种多样的。热变形对加工精度的影响也不相同。图 2-10 所示为一台 C620-1 车床以 1200r/min 空转 6 小时后的温度场分布。主轴在水平和垂直方向发生偏离，同时，热量传至床身使床身上凸，引起主轴轴线再偏离，在轴线总偏离中，床身所引起的约占 75%，主轴本身的偏离只占 25%，图 2-11 所示为主轴抬高量和倾斜量与运转时间的关系。据实测，主轴轴线在垂直方向上位移 140μm，倾斜 60μm/300mm；而在水平方向上位移约 8μm，倾斜 0.3 ~ 0.8μm/300mm。虽然垂直方向热变形大，但它不在误差敏感方向上，故对加工精度影响较小，而在水平面内的热变形对加工精度的影响较大，需注意控制。

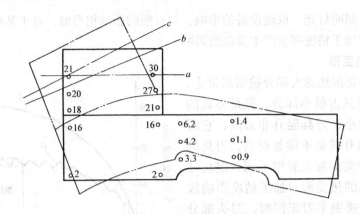

图 2-10　床身温度场分布

a—原始轴线　b—床身引起的轴线偏离　c—主轴本身引起的轴线偏离

图 2-11　机床主轴偏离和抬高曲线

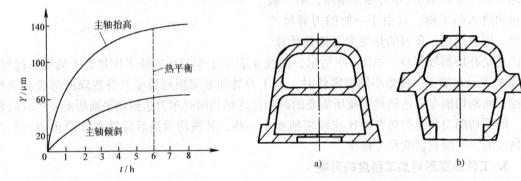

图 2-12　刨床滑枕截面热对称设计

a) 原滑枕结构　b) 改进后滑枕结构

5. 减少工艺系统热变形的措施

（1）减少发热和隔热　对于切削热，可控制切削用量；对于摩擦热可采用气浮、液压主轴和导轨减小摩擦。同时压力介质还可以带走热量，而且还有均化误差的作用，对于提高主轴和导轨精度很有好处；对电动机、液压系统、液压箱、变速箱等产生热源的部件，从主机中分离出去或采用隔热罩将热源隔开。

（2）合理设计机床结构　从机床结构设计上采取措施，把热变形的影响减至最小，国产 B665 牛头刨床原滑枕截面设计为图 2-12a 所示的结构，这种滑枕移动时对工件台面的平行度一直不稳定。夏天合格，冬天不合格，上翘热变形达 0.25mm。原因是滑枕底部的运动摩擦发热，其热膨胀比上面大，迫使其弯曲。后改成图 2-12b 所示的结构，将导轨布置在滑枕截面中间，用在 BA6063 上，上翘热变形下降到 0.01 ~ 0.015mm。

除以上措施外，为了消除或减小工艺系统的热变形，还常采用以下措施：

（1）恒温技术　将机床或仪器置于恒温室内，有的还要局部再恒温，使温度保持在标准温度 20℃，以减小热变形误差。恒温精度分为一般级为 ±1℃，精密级为 ±0.5℃，超精密级为 ±0.01℃。恒温技术是常规的措施，但造价昂贵，恒温精度提高一个数量级，成本会急剧增加。

（2）建立底座或床身的热变形数学模型，对热变形进行补偿和修正　此方法易行，但必须预先准确获知其热变形的规律，才能建立一套数学模型，然后利用计算机进行误差补偿和修正。

2.2.7　工件安装、调整和测量的误差

1. 工件安装误差

工件安装误差是指工件在夹具中定位和夹紧时产生的误差。例如，一批工件在夹具中定位时，由于每个工件的定位基面和夹具定位元件本身的误差造成的贴紧程度不同，圆柱定位面间的间隙等都会使工件定位时的实际位置有差异。由于工件的定位基准和设计基准不重合所产生的误差以及在夹紧过程中工件的偏移和变形都属于安装误差。

2. 调整误差

在机械加工的每一个工序中，总要进行这样或那样的调整工作。例如，在机床上安装夹具；按加工要求调整刀具至加工尺寸；在刀具、夹具位置固定后检查调整精度等。调整误差是指在开始机械加工前，由于工艺系统各部分的调整所带来的误差。

调整精度除了和所进行的调整工作有关外，还和采用的调整机构有关。如果采用定程机构调整，则行程挡块、靠模、凸轮等机构的制造精度以及它们配合使用的电、液、气动元件的灵敏度等都对调整精度有影响；如果采用样件、样板（包括对刀块）调整，则样件、样板等的制造误差、安装误差和对刀误差以及他们的磨损等都对调整精度有影响。

3. 测量误差

测量仪器的测量误差包括量仪本身的误差和测量过程条件变化引起的误差。加工过程中的测量误差是确定工件尺寸的量具、量仪或机床检测元件（丝杠、感应同步器、光栅、激光干涉仪等）本身的误差和测量过程引入的误差之和。

仪器误差：量具和量仪在设计原理、制造和安装上的缺陷带来的误差。

测量过程误差：量具、量仪或机床上的检测元件在使用过程中，由测量方法、环境条件和操作人员经验等引入的误差。一般测量过程误差在低精度量具和量仪中比仪器误差小得多，可以忽视。而在高精度仪器和机床精密检测元件中，则往往在测量误差中占相当比例，不可忽视。

2.2.8　工件内应力引起的变形

在铸造、锻造或焊接及热处理过程中，各部分热胀冷缩不均匀以及金相组织转变时的体积变化，在毛坯内部产生了相当大的内应力，毛坯成形后，这些应力不可能完全消失，有一部分遗留下来，残留在零件内部，这就是残余内应力。具有内应力的毛坯在短时间内是不会由于产生变形而显示出来，因为内应力暂时是处于相对平衡的状态的。当进行后续的切削加工时，表层金属被去掉，就会打破这种平衡，内应力会重新分布，并发生变形，直到建立新的平衡。

图 2-13a 表示一个内、外壁厚相差较大的铸件，在浇铸后的冷却过程中产生内应力的情况。当铸件冷却后，由于壁 1 和 2 比较薄，散热较易，所以冷却较快；壁 3 较厚，所以冷却较慢。当壁 1 和壁 2 由塑性状态冷却到弹性状态时（约在 620℃ 左右），壁 3 的温度还比较高，尚处于塑性，所以壁 1 和壁 2 收缩时壁 3 不起阻挡变形的作用，铸件内部不产生内应力。但当壁 3 也冷却到弹性状态时，壁 1 和壁 2 的温度已降低很多，收缩速度变得很慢，而

这时壁3收缩较快，就受到壁1和壁2的阻碍，因此，壁3受到了拉应力，壁1和壁2受到压应力，形成了相互平衡的状态。此时如果在该铸铁件壁2上开一个缺口，如图2-13b所示，则壁2的压应力消失。铸件在壁3和1的内应力作用下，壁3收缩，壁1伸长，发生弯曲变形，直至内应力重新分布达到新的平衡为止。这个例子就是典型的残余应力产生的过程，以及它导致变形的本质。推广到一般情况，各种铸件都难免产生冷却不均匀而形成内应力。铸件的外表面总比中心部分冷却得快。例如机床床身，为了提高导轨面的耐磨性，常采用局部急冷工艺，使它冷却更快一些，以获得较高的硬度，这样在床身内部所形成的内应力就更大，当粗加工刨去一层金属后，如图2-13c所示，就像图2-13b中的铸件壁2上开口一样，引起了内应力的重新分布，产生弯曲变形如图2-13d所示。由于这个新的平衡过程需要一段较长的时间才能完成，因此尽管导轨经过了精加工当时达到了精度要求，但床身内部组织还在继续转变，一段时间后，变形就显露出来，导轨也丧失了原有的精度。切削加工不仅改变残余应力的分布，而且切削加工以及其他加工方法在加工零件过程中，也会因为这种力、热的不均匀效应而产生残余应力。

　　为了减小内应力，我们常对工件进行时效，时效工艺常分为人工时效、自然时效。自然时效就是将毛坯或工件长期放在室内或室外，使其受气温变化的影响，自然松弛和变形，以减小内应力；人工时效就是采用人为的办法来减小工件的内应力。

　　时效的本质是利用金属材料产生蠕变，从而导致应力松弛。如图2-14a所示的螺栓将两个构件压紧，在螺栓里将产生拉应力和拉应变，随着时间的推移，螺栓里会逐渐发生塑性变形，这种现象称之为蠕变。蠕变的产生减小了弹性应变，降低了材料

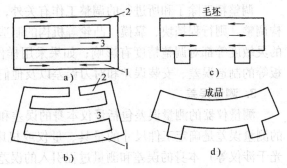

图2-13　残余应力产生过程示意图
a) 内、外壁厚差大的铸件　b) 铸件壁开口
c) 刨粗加工　d) 内应力引起弯曲变形

内部的应力，即发生了应力松弛现象。蠕变越大，材料内应力减小越显著，蠕变进行越迅速，应力减小越快。蠕变可以看做是与时间相关的塑性变形。更重要的是它和温度有关，它与温度之间的关系可以用图2-14b说明，曲线 a 表示常温时、曲线 b 表示高温时、曲线 c 表示更高温时蠕应变和时间的关系，可见常温下蠕变进行很缓慢，而且应变量有个极限值，因而蠕变量很小，这事实上对应于自然时效；在高温时情况明显不同，随着温度的升高，蠕变率加快，因而所导致的应力松弛现象就十分明显，故本质上，人工时效中的高温时效、低温时效、正火、回火等方法也正是利用这一点来加速减小残余应力。不言而喻，在残余应力大幅度减小的过程中必将伴随着这种蠕变所带来的永久塑性变形，这也就是残余应力变形的产生过程。

　　精密测量仪器的基座、导轨等重要零部件，在仪器使用过程中是提供直线运动的基准的，因而其尺寸和形状的长期稳定性非常重要。对于这种零部件，有时要经过多次人工时效和较长时间的自然时效。比如某一米测长机的导轨要经过三次人工时效，第一次对导轨毛坯进行550℃人工时效，第二次在粗刨后进行300℃人工时效，第三次在半精刨后再进行300℃人工时效，最后再进行长达半年之久的自然时效。除时效外，去除应力的方法还有：对锻件进行退火或正火处理，焊接件进行正火处理，淬火件进行回火处理，热循环稳定化处理等。

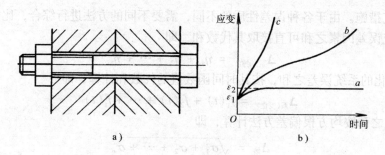

图 2-14　蠕变

a）螺栓压紧两个构件　b）蠕变与温度之间关系

2.3　加工误差分析和加工质量监控

2.3.1　加工误差的性质

区别加工误差的性质是研究和分析加工精度问题的重要环节。只有在弄清加工误差性质的基础上，才能有的放矢地予以控制和减少加工误差，从而保证加工精度。根据各种加工误差在一批零件加工中出现的规律，可归纳为系统误差和随机误差两大类。

系统误差又分为常值系统误差和变值系统误差两种。前面我们谈到的方法误差，机床、刀具和夹具的制造误差等，都属于系统误差。在热平衡之前，工艺系统的热变形误差可以看做是随时间变化的变值系统误差；刀具的磨损误差也是与时间相关的变值系统误差。

同一条件下连续加工一批零件时，误差的大小和方向是无规律地出现的，有时大、有时小，有时正、有时负，这类误差称为随机误差。例如用同一把钻头，在相同条件下加工一批孔，其结果各个孔的直径不完全相同，而且引起孔径变化的原因是不明确的，诸如加工余量不同、工件材料硬度差异以及内应力和夹紧力的变化等因素都会产生这一后果，所有这些因素，当在每个工件上钻孔时都是变化的，而且没有一定的规律，这些因素所引起的误差就是随机误差，这项误差虽然对于每一个工件来说是不定的，但对一批工件来说，其余量、硬度、内应力和夹紧力等的差异大小仍在一定的范围之内。因此，由这些因素造成的各项随机误差综合影响的结果，对同一批工件这一总体来说，却有一定的范围和特性，并可用数理统计找出它的总体规律。

一般来说，常值系统误差在查明其大小和方向后，可通过相应的调整工艺设备和检测设备等办法予以消除。有时还可以人为地用一种常值系统误差去抵偿原来的常值系统误差。对变值系统误差，可以在掌握其变化规律后，通过自动连续补偿、周期补偿等办法加以控制。随机误差因无明显出现规律而不可完全消除，只能对其产生原因采取适当措施以便减小其影响。例如对毛坯带的误差，可以从缩小毛坯本身误差和提高工艺系统刚度两方面来减小其影响。随着科学的发展，某些随机误差因素亦已经逐渐能被人们所控制。例如闭环系统的数控机床，控制了由于开环系统中步进电动机丢失脉冲等原因造成的随机误差。自适应控制机床能随着工件余量、硬度不均匀，而自动调整进给速度等参数，使切削力保持不变，控制了余量和硬度不均带来的随机误差。

在实际生产中出现的各种性质的误差综合影响着加工精度。当我们需要估计某一具体加工情况下的加工精度时，就要对各项误差进行综合，确定能否满足加工精度的要求，以便采取必要的工艺措施。由于各种误差性质的不同，需要不同的方法进行综合，比如：

m 个定值系统误差因素之和可直接取其代数和，即

$$\Delta_{\text{系（定值）}} = \eta_1 + \eta_2 + \cdots + \eta_m$$

i 个随时间变化的系统误差之和，按其时间函数值的代数和计算，即

$$\Delta_{\text{系（变化）}} = f_1(t) + f_2(t) + \cdots + f_i(t)$$

n 个随机误差之和按均方根偏差方法计算，即

$$\Delta_{\text{随}} = \sqrt{\sigma_1^2 + \sigma_2^2 + \cdots + \sigma_n^2}$$

这三类误差的综合误差为

$$\Delta_{\text{总}} = \Delta_{\text{系（定值）}} + \Delta_{\text{系（变化）}} + \Delta_{\text{随}}$$

2.3.2 加工误差的统计分析

在实际生产中，影响加工精度的因素很多，这些因素往往是综合地对加工精度产生影响，而且其中还有不少是带有随机性的。对于一个受具有随机性的多误差影响的工艺过程，只有借助于概率统计的方法来进行研究，才能得出正确的符合实际的结果。由概率论与数理统计学可知，随机误差的统计规律，可以用它的概率分布表示。如果我们掌握了工艺过程中的各种随机误差的概率分布，又知道了变值系统误差的变化规律，那么就能对工艺过程进行有效地主动控制，使工艺过程按一定要求顺利进行。

1. 正态分布分析法

利用调整法在相同条件下连续加工一批工件时，若同时满足下列三个条件：无变值系统误差（或有而不显著）；各随机因素是相互独立的；各随机因素中没有一个是起主导作用的，则工件的加工尺寸就服从正态分布。在上述三个条件中，若有一个条件不满足，则加工工件的尺寸就不一定呈正态分布。

加工尺寸的正态分布的概率密度函数为

$$y = \frac{1}{\sigma \sqrt{2\pi}} \exp\left[-\frac{(x - \bar{x})^2}{2\sigma^2} \right]$$

式中　y——分布曲线的纵坐标（表示某一尺寸出现的频率或频率比）；

　　　x——分布曲线的横坐标（表示工件尺寸）（$-\infty < x < +\infty$）；

　　　$\bar{x}$——本批工件尺寸的平均值；

　　　σ——方均根偏差（$\sigma > 0$）。

该正态分布有两个特征参数：算术平均值 $\bar{x}$ 和方均根偏差 σ。σ 只影响正态分布曲线的形状，σ 越大，尺寸愈分散，表示加工精度就愈差；反之 σ 越小，尺寸愈集中，精度就愈高。$\bar{x}$ 代表曲线分布中心的位置。因此方均根偏差 σ 的大小反映了加工精度的高低，换言之，反映了机床的加工精度水平，而算术平均值 $\bar{x}$ 的大小反映了机床的调整位置，反映了加工中的调刀尺寸。

根据数理统计理论，如图 2-15 所示的阴影部分所表示的尺寸范围内的概率，可直接查表 2-1

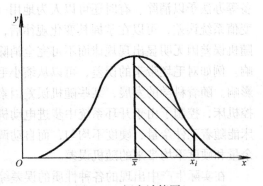

图 2-15　概率计算图

求得。其中

$$z = \frac{x_i - \bar{x}}{\sigma}$$

表 2-1　$\phi(z)$ 值

z	$\phi(z)$	z	$\phi(z)$	z	$\phi(z)$	z	$\phi(z)$
0	0.0000	0.8	0.2881	1.6	0.4452	2.4	0.4918
0.1	0.0398	0.9	0.3159	1.7	0.4554	2.5	0.4938
0.2	0.0793	1.0	0.3413	1.8	0.4641	2.6	0.4953
0.3	0.1179	1.1	0.3643	1.9	0.4713	2.7	0.4965
0.4	0.1554	1.3	0.4032	2.0	0.4772	2.8	0.4974
0.5	0.1915	1.3	0.4032	2.1	0.4821	2.9	0.4981
0.6	0.2257	1.4	0.4192	2.2	0.4861	3.0	0.49865
0.7	0.2580	1.5	0.4332	2.3	0.4893	4.0	0.49997

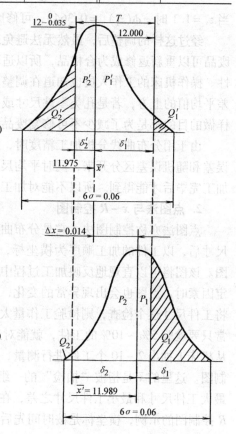

　　查表可知：工件尺寸落在 $(\bar{x} \pm 3\sigma)$ 范围以内的概率为全部零件的 99.73%，换句话说，加工 370 个工件，只有 1 个零件尺寸可能会超出 3σ 范围。因此，一般我们就把 $\pm 3\sigma$ 当作零件加工实际尺寸波动的范围，这就是大家所熟悉的 "3σ 原则"。考察该正态分布曲线与尺寸公差的相互关系，就能计算和分析废品率，我们用下面的例子予以说明。

　　【例 2-1】　在无心磨床上加工一批 $\phi 12_{-0.035}^{\ 0}$ mm 的小轴，根据测量结果，这批小轴尺寸服从正态分布，平均尺寸 $\bar{x} = \phi 11.975$ mm，方均根偏差 $\sigma = 0.01$ mm（如图 2-16 所示）。

　　问　加工这批小轴的废品率是多少？可修废品和不可修废品各占多少？

　　解　由图 2-16a 可看出尺寸超过公差上限尺寸 $\phi 12$ mm 的工件即为可修复废品，而尺寸小于公差下限 $\phi 11.965$ mm 的工件即为不可修复废品，所对应的废品率分别为 Q_1' 和 Q_2'。欲求之，应先求得 P_1' 和 P_2'。

$$z_1 = \frac{\delta_1'}{\sigma} = \frac{d_{max} - \bar{x}}{\sigma} = \frac{12 - 11.975}{0.01} = 2.5$$

$$z_2 = \frac{\delta_2'}{\sigma} = \frac{\bar{x} - d_{min}}{\sigma} = \frac{11.975 - 11.965}{0.01} = 1$$

图 2-16　废品率计算示意图

查表 2-1，当 $z_1 = 2.5$ 时，$P_1' = \phi(z_1) = 0.4938$，可修废品率为 $Q_1' = 0.5 - P_1' = 0.0062 = 0.62\%$。当 $z_2 = 1$ 时，$P_2' = \phi(z_2) = 0.3413$，不可修废品率为 $Q_2' = 0.5 - P_2' = 0.1587 = 15.87\%$。总废品率为 $0.62\% + 15.87\% = 16.49\%$。

从上述分析来看，可修复废品比较少，而不可修复废品比较多，若如图 2-16b 所示，在机床不变，尺寸公差也不变的条件下，将正态分布曲线往右适当移动，则可见不可修复废品会减少，而可修复废品会增加，这种情况当然比刚才的情况有利的多，前面我们说过决定正态分布曲线位置的是平均尺寸，换句话说，若在调整刀具时将刀具相对于工件后退一个距离，则平均尺寸增加后，曲线将往右移，若欲使不可修复废品率在 1% 以下，应是多少？

很明显，应保证 $P_2 \geqslant 49\%$，从表 2-1 中可查出：$\phi(z_2) = 0.4918 > 0.49$

故有

$$z_2 = \frac{\overline{x}' - 11.965}{0.01} = 2.4$$

$$\overline{x}' = 11.989\text{mm}$$

$$\Delta x = \overline{x}' - \overline{x} = 0.014\text{mm}$$

即将刀具往右调整 0.014mm，即可保证不可修复废品率在 1% 以下，此时的可修复废品率为

$$z_1 = \frac{\delta_1}{\sigma} = \frac{12 - \overline{x}'}{\sigma} = \frac{12 - 11.989}{0.01} = 1.1$$

当 $z_1 = 1.1$ 时，$\phi(z_1) = 0.3643$，可修废品率为 $0.5 - 0.3643 = 0.1357 = 13.57\%$。

经过这样的调整后，虽然无法避免废品的产生，但改变了废品的特性，对于这批可修复废品可以重新返修成为合格品，所以适当的调整机床是可以影响和决定废品率以及废品的特性。操作机床的工作人员也知道在调整尺寸时，若是轴类尺寸或外尺寸，则将刀具调整到公差平均值的上方，若是孔类零件尺寸或内尺寸，则将刀具调整到公差平均值的下方，他们这样做的目的都是为了减少不可修复废品，增加可修复废品。

由于用分布曲线分析加工精度时，没有考虑工件的加工先后顺序，因此不能把系统变值误差和随机误差区分开来，同时平均尺寸 $\overline{x}$ 和方均根偏差 σ 以及分布曲线要在一批工件全部加工完毕后才能得到。所以不能对加工过程进行实时控制。

2. 点图法与 $\overline{x} - R$ 控制图

点图法亦称控制图法，它是分布曲线法的发展。如果按加工顺序逐个地测量一批工件的尺寸后，以工件的加工顺序为横坐标，测出的工件尺寸（或误差）为纵坐标，则可画出点图。该图将可以直观地反映加工过程中零件尺寸的变化情况，当加工过程中出现反常的不稳定因素时，点图也会出现异常的变化，操作者可以及时发现问题，停机检查，采取措施。若将工件尺寸逐个检查，则检验工作量太大，往往是不经济的。下面所述的 $\overline{x} - R$ 控制图，通常只要检验 5% ~ 10% 的工件，就能对工件质量进行有效的控制。这种方法是每隔一定时间从机床上抽出 2 ~ 10 个工件进行测量，并将测量结果用统计分析法进行处理，画成 $\overline{x} - R$ 控制图。这里的 $\overline{x}$ 是指被"抽检"的一组样件的平均尺寸，R 是指被"抽检"的一组样件中，最大工件尺寸和最小工件尺寸之差，在数理统计中，我们称之为"极差"。图 2-17 即为 $\overline{x} - R$ 控制图的示例，横坐标是按时间先后被抽检的组数，图 a 纵坐标是每组的平均值，图 b 纵坐标是组内的极差。

由于加工误差的存在，点图上的点子总是波动的。若波动幅度不大，我们称这种情况下的工艺是稳定的。若为异常波动，点子具有明显的上升或下降趋势，这是由于除了随机性的波动之外还存在某种占优势的误差因素，我们称该工艺是不稳定的。

对于稳定或不稳定的工艺，应采取不同的措施。为了区分正常波动与异常波动，需要在 $\overline{x} - R$ 图上加上中心线或上下控制线。

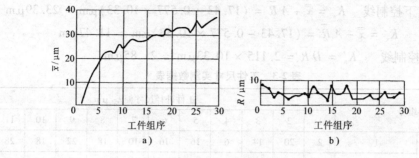

图 2-17　点图法示例

a) 每组平均值表示　b) 组内极差表示

$\bar{x}$ 图的中心线

$$\bar{\bar{x}} = \frac{\sum\limits_{i=1}^{J} \bar{x}_i}{J}$$

R 图的中心线

$$\bar{R} = \frac{\sum\limits_{i=1}^{J} R_i}{J}$$

式中　J——组数；

　　　x_i——第 i 组的平均值；

　　　R_i——第 i 组的极差。

控制线的位置（如图 2-18 所示）可按下列公式计算

　　y 图的上控制线　　　　　　$K_s = \bar{\bar{x}} + A\bar{R}$

　　x 图的下控制线　　　　　　$K_r = \bar{\bar{x}} - A\bar{R}$

　　R 图的上控制线　　　　　　$K'_s = D\bar{R}$

上式中之系数 A 及 D，按每组的工件数量在系数表 2-2 中查找。

表 2-2　A 与 D 系数表

每组件数 m	A	D	每组件数 m	A	D
3	1.023	2.575	5	0.577	2.115
4	0.729	1.282	6	0.483	2.004

由于 $\bar{x}$ 图可表明加工过程中尺寸分散中心位置的变化趋势，R 图可表明加工过程中尺寸分散范围的变化趋势，因此用 $\bar{x} - R$ 控制图可以清楚表示出系统误差及随机误差的大小和变化规律，以及用来判断工艺过程的稳定性，并在加工过程中提供控制加工精度的资料，如统计检验及机床调整。

【例 2-2】　某工件外圆加工要求为 $\phi 52^{-0.11}_{-0.14}$ mm，使用通用量具测量。试画出 $\bar{x} - R$ 控制图。

解　取"抽样"件数 $n = 60$，共抽 12 组，当比较仪按 51.86mm 调零时，测得的偏差数据见表 2-3。根据这些数据，计算统计参数如下：

$\bar{x}$ 图的中心线　　　　$\bar{\bar{x}} = \dfrac{\sum\limits_{i=1}^{j} \bar{x}_i}{j} = \dfrac{209.2}{12}\mu m = 17.43\mu m$

R 图的中心线　　　　　$\bar{R} = \dfrac{\sum\limits_{i=1}^{j} R_i}{j} = \dfrac{124}{12}\mu m = 10.33\mu m$

$\bar{x}$ 图的上、下控制线　　$K_s = \bar{\bar{x}} + A\bar{R} = (17.43 + 0.577 \times 10.33)\mu m = 23.39\mu m$

$$K_x = \bar{\bar{x}} - A\bar{R} = (17.43 - 0.577 \times 10.33)\mu m = 11.47\mu m$$

R 图的上控制线　　$K'_s = D\bar{R} = 2.115 \times 10.33\mu m = 21.85\mu m$

表 2-3　工件尺寸实测数据表

抽样组号		工件外径尺寸偏差/μm											
		1	2	3	4	5	6	7	8	9	10	11	12
工件序号	1	2	20	14	6	16	16	10	18	22	18	28	30
	2	8	8	8	10	20	10	18	28	16	26	26	34
	3	12	6	-2	10	16	12	16	18	14	24	32	30
	4	12	12	8	12	18	20	12	20	16	24	28	38
	5	18	8	12	10	20	16	26	18	12	24	28	36
$\sum x$		52	54	40	48	90	74	82	102	78	116	142	168
$\bar{x}_i$		10.4	10.8	8	9.6	18	14.8	16.4	20.4	15.6	23.2	28.4	33.6
R_i		16	14	16	6	4	10	16	10	10	8	6	8

　　图 2-18 就是加工完 12 组，"抽样"后画出的 $\bar{x}$ 和 R 控制图。由图可见，在整个加工过程中，极差 R 没有超过控制范围，说明工艺过程的瞬时分布范围自始至终比较稳定。由 $\bar{x}$ 控制图可见，在第 11 组"抽样"中的 $\bar{x}_{11}$ 已超出上控制线，而第 12 组"抽样"的已超出了公差带上限，再不调整机床，将会大量产生废品。

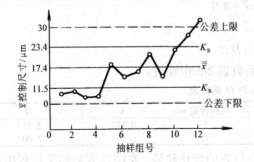
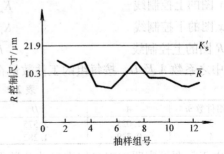

图 2-18　$\bar{x} - R$ 图

3. 精度图法

　　图 2-19 是自动机床加工外圆的精度图。图中 AB 是将各组工件的 $\bar{x}$ 点连接而成的光滑曲线，它表征瞬时分布中心的变化情况。AB 两侧的两条虚线表征工件尺寸的瞬时分布范围。图中 $A - B$ 段曲线的趋势表示随时间变化的系统误差的变化情况，曲线先下降而后连续上升的原因是由于在加工外圆时，起初刀具发热伸长，使工件直径减小，刀具热平衡后，工件尺寸停止减小，但由于刀具逐渐磨损而使工件尺寸逐渐增大。由图可知，在第 10 组取样时间取样时，工件尺寸瞬时分布的上限已接近公差上限，如果此时不调整机床而继续加工，加工到相当于第 11 组取样时间时，将有相当于 Q_1 的废品率（约 20% ~ 30%）；加工到第 12 组取样时间时，将有 Q_2 的废品率（约 80%）。因此必须在相当于第 10 组取样时间间隔内，重新调整一次机床，并更换磨钝了的刀具，使加工尺寸瞬时分布中心由点 B 移回到 A 点。照此规律及时调整机床，可保证加工质量符合要求。由于每次调整时，不可避免地会有调整误

差。由图 2-19 可知，每次调整机床时，只要能将瞬时分布中心尺寸调整到 $A - A'$ 这个尺寸范围内，则在整个加工过程中的最小尺寸 C' 不至于超差。因此 A 点和 A' 点的尺寸差就是允许的调整误差范围，它是一项不随时间变化的定值系统误差 $\Delta_{系(定值)}$，它不影响工件尺寸的分布范围，但是却必须计入公差范围之内

即
$$\delta = \Delta_总 + \Delta_{系(定值)}$$
$$\delta = \Delta_随 + \Delta_{系(变化)} + \Delta_{系(定值)}$$

由此可见，当采用精度图法控制加工精度时，为了允许存在一定大小的调整误差（图 2-19 中的 $A - A'$ 或 $C - C'$）亦即 $\Delta_{系(定值)}$，不致使机床调整时过于困难，同时又能使两次调整时间之间间隔较长（即允许的 $\Delta_{系(变化)}$ 较大），就应使公差 T 和 $\Delta_随$（即 6σ）之间有足够的比值，这样才能保持加工过程的稳定，并保证加工质量。这个比值 C_p 称为"工序能力系数"

$$C_p = \frac{T}{6\sigma}$$

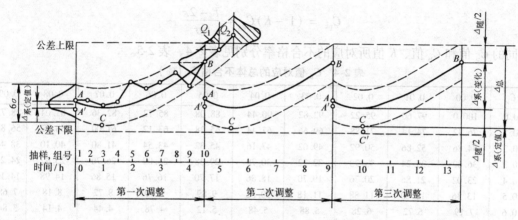

图 2-19　精度图

4. 工序能力分析

工序能力系数的含义是表示在本道加工工序中机床加工精度对零件质量要求的保证程度。利用它可以对各种工序进行统一的衡量和比较。工序能力系数 C_p 一般可以分成三个等级：

$C_p > 1.33$ 时，表示工艺系统的加工精度足够保证工件的公差要求。这时适宜采用"精度图法"或"点图法"来控制加工精度。

$1.00 < C_p < 1.33$ 时，表示工艺系统的加工精度能够满足公差要求。适宜采用"点图法"，但当 C_p 接近于 1.00 时，要特别注意。

$C_p < 1.00$ 时，表示废品在所难免。可以采用"分布曲线法"分析废品率。合理调整机床可使不可修复废品率控制在一定百分比之内。必要时应该采取工艺措施，或换用较精密的加工方法，以提高工序的加工精度，使 $6\sigma < T$，来保证加工的精度要求。

在只有单侧标准时，例如形位公差（下限为 0）、强度和寿命（只有下限）可以用以下公式确定工序能力系数

$$C_{pu} = \frac{T_u - \mu}{3\sigma}$$

$$C_{pL} = \frac{\mu - T_L}{3\sigma}$$

式中　μ——工序的分布中心，可用产品质量分布的中心值 $\bar{x}$ 来估计。

如果 $\mu < T_L$，工序分布中心离开公差范围，工序失控。可见，在分析工序能力时不仅要考虑 6σ 的分散范围，还应考虑平均值偏离标准中心的影响。如图 2-20 所示，原来的 $C_p = 1$（虚线）。当偏离量为 ε 时，正态分布曲线右移，在 T_U 右侧的曲线内的面积为不合格品率。

为了计算不合格品率，定义

$$K = \frac{\varepsilon}{T/2}$$

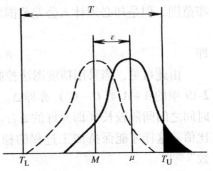

图 2-20　分布中心与标准中心不重合

平均值 μ 与公差中心偏离 $\varepsilon = |M - \mu|$ 时

$$C_{pk} = (1 - K)C_p = \frac{T - 2\varepsilon}{6\sigma}$$

不同的 C_p 值和 C_p 值、K 值所对应的不合格率分别见表 2-4、表 2-5。

表 2-4　C_p 值对应的总体不合格率（%）

C_p	0.00	0.01	0.02	0.03	0.04	0.05	0.06	0.07	0.08	0.09
0.0	100.0	97.60	95.22	92.82	90.44	88.08	85.72	82.36	81.04	78.72
0.1	76.42	74.14	71.88	69.66	67.44	65.28	63.12	61.00	58.92	56.86
0.2	54.86	52.86	50.92	49.02	47.16	45.32	43.54	41.80	40.10	38.44
0.3	36.82	35.24	33.70	32.24	30.78	29.38	28.02	26.70	25.42	24.20
0.4	23.02	21.86	20.76	19.70	18.86	17.70	16.76	15.86	14.98	14.16
0.5	13.36	12.60	11.88	11.18	10.52	9.89	9.30	8.72	8.18	7.68
0.6	7.19	6.72	6.28	5.88	5.48	5.12	4.78	4.44	4.14	3.84
0.7	3.57	3.32	3.08	2.86	2.64	2.44	2.26	2.08	1.93	1.78
0.8	1.64	1.51	1.39	1.32	1.17	1.08	0.988	0.906	0.830	0.758
0.9	0.694	0.634	0.578	0.527	0.480	0.437	0.398	0.361	0.328	0.298
1.0	0.270	0.245	0.221	0.200	0.181	0.163	0.147	0.133	0.120	0.108
1.1	0.0967	0.0868	0.0779	0.0698	0.0626	0.0561	0.0501	0.0448	0.0400	0.0357
1.2	0.0318	0.0283	0.0252	0.0224	0.0199	0.0177	0.0157	0.0139	0.0123	0.0109
1.3	0.0096	0.0085	0.0075	0.0066	0.0058	0.0051	0.0045	0.0040	0.0035	0.0030
1.4	0.0027	0.0023	0.0020	0.0018	0.0016	0.0014	0.0012	0.0010	0.0009	0.0008
1.5	0.0007	0.0006	0.0005	0.0004	0.0004	0.0003	0.0003	0.0002	0.0002	0.0002

　　注：表中的第 1 列为 C_p 的整数部分和小数点后的第 1 位，第 1 行为 C_p 的小数点后的第 2 位。

表 2-5　C_p、K 值对应的总体不合格率（%）

C_p ＼ K	0.00	0.05	0.10	0.15	0.20	0.25	0.30	0.35	0.40	0.45	0.50
0.30	36.82	36.86	37.01	37.25	37.59	37.97	38.53	39.07	39.84	40.36	41.49
0.35	29.38	29.44	29.62	29.98	30.43	30.99	31.50	32.61	33.51	34.53	35.52
0.40	23.02	23.09	23.35	23.77	24.34	25.09	25.99	27.09	28.23	29.55	31.02
0.45	17.70	17.78	17.93	18.57	19.27	20.17	21.03	22.38	23.84	26.47	26.95
0.50	13.36	13.47	13.80	14.21	15.10	15.93	17.25	18.47	22.20	24.79	25.88
0.55	9.89	10.00	10.25	10.95	11.73	12.72	13.88	15.52	17.15	18.98	20.99

（续）

C_p \ K	0.00	0.05	0.10	0.15	0.20	0.25	0.30	0.35	0.40	0.45	0.50
0.60	7.19	7.30	7.65	8.22	9.03	10.07	11.34	12.85	14.60	16.56	18.78
0.65	5.12	5.23	5.50	6.10	6.90	7.95	9.09	10.63	12.42	14.46	16.52
0.70	3.57	3.63	3.98	4.45	5.23	6.13	7.39	8.76	10.54	12.41	14.77
0.75	2.44	2.53	2.77	3.29	3.94	4.80	5.87	7.33	8.93	1081	1206
0.80	1.64	1.72	1.95	2.36	2.94	3.73	4.74	6.00	7.53	9.37	11.53
0.85	1.08	1.14	1.32	1.67	2.18	2.88	3.72	4.88	6.32	8.09	10.04
0.90	0.69	0.75	0.90	1.13	1.60	2.18	2.96	3.98	5.27	6.88	8.85
0.95	0.44	0.48	0.59	0.83	1.16	1.64	2.29	3.22	4.37	5.82	7.64
1.00	0.27	0.30	0.40	0.57	0.84	1.23	1.79	2.56	3.59	4.95	6.68
1.05	0.16	0.19	0.25	0.38	0.59	1.02	1.36	2.02	2.94	4.18	5.71
1.10	0.097	0.11	0.16	0.26	0.42	0.67	1.04	1.60	2.39	3.48	5.05
1.15	0.056	0.067	0.10	0.17	0.29	0.48	0.78	1.26	1.92	2.87	4.18
1.20	0.032	0.039	0.064	0.11	0.20	0.35	0.59	0.96	1.54	2.29	3.59
1.25	0.018	0.023	0.038	0.072	0.14	0.25	0.43	0.73	1.22	1.97	3.01
1.30	0.0096	0.013	0.023	0.046	0.090	0.17	0.32	0.56	0.96	1.60	2.56
1.35	0.0051	0.0079	0.013	0.029	0.059	0.12	0.23	0.43	0.75	1.39	2.12
1.40	0.0027	0.0038	0.0080	0.018	0.039	0.082	0.16	0.31	0.59	1.04	1.79
1.45	0.0014	0.0020	0.0040	0.011	0.025	0.056	0.11	0.23	0.45	0.84	1.46
1.50	0.0007	0.0011	0.0026	0.0065	0.016	0.037	0.082	0.17	0.35	0.67	1.22

注：表中当 K 等于零时，不合格品率与表 2-4 中对应 C_p 值的一致。

进一步的问题是如何根据废品率或废品数决定应该用多大的工序能力指数。有 M 批产品，批量为 n_i，批不合格品数 r_i，批不合格品率的平均值可以表示为

$$\overline{P} = \frac{\sum\limits_{i=1}^{M} r_i}{\sum\limits_{i=1}^{M} n_i}$$

平均批量　　　　　　$\overline{n} = \dfrac{1}{M} \sum\limits_{i=1}^{M} n_i$

平均不合格率　　　　$P_u = \dfrac{1}{M} \sum\limits_{i=1}^{M} \dfrac{r_i}{n_i}$

平均不合格品数　　　$d_u = \dfrac{1}{M} \sum\limits_{i=1}^{M} r_i = \overline{n}\,\overline{P}$

以平均不合格率 P_u 作为技术要求时，样本不合格率的标准偏差（方均根偏差）σ 为

$$\sigma = \sqrt{\frac{\overline{P}(1-\overline{P})}{\overline{n}}}$$

有　　　　　　　　　　$C_p \approx \dfrac{(P_u - \overline{P})\,/3}{\sqrt{\dfrac{\overline{P}(1-\overline{P})}{\overline{n}}}}$

以平均不合格品数 d_u 为技术要求时，因为 $d_u = \overline{n}\overline{P}$，所以

$$C_p = \frac{(d_u - \bar{n}\,\bar{p})/3}{\sqrt{\bar{n}\,\bar{P}(1-\bar{P})}}$$

【例 2-3】 机床加工轴类零件的尺寸要求为 $\phi 44^{+0.078}_{+0.024}$，实测 20 件的记录为

44.100	44.035	44.040	44.040	44.000	44.005	44.045	44.030	44.024	44.045
44.040	44.070	44.050	44.020	44.035	44.030	44.050	44.040	44.030	44.100

工序能力分析计算

平均值
$$\mu = \bar{x} = \frac{\sum\limits_{i=1}^{20} x_i}{20} = 44.041$$

标准偏差
$$\sigma = \sqrt{\frac{\sum\limits_{i=1}^{n}(x_i - \bar{x})^2}{n-1}} = 0.025$$

公差中心
$$M = \frac{44.078 + 44.024}{2} = 44.051$$

平均值和公差中心偏离量 $\varepsilon = 44.051 - 44.041 = 0.01$

$$C_p = \frac{T}{6\sigma} = 0.36$$

$$K = \frac{\varepsilon}{T/2} = \frac{0.01}{(0.078 - 0.024)/2} = 0.37$$

$$C_{pk} = (1-K)C_p = 0.227$$

2.3.3　在线质量控制和质量趋势预报

以上，我们主要介绍了用数理统计作为手段对零件质量进行分析和控制，这种控制质量的方法称为统计质量控制（SQC）（Statistical Quality Control）。它主要采用抽样检查方法，来获得零件质量的信息，及时分析生产过程的状态，控制其稳定性，预防和控制废品的产生。它虽然不同于"事后检验"，但由于检测滞后和抽样的局限性，它很难实时监控生产过程，与现代加工需要的以预防和预报为主的质量控制要求不协调，因此需要进行在线测量控制。

我们知道影响一个加工过程质量的因素很多，而且其中很多因素都具有时变性，比如前面叙述的工艺系统热变形、刀具的磨损、毛坯力学性能的变化以及环境因素等的变化，在这些具有时变性和随机性的因素的综合影响下，工件质量总是波动的。对于这些因素的影响单纯用上述的统计分析是不易解决的，首先我们要借助传感技术和传感器获得这些时变因素的信息，然后运用合适的数学模型和动态数据处理技术来分析，再利用分析的结果反馈控制加工过程，同时可以进行预报。

1. 加工中典型监控系统的组成

（1）加工过程监控的基本内容　加工过程监控的目的是为了保证零件或产品的质量，同时提高效率，降低成本，它不仅仅是单一的监控零件的加工精度和表面质量，它是对工艺系统全方位的监控，一般监控的内容包括：a. 机床状态监控，其中主要是机床主要部件的运行监控，比如导轨、主轴系统、伺服驱动系统等；b. 刀具监控，主要包括刀具自动识别、

刀具磨损、刀具误差补偿、刀具寿命预测等；c. 加工过程监控，主要包括工艺系统振动监测、工艺系统受力监测、切削力监测、工艺系统温度场及热变形的监测、冷却润滑系统监测等；d. 工件质量监控，其中主要包括精度监控、表面质量监控、安装位姿监控、物理质量监控等。

　　随着现代加工技术的发展，CNC 机床、加工中心、柔性制造系统等的广泛应用，全方位的质量监控技术显得非常重要和必须。幸运的是，计算机技术、现代传感技术、在线测量技术，动态测试信号分析技术的发展，为在线控制技术提供了很好的技术保障。

　　（2）加工过程监控系统的特点　为完成上述的在线监控任务，监控系统必须具备以下的特点：多种传感器融合和集成在一个系统中，来实现多种信息的获取。系统必须具备很强的抗干扰能力，来提取、分析和处理传感器所获信息。系统必须具备功能强大的软件系统，并具有自我学习、自我判别的能力。系统应具备软硬件的可扩展性，能根据工艺系统的变化进行更新和置换，具备适时监控和反馈控制一体化。

　　（3）加工过程监控系统的组成　加工过程监控系统的一般组成如图 2-21 所示。

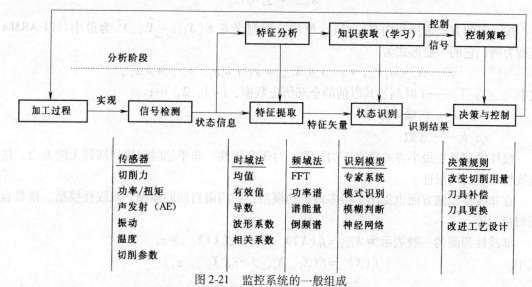

图 2-21　监控系统的一般组成

　　信号检测：从工艺系统中必须获取多种反映加工状态的信号，获取信息的传感器选择的合适与否关系到监控系统的成败，一般所选择传感器应具备以下的性能：对于加工状态的变化反应灵敏；能胜任动态在线检测的频率响应等要求；信号受环境干扰小，就有较高的信噪比，便于后续的隔离、放大、滤波、A/D 转换等工作。

　　特征提取：利用信号处理和分析的手段，从检测信号中提取最能反映加工状态变化的特征参数。其作用在于提高信号的信噪比，增强系统的抗干扰能力，提取的特征参数品质的好坏将直接影响整个监控系统的性能和可靠性。

　　状态识别：根据所获得的加工状态特征参数，通过识别模型对于加工过程状态进行分类判断。核心是采用的模型，模型的功能是实现从特征空间到状态空间的映射，模型可由物理关系或根据经验公式建立。模型可分为：固定参数模型、适应模型和自学习模型。多模型系统的思路是对于检测信号通过多个模型进行分析，以便获得更多的监控信息，这种系统在不增加设备成本的情况下，使监测更加准确可靠。根据状态判别的结果，在决策知识的指导下对于故障作出处理决策，并执行相应的控制和调整。

2. 质量趋势预报

质量趋势分析和预报在质量保证系统中有两个方面的功能：其一，通过对于设备的检测所得参数的历史数据推断其发展趋势。预测设备的未来运行状态，确定设备的残存寿命，以便及时更换或维修，将故障带来的损失尽量减小，即作为设备管理的决策依据。其二，通过对于工件质量特征的分析，预测工件未来的质量状态，防止工件超差和实施补偿控制，减小废品率。因此，趋势分析和预报是实施质量保证的积极手段。

预测是用已知的 t 时刻的采集数据来预测 $t+m$ 时刻的数据。即利用 $\{X_t, X_{t-1}, \cdots, X_1\}$ 预测 X_{t+m}。目前采用的预测技术大致可以分为线性模型和非线性模型。AR 模型、ARMA 模型是代表性的线性预测理论。在实际问题中线性预测是一种近似，不可能描述得很好。

在线性预测技术中通常用已知数据的线性加权来表示预测值

$$\hat{X}_{t+m} = \sum C_j X_{t-j}$$

按一定的方式选择权向量 $\{C_j\}$，使均方预测误差 $E(X_{t+m} - \hat{X}_{t+m})^2$ 为最小。以 ARMA 模型为例，它的一般形式为

$$X_t + a_1 X_{t-1} + \cdots + a_p X_{t-p} = \varepsilon_1 + b_1 \varepsilon_{t-1} + \cdots + b_q \varepsilon_{t-q}$$

式中　　$\{X_{t-i}\}$ ——t 时刻及其以前的全部历史数据，$i=1$，2，$\cdots$；

$\{\varepsilon_t\}$——白噪声序列；

a_i，b_i——常数。

线性模型是在最小方差意义下的预测，对于非线性、非平稳时间序列问题无能为力，这是线性模型的局限性。

在非线性预测方面也提出了很多理论和模型，如门限自回归模型、双线性模型、指数自回归模型等。

非线性预测的一般表示为 $X_{t+1} = f_0(X)X_t + \cdots + f_p(X)X_{t-p} + \varepsilon_1$

式中　　　　　　　$f_i(X) = f_i(X_t, X_{t-1}, \cdots, X_{t-p}, \varepsilon_1)$

估计值　　　　　　$\hat{X}_{t+1} = f_0(X)X_t + \cdots + f_p(X)X_{t-p}$

预报误差　　　　　　　　　　$\varepsilon = X_{t+1} - \hat{X}_{t+1}$

预测值的优化就是使目标函数 $E(\varepsilon)^2$ 达到最小值。

用过去 t 时刻的数据预测未来 $t+m$ 时刻的值，换一个说法是由过去 t 时刻的数据到未来 $t+m$ 时刻的预测值的映射。而且是非线性映射。关于质量趋势预报可参考有关文献和专著。

2.4　机械加工的表面质量

2.4.1　机械加工表面质量的意义

金属切削加工所获得的表面质量与所采用的加工方法有关。表面质量包括两个方面：表面层的微观几何性质和表面层的物理性质。

表面层的微观几何性质：主要是指表面粗糙度。但表面的波纹度在机械加工中可以和粗

糙度同时研究。由于表面层的微观几何性质对零件使用性能有很大影响，所以，在机械加工中非常重视被加工表面的粗糙度。

表面层的物理性质：主要指零件加工表面常出现冷作硬化层；加工表面的金相组织变化；加工表面的残余应力等。

2.4.2　表面质量对仪器使用性能的影响

零件表面质量对仪器性能的影响，主要可以概括为以下几个方面：

1. 耐磨性

仪器设备中的重要零部件的耐磨性要求很高，因为耐磨性决定零部件的使用寿命。若重要零部件不耐磨，则磨损之后，零部件很快就会丧失精度，绝大多数测量仪器报废并非是不能动了，而多是精度丧失所致。恰当的选材和良好的热处理是保证零部件耐磨的重要因素，但耐磨性还与零件的表面粗糙度直接相关。粗糙度值过大，磨损会加剧；粗糙度值过小，配合表面过于光滑，没有存储润滑油的空间，则磨损同样会加剧。因此，这就要求我们根据工作时的载荷以及相对运动的速度，确定零件合理的粗糙度。要求粗糙度值过小不仅加剧磨损，降低使用寿命，同时也会提高加工成本。

2. 配合性质

对于间隙配合而言，零件的表面粗糙度值过大，会加剧磨损，增大配合间隙，使配合失去精度。在仪器制造中，由于零件基本尺寸比较小，而配合精度要求又高，因此粗糙度对配合性质的影响更为严重。对于过盈配合，表面粗糙度值过大会使有效的过盈量减小，降低过盈配合的连接强度。

3. 疲劳强度

金属零件由于疲劳而损坏都是从表面层开始的，因此表面层的粗糙度对零件的疲劳强度影响很大。在交变载荷下，零件表面的波纹促使应力集中而形成疲劳裂纹。表面愈粗糙，应力集中现象愈严重，疲劳强度也就愈低。由于应力集中，首先在凹纹的根部产生疲劳裂纹，然后裂缝逐渐扩大和加深，导致零件的断裂破坏。

零件表面的冷作硬化，有利于提高疲劳强度。因为强化过的表面冷硬层有阻碍裂纹继续扩大和新裂纹产生的能力。此外，表面残余应力的大小和方向对疲劳强度也有很大关系。当表面层具有残余压应力时，能提高疲劳强度；当表面层具有残余拉应力时，则使疲劳强度进一步降低。

4. 耐腐蚀性

零件表面的加工粗糙度对其耐腐蚀性也有较大的影响，表面越粗糙，则越容易被腐蚀。这是因为侵蚀物质容易集聚在波纹表面的凹陷处，使其最易被腐蚀，当破坏作用逐渐深入金属中，就会使金属断裂。凹陷处越深，其底部越尖，腐蚀作用越大。有些零件按其在机构中的作用并不需要粗糙度值过小，但由于所处的工作环境，比如工作环境中有酸类物质，需要有较高的耐腐蚀性，则应采用抛光等方法来降低其粗糙度值。在常用的表面粗糙度的三个评定参数 R_a、R_z、R_y 中，设计时，我们通常选择 R_a、R_z 比较多，但若考虑耐腐蚀性和抗疲劳强度，我们应该要求检测 R_y，该指标控制工件上局部的深陷裂纹非常有效。

除表面粗糙度影响之外，零件表面的残余应力同样也对耐腐蚀性有影响，若零件表面存在残余压应力，则能将表面微小的裂纹空洞封闭，使零件的耐腐蚀性能力增强。对表面进行适当的冷作硬化，以及挤压和滚压可达到这个目的。

2.4.3　影响表面质量的工艺因素

1. 影响表面粗糙度的因素

在切削加工中，由于进给运动和刀具刃尖几何形状的影响，工件表面会残留一些微小的沟槽，称之为理论残留面积。它是已加工表面微观不平度的基本形态。理论残留面积高度 H 是由刀具相对于工件表面的运动轨迹所形成。可以根据刀具的主偏角 κ_r、副偏角 κ_r' 进行计算，当刀尖圆弧半径为零时 H 可由下式求得：

$$H = \frac{f}{\cot\kappa_r + \cot\kappa_r'}$$

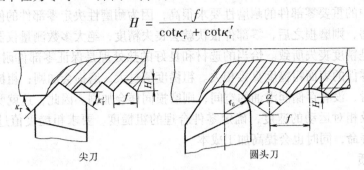

图 2-22　刀具痕迹对粗糙度的影响

如图 2-22 所示，要减小粗糙度值，一般可减小进给量 f、主偏角 κ_r、副偏角 κ_r' 或加大刀尖圆弧半径 r_ε。有时为了减小粗糙度值，还采用磨有过渡刃的刀具（如带过渡刃的车刀，$r_\varepsilon \approx \infty$），只要过渡刃宽度大于进给量 f，刀尖就不会刻出刀痕。

用磨料进行塑性材料（如低碳钢、铜合金、铝合金等）磨削加工时，由于磨料容易嵌入工件中，使得工件表面粗糙度变差，甚至难于继续磨削。

切屑中各处的金属变形是不同的，靠近刀具前面的切屑受到高温、高压和摩擦的影响，变形很大，造成了这部分金属流动速度较慢，这层金属称为滞流层。在一定条件下，当切屑本身的内摩擦力小于滞流层与刀具前面的外摩擦力时，滞流层就会脱离切屑而粘附在刀具前面，形成一块硬度很大的金属小块，这就是积屑瘤，亦称刀瘤。刀瘤形成后并不是固定不变的，其高度会不断堆积增长，如图 2-23 所示，但当增长到一定程度时，外力失去平衡，积屑瘤又会被切屑和工件带走，这就是积屑瘤的产生、发展和消失的过程。

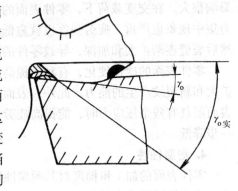

图 2-23　积屑瘤

由于积屑瘤时生时灭的发展过程，而使刀具实际前角 $\gamma_{o实}$ 不断地变化，导致切削力的波动而产生振动，以致影响表面质量。有时部分积屑瘤会粘附在工件已加工表面上，使其粗糙度值加大和硬度不一。因此在精加工时就要设法避免积屑瘤的产生。

影响积屑瘤形成的主要因素是工件材料和切削速度。工件材料对积屑瘤形成的影响是：材料塑性愈大，切削时变形愈大，积屑瘤愈容易形成；切削脆性材料时，无塑性变形，且为崩碎切屑，无积屑瘤产生。以中碳钢为例，切削速度低于 2m/min 时不产生积屑瘤；切削速度超过 2m/min 时，产生较小的积屑瘤；随着切削速度的增加积屑瘤增大，到 20m/min 左右时，积屑瘤的高度量大，超过该切削速度，积屑瘤的尺寸越来越小，达到 60m/min 左右时就不产生积屑瘤。

此外，机床—刀具—工件系统的振动对表面粗糙度会产生严重影响。精密切削时，高频振动或低频振动的振幅都应有所控制。

2. 加工表面的冷作硬化

切削（或磨削）过程中，加工表面层产生塑性变形使晶体间产生剪切滑移，晶格严重扭曲，并产生晶粒拉长、破碎和纤维化，引起材料的强化，这时它的强度和硬度都提高了，这就是加工表面的冷作硬化现象。表层金属冷硬的结果，增大金属变形的阻力，减小金属的塑性，金属的物理性能（如密度、导电性、导热性等）也有所变化。

表面层的硬化程度主要以冷硬层的深度 h、表面层的显微硬度 H 以及硬化程度 N 表示，如图 2-24 所示。其中

$$N = \frac{H - H_0}{H_0} \times 100\%$$

式中 H_0——基体材料的显微硬度。

表面层的硬化程度决定于产生塑性变形的力、变形速度以及变形时的温度。刀具前角减小，刃口及后刀面的磨损量增大时，冷硬程度和深度会随之增大；切削速度 v 增大，硬化层深度和硬度都有所减小；进给量 f 增大时，切削力增大，塑性变形程度也增大，因此硬化程度增加。但是进给量 f 较小时，由于刀具的刃口圆角在加工表面单位长度上的挤压次数增多，因此硬化程度也会增大；被加工材料的硬度愈小，塑性愈大时，切削后冷硬现象愈严重。

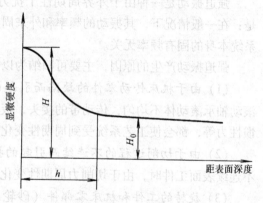

图 2-24 表面层的冷作硬化

3. 加工表面金相组织变化

机械加工过程中，工件的加工区及邻近区域，温度会急剧升高，当温度升高到超过工件材料金相组织变化的临界点时，就会产生金相组织的变化，并伴随出现极大的表面残余应力甚至裂纹。磨削表面的金相组织变化比较明显。

磨削淬火钢时，当磨削区温度超过马氏体转变温度（中碳钢约为 250 ~ 300℃），工件表面原来的马氏体组织将转化成屈氏体、索氏体等与回火相近似的组织，使表面层硬度低于磨削前的硬度，表面颜色改变，一般称为回火烧伤。当淬火钢表面层温度超过相变临界温度（一般约为 720℃）时，马氏体转变为奥氏体，又由于冷却液的急剧冷却，发生二次淬火现象，使表面出现二次淬火马氏体组织，硬度比原来的回火马氏体高，一般称为淬火烧伤。

烧伤裂纹产生的原因是工件在磨削中当表面层受热作用后，发生了表层物理性质改变，加工后在表层内产生了残余拉应力，当它超过金属强度极限时就会产生裂纹。

磨削热是造成烧伤和裂纹的原因，因此应采取措施减少磨削热的产生和将磨削热传走，

以降低表面层的温度。

表面层残余应力的正负（拉伸或压缩）和大小，决定于塑性变形、摩擦力、温度和相变等因素。它是加工时各项工艺因素综合影响的结果。

2.4.4　切削加工过程的振动

切削加工中的振动，是一种破坏正常切削过程的极其有害的现象。它使刀具相对于工件表面在振动方向产生一个附加运动，而在工件表面留下波纹，增加了表面粗糙度值，是影响表面质量的工艺因素之一。而且振动还会加剧刀具和机床的磨损，缩短机床及刀具的使用寿命，甚至使刀头崩裂，而使刀具不能得到充分利用。振动时产生的噪声恶化劳动环境，甚至令人无法工作。因此，为了避免振动的产生，常常不得不用较低的切削用量，这就限制了生产率的提高。因此，在加工过程中必须控制和削弱振动的不良影响。

切削加工中的振动类型主要有两种，即强迫振动和自激振动。

1. 强迫振动

强迫振动是一种由于外界周期性干扰力的作用而引起的不衰减振动。强迫振动的特点是：在一般情况下，其振动的频率和外来周期性干扰力的频率相等（或成倍数），而与工艺系统本身的固有频率无关。

强迫振动产生的原因，主要可归纳为以下几个方面：

（1）由于机床传动零件的缺陷而引起的振动　例如传动齿轮的齿距误差、齿形误差、滚动轴承滚动体不均匀，传动带的接头，液压系统中的冲击现象以及往复运动机构换向时的惯性力等，都会使工艺系统受到周期性变化的外力，从而引起振动。

（2）由于切削过程的不连续而引起的振动　这主要是采用铣刀等多刃工具加工或车削不连续表面工件时，由于切削力周期性变化的影响而产生的强迫振动。

（3）旋转的工件和机床零部件（砂轮、带轮、齿轮、卡盘等）不平衡时，因离心力而引起的振动。

（4）由外部振源传给机床的振动　例如其他机床、运输工具等通过机床的地基传给机床的振动。

控制强迫振动的方法是找到振源，然后加以限制，或使工艺系统的工作频率避开其固有频率。具体来说可以从以下两个方面着手：

（1）分析振源、采取相应措施　对于存在强迫振动的机床，借助于测量振动的仪器，对机床振动进行谐波分析，把测得的这些振动频率和振源可能具有的频率进行对比，采取措施依次消除或改变可能引起强迫振动的振源频率（如依次关闭一些电动机、改变主轴转速、更换齿轮、铣刀、轴承等），就可以把引起强迫振动的主要振源找出来，然后有针对地采取措施（如改变切削速度、平衡旋转零件、在换向机构上加缓冲器等），就能取得良好的效果。

（2）提高机床设计时的动刚度　前面讨论的刚度，是指物体抵抗使其变形的静力的能力，所以这种刚度称为静刚度。在这里我们将物体抵抗交变力作用的能力称为"动刚度"，它标志着物体的抗振性能，动刚度是某频率范围内产生单位振幅所需激振力的幅值。根据振动理论，动刚度的最小值可表示为

$$J_{动min} = b\sqrt{k/m} = b\omega_0$$

式中　k——系统静刚度；

　　　m——系统质量；

　　　b——阻尼常数。

可见，动刚度取决于系统的固有频率、质量和阻尼。因此，为了提高机床及工艺系统的抗振性，其基本途径为：

（1）提高系统的固有频率　从上式可以看出，提高系统的静刚度，同时减少系统的质量，就可以达到目的。但这二者是矛盾的，关键在于在设计机床结构时，合理地设置加强肋、分配质量、选择形状和截面等。

（2）提高系统的阻尼能力　工艺系统的刚度和阻尼成正比，提高阻尼能力，可有效地抑制系统的受迫振动。可从以下几个方面着手：

1）结合面。由于机床零件材料本身的弹性变形所产生的内摩擦来决定的阻尼值是很小的，所以机床系统的阻尼主要决定于机床零部件装配结合面的阻尼。接合面表面粗糙度值越小，刚度越高，但会降低阻尼。有时为了提高接合面的阻尼，就得牺牲一些刚度，例如以刨削表面代替磨削表面。

2）材料。不同材料的阻尼和刚度（弹性模量）是不同的，例如钢的刚度比铸铁高，但阻尼比铸铁小，焊接结构的阻尼比铸铁阻尼大。因此近年来已有一些机床床身、立柱等采用钢板焊接结构以代替铸件结构，而且从工艺和经济性上来考虑，也是可取的。

3）传动。液压油缸传动的刚度和阻尼比丝杠螺母传动高；带传动比齿轮传动平稳，它不仅起到过载打滑的保险作用，还可防止将电动机振动传给主轴，起到阻尼作用。但是，若传动带过长或质量不均，就可能成为机床强迫振动的振源之一，应予以注意。

4）导轨、主轴和丝杠。一般来说，静压和滑动导轨、轴承及丝杠螺母，它们的刚度和阻尼都比滚动导轨、轴承及丝杠高。但是滑动导轨、轴承及丝杠副的摩擦系数大，在低速时会产生爬行现象，在高速时发热量大，使系统工作不稳定。所以，在导轨、轴承及丝杠副中，采用静压技术是比较理想的，不仅刚度和阻尼，而且精度和发热问题都得到比较好的解决。

5）隔振。分主动隔振（将机床外部振源隔离，防止其向该机床传递）和被动隔振（机床自身用隔振垫隔离，防止外部振源向其传递）两类。精密机床应远离其他机床，并安装在隔振地基上。为防止机床传动中的振动传给工件或刀具，可将电动机、液压泵等振源与机床离开，液压泵用软管连接用无接缝平带传动并减小张紧力以减小冲击振动；往复运动机构（例如磨床工作台）采用液压缓冲式结构装置减小换向时惯性力的冲击。对来自刀具和工件的干扰振源（如加工余量不均匀、材质不均匀、刀齿不连续切削等）的振动，一般采用阻尼器或减振装置来减小或消除振动。

2. 自激振动

自激振动是在没有外来周期性激振力的条件下所产生的振动。自激振动的主要特点是不衰减，振动系统本身能引起某种外力周期变化，并通过这种外力的变化，从不具备交变特性的能源中周期性地获得能量补充，从而维持了振动的存在。若振动停止，这种外力的周期变化和能量的补充过程亦即停止；自激振动的频率等于或接近于系统的固有频率；自激振动的振幅大小，以及振动本身能否产生，决定于每一振动周期内，系统所获得的能量与所消耗的能量的对比情况。在机械加工中产生自激振动的学说比较公认的有两种，即"再生颤振"和"振型耦合"下面以振型耦合这种模型为例来介绍工艺系统是如何周期性从外界获得能量并产生振动的。

如图 2-25 所示，我们把切削刀具及刀架系统简化为二维弹性系统，系统悬挂于两个弹簧刚度各为 k_1、k_2 的交叉弹簧上，并在 (x_1) 和 (x_2) 两个不同的方向上以频率 ω 作平面振动，刀尖的运动轨迹为一椭圆。由图可知，若振动时刀具沿着 ACB 的轨迹切入工件，它的运动方向与切削力 F 方向相反，F 作负功；若沿着 BDA 轨迹退出时，F 力作正功，由于切出时平均切削厚度大于切入时的平均切削厚度，因此，切削力作的正功大于负功，在一个振动周期中，便有多余的能量输入振动系统，支持并加强系统的振动引起自激振动。如果刀具和工件的相对运动轨迹沿 ADBC 的方向进行，显然，切削力 F 作的负功大于正功，振动就不能维持，原有振动会不断衰减下去。自激振动发生的原因远不止这一种模型，只要切削过程中有某种因素存在能导致切削力的周期性变化，就有产生自激振动的可能性。比如，由于积屑瘤的不断成长以及脱落，会改变刀具的实际工作角度，从而引起切削力的变化，都能引起自激振动。

减小或消除自激振动的基本途径：

从上面分析可知，自激振动既与切削过程本身有关，又与工艺系统的结构参数有关，现从工艺角度出发，简单介绍一些控制自激振动的措施：

（1）合理选择切削用量 实验证实，车削时切削速度 v 在 0.35～1m/s 范围内时，容易发生自振，自振振幅也增加很快，以 v=0.8～1m/s 范围内最容易发生自振。为避免发生自振，同时提高生产率，可选用进给量 f 较大，切深较小及在刀具耐用度许可的情况下选用高速切削。减小切削宽度，避免宽而薄的切屑。

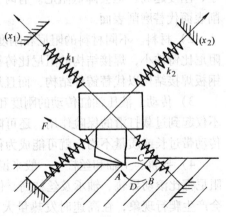

图 2-25 振型耦合原理示意图

（2）合理选择刀具的几何参数 适当地增大前角 γ_o 和主偏角 κ_r 能减小径向切削分力 F_y，而减小振动。后角 α_o 对切削稳定性影响较小，可取小值；但精加工时由于背吃刀量 a_p 很小，切削刃不易切入工件，α_o 过小时，刀具后刀面与加工表面的摩擦力过大反而容易引起自振。刀尖圆弧半径 r_ε 越大，F_y 越大，故从避免自振的观点出发，希望 r_ε 小一些。

（3）采用消振刀具 采用这类刀具如弹簧车刀或弯杆刨刀，可抑制自振，从而达到消振目的。

提高工艺系统本身的抗振性包括提高机床的抗振性、提高刀具的抗振性。希望刀具具有大刚度、高阻尼系数，因此改善刀杆等的弹性模量和阻尼系数，提高工件和刀具的装夹刚度等都能提高抗振性。

（4）使用减振装置减振 减振装置包括阻尼器和减振器两类。阻尼形式通常有固体摩擦阻尼、液体摩擦阻尼和电磁阻尼等。减振器又分为动力式和冲击式两种。

习题与思考题

2-1　何谓加工原理误差？由于近似加工方法都将产生加工原理误差，因而都不是完善的加工方法，这种说法对吗？

2-2　试述加工误差敏感方向的概念，利用此概念分析镗孔加工中，机床工作台导轨直线度误差对加工精度的影响。

2-3　试述渐精加工概念。

2-4　若只考虑机床刚度对加工精度的影响，试比较在牛头刨床，龙门刨床上加工平面的几何形状精度？

2-5　如图 2-26 所示，两种镗孔的进给方式，哪一种更好，为什么？

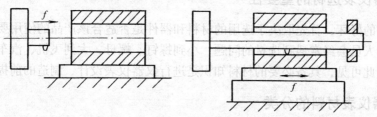

图 2-26　习题 2-5 图

2-6　钻削一批孔类零件，其尺寸为 $\phi 12^{+0.035}_{0}$ mm，若此工序尺寸服从正态分布，$\sigma = 0.01$mm，$\bar{X} = 12.01$mm。求出废品率，并分析废品特性。

2-7　在车床卡盘上精镗工件上一短孔，若已知粗镗孔的圆度误差为 0.5mm，机床各部件的刚度为 $k_{主轴} = 40000$N/mm，$k_{刀架} = 10000$N/mm，进给量 $f = 0.5$mm/r，切削力系数 $C_{py} = 800$，若只考虑工艺系统刚度对加工精度的影响。试求：

1）计算须几次进给可使精镗后孔的圆度误差控制在 0.01mm 以内？

2）若想一次进给达到 0.01mm 的圆度要求，需选用多大的进给量？

2-8　在精密机床上进行精加工，为什么加工前机床往往要先开一段时间后再进行加工？为缩短机床的空转时间，一般可采用哪些方法？

2-9　车削一批轴的外圆，其尺寸要求为 $\phi 20^{0}_{-0.1}$mm，若此工序尺寸按正态分布，方均差 $\sigma = 0.025$mm，公差带中心小于分布曲线中心，其偏移值 $\Delta = 0.03$mm，试指出该批工件的常值系统误差及随机误差，并计算合格率及废品率？

2-10　某镗孔加工，其尺寸公差为 0.1mm，该工序精度的方均差 $\sigma = 0.025$mm，已知不能修复的废品率为 0.5%，试求产品的合格率为多少？

2-11　试比较强迫振动和自激振动的主要特点。

第3章 常用的仪器仪表材料特性和选材方法

3.1 概述

在仪器的设计制造过程中，选材是否合适直接关系到设计的成败。本章将仪器仪表涉及的主要工程材料和器件作一介绍。

3.1.1 仪器仪表选材的重要性

产品质量的好坏，首先取决于选用的材料和器件是否适合该产品的使用要求。因此，每一个工程设计人员会经常遇到选材的问题，小到螺钉、螺母，大到飞机、汽车以及各种仪器仪表装置。由此可见，具备必要的材料知识是进行仪器仪表设计、制造的前提。

3.1.2 仪器仪表材料的分类

实际上，在仪器仪表设计制造中使用的材料大多数属于工程材料的范畴，而工程材料又按性能特点分为结构材料和功能材料两大类。结构材料以力学性能为主，兼有一定的物理、化学性能，用于制作工程构件、机械零件、工具等；功能材料以特殊的物理、化学性能为主，如超导、激光、半导体、形状记忆和能量转换等材料。一般在研究工程材料时通常指前者。

由于材料的种类繁多，用途广泛，因此分类的方法也有多种。比较科学的方法是主要根据材料的本性或结合键的性质进行分类。一般将工程材料分为金属材料、陶瓷材料、高分子材料和复合材料四大类。

1. 金属材料

金属材料是最重要的工程材料，包括金属和以金属为基的合金。最简单的金属材料是纯金属。工业上把金属和其合金分为两大部分：

（1）钢铁材料　铁和以铁为基的合金（钢、铸铁和铁合金）。

（2）非铁金属　钢铁材料以外的所有金属及其合金。

应用最广的是钢铁材料。以铁为基的合金材料占整个结构材料和工具材料的90%以上。钢铁材料的工程性能比较优越，价格也比较便宜，是最重要的工程金属材料。

2. 陶瓷材料

陶瓷是人类应用最早的材料。它坚硬，稳定，可以制造工具、用具；在一些特殊的情况下也可用作结构材料。陶瓷是一种或多种金属元素同一种非金属元素（通常为氧）的化合物。陶瓷的硬度很高，但脆性很大。

陶瓷材料属于无机非金属材料，主要为金属氧化物和金属非氧化物，也叫做硅酸盐材料。它一般包括无机玻璃（硅酸盐玻璃）、玻璃陶瓷（微晶玻璃）和陶瓷等三大类。

3. 高分子材料

高分子材料为有机合成材料，亦称聚合物。它具有较高的强度，良好的塑性，较强的耐腐蚀性能，很好的绝缘性，以及重量轻等优良性能，在工程上是发展最快的一类新型结构材料。

高分子材料种类很多，工程上通常根据力学性能和使用状态将其分为三大类：

（1）塑料　主要指强度、韧性和耐磨性较好的、可制造某些机器零件或构件的工程塑料，按工艺性分为热塑性塑料和热固性塑料两种。如 ABS 塑料可用于制造一般构件。

（2）合成橡胶　通常指经硫化处理的、弹性特别优良的聚合物，有通用橡胶和特种橡胶两种。如聚氨酯可用于制造同步带及耐磨制品。

（3）合成纤维　指由单体聚合而成的、强度很高的聚合物，通过机械处理所获得的纤维材料。

4. 复合材料

复合材料是两种或两种以上不同材料的组合材料，其性能是它的组成材料所不具备的。复合材料可以由各种不同种类的材料复合组成，所以它的结合键非常复杂。它在强度、刚度和耐蚀性方面比单纯的金属、陶瓷和聚合物都优越，是一类特殊的工程材料，具有广阔的发展前景。

除此之外，目前仪器仪表中大量使用电子元器件，它作为一种基于功能材料制造的单元，使用前依然需要像其他材料一样根据需要进行选择，以满足性能、精度等要求。

3.2　材料学基础知识

3.2.1　固态原子的结合键

在固态状态下，当原子（离子或分子）聚集为晶体时，它们之间产生较强的相互作用力，即晶体的结合力或结合键（简称键）。晶体的原子结合键有金属键、离子键、范德华键（分子键）等几种基本类型。

晶体几种不同结合键的结合能见表 3-1，由表可知，离子键结合能最高，共价键其次，金属键第三，分子键最弱。因此，反映在不同结合键的材料特性上也有明显的差异。

表 3-1　不同结合键能及材料的特性

结合键种类	结合能/(kJ/mol)	熔点	硬度	导电性	键的方向性
金属键	113～350	有高有低	有高有低	良好	无
共价键	63～712	高	高	不导电	有
离子键	586～1047	高	高	固态不导电	无
分子键	<42	低	低	不导电	有

3.2.2　晶体与显微组织

工程材料在固态下多为晶体，晶体中的原子（离子、分子）是作长程有序规则排列的，且不同结合键的晶体有着不同的性能。材料的性能不仅与其组成原子的本性及原子间的结合键的类型有关，还与晶体中原子的长程有序规则排列的方式即晶体结构有关。

在几类材料中，金属材料的晶体结构较为简单，下述晶体结构的相关概念主要以金属晶体为基础。

1. 材料的晶体结构

晶体中原子（或离子）在空间呈规则排列，如图 3-1a 所示。规则排列的方式即称为晶体结构。为了便于研究晶体结构，假设通过原子的中心划出许多空间直线，这些直线将形成空间格架。这种假想的格架在晶体学上就叫晶格，如图 3-1b 所示。晶格的结点为原子（离子）平衡中心的位置。晶格的最小几何组成单元称为晶胞，如图 3-1c 所示。晶胞在三维空间的重复排列构成晶格并形成晶体。由晶胞可以描述晶格和晶体结构，所以研究晶体结构就在于考查晶胞的基本特性。

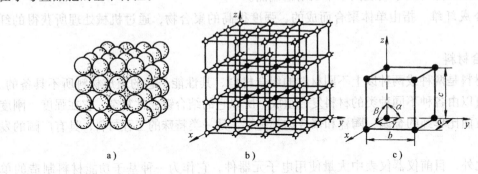

图 3-1　晶体、晶格和晶胞示意图
a）晶体　b）晶格　c）晶胞

在三维空间中，晶胞的几何特征可以用晶胞的三条棱边长 a、b、c 和三条棱边之间的夹角 α、β、γ 等六个参数来描述，其中 a、b、c 称为晶格常数。当晶格常数 $a = b = c$，而 $\alpha = \beta = \gamma = 90°$ 时，这种晶胞称为立方晶格。

上世纪初，X 射线结构分析技术出现之后，利用它测定了金属的晶体结构。除了少数元素外，绝大多数金属皆为体心立方、面心立方和密排立方三种典型的、紧密的结构，如图 3-2 所示。

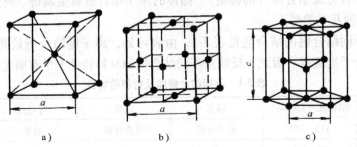

图 3-2　金属的典型晶体结构（晶胞）示意图
a）体心立方　b）面心立方　c）密排立方

2. 金属的结晶

（1）金属结晶的概念　在一定的条件下，金属的三态可以互相转化。按照目前的生产方法，工程上使用的金属材料通常都要经历液态和固态的加工过程。例如制造机器零件用的钢材，就经过了冶炼、铸锭、轧制、锻造、机加工和热处理等工艺过程。生产上将金属的凝固叫做结晶。金属凝固的结果是获得固态晶体金属。

一切物质的结晶都具有严格的平衡结晶温度，高于此温度，物质熔为液态，低于此温度才能进行结晶，处在此温度，表现出液体与晶体同时存在。而一切非晶体物质则无此明显的平衡结晶温度，它们的凝固总是在某一温度范围内进行的。金属材料的凝固是典型的结晶过程，而玻璃的凝固是典型的非晶体凝固。

　　将金属加热到熔融的液体状态，然后让其缓慢冷却，将温度、时间绘制成一关系曲线即为冷却曲线，如图 3-3 所示。

　　图中的 T_0 为金属的理论结晶温度，它是金属液体在无限缓慢冷却条件下的结晶温度。在实际生产中，液态金属在 T_0 以下 T_n 才开始结晶，这种现象称为结晶时的过冷现象，并把理论结晶温度 T_0 与实际结晶温度 T_n 的差称之为过冷度。

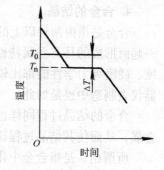

　　（2）金属结晶的过程　结晶是由晶核形成和晶核生长两大基本过程所构成。

　　图 3-4 示意了小体积金属在均匀冷却时的结晶过程。当液体冷却到结晶温度后，经过一段时间的孕育，形成一些极细小的晶体，称之为晶核。随着时间的推移，晶核迅速地在液体中长大，在液体的其他部分又有一些新的晶核出现并不断长大。这样的成核和长大的过程不断进行，直到液体消失，结晶过程完毕。

图 3-3　纯金属的冷却曲线

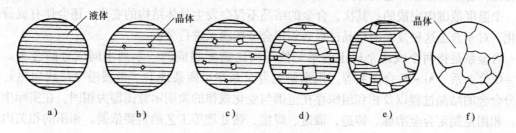

图 3-4　金属结晶过程示意图

3. 金属的塑性变形与再结晶

　　（1）金属的塑性变形　金属最重要的特性之一是具有良好的塑性。但在工程中，也常常要求消除塑性变形给金属造成的不良影响，为此，必须在加工过程中及加工后对金属进行加热，使其发生再结晶，恢复塑性变形以前的性能。

　　塑性变形在明显改变金属外形的同时，也深刻地影响金属的内部结构和宏观性能，主要表现在金属的组织和结构变化、加工硬化、残余内应力等三方面，基于本章的重点，我们着重关心后两方面。

　　1）加工硬化：塑性变形对金属性能最重要的影响是造成加工硬化，即随变形程度的增大，金属的强度和硬度显著提高而塑性和韧性明显下降。

　　塑性变形不仅使金属力学性能显著变化，也明显改变金属的物理、化学性能，如使电阻增大，导磁性和耐腐蚀性降低等。

　　2）残余内应力：残余内应力是指去除外力后，残留于且平衡于金属内部的应力。它主要是金属内部变形不均匀引起的。

　　塑性变形时外力所作功的绝大部分转化成热能而散耗，只有不到 10% 的功转化为内应力而残留在金属中，使内能增加。残余内应力常使金属受力时因内外应力的叠加而使承载能力降低，并在随后应力松弛或发生重新分布时引起变形；同时，还使金属的耐腐蚀性能降低。所以，通常都要进行消除内应力处理。

　　（2）塑性变形金属在加热时的变化　为了消除加工硬化的作用，恢复或改善金属的物理、化学、力学性能，可以对金属进行加热。随加热温度的提高，变形金属将相继发生回复、再结晶和晶粒长大过程，其中以再结晶具有更重要的作用。在生产上，主要用于冷变形加工过程的中间处理，以消除加工硬化作用，便于继续冷加工，其处理工艺叫做再结晶退火。

4. 合金的结晶

合金是指由两种以上的金属或金属和非金属元素，经熔炼、烧结或其他方法使之结合在一起而形成的具有金属特性的物质。由于自然界的纯金属种类有限，加之各种纯金属的强度、硬度等力学性能都比较差，所以在工业生产中，合金的应用要比纯金属广泛得多，在仪器仪表制造中也是如此。

合金的结晶过程同样也是通过晶核形成及晶核长大来完成的。但因合金中含有不止一种金属，从而使其结晶过程比纯金属复杂得多。

所谓相，是指合金中化学成分相同、晶体结构相同并以界面互相分开的均匀组成部分。所谓组织，是指用肉眼或显微镜所观察到的材料的微观形貌，又称显微组织。

合金中各相的数量及其分布规律与合金的成分、结晶过程有直接的关系。与纯金属的结晶相比，合金的结晶有它的特点。首先，合金的结晶过程不一定在恒温下进行，很多情况是在一个温度范围内完成的；其次，合金的结晶不仅会发生晶体结构的变化，还会伴有成分的变化。对于合金这种复杂的结晶过程必须用合金相图来进行分析。

合金系是指两个或两个以上的组元按不同比例配制成的一系列不同成分的合金，如 Fe－C 合金系、Al－Si 合金系等。用来研究合金系在平衡条件下（极缓慢冷却或加热）各成分合金的结晶过程以及相和组织存在范围与变化规律的简明示意图即为相图。在实际生产中，相图是制定合金冶炼、铸造、锻造、焊接、热处理等工艺的重要依据。相图的相关内容参见下一节。

3.2.3　材料的力学、物理及化学性能

材料的性能一般分为使用性能和工艺性能两大类，材料的使用性能主要是指力学、物理和化学性能；材料的工艺性能则是指可锻性、焊接性及切削加工性等。

1. 力学性能

材料的力学性能是指它在外力或是能量以及环境因素（温度、介质等）作用下表现出的特性。材料常见的力学性能有弹性、强度、塑性、硬度、冲击韧性、疲劳特性以及耐磨性等。

2. 物理及化学性能

材料的物理性能有密度、熔点、导电、导磁、导热及热膨胀等。而化学性能主要指耐腐蚀、抗氧化性。

（1）导电性　材料的导电性一般用电阻率 ρ 来评估。根据 ρ 值的大小和范围，可把材料分为超导体、导体、半导体、绝缘体。

通常金属的电阻率随温度升高而增加，而非金属材料则与此相反。金属材料是导体，普通陶瓷材料与大部分高分子材料是绝缘体。

（2）热膨胀性及导热性　大多数材料的体积会随着环境温度的升高发生膨胀，常用线膨胀系数 α 表示材料的热膨胀性。导热性是工程上选择保温或热交换材料的重要依据之一，也是确定机件热处理保温时间的一个参数，如果热处理件所用材料的导热性差，则在加热或

冷却时，表面与心部会产生较大的温差，造成不同程度的膨胀，导致机件的破裂。一般来说，金属材料的导热能力远高于非金属材料，其中热导率较大者有银、铜、金、铝等。

（3）耐腐蚀性　腐蚀是指材料由于周围环境的介质侵蚀而造成的损伤和破坏。材料的耐腐蚀性则是指材料抵抗各种介质侵蚀的能力，常用每年腐蚀深度 K_α（mm/年）来进行等级评定。非金属材料的耐腐蚀性能总的说来远高于金属材料。由于腐蚀会造成机件的早期损坏，因此在工程制造中，应从设计阶段开始就要考虑防止腐蚀的措施。

3. 工艺性能

材料的工艺性能主要是指其加工制造性，是力学性能、物理及化学性能的总和。工艺性能的好坏会直接影响制造机件的工艺方法、质量及制造成本，因此选材时也必须充分考虑。按工艺方法的不同，材料的工艺性能可分为以下几个方面：

（1）铸造性　铸造性通常指液体金属能充满比较复杂的铸型并获得优质铸件的性能。流动性好、收缩率小、偏析倾向小的材料铸造质量也好。

一些工程塑料，在其成形工艺方法中，也要求好的流动性和小的收缩率。

（2）可锻性　可锻性指材料是否易于进行压力加工（包括锻造、压延、拉拔、轧制等）的性能。可锻性好坏主要以材料的塑性变形能力及变形抗力来衡量。金属在高温下可用较小的力获得很大程度的变形。但不同的金属的变形能力各不相同，如钢的可锻性较好，铸铁不能进行任何压力加工。

热塑性塑料可采用挤压和注模成形，这与金属的挤压和模压成形相似。

（3）焊接性　焊接性指材料是否易于焊接在一起并能保证焊缝质量的性能。焊接性好的材料，焊接时不易出现气孔、裂纹，焊后接头强度与母材相近。低碳钢具有优良的焊接性，而铸铁和铝合金的焊接性就很差。

某些工程塑料也有良好的焊接性，但与金属的焊接机制及工艺方法不同。

（4）切削加工性　切削加工性指材料进行切削加工的难易程度。它与材料种类、成分、硬度、韧性、导热性及内部组织状态等许多因素有关。材料过软和过硬都不易切削，有利于切削的硬度是 160~230HBS。

陶瓷材料由于硬度高，难以进行切削加工，但可作为加工高硬度材料的刀具。

除上所述，金属材料在热处理时，还需考虑其淬透性、淬硬性等工艺性能。

3.3　金属材料

3.3.1　铁碳合金

碳钢和铸铁是以铁与碳两种元素为基本组元的合金，常称铁碳合金。它们是现代工业用量最多、使用最广的金属材料。钢铁的成分不同，则组织和性能也不同，因而在实际工程上的应用也不一样。铁碳合金系相图是研究钢和铸铁的基础，对于钢铁材料的应用以及热加工和热处理工艺的制订具有重要的指导意义。

1. 铁碳合金系相图

（1）铁碳合金系组元的特性

1）纯铁：铁是过渡族元素，结晶过程有同素异构转变。

工业纯铁的力学性能特点是强度低、硬度低、塑性好，室温下的具体性能指标还与晶粒大小及杂质含量有关，大致为：抗拉强度 R_m = 180 ~ 280MPa，伸长率 A = 30% ~ 50%，硬度为 50 ~ 80HBS。

2）渗碳体：渗碳体（Fe$_3$C）是 Fe 和 C 的稳定化合物。渗碳体的力学性能特点是硬而脆，大致性能为：抗拉强度 R_m = 30 MPa，伸长率 A = 0，硬度为 800HBW。

（2）铁碳合金中的相　图 3-5 是按组织分区的 Fe – Fe$_3$C 相图。图中存在五种相。Fe – Fe$_3$C 相图中各点的温度、含碳量及含义见表 3-2。

1）液相 L：液相 L 是铁与碳的液溶体。

2）δ 相：δ 相又称高温铁素体，是碳在 δ – Fe 中的间隙固溶体，是图中的高温相。

3）α 相：α 相也称铁素体，用符号 F 或 α 表示。它的强度低、硬度好、塑性好。其性能与工业纯铁大致相同。

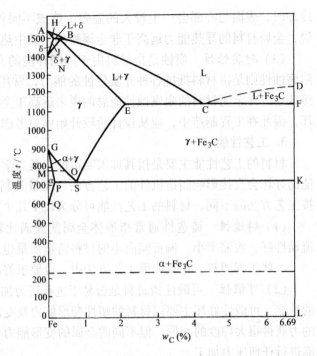

图 3-5　以相组成表示的铁碳相图

4）γ 相：γ 相常称奥氏体，用符号 A 或 γ 表示，是碳在 γ – Fe 中的间隙固溶体。奥氏体的强度较低，硬度不高，易于塑性变形。

表 3-2　Fe – Fe$_3$C 相图中各点的温度、含碳量及含义

符号	温度/℃	$w_C \times 100$（%）	含　　义
A	1538	0	纯铁的熔点
B	1495	0.5300	包晶转变时液态合金的成分
C	1148	4.3000	共晶点
D	1227	6.6900	Fe$_3$C 的熔点
E	1148	2.1100	碳在 α – Fe 中的最大溶解度
F	1148	6.6900	Fe$_3$C 的成分
G	912	0	α – Fe 与 γ – Fe 同素异构转变点
H	1495	0.0900	碳在 δ – Fe 中的最大溶解度
J	1495	0.1700	包晶点
K	727	6.6900	Fe$_3$C 的成分
N	1394	0	γ – Fe 与 δ – Fe 同素异构转变点
P	727	0.0218	碳在 α – Fe 中的最大溶解度
S	727	0.7700	共析点
Q	600 （室温）	0.0057 (0.0008)	600℃（或室温）时碳在 α – Fe 中的溶解度

5）Fe_3C 相：Fe_3C 是一个化和物相，又称渗碳体。渗碳体根据生成条件不同有条状、网状、片状、粒状等形态，对铁碳合金的力学性能会产生重大影响。

2. 铁碳合金的分类

根据 $Fe-Fe_3C$ 相图，铁碳合金可分为三类：

1）工业纯铁（0.02%）

2）钢（$0.02\% < w_C \leqslant 2.11\%$）$\begin{cases} 亚共析钢（0.02\% < w_C < 0.77\%） \\ 共析钢（w_C = 0.77\%） \\ 过共析钢（0.77\% < w_C \leqslant 2.11\%） \end{cases}$

3）白口铸铁（$2.11\% < w_C < 6.69\%$）$\begin{cases} 亚共晶白口铸铁（2.11\% < w_C < 4.3\%） \\ 共晶白口铸铁（w_C = 4.3\%） \\ 过共晶白口铸铁（4.3\% < w_C < 6.69\%） \end{cases}$

3. 铁碳相图的应用

$Fe-Fe_3C$ 相图在生产中具有巨大的实际意义，主要应用在钢铁材料的选用和加工工艺的制定两个方面，在仪器仪表制造中有一定的作用。

（1）在钢铁材料选用方面的应用 $Fe-Fe_3C$ 相图所表明的某些成分—组织—性能的规律，为钢铁材料的选用提供了依据。各种机械零件需要强度、塑性及韧性都较好的材料，应选用碳含量适中的中碳钢。各种工具要用硬度高和耐磨性好的材料，应选碳含量高的钢种。纯铁的强度低，不宜作结构材料，但由于其磁导率高，矫顽力低，可做软磁材料使用，如做电磁铁的铁心等。白口铸铁硬度大、脆性大，不能切削加工，也不能锻造，但其耐磨性好，铸造性能优良，适用于作要求耐磨、不受冲击、形状复杂的铸件等。

（2）在铸造工艺方面的应用 根据 $Fe-Fe_3C$ 相图可以确定合金的浇注温度。浇注温度一般在液相线以上 50～100℃。纯铁和共晶白口铸铁的铸造性能最好。

（3）在热锻、热轧工艺方面的应用 钢处于奥氏体状态时强度低，塑性较好，因此锻造或轧制选在单相奥氏体区内进行。

（4）在热处理工艺方面的应用 $Fe-Fe_3C$ 相图对于制订热处理工艺有着特别重要的意义。一些热处理工艺如退火、正火、淬火的加热温度都是依据 $Fe-Fe_3C$ 相图确定的。

4. 碳钢

碳钢不仅价格低廉、容易加工，而且在一般情况下能满足使用要求，在仪器仪表行业中应用广泛。工程中应用的碳钢，常含有锰、硅、磷、硫、氧、氮等杂质元素，对钢的性能有一定的影响。一般来说，磷、硫是钢中的有害杂质，它们来源于矿石、燃料等炼钢原料。硅、锰是炼钢过程中因加硅铁和锰铁脱氧而残留在钢中的有益杂质。在炼钢时除了保证钢的含碳量外，还必须将杂质元素的含量控制在一定的范围。

（1）碳钢的分类 碳钢主要有下列几种分类方法：

1）按钢的碳含量分 $\begin{cases} 低碳钢（w_C \leqslant 0.25\%） \\ 中碳钢（0.25\% < w_C \leqslant 0.6\%） \\ 高碳钢（w_C > 0.6\%） \end{cases}$

2）按钢的质量分 $\begin{cases}\text{普通碳素钢}（w_S≤0.055\%；w_P≤0.045\%）\\\text{优质碳素钢}（w_S≤0.040\%；w_P≤0.040\%）\\\text{高级优质碳素钢}（w_S≤0.030\%；w_P≤0.035\%）\end{cases}$

3）按用途分 $\begin{cases}\text{普通碳素结构钢，用于制造桥梁、船舶、建筑等工程构件}\\\text{优质碳素结构钢，用于制造齿轮、弹簧、轴类等机械零件}\\\text{碳素工具钢，用于制造刃具、量具、模具等工具}\end{cases}$

（2）碳钢的牌号及应用　工程上所用的碳钢主要按用途来进行编号。

1）普通碳素结构钢：这类钢主要保证力学性能，其牌号体现其力学性能，用 Q + 数字表示，数字表示屈服强度数值。例如 Q275 表示屈服强度为 275MPa。若牌号后面标注字母 A、B、C、D，则表示钢材质量等级不同，含磷、硫量依次降低，钢材质量则依次提高。若在牌号后标注字母"F"，则为沸腾钢，标注"b"为半镇静钢，不标注"F"或"b"者为镇静钢，"TZ"表示特种镇静钢。

普通碳素结构钢在一般情况下都不经热处理。通常 Q195、Q215、Q235 钢的含碳量低，焊接性能好，塑性、韧性好，有一定强度，常轧制成薄板、钢筋等，或制造普通铆钉、螺钉、螺母等零件。Q255、Q275 钢的含碳量比前几种高一点，故其强度较高，塑性、韧性较好，可进行焊接。通常轧制成形钢、钢板作结构件以及制造简单机械的连杆、齿轮、联轴节和销子等零件。

2）优质碳素结构钢：这类钢必须同时保证化学成分和力学性能。其牌号是采用两位数字表示碳的质量分数的万分之几。例如 45 钢表示钢中平均碳的质量分数为 0.45%。

优质碳素结构钢主要用于制造机器零件，一般都要经过热处理以提高力学性能。根据碳的含量不同，有不同的用途。08F 塑性好，可制造冷冲压零件。10、20 冷冲压性与焊接性能良好，可作冲压件和焊接件，经过适当热处理（如渗碳）后也可制造轴、销等零件。30、40、45、50 经热处理后，可获得良好的综合力学性能，用来制造齿轮、轴类、套筒等零件。60、65 主要用来制造弹簧。一般碳钢价格低廉，是设计者首选材料。优质碳素结构钢的力学性能列于表 3-3 中。

表 3-3　优质碳素结构钢的牌号、化学成分和力学性能

牌号	化学成分（质量分数）（%）					力学性能（正火态）		交货状态硬度 HBW	
	C	Si	Mn	P	S	R_m/MPa	A_e（%）	未热处理	退火钢
				不大于		不小于		不大于	
08F	0.05 ~ 0.11	≤0.03	0.25 ~ 0.50	0.035	0.035	295	35	131	
10F	0.07 ~ 0.14	≤0.07	0.25 ~ 0.50	0.035	0.035	315	33	137	
08	0.05 ~ 0.12	0.17 ~ 0.37	0.35 ~ 0.65	0.035	0.035	325	33	131	
10	0.07 ~ 0.14	0.17 ~ 0.37	0.35 ~ 0.65	0.035	0.035	335	31	137	
15	0.12 ~ 0.19	0.17 ~ 0.37	0.35 ~ 0.65	0.035	0.035	375	27	143	
20	0.17 ~ 0.24	0.17 ~ 0.37	0.35 ~ 0.65	0.035	0.035	410	25	156	
25	0.22 ~ 0.30	0.17 ~ 0.37	0.50 ~ 0.80	0.035	0.035	450	23	170	
30	0.27 ~ 0.35	0.17 ~ 0.37	0.50 ~ 0.80	0.035	0.035	490	21	179	
35	0.32 ~ 0.40	0.17 ~ 0.37	0.50 ~ 0.80	0.035	0.035	530	20	197	

（续）

牌号	化学成分（质量分数）（%）					力学性能（正火态）		交货状态硬度 HBW	
	C	Si	Mn	P	S	R_m/MPa	A_e（%）	未热处理	退火钢
				不大于		不小于		不大于	
40	0.37 ~ 0.45	0.17 ~ 0.37	0.50 ~ 0.80	0.035	0.035	570	19	217	187
45	0.42 ~ 0.50	0.17 ~ 0.37	0.50 ~ 0.80	0.035	0.035	600	16	229	197
50	0.47 ~ 0.55	0.17 ~ 0.37	0.50 ~ 0.80	0.035	0.035	630	14	241	207
55	0.52 ~ 0.60	0.17 ~ 0.37	0.50 ~ 0.80	0.035	0.035	645	13	255	217
60	0.57 ~ 0.65	0.17 ~ 0.37	0.50 ~ 0.80	0.035	0.035	675	12	255	229
65	0.62 ~ 0.70	0.17 ~ 0.37	0.50 ~ 0.80	0.035	0.035	695	10	255	229

除上述碳素结构钢牌号外，工业生产中常用到的还有铸钢。铸钢的含碳量一般小于或等于 0.65%（质量分数）。铸钢的牌号是在钢号前加"ZG"。当零件形状复杂，无法锻造成形，而铸铁又不能满足其力学性能要求时，可采用铸钢进行铸造成形。

3）碳素工具钢：这类钢的牌号用 T + 数字表示，数字表示钢中平均碳的质量分数的千分之几。例如 T8 表示平均碳的质量分数为 0.08% 的碳素工具钢。若为优质碳素工具钢，则在钢号后附以 "A"，例如 T12A。

碳素工具钢经热处理（淬火 + 低温回火）后具有高硬度，用于制造尺寸较小，要求耐磨性好的量具、刀具、模具等。

5. 铸铁

铸铁是碳的质量分数大于 2.11%，并含有硅、锰、磷、硫等元素的铁碳合金。与钢相比，铸铁的强度低，塑性、韧性差；但它有良好的铸造性、切削加工性及减振性，且工艺简单、造价低廉。

（1）铸铁的分类　铸铁按石墨化的程度可分为灰铸铁、麻口铸铁和白口铸铁。一般根据石墨的形态对工业铸铁进行分类，具有片状石墨的铸铁为灰铸铁，包括普通灰铸铁和孕育铸铁两种；具有团絮状石墨的铸铁为可锻铸铁；具有球状石墨的铸铁为球墨铸铁；具有蠕虫状石墨的铸铁为蠕墨铸铁。

（2）铸铁的性能特点及应用

1）灰铸铁：灰铸铁是应用最广泛的一类铸铁，它的产量几乎占铸铁全部产量的 80%以上。

由于灰铸铁的碳、硅含量较高，所以具有较强的石墨化能力。由于石墨的存在，使灰铸铁的抗拉强度与塑性远比钢低。铸铁中的石墨越多、尺寸越大、分布越不均匀，其抗拉强度与塑性便会越低，但对抗压强度影响不大。此外，它性能稳定、不易变形，具有良好的阻尼，价格低廉。因此，灰铸铁主要用于制造汽车、仪器中的汽缸、仪器基座等承受压力及振动的基件。

灰铸铁的牌号、性能及用途见表 3-4。牌号中 HT 为"灰铁"二字的汉语拼音字首，其后数字表示最低抗拉强度值。

2）球墨铸铁：球墨铸铁是一种高强度铸铁材料，其综合力学性能接近于钢。它的成分不同于灰铸铁，碳含量较高。研究表明，球墨铸铁具有比灰铸铁高得多的强度及良好的塑性与韧性，加之它便于生产，成本低廉，在一些机件受力复杂、综合性能要求较高，但无较大冲击力的场合下，可成功地取代某些钢件。

表 3-4　灰铸铁的牌号、性能及用途

牌号	铸件壁厚/mm ≥	R_m/MPa ≥	用途举例（参考）
HT100	2.5～10	130	适用于对摩擦、磨损无特殊要求的低载荷零件，如盖、外罩、油盘、手轮、支架、底板、重锤等
	10～20	100	
	2030	90	
	30～50	80	
HT150	2.5～10	175	适用于承受中等载荷的零件，如普通机床上的支柱、底座、齿轮箱、刀架、床身、轴承座、工作台、带轮等
	10～20	145	
	20～30	130	
	30～50	120	
HT200	2.5～10	220	适用于承受大载荷的重要零件，如汽车、拖拉机的汽缸体、汽缸盖、制动鼓以及齿轮等
	10～20	195	
	20～30	175	
	30～50	160	
HT250	4.0～10	270	适用于承受大应力、重要的零件，如联轴器盘、液压缸、泵体、泵壳、化工容器及活塞等
	10～20	240	
	20～30	220	
	30～50	200	
HT300	10～20	290	适用于承受高载荷、高气密性和要求耐磨的重要零件，如剪床、压力机等重型机床的床身、机座、机架以及受力较大的齿轮、凸轮、衬套、大型发动机的汽缸体、汽缸套及液压缸、泵体、阀体等
	20～30	250	
	30～50	230	
HT350	10～20	340	
	20～30	290	
	30～50	260	

　　球墨铸铁的牌号中的"QT"为"球铁"二字的汉语拼音字首，其后的两组数字分别代表抗拉强度值和断后伸长率。如 QT400—18。

　　3）可锻铸铁：可锻铸铁的强度、塑性及韧性均比灰铸铁高，但可锻铸铁实际是不能锻造的。

　　可锻铸铁常用于制造那些壁薄（一般厚度小于 25mm）、形状复杂，承受振动或冲击载荷的机件，如汽车和拖拉机的后桥外壳、活塞环等。这些铸件如果用灰铸铁制造，则韧性不足，若采用铸钢制造，又因其铸造性能不良，质量难以得到保证。

　　可锻铸铁牌号中的"KT"为"可铁"二字的汉语拼音字首，"KTH"表示黑心可锻铸铁，"KTZ"表示珠光体可锻铸铁。其后数字含义与球墨铸铁相同。

　　此外还有蠕墨铸铁、合金铸铁等分别用于其他行业。

6. 钢的热处理

热处理是改善金属使用性能和工艺性能的一种非常重要的加工方法，是将固态金属或合金置于一定介质中加热、保温和冷却，以改变整体或表面组织，从而获得所需性能的工艺。根据所要求的性能不同，热处理的类型有多种，其工艺都包括加热、保温和冷却三个阶段。

按照应用特点，常用热处理工艺可大致分为普通热处理、表面热处理和其他热处理。

（1）钢的普通热处理　普通热处理主要包括退火、正火、淬火和回火，在生产中应用十分广泛。

1）退火：将组织偏离平衡状态的钢加热到适当温度，保温一定时间，然后缓慢冷却（一般为随炉冷却），以获得接近平衡状态组织的热处理工艺叫做退火。

根据处理的目的和要求不同，钢的退火可分为完全退火、等温退火、球化退火、均匀化退火和去应力退火等。

完全退火又称重结晶退火，一般简称退火。完全退火通过完全重结晶，使热加工造成的粗大、不均匀的组织均匀化和细化，以提高性能；或使中碳以上的碳钢和合金钢得到接近于平衡状态的组织，以降低硬度，改善切削加工性能。由于冷却速度缓慢，一般还可消除内应力。常用于机件加工前的预先热处理。

等温退火的作用与目的与完全退火一致，为缩短整个退火过程，常用等温退火代替完全退火。

球化退火是一种不完全退火，其目的一是降低硬度，改善切削加工性能；二是为淬火前做好组织准备。主要用于改善合金工具钢的切削加工性能。

均匀化退火的目的是减少钢锭、铸件或锻坯的化学成分偏析和组织不均匀性。

去应力退火的目的是消除铸件、锻件、焊接件在机加工、冷变形过程中的残余应力。

2）正火：正火的目的是使钢的组织正常化，与完全退火的区别是冷却速度快些，所得到组织的强度和硬度也有所提高。

3）淬火：淬火是强化钢的最重要手段，可显著提高钢的硬度和耐磨性，通过与回火工艺的配合，淬火可获得不同强韧性的组织，满足各种使用要求。如中碳合金钢淬火后高温回火可得到强度、塑性、韧性良好配合的综合力学性能。

常用的淬火方法有单介质淬火、双介质淬火、分级淬火、等温淬火、局部淬火和冷处理。其中，冷处理是将淬火后冷却到室温的工件继续深冷到 $-70 \sim -80℃$ 或更低的温度，以消除变形。冷处理用于要求精度很高、必须保证尺寸长期稳定性、硬而耐磨的精密零件、工具、模具、量具、滚动轴承等。

4）回火：钢件淬火后，为了消除内应力并获得所要求的组织和性能，必须进行回火。淬火件一般强度和硬度较高，但韧性和塑性很低，通过回火可获得良好的强度与韧性的配合，满足不同使用性能的要求。

低温回火（回火温度为 $150 \sim 250℃$）的目的是降低淬火内应力和脆性的同时保持钢在淬火后的硬度（一般达 $58 \sim 64HRC$）和高耐磨性，广泛使用于处理各种切削刀具，冷作模具、量具、滚动轴承、渗碳件和表面淬火件等。

中温回火（回火温度为 $350 \sim 500℃$）后的钢具有较高的屈服强度和弹性极限，以及一定的韧性，硬度一般为 $35 \sim 45HRC$，主要用于各种弹簧的处理。

高温回火（回火温度为 $500 \sim 650℃$）后的钢的硬度为 $25 \sim 35HRC$。这时的钢具有良好的综合力学性能。习惯上把淬火＋高温回火的热处理工艺称作"调质处理"，简称"调质"，广泛用于处理各种重要的结构零件，如连杆、螺栓、齿轮、轴类等。同时也常用作要求较高的精密零件、量具等的预先热处理。

时效与回火具有相同的含义，由于历史原因，铝合金习惯用"时效"，钢习惯用"回火"，而铜合金及钛合金两名称均用。

铝合金淬火后应及时进行时效，使铝合金的强度和硬度得到显著提高，塑性明显下降。在室温下进行的时效称自然时效，在100～200℃范围进行的时效称为人工时效。自然时效在淬火后的几小时内强度无明显增加，塑性较好，随着时间的延长，铝合金才逐渐强化，这段时间称孕育期。生产中利用孕育期进行铆接、弯曲、卷边、矫形等冷加工作业。

（2）钢的表面热处理　许多零件在工作时，承受摩擦、扭转、弯曲等交变载荷或冲击载荷，因此要求表面有较高的强度、硬度、耐磨性和疲劳强度，而心部又要有高韧性。但普通热处理工艺却很难兼顾表面、心部各具有不同的性能要求，因而需要采用强化表面的热处理方法，即表面淬火和化学热处理，统称为表面热处理。

1）钢的表面淬火：将钢件表层迅速加热到奥氏体化温度后急冷，使表层形成马氏体组织而心部组织仍保持不变的热处理工艺即为钢的表面淬火。表面淬火只改变表层组织而不改变钢的化学成分。

在进行表面淬火时，一般选用中碳钢或中碳低合金钢。如40、45、40Cr、40MnB等。含碳量过高，会降低心部韧性；含碳量过低，会影响钢的表层硬度和耐磨性。另外，铸铁，如灰铁、球铁制件也可用表面淬火，使之表面耐磨性进一步提高。

2）钢的化学热处理：将钢件置于一定的化学介质中加热、保温，使介质中一种或几种元素原子渗入工件表层，以改变钢表层化学成分和组织的热处理工艺即为钢的化学热处理。化学热处理通过改变表面成分，使工件表层组织和性能发生改变。它能有效地提高钢件表面硬度、耐磨性及疲劳性能。

目前化学热处理的种类很多，如渗碳和碳氮可提高钢表面硬度、耐磨性及疲劳性能；渗氮和渗硼可显著提高表面耐磨性和耐蚀性；渗铝可提高钢的高温抗氧化性能；渗硫可降低摩擦系数，提高耐磨性；渗硅可提高钢件在酸性介质中的耐腐蚀性能等。

（3）热处理与机械零件设计的关系　施行热处理的零件，不仅要满足工况要求，还要适应热处理工艺要求，否则会给热处理造成困难或因变形超差、开裂而导致零件报废。

1）热处理对零件结构形状的要求：为了减小工件淬火变形开裂倾向，除合理的热处理工艺、选材及工艺路线外，零件结构设计也非常重要，应掌握以下原则：

① 避免尖角、棱角：工件的尖角及棱角处是淬火应力最为集中的地方，容易出现淬火裂纹，应避免尖角设计。

② 避免壁厚相差悬殊：壁厚相差悬殊的零件，在淬火冷却时，由于冷却不同步而造成变形、开裂倾向增大，因此，可采用开工艺孔、加厚零件太薄部分及合理安排孔洞位置来减小变形或开裂的概率，如图3-6所示。

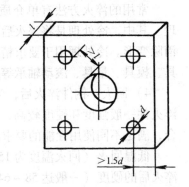

图3-6　合理安排孔洞位置

③ 采用对称、封闭结构：不对称及开口结构的零件在淬火时应力分布不均匀，易引起

变形，故在淬火前可采用封闭或淬火后磨削开槽，另外对称的两侧开槽比只开一个槽的零件更为合理。

④　采用组合结构：对界面尺寸相差很大或各部分性能要求相差较大的零件，可采用不同材料分别热处理后镶接起来。

2）热处理对切削加工工艺的要求：为避免工件在热处理过程中造成某些缺陷，适当调整切削加工工艺，才能达到良好的冷热加工配合。

①　合理安排冷热加工工序：对精度要求较高的零件，应在淬火、回火后加工其内孔或键槽，以防变形和开裂；对要求精度高的细长或形状复杂的零件，可在半精加工和最终处理之间安排去应力退火。

②　预留加工余量：对不同调质件、渗碳件及淬火、回火件应留一定余量。

③　减小工件表面粗糙度值：减小表面粗糙度值，特别是减小工件表面切削加工刀痕，可降低应力集中，防止淬火裂纹源的产生。

3.3.2　合金钢

碳钢冶炼工艺简单，易加工，价格低廉，可以通过不同的热处理工艺来改变其性能，满足工业生产上的一般需求，其产量占钢铁总产量的 80% 以上，但是碳钢的性能在很多方面不能满足更高的全面性要求，为此，在炼钢时有目的地加入一定量的一种或一种以上的金属或非金属元素（即合金元素），将这类含有所加合金元素的钢称为合金钢。

1. 合金钢的分类及编号

合金钢分类的方法有多种：按所含合金元素的多少，可分为低合金钢（合金总含量 <5%）、中合金钢（合金总含量 5% ~ 10%）和高合金钢（合金总含量 >10%）；通常是按用途分三大类，即合金结构钢、合金工具钢和特殊性能钢，如图 3-7 所示。

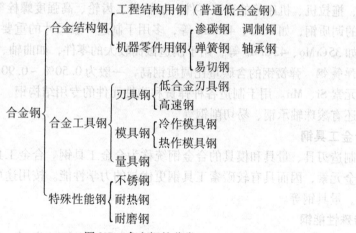

图 3-7　合金钢的分类

不同国家，钢的编号方法不同。我国合金钢是按碳含量、合金元素的种类和数量以及质量级别来编号的。

（1）合金结构钢　基本组成为"两位数字 + 元素符号 + 数字 + …"，其中：前两位数字表示平均碳质量分数的万倍；元素符号后面的数字为该元素平均质量分数的百倍，当其平均质量分数小于 1.5% 时，只标出元素符号，而不标明数字；当平均质量分数为 1.5% ~

2.49%、2.5% ~ 3.49%、…时，相应标注为2、3、…。如18Cr2Ni4W 表示平均成分为：C：0.18%，Cr：2%，Ni：4%，W < 1.5%；若 S、P 含量达到高级优质钢时，则在钢号后加"A"，如38CrMoAlA。

（2）合金工具钢　标注方法与合金结构钢相似，基本组成为"一位数字（或无数字）+元素符号＋数字＋…"，其平均含碳量是用质量分数的千倍表示，如9SiCr 钢（成分：C：0.9%，Si < 1.5%，Cr < 1.5%），当碳质量分数≥1.0% 时，钢号中不标出。

合金工具钢均属于高级优质钢，但钢号后不加"A"字。属于这一编号方法的钢种还有不锈钢、奥氏体型和马氏体型耐热钢。

（3）特殊编号钢　如滚动轴承钢、高速钢、易切削钢等。

2. 合金结构钢

合金结构钢主要是指用于制作工程构件和机器零件的钢，通常有以下几种。

（1）普通低合金结构钢　普通低合金结构钢的含碳量一般较低，不超过0.20%，加入以 Mn 为主的合金元素。强度较高，塑性、韧性好，压力加工性和焊接性能好。常在热轧退火（或正火）状态下使用，主要用于制造桥梁、船舶、车辆、锅炉、压力容器、石油管道、大型钢架结构等。采用普通低合金钢可以减轻结构重量，提高强度和韧性，保证使用性能耐久及安全可靠。

最常用的牌号有 Q345、Q390。

（2）渗碳钢　渗碳钢主要是低碳钢和低碳合金钢。含碳量一般在0.10% ~ 0.25%，主要加入提高淬透性的锰、镍、铬、硼等元素。表硬心韧、耐磨性好。渗碳件的最终热处理为渗碳后淬火加低温回火。主要用于制造变速齿轮、内燃机上的凸轮轴、活塞销等。

（3）调质钢　调质钢多用中碳和中碳合金钢，主要加入的合金元素为 Cr、Mn、Ni、Si、B 等。该类钢经调质处理后具有高强度与韧性的配合，综合力学性能优良。调质钢广泛用于制造汽车、拖拉机、机床等的重要零件，如轴类、齿轮、高强度螺栓等。

常用的调质钢，如40Cr、40MnB 等，多用于制造一般尺寸的重要零件，如轴类、连杆、螺栓等。如35CrMo、42CrMo 等，用于制造截面较大的零件，如曲轴、连杆等。

（4）弹簧钢　弹簧钢的含碳量比调质钢高，一般为0.50% ~ 0.90%（质量分数），主要加入合金元素 Si、Mn。用于制造各种弹簧和弹性元件的专用结构钢。

此外还有滚珠轴承钢、易切削钢等。

3. 合金工具钢

用于制造刃具、量具和模具的合金钢统称为合金工具钢。合金工具钢含有一定量的一种或几种合金元素，因而具有较碳素工具钢更优越的力学性能。按用途可分为合金刃具钢、合金模具钢、量具钢等。

4. 特殊性能钢

具有特殊物理、化学性能的钢及合金的种类很多，并迅速发展。如不锈钢、耐热钢、耐磨钢、低温用钢等。

（1）不锈钢　不锈钢包括两类：抗大气腐蚀的钢（称不锈钢）；另一类抗化学介质腐蚀（如酸类）的钢称耐酸不锈钢。前者不一定耐酸性介质，而耐酸不锈钢在大气中也有良好的耐蚀性能。

在不锈钢中常加入的元素有 Cr、Ni、Ti、Mo、V、Nb 等，其中 Cr 是决定不锈钢抗腐蚀性能的主要元素之一。

不锈钢常用两种方法分类：一是按钢中主要合金元素分为铬不锈钢和铬镍不锈钢；另一种按正火态的组织分为马氏体不锈钢、铁素体不锈钢和奥氏体不锈钢。

1）马氏体型不锈钢：典型的马氏体型不锈钢有 Cr13 型不锈钢和 9Cr18 不锈钢。

Cr13 型不锈钢中含碳量较低的 06Cr13、12Cr13、20Cr13 具有良好的力学性能，可进行深冲、弯曲及焊接成形，但切削性能较差，主要用于制造不锈的结构件。而 30Cr13、40Cr13 钢的含碳量较高，主要用于制造要求高硬度的医疗工具、餐具及不锈钢轴承等。

95Cr18、90Cr18MoV 是高碳不锈钢，经淬火及低温回火处理后，其硬度值通常大于 55HRC，适于制造优质刀具、外科手术刀及耐腐蚀轴承。

2）铁素体型不锈钢：铁素体型不锈钢的耐蚀性、塑性、焊接性均优于马氏体不锈钢，但其强度较低，主要用于对力学性能要求不高、而对耐蚀性要求很高的零件及构件，如硝酸的吸收塔、热交换器、管路等，也可作高温下抗氧化的材料使用。常用钢号有 10Cr17 等。

3）奥氏体型不锈钢：奥氏体型不锈钢主要含有 Cr、Ni 合金元素，因而又称铬镍不锈钢。常用钢号有 06Cr19Ni10、12Cr18Ni9 等。

奥氏体型不锈钢在常温下强度、硬度较低，无磁性，塑性、韧性及耐蚀性均较马氏体型不锈钢好。这类钢广泛用于制造硝酸、有机酸、盐等工业的零件及构件。

(2) 其他特殊钢 耐热钢是指在高温下具有抗氧化性和高温强度（热强度）的钢。它多用于制作在高温下工作的锅炉、汽轮机、燃气轮机和内燃机的零件或构件。

低温用钢是指在温度低于 −40℃ 以下使用的钢，如盛装液氧、液氮、液氢和液氟的容器，以及在高寒或超低温条件下使用的冷冻设备及零部件用钢。通常金属材料在低温下表现为强度和硬度有所增加，但塑性和韧性却明显降低。因此，在低温条件下，金属材料常发生脆性断裂。为了保证安全，低温用钢的工作温度不能低于其最低使用温度。

耐磨钢是指在强烈冲击载荷作用下发生冲击形变硬化的高锰钢。因其机加工很困难，一般采用铸造成形。高锰耐磨钢主要用于制造坦克及拖拉机履带、防弹钢板、破碎机的颚板、球磨机的衬板及保险柜钢板。

3.3.3 非铁金属及粉末冶金材料

除钢铁以外的其他大多数金属及其合金统称为非铁金属材料。此类材料有着钢铁材料无法替代的性能，如密度小，比强度（强度/密度）高，耐腐蚀性好，导电、导热性优良等，因此在金属材料中占有很重要的地位。

1. 铝及铝合金

(1) 纯铝 纯铝呈银白色光泽，其密度为 2.7g/cm³，属轻金属范畴，其熔点为 660℃。纯铝具有良好的导电、导热性；在大气中其表面会生成 Al_2O_3 薄膜，使其内部金属不致受到氧化。纯铝的塑性好，但硬度、强度很低，耐磨性差。实践表明，通过加工硬化可提高纯铝的强度。

工业上使用的纯铝，其纯度仅为 99.7% ~98%，总会含有一定的杂质，如铁、硅、铜、锌、镁等，其中尤以铁与硅为常见的杂质。这些杂质不仅降低了铝的塑性，还使其导电性、耐蚀性都有所下降。

纯铝的牌号为 1070A、1060、1050A（GB/T3190—1996）等。可用于制作铝箔、导线、

电缆以及导热和日用器皿，还可作为铝合金表面的包覆材料。

由于工业纯铝强度太低（$\sigma_b = 80 \sim 100\text{MPa}$），不能制作受力的结构件，因而发展了铝合金。

（2）铝合金　在铝中加入合金元素，配制成各种成分的铝合金是提高纯铝强度的有效途径。实践表明，目前工业上使用的某些铝合金强度已高达 600MPa 以上，且仍保持着纯铝密度小、抗腐蚀性好的特点。要正确地选用铝合金，必须对其分类编号、性能特点和热处理方式有基本的了解。

1）铝合金分类：在铝中通常加入的合金元素有 Cu、Mg、Zn、Si、Mn 及稀土元素。这些元素在固态铝中的溶解度一般都是有限的。铝合金可分为形变铝合金与铸造铝合金两大类。

形变铝合金是指由铝合金铸锭经冷、热加工后形成的各种规格的板、棒、带、丝、管状等型材；铸造铝合金是指由液态直接浇注成工件毛坯的铝合金。

2）铝合金的牌号及应用：

① 形变铝合金。形变铝合金按其主要性能特点分为防锈铝、硬铝、超硬铝及锻铝四类。

防锈铝合金，主要是 Al – Mn 系及 Al – Mg 系合金。Al – Mn 系合金代号用 3××× 表示，Al – Mg 系合金代号用 5××× 表示。例如 5A02、3A21，A 表示原始纯铝。这类合金不宜热处理强化，但可通过加工硬化来提高其强度和硬度。这类铝合金具有良好的塑性、耐蚀性和焊接性能，主要用于制造受力不大的容器、油箱、焊接零件和深冲件。

硬铝合金，主要是 Al – Cu – Mg 系合金，其代号用 2××× 表示，例如 2A11、2A12。硬铝的抗蚀性不高，通常需进行阳极化处理，使其表面形成（包覆）一层纯铝（称为包铝）。这类铝合金是航空工业和机械工业中广泛使用的重要合金，可轧制成板材、管材等型材，制造较高载荷下的铆接和焊接零件，如飞机构架、螺旋桨叶片和铆钉等。

超硬铝，主要是 Al – Zn – Mg – Cu 系合金，其代号用 7××× 表示。例如 7A04、7A09。这类合金经热处理后，强度超过一般的硬铝合金。为提高超硬铝的抗蚀性，通常在板材表面包覆 1% 的铝—锌合金。这类铝合金用于制造受力较大的结构件，如飞机大梁、起落架等。

锻铝合金，主要是 Al – Mg – Si – Cu 系合金，其代号用 2××× 表示，如 2A50、2B50。锻铝具有良好的热塑性，适于进行锻造。这类铝合金主要用于制造承受重载荷的锻件和模锻件，如航空发动机活塞、直升飞机的桨叶等。

② 铸造铝合金。常用铸造铝合金中，按合金中主加元素种类的不同，铸造铝合金可分为 Al – Si、Al – Cu、Al – Mg 及 Al – Zn 系四大类。其牌号用"铸"、"铝"二字的汉语拼音字头"ZL"后加三位数字表示。第一位数字代表合金类别（如数字"1"为 Al – Si 系；"2"为 Al – Cu 系；"3"为 Al – Mg 系；"4"为稀土和复杂元素合金系），后两位数字代表合金顺序号。

复杂硅铝系合金常用来制造汽缸体、风扇叶片等形状复杂的铸件，尤其是 ZL108 和 ZL110 两种合金，具有良好的高温强度、高的耐磨性和很低的热膨胀系数，是制造汽车、拖拉机等内燃机活塞的专用材料。

Al – Cu 系合金有较高的强度、塑性及耐热性，但铸造性能与耐蚀性能较差，其牌号有 ZL201 等。

Al – Mg 系合金强度和韧性较高、密度小（2.55g/cm^3）、耐蚀性优良；切削加工性及抛光性很好，但铸造性能与耐热性能差，其牌号有 ZAlMg10 等。

Al – Zn 系合金具有良好的铸造性能，经变质处理与时效处理后，强度高但耐腐蚀性差，其牌号有 ZAlZn11Si7、ZAlZn6Mg 等。

综上所述，铝合金类别牌号众多，选用时应注意以下几点：

1）要求比强度（比强度是强度和密度比值）高的结构件，如飞机骨架、蒙皮等，适宜用铝合金制造，而一些承载大、并受强烈磨损的结构件（如齿轮、轴等）则不宜选用铝合金制造。

2）由于铝合金的熔点一般只有 600℃ 左右，所以铸造铝合金制品应用很广。

3）一些薄壁、形状复杂、尺寸精度高的零件，可用铝合金在常温或高温下挤压成形，充分发挥其塑性好的优点。

4）铝合金具有导电、导热、耐蚀、减振等优点，可满足某些特殊需要，尤其在 0 ~ 253℃ 范围内，其塑性和冲击韧性不降低。因此，非常适于制造低温设备中的构件和紧固件等。

2. 铜及铜合金

（1）纯铜　纯铜表面氧化后呈紫红色，故又称为紫铜。它是人类历史上使用最早的金属，也是当今工业技术中不可缺少的材料。纯铜的密度为 8.9g/cm³，属重金属范畴，其熔点为 1083℃，导电、导热性能优良。当铜暴露在大气中时，能在其表面生成绿色的 $CuSO_4 \cdot 2Cu(OH)_2$ 保护膜（又称铜绿），使其腐蚀速度降低。应该指出的是，铜在海水及氧化性酸（硝酸等）中，腐蚀速度会加快。纯铜有极优良的塑性，可进行冷、热压力加工，但强度、硬度不高，它被广泛用来制作导线、冷凝器、抗磁性的仪器仪表等。

（2）铜合金　工业纯铜的强度低，不适于用作结构材料。要想在保证铜的高塑性前提下提高强度，必须在纯铜中加入合金元素，形成铜合金。常用的铜合金主要有黄铜、青铜及白铜。

1）黄铜：以锌为主加合金元素的铜合金称为黄铜。黄铜又按含合金元素种类分为普通黄铜和特殊黄铜。

普通黄铜是铜与锌的二元合金。其含锌量一般不超过 50%。黄铜不仅有很好的冷、热加工变形能力，而且还有较好的铸造性能；并且对于大气、海水具有相当的抗蚀能力。

普通黄铜的牌号用"黄"字的汉语拼音字头"H"后加数字表示。数字表示铜的平均含量，如 H70 是含铜 70%（质量分数）的黄铜。对于铸造生产的黄铜，其牌号前加"铸"字的汉语拼音字头"Z"。普通黄铜的牌号、性能及用途见表 3-5。

在普通黄铜中加入硅、铝、锡、铅、锰、铁、镍等元素，可制成各种特殊黄铜，它们相互间的力学性能、耐蚀性能和各种工艺性能相差甚远。特殊黄铜的牌号，用"H"＋主加元素符号＋铜含量＋主加元素含量来表示。铸造特殊黄铜在牌号前加"Z"。如 HPb59 – 1 代表铅黄铜，其中含 Cu59%，Pb1%，其余为含 Zn 量。各类特殊黄铜的牌号及用途见表 3-5。

2）青铜：人类早期使用的青铜为锡青铜，表面呈青灰色，主要是 Cu – Sn 合金。近代工业还把 Cu – Al、Cu – Be、Cu – Pb、Cu – Si 等铜基合金皆称为无锡青铜或特殊青铜。

青铜也分为压力加工青铜和铸造青铜两类。其牌号用"青"字的汉语拼音字头"Q"＋主加元素符号＋主加元素含量（及其他元素含量）表示。铸造青铜在牌号前面加"Z"。青铜的种类很多，常用的有以下几种：

表 3-5　常用黄铜的牌号、成分、性能及用途

类别	牌号	主要成分（质量分数）（%）（余量为 Zn）		制品种类	力学性能		用途举例
		Cu	其他		R_m/MPa	A_e（%）	
普通黄铜	H80	79 ~ 81	—	板，条，带，箔，棒，线，管	265 ~ 392	50	色泽美观，用于镀层及装饰
	H68	67 ~ 70	—		294 ~ 392	40	管道、铆钉、螺母、垫片等
	H62	60.5 ~ 63.5	—		294 ~ 412	35	垫片、垫圈等
特殊黄铜	HPb59 - 1	57 ~ 60	Pb0.8 ~ 1.9	板、带、管、棒、线	343 ~ 441	25	切削加工性好，强度高，用于热冲压和切削加工件
	HMn58 - 2	57 ~ 60	Mn1.0 ~ 2.0	板、带、棒、线	382 ~ 588	35	耐腐蚀和弱电用零件
铸铝黄铜	ZCuZn31Al2	66 ~ 68	Al2.0 ~ 3.0	砂型铸造、金属型铸造	295 ~ 390	12 ~ 15	要求耐蚀性较高的零件
铸硅黄铜	ZCuZn16Si4	79 ~ 81	Si2.5 ~ 4.5	砂型铸造、金属型铸造	345 ~ 390	15 ~ 20	接触海水工作的管配件及水泵叶轮，旋塞等

① 锡青铜：工业用的锡青铜，其含锡量大多在 3% ~ 14%（质量分数）。其中含锡量小于 8%（质量分数）的是压力加工（冷变形）锡青铜，具有很好的塑性。含锡量从 10% ~ 14%（质量分数）的锡青铜，其强度随含锡量升高而升高，适于铸造成形。锡青铜的铸造收缩率很小，能铸造形状复杂，截面厚薄相差较大的制品。

锡青铜的表面易生成由 Cu_2O 及 $2CuCO_3 \cdot Cu(OH)_2$ 构成的致密薄膜，在大气、海水、碱性溶液中有极高的耐蚀能力，但锡青铜在氨水和酸性溶液中极易腐蚀。

② 铝青铜：铝含量为 5% ~ 11%（质量分数），如 ZCuAl10Fe3。常用来制造强度及耐磨性要求较高的零件，如齿轮、涡轮、轴套等。

③ 铍青铜：工业用的铍青铜，其含铍量在 1.6% ~ 2.5%（质量分数）左右，它通过热处理和加工硬化可获得很高的强度及硬度。铍青铜（如 QBe2）采用类似于铝合金淬火 + 时效的热处理强化法处理后，其 R_m 可达 1150 ~ 1500MPa，超过了 40Cr（ϕ25mm）钢调质后 $R_m = 1000$MPa 的强度，硬度也可达 35 ~ 40HRC 的水平。

铍青铜不但有高的强度和硬度，而且有高的弹性极限和疲劳极限、高的耐蚀性和良好的导电性、导热性，以及受冲击时不起火花等一系列优点，多用于制造仪器、仪表的重要弹簧及其他弹性元件、防爆工具和电接触器等。

在铜合金中，除黄铜与青铜外还有白铜。白铜是 Cu - Ni 合金和 Cu - Ni - Zn 合金的通称。这类铜合金不仅具有较好的强度和优良的塑性，能进行冷、热变形加工，而且耐蚀性很好，它们主要用于制造船舶仪器零件，化工机械零件及医疗器械等。

值得注意的是，铜合金虽具有优良的物理性能、化学性能、力学性能及工艺性能，但因为铜资源有限，价格较贵，故工程结构中如用铝合金能满足设计要求时，则尽量不要用铜合金。

3. 钛及钛合金

与铁、铝、铜相比，钛虽是一种工业新金属，但因它具有一系列优良的性能（如高的比强度、高的耐热性、极好的耐蚀性），故从 20 世纪 40 年代开始其发展速度相当迅速。现今，钛及钛合金不仅成为制造飞机、导弹、火箭等航天器械的重要结构材料，而且在海洋工程、机械工程、生物工程及化学工程中的应用也日趋扩大。

（1）纯钛　钛是一种银白色的金属，其熔点为 1725℃，密度为 $4.5g/cm^3$，比铝大而比铁小，几乎只有铜的一半。

在 550℃ 以下的空气中，钛的表面很容易形成薄而致密的惰性氧化膜，这使得它在氧化性介质中耐蚀性比大多数不锈钢更为优良。钛既是良好的耐热材料（可用于 500℃ 左右），也是优异的低温材料（在 -253℃ 仍能保持良好的塑性和韧性）。不过它的切削性能较差，切削加工时易粘刀。

工业中大量应用的纯钛，其纯度可达 99.5%。值得指出的是，钛在 550℃ 以上的高温下能同许多元素发生反应，并受污染。因此钛及钛合金的熔炼、浇铸、焊接及部分热处理都要在真空或惰性气体中进行，这使钛材的价格比其他金属材料贵得多。

钛中的少量杂质可使钛的强度和硬度上升而塑性和韧性下降，对其疲劳性能、热稳定性等带来很大的危害。

按杂质含量不同，工业纯钛可分为五种牌号，即 TA1EL1、TA1、TA2、TA3、TA4。数字为顺序号，数字越大，则杂质含量越多，强度越高，塑性越低。工业纯钛和一般纯金属不同，它的棒材、板材具有较高的强度，可直接用于飞机、船舶、仪器等行业。

（2）钛合金　在钛中加入合金元素形成钛合金，能使工业纯钛的强度获得显著的提高，如工业纯钛的 R_m 约为 350～700MPa，而钛合金的 R_m 可达 1200MPa。

钛合金按其使用状态下的组织可分为三类，即 α 钛合金、β 钛合金、(α + β) 钛合金。其中，(α + β) 钛合金可进行热处理强化，通过改变成分和选择热处理工艺，能在很宽的范围内改变合金的性能。这类合金表现出优良的力学性能，且生产工艺比较简单，是国内外应用最广的一类钛合金。

4. 粉末冶金材料

粉末冶金是将几种金属粉末或金属与非金属粉末混匀压制成形，在经过烧结而获得材料或零件的加工方法。它属于具有微小孔隙的多孔材料，可具有高硬度、高摩擦系数，良好吸附性以及过滤作用。

（1）粉末冶金的分类　粉末冶金按制品材料分类有铁基粉末冶金和铜基粉末冶金两种。

（2）粉末冶金的应用　粉末冶金不需要熔炼或铸造，生产工艺简单，做到无切屑或少切屑加工，极大地提高了生产率和材料利用率，因此用途日益广泛，用粉末冶金方法可以生产出结构材料和具有多种特殊性能的材料，如硬质合金、难溶合金、磁性材料、摩擦材料、过滤材料等，在工业生产中制成多种零件和工具，如刀具、衬套、含油轴承、过滤器等。

除各种非铁金属及其合金外，还有一些具有特殊性能和用途的精密合金，包括记忆合金、硬磁材料、电阻合金、热电偶合金等，广泛应用于现代工业的仪表、传感器、控制元件中。

3.4　高分子材料

3.4.1　概述

高分子是指相对分子质量大于 500 的有机化合物，它分天然（如松香、蛋白质、天然橡胶等）、合成（如合成树脂、合成橡胶、合成纤维等）两大类。

高分子化合物的化学组成并不复杂，它的每个大分子都由一种或几种较简单的低分子化合物重复连接（聚合）而成，故又称聚合物或高聚物。这些低分子化合物称为单体，这些单体以一定方式重复连接起来，形成高分子链。高分子链的几何形态有线型结构、支链型结构和体型（如网状）结构。前两种形态聚合物弹性良好，具有热塑性（在加热和溶剂作用下可熔融、溶解变软，冷却变硬，并可反复进行），易于加工成形，合成纤维、热塑性塑料属于此类。后一种是三维网状形态，具有热固性（热压成形后，再加热时不熔融和溶解），只能一次热模压成形，硫化橡胶、酚醛树脂属于此类。

人工合成高分子化合物的方法有加聚反应（均聚反应、共聚反应）和缩聚反应两种。合成的高聚物作为原料，一般以颗粒状、液状供应工厂加工产品。

高聚物的物理状态随着载荷和温度的不同而不同，在低温下一般为玻璃态，中等温度为高弹态，高温下为黏流态。

高分子材料的共同缺点是易老化，就是在氧、热、紫外线、机械力、水蒸气、微生物等作用下逐渐失去弹性，出现龟裂，变硬或发粘软化，变色，失去光泽。通常通过改变聚合物的结构，加入防老化剂（芳香族中胺类化合物、水杨酸酯等）、表面涂层或镀金属的措施来防老化。另外，许多难溶的高分子材料制品报废后不能有效回收，对生态环境造成威胁，如塑料制品的"白色污染"、汽车轮胎的"黑色污染"等。但是，高分子材料都有其独特的优良性能，在工农业及日常生活中具有其他材料不可替代的某些作用。

3.4.2　塑料

以合成树脂为主要成分，在一定温度和压力下可塑制成形的高分子合成材料，统称为塑料。塑料中能够代替金属作为工程结构材料应用的称为工程塑料。

1. 塑料的组成

塑料一般由合成树脂和添加剂组成。

（1）合成树脂　合成树脂是塑料的主要成分，含量占40%～100%（质量分数），决定了塑料的主要性能。合成树脂靠聚合反应获得，性能与天然树脂相似，通常为黏稠状液体或固体，无一定熔点，受热时软化或呈熔融状。

（2）添加剂　为了改变塑料的性能（如强度、减摩性、耐热性等）常常按需要加入下列各种不同的添加剂：

1）填充剂：又称填料，含量占据20%～50%（质量分数），用来改进塑料的性能或赋予新的性能（如导电性），同时节约了合成树脂，降低了成本。例如，生产中加入玻璃纤维以提高强度，加入石棉纤维以提高耐热性，加入云母以提高绝缘性等。

2）增塑剂：用来提高塑料的可塑性和柔软性。常用的有邻苯二甲酸、二辛酯、邻苯二甲酸二丁酯和樟脑等。

3）稳定剂：即防老化剂。

4）润滑剂：防止塑料在成形过程中粘在模具上，并使制品表面光洁美观，常用的有硬脂酸、盐类。

5）着色剂：有机染料或无机染料，如苯胺黑、甲基红、甲基蓝等，使制品具有美丽色彩。

除上述添加剂外，还可加入催化剂、发泡剂、阻燃剂等。

2. 塑料的分类

塑料按工艺性分为热塑性塑料和热固性塑料两大类，按使用性分为通用塑料和工程塑料。

3. 工程塑料的特性

工程塑料与金属相比，有以下特性：

（1）密度小　一般为 $0.85 \sim 2.2 \mathrm{g/cm}^2$，泡沫塑料密度低达 $0.02 \sim 0.2 \mathrm{g/cm}^2$。

（2）比强度高　由于密度小，比强度高于金属材料。例如，玻璃纤维增强环氧塑料的比强度是钢的两倍左右。

（3）良好的抗腐蚀性　可以耐酸、碱、油、水等的腐蚀。

（4）优良的电绝缘性　在电器工具、壳体、支架等方面广泛应用。

（5）耐磨、减摩、自润滑性好　制成的零件可在液体、半干和干摩擦状况下有效工作，可用来制造轴承、轴瓦、齿轮、凸轮等。

（6）工艺性好　易热压成形。部分热固性塑料还具有较好的切削加工性。

此外，塑料还有减振、隔音、防潮、易粘结等性能。

塑料的弱点是耐热性差，一般塑料不宜在 $60 \sim 100 ℃$ 以上工作，且易发生蠕变、导热性差，易老化。工程塑料的主要特性及应用举例见表 3-6。

表 3-6　工程塑料的主要特性及应用举例

类别	名称及代号	主要特性	应用举例
热塑型塑料	聚乙烯（PE）	耐蚀、绝缘性好；加工性好；力学性能不高。高压 PE 柔软，低压 PE 较硬	高压 PE：薄膜、电缆包覆；低压 PE：化工管道、绝缘件、涂层
	聚丙烯（PP）	质轻，耐蚀、高频绝缘性好，不耐磨	一般结构件：壳体、盖板；耐蚀容器、高频绝缘件、管道等
	聚氯乙烯（PVC）	耐蚀、绝缘性好	耐蚀件：硬 PVC：泵、阀、瓦楞板、排水管、件；软 PVC：薄膜、人造革
	聚苯乙烯（PS）	透明，高频绝缘性优，质脆，不耐有机溶剂	高频绝缘件，透明件，如仪表外壳
	ABS 塑料（ABS）	刚韧，绝缘性好，易于电镀和涂漆	一般构件及耐磨件，汽车车身、冰箱内衬、凸轮
	聚酰胺（尼龙）（PA）	坚韧，耐磨、耐疲劳性优，成形收缩率大	耐磨传动件，如齿轮、蜗轮、密封圈；尼龙纤维布
	聚甲醛（ROM）	耐疲劳、耐磨性优，耐蚀性好，易燃	耐磨传动件，如无润滑轴承、凸轮、运输带
	聚碳酸酯（PC）	冲击韧度好，透明，绝缘性好，热稳定性好，不耐磨。俗称"透明金属"	受冲击零件，如座舱罩、面盔、防弹玻璃；高压绝缘件
	聚砜（PSU）	耐热性、抗蠕变性突出，绝缘性、韧性好，加工成形性不好，不耐热	印制集成电路板、精密齿轮
	聚四氟乙烯（塑料王）（F-4）	耐高低温、耐蚀性、电绝缘性优异，摩擦系数极小，力学性能和加工性能较差。俗称"塑料王"	热交换器、化工零件、绝缘材料、导轨镶面
	聚甲基丙烯酸甲酯（有机玻璃）（PMMA）	透明，抗老化，表面硬度低，易擦伤，耐热性差	显示器屏幕、弦窗、光学镜片

（续）

类别	名称及代号	主要特性	应用举例
热固性塑料	酚醛塑料（PF）	绝缘、耐热性好；刚度高；性脆	电器开关；复合材料
	环氧塑料（EP）	强度高；性能稳定；有毒性；耐热、耐蚀、绝缘性好	塑料模具、量具、灌封电子元件等
	有机硅塑料	优良的电绝缘性。高频绝缘性好，耐热，可在100~200℃以下长期使用，防潮性强，耐辐射、耐臭氧，耐低温	浇注料：电气、电子元件及线圈灌封与固定；塑料粉：耐热件、绝缘件
	聚氨酯塑料	柔韧、耐油、耐磨、易于成形，耐氧、耐臭氧，耐辐射及许多化学药品；泡沫聚氨酯有优良的弹性及隔热性	用于密封件、传动带；泡沫聚氨酯，用于隔热、隔音及吸振材料

3.4.3　合成橡胶

1. 橡胶的特性

橡胶也是一种高分子材料，在常温下处于高弹性状态，并具有良好的耐磨、隔音、阻尼性和绝缘性。橡胶的特点是易受氧化、光照射易老化，失去弹性。大部分橡胶不耐酸、碱、油及有机溶剂。

2. 橡胶的分类

橡胶分为天然橡胶和合成橡胶。

（1）天然橡胶　天然橡胶是橡树乳经凝固、干燥、加压等工序后制成片状生胶，再经硫化后制成品。天然橡胶是良好的绝缘体，耐碱，但耐油、耐溶性差，不耐高温，在−70℃以下失去弹性，主要用于制造轮胎、胶带、胶管、密封垫等。

（2）合成橡胶　由于天然橡胶数量、性能不能满足工业需要，于是发展了以石油为主要原料的合成橡胶，多以烯烃，特别是丁二烯为主要单体聚合而成。

3. 橡胶制品的特点和用途

常用的合成橡胶制品的特点和用途见表3-7。

4. 橡胶制品的维护

橡胶制品应注意使用和维护，尽量避免氧化、光照、高温和低温；不工作时应处于松弛状态，不与酸、碱、油类及有机溶剂接触。

表3-7　常用的合成橡胶的特点和用途

类别	名称	优点	缺点	用途举例
通用橡胶	丁苯（SBR）	耐磨性较突出，耐老化和耐热性超过天然橡胶	加工性较天然胶差，特别是自黏性差	轮胎、胶板、胶布等通用制品
	异戊（IR）（又称合成天然胶）	有天然胶的大部分优点，吸水性低，电绝缘性好，耐老化优于天然胶	成本较高，弹性比天然胶低，加工性能较差	胶管、胶带

（续）

类别	名称	优点	缺点	用途举例
通用橡胶	顺丁（BR）	弹性与耐磨性优良，耐寒性较好，易与金属粘合	加工性能差，自黏性差，抗撕性差	轮胎及耐寒运输带
通用橡胶	丁基（HR）	耐老化性、气密性及耐热性优于通用橡胶；吸振、阻尼特性良好，耐酸、碱及一般无机介质及动植物油脂	弹性大、加工性能差；耐光老化性差，动态生热大	内胎、水胎、化工容器衬里及防振制品
通用橡胶	氯丁（CR）	物理力学性能好，耐候性良好，耐油及耐溶性较好	密度大，相对成本高，电绝缘性差，难加工	胶管、胶带、电缆胶粘剂、压制品、汽车门窗嵌条等
通用橡胶	丁腈（EBR）	耐油性及气体介质优良；耐热性较好，可达 150℃；气密性和耐水性好	耐寒性及耐臭氧性较差，加工性不好	输油管、耐油密封圈、胶碗、O 形圈、汽车配件及一般耐油制品
特种橡胶	聚氨酯（UR）	耐磨性高于其他各种橡胶；抗拉强度最高可达 3.5MPa；耐油性良好	耐酸、碱和水性差，高温性能差，动态生热大	衬套、胶辊、实芯轮胎，同步带及耐磨制品
特种橡胶	丙烯酸酯（AR）	耐热性较好，耐老化及耐候性良好	耐低温性较差，不耐水	汽车配件，如油封、胶碗

3.4.4　胶粘剂

胶粘剂是以富有黏性的物质为基料，加入各种配合剂，能将物件粘在一起，使胶接面有足够连接强度。

1. 胶粘剂的组成和功用

天然胶粘剂有骨胶、虫胶、桃胶和树脂等。目前大量使用人工合成树脂胶粘剂，它由粘料（一般是高聚物，如酚醛树脂、环氧树脂、丁腈橡胶等）、固化剂、改性剂（填料、增韧剂、增塑剂、稀释剂等）按不同配方组成。

胶接可以部分代替铆接、焊接和螺纹联接，可以接合无法焊接的金属，还可使金属与橡胶、塑料、陶瓷等非金属材料粘合，特种胶粘剂还有密封、导电、耐高低温、导磁等特殊性能。胶粘工艺在工业生产、零件修理、堵漏、密封等方面，使用越来越广泛。

2. 胶粘剂的分类、代号及应用

胶粘剂主要按粘料分类，也可按胶粘剂的物理形态、硬化方法和被粘物材质分类。

（1）按胶粘剂主要粘料属性分类　分为七大类和若干小类，如表 3-8 所示。

（2）按胶粘剂物理形态分类　分为七类（括号内是各类的代号）：无机溶剂液体①；有机溶剂液体②；水基液体③；膏、糊状④；粉、粒、块状⑤；片、膜、网、带状⑥；条、棒状⑦。

（3）按胶粘剂硬化方法分类　分为 11 类（括号内是各类的代号）：低温硬化（a）；常温硬化（b）；加温硬化（c）；适合多种温度区域硬化（d）；与水反应固化（e）；厌氧固化（f）；辐射硬化（g）；热熔冷硬化（h）；压敏粘结（i）；混凝或凝聚（j）；其他（k）。

（4）按被粘物材质分类　分为 22 类（括号内是各类的代号）：例如多类材料（A）；木

材（B）；金属及合金（G）；合成橡胶（N）；硬质塑料（P）等。

（5）按应用性能分类　①结构胶，胶接强度较高，用于受力较大的结构件胶接；②非结构胶，胶接强度较低，用于非受力部位或构件；③密封胶，起密封作用；④浸渗胶，渗透性好，能浸渗铸件等，堵塞微孔、砂眼；⑤功能胶，具有特殊功能，如导电、导磁、导热、耐超低温、应变及点焊胶接等，以及具有特殊的固化反应，如厌氧性、热熔性、光敏性、压敏性等。

表3-8　胶粘剂主要粘料分类

大类（代号）	部分小类、组别（代号）
动物胶（100）	血液胶（110）、骨胶（121）、皮胶（122）等
植物胶（200）	羧甲基纤维素（211）、淀粉（221）、天然树酯类（230）、天然橡胶类（250）等
无机物及矿物胶（300）	硅酸钠（311）、硅酸盐（313）、金属氧化物（315）、石油树脂（321）、石油沥青（322）等
合成弹性体（400）	丁苯橡胶（412）、丁腈橡胶（413）、丁基橡胶（424）、氯丁橡胶（431）、硅橡胶（441）、聚硫（474）、丙烯酸酯橡胶（481）等
合成热塑性材料（500）	聚乙酸乙烯酯（511）、聚乙烯醇缩醛（515）、聚苯乙烯类（520）、丙烯酸酯聚合物（531）、氰基丙烯酸酯（534）、聚氨酯类（550）、聚酰胺类（570）、聚砜（582）
合成热固性材料（600）	环氧树酯类（620）、有机硅树脂类（640）、聚氨酯类（650）、酚醛树酯类（660）、呋喃树酯类（680）、杂环聚合物（690）等
热固性、热塑性材料及弹性体复合（700）	酚醛－丁腈型（711）、酚醛－氯丁型（712）、酚醛－环氧型（713）、酚醛－缩醛型（714）、环氧－聚砜型（723）、环氧－聚酰胺型（724）、其他复合型结构胶粘剂（730）等

3.4.5　润滑材料

在相对运动的摩擦接触面之间加入润滑剂进行润滑，可减少摩擦，降低磨损，延长仪器设备使用寿命。

1. 润滑剂的基本功能

润滑剂的基本功能可归纳为五个方面：控制摩擦；减少摩擦；冷却降温；密封隔离和阻尼振动。

为达到上述功能，要求润滑剂应具有摩擦性能、适宜的黏度、良好的极压性、化学安定性和热稳定性、能适应不同的材料、较高的纯净度。

2. 润滑剂的分类

按照润滑剂的物质状态，可分为液体润滑剂、半固体润滑剂、固体润滑剂和气体润滑剂四大类。

液体润滑剂可提供低的、稳定的摩擦系数，低的可压缩性，能有效地从摩擦表面带走热量，保证相对运动部件的尺寸稳定和设备精度，获得广泛应用。矿物油是目前用量最大的一种液体润滑剂。水基液体、动物油脂、合成油是未来取代矿物油的重要润滑材料。

润滑脂是在常温、常压下呈半流体状态，并且有胶体结构的润滑材料，如工业凡士林、硅胶脂、锂基脂、酰胺脂等。它们除了具有抗摩、减摩性能外，还能起密封、减振等作用，并使润滑系统简单、维护管理方便、节省操作费用，从而获得广泛应用。其缺点是流动性小，散热性差，高温下易产生相变、分解等。据统计，90%的滚动轴承是用润滑脂的。因为锂基脂具有多方面的优良性能，因而获得大量使用。

固体润滑剂能适应高温、高压、低速、高真空、强辐射等特殊使用工况，特别适用于给油不方便、装拆困难的场合，如铅、氟化钙、石墨、聚四氟乙烯等。其缺点是摩擦系数较高、冷却散热不良等。固体润滑剂按其形状可分为固体粉末、薄膜和自润滑复合材料三种。固体粉末可分散在气体、液体及胶体中使用；薄膜有流涂、电镀、烧结等多种；复合材料的生产工艺多种多样，是新兴的重要润滑材料。

气体可以像油一样地成为润滑剂。气体的黏度很低，其膜厚也很薄，如空气、氦气等。气体润滑可以用在比润滑油和润滑脂更高或更低的温度下，可在 −200 ~ 2000℃ 范围内润滑滑动轴承，轴承稳定性很高。常用气体润滑剂有空气、氢、氮、氦等。要求清净度很高，使用前必须进行严格的精制处理。

3. 选用原则

润滑系统应尽可能简单化，只要能保证仪器适当的润滑即可。

润滑的最简单形式是在轴承部位有少量矿物油，不需要加油系统，这可满足很宽范围润滑要求。当出现其他问题时，才考虑润滑剂的选择问题，见表3-9。

表 3-9　当用矿物油不能满足轴承要求时可考虑采取的解决方案

问题	可能解决办法	问题	可能解决办法
负荷太大	较黏的油 极压油 润滑脂 固体润滑剂	温度太低	较低黏度油 合成油 固体润滑剂 气体润滑
速度太高 （可能造成温度太高）	增加润滑油量或润滑油循环量 黏度较小的油 气体润滑	太多磨损碎片	增加油量或油循环量
		污染	油循环系统 润滑脂 固体润滑剂
温度太高	添加剂或合成油 较黏的油 增加油量或油循环量 固体润滑剂	需要较长寿命	较黏的油 添加剂或合成油 油量较多或油循环 润滑脂

影响选择润滑剂类型的两个主要因素通常是速度和负荷。例如，润滑脂在低速下的最大比负荷可从纯软脂的 $2000kN/m^2$ 到极压脂或二硫化钼脂的 $6000kN/m^2$。固体润滑剂的速度上限为 $500mm/s$，因其通常是导热性较差，在较高温度下容易产生过热，而如铅一类的固体润滑剂具有较好的导热性，就可在较高速度下使用。一般来说，气体润滑倾向于在高速和低负荷条件下使用。

实际上一般倾向是高速下较低黏度，高负荷下较高黏度。但这是过于简化的一般指导原则，在某些其况下必须考虑其他因素。在高真空条件下，固体润滑剂是唯一的选择，因为它不蒸发。

3.5　无机非金属材料

3.5.1　陶瓷

1. 陶瓷材料的含义

现在，陶瓷实际上是各种无机非金属材料的通称。概括地讲，陶瓷是指以天然或人工合成的无机非金属物质为原料，经过成形和高温烧结而制成的固体材料和制品，它可以分为普通陶瓷和特种陶瓷。普通陶瓷是利用天然硅酸盐矿物（如黏土、石英、长石等）为原料制成的陶瓷，又称传统陶瓷。特种陶瓷是采用高纯度的人工合成原料制成的具有各种独特的力学、物理或化学性能的陶瓷，又称新型陶瓷或现代陶瓷。它是在传统硅酸盐陶瓷基础上发展起来的新一代无机非金属材料。

2. 陶瓷材料的性能

（1）力学性能　陶瓷弹性模量很大（约为 $10^3 \sim 10^5$ MPa 数量级之间），比金属高若干倍，而比高聚物高出 $2 \sim 4$ 个数量级。陶瓷材料的塑性和韧性低、脆性大。陶瓷是各类材料中硬度最高的，这是它的最大特点。

（2）物理和化学性能

1）热膨胀、导热性和热稳定性：多数陶瓷的热膨胀系数较小，导热性比金属差，同时陶瓷中的气孔也对传热不利，所以陶瓷多为较好的绝热材料。但有些陶瓷具有良好的导热性，例如氧化铍等。

多数陶瓷的导热性和韧性低，所以热稳定性差，尤其在急冷、急热时陶瓷内部形成较大的温度梯度，引起很大的热应力，导致开裂。但也有些陶瓷具有高的热稳定性，例如碳化硅等。

2）化学稳定性：陶瓷的结构非常稳定，甚至在千度以上的高温下也是如此，所以是很好的耐火材料。另外，陶瓷对酸、碱、盐等的腐蚀有较强的抵抗能力，也能抵抗熔融的非铁金属（如铝、铜等）的侵蚀。但在某些情况下也会产生腐蚀，例如高温熔盐、氧化渣等会使某些陶瓷材料受到腐蚀破坏。

3）导电性：陶瓷的电性能变化范围很大。多数陶瓷具有良好的绝缘性能，是传统的绝缘材料，但有些陶瓷具有一定的导电性。随着科学技术的发展，具有各种电性能的陶瓷不断出现，例如压电陶瓷、半导体陶瓷、超导陶瓷等。

3. 陶瓷材料的应用

陶瓷材料的种类很多，应用面广。普通陶瓷除用作生活器皿外，还用于制作建筑用瓷、化工用瓷、电气绝缘瓷等。这里只简单介绍几类特种陶瓷材料在机械制造工业中的应用。

（1）氧化铝陶瓷　氧化铝陶瓷的主要成分是 Al_2O_3 和 SiO_2。Al_2O_3 的含量越高，则性能越好。一般 Al_2O_3 的含量都在95%以上，故又称高铝陶瓷。

氧化铝陶瓷的性能特点是硬度高，耐高温，可在1600℃下长期使用；耐酸碱的侵蚀能力强，但韧性低、脆性大，不能承受温度的急剧变化。

Al_2O_3（刚玉）陶瓷广泛用于制造高速切削工具、量规、拉丝模、高温炉零件、空压机泵零件、内燃机火花塞等。

（2）敏感陶瓷　它是采用粉末冶金方法制成的精细陶瓷，有半导体陶瓷、压电陶瓷、磁性陶瓷等。用这些材料制成敏感元件或传感器，实现对光、电、磁、声、温度等信息的检测和传递，广泛应用于耐高温光学仪器，电子、电磁线路，声呐、激光、光导纤维、光存储材料，温度、压力传感器，通信、计算机等领域。

3.5.2　玻璃

1. 玻璃的特性及玻璃结构

（1）玻璃特性　不论化学成分和固化温度范围如何，一切由熔融物过冷却所得到的无定形体，由于黏度逐渐增加而具有固体的机械性质，均称之为玻璃。从外部特征上看是硬而脆的透明体，而其内部有如下物理特征：

1）各向同性。由于玻璃的均匀化结构使玻璃沿任何方向度量，其折射率、热膨胀系数、导电系数等物理性能都是相等的。

2）没有熔点，仅有一个软化的温度范围。玻璃从熔融状态到固体状态的性质变化过程是连续的和可逆的，它不是晶体。

3）具有较高内能。过冷却玻璃不像结晶物质那样放出结晶热，所以玻璃态有向晶体转变的可能，由于玻璃的黏度极大，实际上不可能在常温下使玻璃转变为晶体。

（2）玻璃结构　玻璃的性质不仅与玻璃的化学成分有关，而且还与玻璃的结构有关。玻璃折射率的温度效应说明有可能在一定程度内，不改变玻璃的成分，仅改变玻璃的结构而导致折射率的变化。说明玻璃不是一个单纯的无定形体，而是具有一定的结构特性。

玻璃的结构学说没有完全成熟，在这里不作介绍。

2. 无色光学玻璃

光学玻璃是一种特种玻璃。为满足光学设计的多种光学常数、高度均匀性、高度透明性及好的化学稳定性的要求，光学玻璃有复杂的组成和严格的熔炼过程。它是由硅、磷、硼、铅、钾、钠、钡、砷、铝等多种氧化物按一定的配方在高温下形成盐溶液体，经过冷却而得到的无定形体。大多数的光学玻璃以 SiO_2 为主组成，属硅酸盐玻璃。其次还有以 B_2O_3 为主的硼酸盐玻璃、以 P_2O_5 为主的磷酸盐玻璃。

（1）无色光学玻璃的分类与牌号　光学玻璃按不同的化学成分与光学常数分成不同的牌号和类别。光学玻璃的分类牌号按我国国家标准用下列符号表示：冕牌类包括氟冕（FK）、轻冕（QK）、冕牌（K）、磷冕（PK）、钡冕（BaK）、重冕（ZK）、镧冕（LaK）；火石类包括冕火石（KF）、钡火石（BaF）、火石（F）、重火石（ZF）等共十七类。Q、Z 分别表示轻、重；P、Ba、La 分别表示含磷、钡、镧的氧化物，光学玻璃在十七类别中按 n_D（玻璃的折射率）的大小，依次在类别符号后加序号组成玻璃牌号，如 K9、F2、QK2 等。

无色光学玻璃按光学常数分为两大类：冕牌玻璃及火石玻璃。其性能、特征比较见表 3-10。

表 3-10　冕牌玻璃与火石玻璃

冕牌玻璃 K（$w_{PbO} < 3\%$）	火石玻璃 F（$w_{PbO} > 3\%$）
折射率低（$n_D = 1.50 \sim 1.55$）	折射率高（$n_D = 1.53 \sim 1.85$）
色散小（$v_D = 55 \sim 62$）	色散大（$v_D = 30 \sim 45$）
性硬、质轻、透明度好	性软、质重、带黄绿色

　　（2）无色光学玻璃的质量指标　光学玻璃所要求的高度均匀性、透明性和一定的光学常数用以下几个主要质量指标来表示，即折射率和中部色散与标准值的允许差值、同批玻璃中折射率和中部色散的一致性、光学均匀性、光吸收系数、应力双折射、气泡度和条纹度。

　　（3）无色光学玻璃的其他性质　主要有化学稳定性、力学性能和热性能。力学性能又包括密度、硬度、脆性、抗张及抗压强度和弹性。

3. 有色光学玻璃

　　有色光学玻璃是一种主要的滤光材料，用来制作观察、照相、红外等光学仪器的滤光片，以改变光的强度或光谱成分，达到提高光学仪器的能见度或满足某些特定的要求。

　　（1）有色光学玻璃的分类与牌号　有色光学玻璃按着色剂不同分为两大类：胶体着色玻璃和离子着色玻璃。根据颜色的拼音字母标注牌号，见表3-11。

表3-11　有色光学玻璃的代号及常用牌号

名称	代号	常用条件	常用牌号
透紫外玻璃	ZWB		
透红外玻璃	HWB	夜视仪器	$HWB_2 \sim HWB_4$
紫色玻璃	ZB		
蓝（青）色玻璃	QB	显微镜照明	QB_2、QB_4
绿色玻璃	LB	测量与观察仪器的照明	
红色玻璃	HB	远距离照相摄影	$HB_9 \sim HB_{16}$
防护玻璃	FB	防护眼睛	FB_1、FB_2
橙色玻璃	CB	霉天照相，观察仪器，测远机	CB_2、CB_4
黄（金）色玻璃	JB	照相摄影	JB_6
棕（暗）色玻璃	AB	观察，瞄准仪器（对空）	AB_1、AB_2、AB_3、AB_5
透紫外白色玻璃	BB		

　　胶体着色玻璃是在玻璃成分中加入少量（0.7%~4%（质量分数））的胶体着色剂，常用的有硒化镉（CdSe）和硫化镉（CdS），它们以不同的比例加入玻璃中。由于胶体粒子对光的选择吸收，可以得到黄色（JB）、橙色（CB）、红色（HB）玻璃。这一类玻璃又称为硒镉玻璃。

　　（2）有色光学玻璃的质量指标　衡量有色玻璃的质量指标有光谱特性、双折射、条纹度、气泡度等。

4. 特殊玻璃

　　常用的特殊玻璃有耐辐射光学玻璃、石英光学玻璃、微晶玻璃、窗用平板玻璃及硬质玻璃等。

　　其中光学石英玻璃有优良的光谱特性，既可以透过红外线，又可以透过紫外线。纯度较高的石英玻璃具有耐辐射、热膨胀系数极小、密度小、强度高和化学稳定性高等优良的性能。因此，它是制造光学零件的高级材料，也是制造光学样板与光学工具的优质材料。

　　石英玻璃加入微量（<1%）的杂质可以制成不同颜色的石英玻璃，用于制造各种滤光片。此外，石英玻璃加入某些杂质可以制得超低膨胀系数玻璃，其膨胀系数相当于普通石英

玻璃的 1/25，密度低、刚度高、抛光性能良好，是超精光学零件和天文望远镜的优质光学材料。

3.5.3　光学晶体

光学晶体是用于制作光学元件的光学材料。光学晶体也具有一切晶体所有的共性。如均一性、各向异性、对称性、稳定性等。

1. 紫外、红外晶体

利用晶体的紫外、红外的透过特性制造紫外、红外光学仪器。几种常用晶体的透过范围见表 3-12。其中石英、硅和锗等具有耐高温、耐高压等性能，可以用作人造卫星、宇宙飞船或导弹的窗口。

表 3-12　紫外、红外晶体

名称	分子式	透光范围/nm	名称	分子式	透光范围/nm
石英	SiO_2	$(0.16 \sim 3.5) \times 10^3$	硅	Si	$\sim 15 \times 10^3$
萤石	CaF_2	$(0.2 \sim 0.8) \times 10^3$	锗	Ge	$\sim 23 \times 10^3$
氟化锂	LiF	$(0.2 \sim 6) \times 10^3$	溴化钾	KBr	$(0.2 \sim 27) \times 10^3$
氟化钡	BaF_2	$(0.15 \sim 11) \times 10^3$	$KRS-5$	$TlBr + TlI$	$\sim 40 \times 10^3$
岩盐	$NaCl$	$(0.2 \sim 15) \times 10^3$			

2. 复消色差晶体

利用晶体的特殊色散特性制造高级复消色差物镜，例如氟化钙晶体与玻璃组合设计成复消色差的显微系统和摄影系统，可消除色球差和二级光谱。

3. 偏振晶体

利用晶体各向异性的特性制作偏振元件，常用的偏振材料有方解石和石英晶体。方解石具有最大的双折射性能。常用方解石做成尼科尔棱镜；常用方解石或水晶做成渥拉斯顿棱镜；硝酸钠则用于制作散射性的人造偏振片。

4. 激光晶体

固体激光器的工作物质除采用玻璃、半导体和塑料外，还采用晶体，例如：红宝石（Al_2O_3：Cr^{3+}）和氟化钙（CaF_2：DY^{2+}）等。红宝石和钨酸钙均为单轴晶体，在加工制造时，需找正光轴。钇铝石榴石、氟化钙为立方晶系，不需找正光轴。

激光晶体用作激光物质可分为基质和激活离子两个部分，激活离子有三类：第一类为过渡金属元素，如铬（Cr）、锰（Mn）等；第二类为稀土元素，如钕（Nd）、镝（Dy）等；第三类为放射性元素，如铀（U）。

此外，激光技术中还需要一系列的调制晶体：电光晶体、声光晶体和非线性光学晶体。

3.6　复合材料

3.6.1　概述

1. 复合材料的含义

利用适当的工艺方法，将两种或两种以上物理、化学性质或是组织结构不同的材料组合起来而制成的一种多相固体材料，称为复合材料。

复合材料最大的优越性是其性能比组成材料好。例如，玻璃纤维和树脂的韧性及强度都不高，可是由它们组成的玻璃钢却有很高的强度和韧性而且重量很轻。这说明复合材料可以改善组成材料的弱点，充分发挥它们的优点。有些复合材料还可以获得单一材料无法具备的电、声、磁等特殊的功能。因此，复合材料的应用领域正日趋扩展。

2. 复合材料的分类

复合材料为多相体系，全部相可分为两类，一类相为基体，起粘结剂作用；另一类为增强相，起提高强度或韧性的作用。

复合材料可以由金属、高聚物和陶瓷中的任意两者人工合成，也可以由两种或更多种金属、高聚物和陶瓷来制备。目前，复合材料的种类很多，但分类不统一。总的分为功能复合材料和结构复合材料两大类。结构复合材料可利用其力学性能（加强度、硬度、韧性等）来制造各种承力结构和零件；功能复合材料可利用其物理性能（光、电、声、热、磁等）制作相应元器件。例如，双金属片就是利用不同膨胀系数的金属复合在一起而制成具有热敏功能性质的材料。

3. 性能特点

由于复合材料是多种材料的适当组合，它具有许多优越的特性。如比强度和比刚度高、抗疲劳性能好、断裂安全性高、减振性能好、高温性能好等。

除上述特性外，复合材料的减摩性、耐蚀性也都较好，并且它的成形工艺简单，可用模具一次成形制成各种构件，故其材料利用率高。值得指出的是，复合材料制造过程中的手工操作多，因而产品质量波动较大，加之成本太高，所以目前应用尚有限。

3.6.2　常用复合材料

1. 纤维增强复合材料

工程上应用的纤维增强复合材料按其基体分为两大类，一类是树脂基，另一类是金属基。

（1）树脂基纤维复合材料　此类材料的基体又分热固性与热塑性两类树脂基，与其不同的增强纤维组成如下几种材料。

1）热固性玻璃钢：热固性玻璃钢是以玻璃纤维为增强剂和以热固性树脂为粘结剂制成的复合材料。

热固性玻璃钢集中了其组成材料的优点，是一种质量轻、比强度高、耐腐蚀性能好、介电性能优越、成形性能良好的工程材料。它们的比强度比铜合金和铝合金高，甚至比合金钢还高；但刚度较差，只为钢的 1/10 ~ 1/5，耐热性不高（低于 200℃），容易老化，容易蠕变。

2）热塑性玻璃钢：热塑性玻璃钢是以玻璃纤维为增强剂和以热塑性树脂为粘结剂制成的复合材料。

3）碳纤维增强塑料：它是由碳纤维或织物布、带等与热固性或热塑性树脂复合而成的材料。

这类材料的密度比铝小，强度比钢高，弹性模量比铝合金和钢大，疲劳强度高，冲击韧性高；同时具有化学稳定性高、摩擦系数小、导热性好、受 X 射线辐照时强度和模量不变化等特性。与玻璃钢相比，性能普遍优越，可作为火箭和人造卫星的结构材料，也是制造飞机的理想材料。

4）硼纤维增强材料：硼纤维树脂复合材料的特点是，抗压强度（为碳纤维树脂复合材料的 2~2.5 倍）和抗剪强度很高、蠕变小、硬度和弹性模量高。此外，还有很高的疲劳强度（达 340~390MPa），耐辐射，对水、有机溶剂、燃料和润滑剂都很稳定。由于硼纤维是半导体，所以其复合材料的导热性和导电性很好，可用于制造直升飞机螺旋桨叶的转动轴。

（2）金属基纤维复合材料　金属基复合材料的基体有铝及铝合金、钛及钛合金，还有镁、铜、镍合金等。

金属基复合材料综合了基体金属材料与增强物的优点，因而具有高的比强度、比模量、高的疲劳强度及耐磨、耐腐蚀性。与树脂基复合材料相比，它们在较宽的温度范围内能保持其性能的稳定，导热、导电性能好，对热冲击及表面缺陷不敏感，目前主要用于航天飞机、人造卫星及空间站的结构件方面。

2. 金属陶瓷材料

由陶瓷颗粒与金属结合的颗粒增强金属复合材料称为金属陶瓷。

总的说来，此类材料具有高硬度、耐磨损、耐高温、耐腐蚀的特性，目前较多应用的是氧化物基和碳化物基金属陶瓷。这类材料多用于工具。

3.7　纳米材料

纳米科技是 20 世纪 80 年代末、90 年代初逐步发展起来的新兴学科领域。而纳米材料则是纳米科技中最重要最基础的组成部分。人们发现，当材料的尺寸小到纳米尺度（1~100nm）时，材料的某些性能发生突变，即出现了传统材料所不具备的新的特性，因此人们把特征尺寸在 1~100nm 并具有新特性的材料称为纳米材料。所谓特征尺寸，对颗粒（或粉末）材料而言是指每一个颗粒的直径大小；对于纤维来说是指纤维的横截面直径。纳米材料还可以指将纳米超微粉体加到其他非纳米基体（如高分子材料）中仍保持其纳米尺寸并存在纳米尺度界面的材料，称为纳米复合材料；如果宏观上看是一个块体材料，而其显微结构单元是在纳米尺度，可称为纳米结构材料。应该指出，纳米材料是以材料的尺寸来定义的材料领域，它跨越了原有各种材料的学科分类界限。

纳米材料的分类简图如图 3-8 所示。

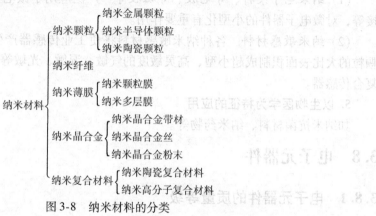

图 3-8　纳米材料的分类

纳米材料科技基本上包括两个方面：一是发展和完善纳米材料的科学体系；二是发展新型纳米材料，开拓应用领域并实现产业化。下面以性能特征来分类介绍纳米材料的应用前景。

1. 以力学性能为特征的应用

（1）碳纳米管　碳纳米管的强度是钢的百倍，而重量仅是钢的1/6，这是目前发现的最高强度或比强度的材料，这方面的研究还在继续，其应用前景十分诱人。

（2）纳米增强增韧陶瓷　纳米陶瓷现在已经显示的确定效果是：①烧结温度可以大大降低；②在高温下（1000℃以上）具有超塑性，因此便于制造复杂形状的部件；③强度和韧性有所提高。目前纳米技术还未解决陶瓷的脆性问题，这方面的研究还在继续。

（3）无机纳米超微粉　用无机纳米超微粉添加到高分子材料中去，例如橡胶、塑料、胶粘剂中，可以起到增强、增塑、抗冲击、耐磨、耐热、阻燃、抗老化及增加粘结性能等作用。在这方面已有不少实际例子，这是当前纳米材料应用比较活跃的领域。

（4）纳米级超精密研磨材料和纳米润滑材料　用纳米金属铜粉加入到润滑油中，可制得具有自修复作用的润滑油，不仅使润滑性能大幅度提高，而且纳米金属可使已有的微小蚀坑"修复"，从而使零件的使用寿命大为提高。

2. 以磁学性能为特征的应用

（1）巨磁电阻材料　某些纳米厚度的多层薄膜系统，当在其横向加一个磁场时，其电阻值产生显著改变，如同一个磁性开关。

（2）新的磁疗方法　将纳米磁性材料（如氧化铁）注入到患者的肿瘤里，外加一个交变磁场，使纳米磁性颗粒升温至45℃，癌细胞可被消灭。

3. 以热性能为特征的应用

1）纳米结构的材料比热容比常规材料大得多，因此可以作为更好的热交换材料应用。

2）纳米材料可在低得多的温度烧结，对于粉末冶金和陶瓷的制备具有重要的应用价值。

3）用纳米超细原料，在较低的温度快速熔合，可制成在常规条件下得不到的非平衡合金，为新型合金的研制开辟了新的途径。

4. 以电学性能为特征的应用

（1）纳米电子浆料、导电胶、导磁胶等　广泛应用于微电子工业中的布线、封装、连接等，对微电子器件的小型化有重要作用。

（2）纳米敏感材料　各种纳米敏感材料将使工业传感器产生重大改进，例如利用纳米颗粒的大比表面积制成超小型、高灵敏度的气敏、湿敏、光敏等传感器，并可做成多功能的复合传感器。

5. 以生物医学为特征的应用

如纳米抗菌材料、纳米药物等。

3.8　电子元器件

3.8.1　电子元器件的质量等级

电子元器件的质量等级是指制造、检验及筛选过程中对其质量控制的等级。通常，质量等级越高，其可靠性水平也越高。电子元器件质量等级的详细信息可以参考相关手册。不同质量等级对电子元器件失效率的影响程度以质量系数 π_Q 来表示，质量系数越大质量等级越低。例如，表 3-13 给出了在国家军用标准 GJB/Z 299B《电子设备可靠性预计手册》中规定的金属膜电阻器不同质量等级对应的质量系数值。

表 3-13　金属膜电阻器的质量系数

质 量 等 级	A_{1L}	A_{1W}	A_2	B_1	B_2	C
π_Q	0.05	0.1	0.3	0.6	1.0	3.0

由金属膜电阻的工作失效率模型

$$\lambda_p = \lambda_b \pi_E \pi_Q \pi_R$$

①当金属膜电阻的基本失效率 $\lambda_b = 0.008 \times 10^{-6} \, h^{-1}$；②取环境系数 $\pi_E = 1.0$；③阻值系数 $\pi_R = 1.0$。则不同质量等级情况下，其工作失效率为

A_{1L} 级：$\pi_Q = 0.05$，$\lambda_p = 0.0004 \times 10^{-6} \, h^{-1}$；

C 级：$\pi_Q = 3$，$\lambda_p = 0.032 \times 10^{-6} \, h^{-1}$。

将 C 级和 A_{1L} 级的计算结果相比，可以发现由于质量的差异工作失效率相差达 60 倍。

3.8.2　电子元器件的选择和正确使用原则

由于电子元器件的数量、品种众多，所以它们的性能、可靠性、费用等参数对整个系统性能、可靠性、寿命周期费用等技术指标的影响极大。电子元器件的选择的一般准则如下：

1）对电子元器件的选用应从构思阶段就开始考虑，而不是在设计方案确定之后再来选取。

2）电子元器件的参数要满足性能和工作环境要求，如电压等级、驱动能力、频率特性、放大系数等。例如，在脉冲工作下的电子元器件应有较大的电流富裕量和良好的频率特性。经常在潮湿环境中使用的电子设备，选用电子元器件时要特别注意密封性和耐潮性。在高压工作条件下的电子元器件除了要选用有足够的耐高压条件外，还应设有过电压保护装置及采取预防浪涌电流的措施。

3）选择电子元器件的质量等级要与应用系统的用途和工作环境一致。如用在国防、军事等重要领域及其环境，只能选择高质量的电子元器件；若用在民用领域，其质量等级就比较低。

4）国产电子元器件应选用符合国家标准或专业标准的，如优先在 GB、GJB、QZJ、SJ 组织生产并经质量认证的器件中选用。国外电子元器件，原则上尽量选用列入其相应 QPL 中的产品。

5）应优先选用那些已被实践验证过的、并被选入优选手册的电子元器件。

6）应减少电子元器件品种，压缩品种规格比，提高同类电子元器件的复用率。

7）应选用集成化、一体化、厚膜化、组合化、无调试或少调试的电子元器件，以减少整机的故障率。

8）尽量采用数字电路，而少用模拟电路。对逻辑电路，应尽量进行简化设计。

9）应避免或少用接插件、继电器、开关、有活动触点的电位器、可变电感及旋转型机械零件。

10）应考虑电磁兼容性要求，选择噪声系数小和抗电磁干扰性能好的电子元器件。

11）在保证可靠性要求的条件下，尽量选用廉价的电子元器件，以降低成本。

12）封装结构的选择。半导体分立器件与中小规模集成电路常有气密性封装和塑料封装两种结构。塑料封装器件通常为环氧树脂成型或包封的器件，较易受水汽、盐雾及其他腐蚀性气体的腐蚀。特别是在湿度变化很大的场合使用时，因热应力与化学腐蚀的联合作用，更容易失效。因此，使用条件较差时不宜选用塑料封装器件，而应选用金属、陶瓷或低熔点玻璃密封封装的器件。

3.8.3 电阻器的性能及其选择

1. 电阻器的分类

（1）金属膜电阻器（RJ） 金属膜电阻器的导电薄膜由金属或合金制成，阻值准确（误差小于 0.1%），制造工艺精细，电气性能好，温度系数小，噪声电压小，高频特性好，性能较稳定，在精密仪器设备中应用很广泛。

（2）碳膜电阻器（RT） 碳膜电阻器工艺简单，价格低廉，阻值范围广，受电压和频率影响小，温度系数为负值。温度范围小，阻值稳定性不够理想。它适合脉冲电路。

（3）合成电阻器（RH） 用导电材料（如石墨碳黑）填充料、粘合剂制成，以炭质实心电阻应用最广。其优点是：成本低，制造工艺简单，过载能力大，可靠性高。其缺点是：阻值误差大（达 10% ~ 25%），噪声电压大，阻值易随温度、湿度变化。由于电阻器内炭粒与填充料之间存在着电容和集肤效应，使用频率容限很低。它只适用于频率要求不高的电路中。

合成型电阻器不如薄膜型电阻器性能好，而可靠性优于薄膜型电阻器，失效率比金属膜电阻器低 0.5 个数量级，比碳膜电阻器低一个数量级。

（4）线绕型电阻器（RX） 用特殊的合金制成细丝并绕在绝缘管上制成的。其优点是：阻值准确，有良好的电气性能，工作稳定可靠，温度系数小，耐热性能好，功率较大，噪声电压小。其缺点是：阻值不能做得太大，制作成本高，电感分量大。绕线型电阻器适用于功率要求大的电路，有的可用于要求精密电阻值的地方。但由于这种电阻器存在较大电感，故不适宜用在高频电路中。

（5）贴片电阻 随着表面贴装技术的广泛应用，在近年来发展的多种薄膜电阻中，片装电阻和电阻网络是其中的佼佼者。它是采用薄膜制造技术在氧化铝陶瓷衬上淀积镍铬合金而形成的一种新型电阻器件。它具有阻值精度高（其阻值温度系数可小于 $-1.8 \times 10^{-6}/℃$），工作温度范围很宽等优点，广泛应用于计算机及其应用系统中。目前生产的表面贴装用薄膜片状电阻已经小至 $1.6mm \times 0.8mm$ 及 $1.0mm \times 0.5mm$。不少厂商还开发出 $1mm \times 1mm$ 双电阻阵列。

2. 电阻器的使用性能

不同类型的电阻器的特性见表 3-14。

表 **3-14** 各种电阻器的特性比较

参数 种类	阻值范围 /Ω	温度范围 /℃	温度参数 /(1/℃)	功率范围 /W	噪声/ (μV/V)	频率特性	线性度
金属膜电阻（RJ）	3～10M	−55～+125 −55～+155	6～10×10⁻⁴	1/8～10	1	优	良
金属氧化膜（RY）	1～200k	−55～+125	7～12×10⁻⁴	1/8～10		优	良
碳膜电阻（RT）	1～10M	−55～+100	5～22×10⁻⁴	1/4～15	1～5	良	良
线绕电阻（RX）	3～5.6k	−55～+100 −55～+275	1～15×10⁻⁶	2～150		一般 ≤50kHz	优
精密合金箔电阻（RJ711）	5～20k	−55～+125	5×10⁻⁶	1/8～1		优	优
合成实心电阻器（RS）	4.7～22M	−55～+70 −55～+125	10～35×10⁻⁴	1/4～2		差	差
高压玻璃釉电阻（RI）	1～2000M	−55～+125	500×10⁻⁶	1/8～2		良	
高阻玻璃釉电阻器（RI）	1～1000M	−55～+125	500×10⁻⁶～1000×10⁻⁶			良	
合成膜电阻器（RH）	10～106M	−55～+85	20×10⁻⁴			良	良
线绕电位器（WX）	4.7～47k	−55～+125	1～15×10⁻⁶	优		一般 ≤50Hz	
有机实芯电位器（WS）	100～4.7M	−55～+125	20×10⁻⁴	良		良	差
合成碳膜电位器（WH）	100～4.7M	−40～+70	40×10⁻⁴	0.1～3	10～15 W/V	差	良
玻璃釉电位器（WI）	4.7～10M	−55～+85	±1000×10⁻⁶	0.125	大	良	良

3. 电阻器的使用要求

（1）**降低功率额定值使用** 电阻器工作时要产生热量，这不仅影响周围器件，而且电阻器本身的阻值也会发生变化。因此一般使用电阻器时，实际负载功率要低于额定功率的30%，装配精度要求很高时，应低于额定功率的50%。

（2）**降低额定电压值使用** 最高使用电压最好只用到最高允许电压的50%左右，或者更低一些。一般在低压电路中不必过多考虑，但在高压电路中，由于尘埃和湿度的影响会导致漏电增多，降低电压使用是比较安全的。

（3）**脉冲负载时电阻的降额使用** 可以用下式求出电阻器在脉冲电压下工作时的平均功率

$$P = \frac{U^2}{R} f \tau$$

式中 U——脉冲峰值电压；

R——电阻器的阻值；

f——重复频率；

τ——脉冲宽度时间。

一般选取电阻器的额定功率为平均功率的2～5倍。碳膜电阻和高阻值金属膜电阻承受脉冲负载能力较差，所以它们的被选用功率应在平均功率的5倍以上。

例如，某计算机应用系统晶体振荡器的频率为12MHz，电路中电阻的最小值为200Ω，

选择电阻器的额定功率为

$$P = \frac{U^2}{R} f\tau = \frac{5^2}{200} \times 12 \times 10^6 \times \frac{1}{12 \times 10^8 \times 2} \mathrm{W} = 0.06\mathrm{W}$$

所以，选用电阻器的额定功率为 1/4 W 即可

（4）高频对电阻器的影响　不要让高频信号通过高阻值电阻器，若在高频电路中使用线绕电阻器，以选用低容性电阻为好。

（5）电阻器的容差　普通电阻器按制造误差等级分为Ⅰ、Ⅱ、Ⅲ三类，分别对应的标称值的误差范围为 ±5%、±10%、±30%。

3.8.4　电容器的性能及其选择

1. 电容器分类

（1）云母电容器（CY）　一般是用金属箔和云母片交叠而成。新工艺将铝或银粉喷涂在云母上，叠好，再在外面用胶木、塑料或瓷质等纯绝缘材料压紧、封固。这种电容器的优点是：容量比较准确、漏电损耗小，温度稳定性好，绝缘电阻高，频率特性好，可用于中频、高频及要求耐压高的电路，用作耦合、旁路、谐振电容等。其缺点是：价格较贵，容量范围小。

（2）纸介电容器（CZ）　用两条长条形铝箔和两张条形绝缘纸交替叠好，卷成圆柱形，接出引线，经过浸蜡等工序封装而成。这种电容器的优点是：容量范围大，从几微法到几百微法都有，耐压程度一般也可满足要求，价格比较低廉。缺点是：易损坏，使用年限较短。适用于频率小于 0.5MHz 的电路中。

（3）陶瓷电容器（CC）　由特殊陶瓷制成，分低介电常数型（Ⅰ型）、高介电常数型（Ⅱ型）和半导体型（Ⅲ型）三种。Ⅰ型的特点是容量不能做得太大；温度变化时容量也跟着线性变化，可以做成多种多样的温度系数；容量偏差小，容量稳定；绝缘电阻极高；耐热，寿命长，体积小。Ⅱ、Ⅲ型介电常数高，易做成容量大、体积小的产品，只不过它们没有温度系数线性和容量偏差小的特点。Ⅰ型产品主要用于对温度稳定性要求比较高的电路，如晶振、A/D 转换器、V/F 转换电路的积分电容等。但要注意选用温度系数合适的产品，还可以用作温度补偿电容。Ⅱ、Ⅲ型体积小，容量大，适宜作高频滤波电容。

（4）塑料介质电容器（CB、CL）　介质用特殊塑料做成，如聚苯乙烯电容器（CB），涤纶电容器（CL）。优点是耐压高，介质损耗小，绝缘电阻高，电容量比较稳定，可用于高、中频电路耦合、旁路、滤波、噪声抑制、精确定时等场合。缺点是怕高温。

（5）电解电容器（CD）　常见的有铝电解电容器和钽电解电容器。

1）铝电解电容器外壳是一个金属圆筒，筒中注有电解液（或电解糊），溶液中浸有一组铝片。当加上电压时，铝片接正极，圆筒接负极，在铝片上产生一层极薄的氧化铝薄膜，成为电容器的介质。由于正负极接近，可以做到较大的电容量。优点是容量大，都在几微法以上。缺点是耐压不高，一般工作在 500V 以下，漏电大，易损坏，适用于做电源滤波及低频旁路。

2）钽电解电容器是用钽粉通过烧结使阳极具有多孔性，从而增大了电容量。它具有体积小、损耗小、性能稳定等优点。

与钽电解电容器相比，铝电解电容器的频率特性及温度特性差，漏电流与介质损耗大；

优点是价格低。钽电解电容器在频率特性、漏电特性、温度特性方面优于铝电解电容器。低温下铝电解电容器容易失效，应选用钽电容。

（6）贴片电容　表面贴装用电容体积越来越小，片状陶瓷电容器已采用 1mm × 0.5mm 的超小型封装。片状钽质电容也从 3.2mm × 1.25mm 来封装。

2. 电容器的使用性能

不同类型的电容器的特性见表 3-15。频率范围是选择电容器的重要依据，因为电容器的最高有效频率由其自身电容及引线电感构成的谐振频率所决定，超过谐振频率，电容器则呈现电感性。

表 3-15　电容的种类与特性

种类	项目	电容量/F	容差（%）	使用温度/℃	损耗（tanδ）10⁻³（%）	绝缘电阻/kΩ	耐压/V	适用频率/Hz
塑料薄膜电容	聚酯薄膜	100p～1μ	5～20	−55～+125	2～10	10～100	50～10k	5～1M
	聚碳酸酯	100p～47μ	1～20	−55～+125	0.5～2	20～200	50～1k	50～10M
	聚苯乙烯	100p～1μ	0.5～10	−55～+85	0.15～1	75～1000	30～6k	10～100M
	聚丙烯	100p～1μ	0.5～10	−55～+125	0.05～1	100～1500	100～6k	10～100M
金属化塑料薄膜电容		0.047p～1000μ	1～20	−55～+125	0.05～10	5～1000	50～10k	50～1M
云母电容		0.68p～1μ	0.1～20	−55～+150	0.2～2	5～150	50～3k	1k～500M
陶瓷电容	种类Ⅰ	0.68p～0.01μ	1～20	−55～+125	1～7	2～100	40～10k	1k～2000M
	种类Ⅱ	10p～3.3μ	10～50	−55～+125	18～50	0.5～10	40～5k	1k～20M
	种类Ⅲ	100p～4.7μ	10～50	−55～+100	25～150	0.0001～0.01	3.3～60	1k～500M
铝电解电容		0.47p～4700μ	10～50	−55～+125	50～500	0.001～0.05	3.3～600	50～0.05M
钽电解电容	固体	0.047p～470μ	5～20	−55～+125	20～100	0.1～5	3.3～50	50～0.1M
	湿式	0.1p～4700μ	5～35	−55～+125	7～500	1～100	3.3～120	50～0.1M

3. 电容器的使用要求

（1）耐压极限　每个电容器都有一定的耐压程度。使用时应保持实际电压比额定电压低 20%～30%，不要十分接近，更不要超过其额定电压值，以免由于电源电压波动而将电容器击穿，从而损坏其他元器件。

（2）环境影响　气温炎热和柜内通风不良都会使电容器环境温度升高。如果环境温度超过 +60℃，电容器就会很快老化，干枯。为了避免环境温度升高，可采用强迫通风的办法。同时在设计、安装时注意不要把大功率线绕电阻或其他发热元器件放在电容器旁边。

（3）电解电容器极性　电解电容器在使用时必须注意极性，不允许反接，否则将使电容器击穿，使电容短路。同时，电解电容器不宜使用在交流电路中，但可使用在脉冲电路中。

（4）介质损耗　电容器不只具有电容量，而且还有电阻和电感。因此，无论性能多么好的电容器都有介质损耗。频率越高，介质损耗越严重，在高频电路中，应选择介质损耗小的电容器。

3.8.5 半导体分立元器件和场效应晶体管的性能及其选择

1. 半导体分立器件的质量等级

国产半导体分立器件的质量等级见表3-16。

表 3-16 半导体分立器件质量等级

质 量 等 级		质量要求说明
A	A₁	符合 GJB33A—1997 列入质量认证合格产品目录的 JCT（超特军级）级产品
	A₂	符合 GJB33A—1997 列入质量认证合格产品目录的 JT（特军级）级产品
	A₃	符合 GJB33A—1997 列入质量认证合格产品目录的 JP（普军级）级产品
	A₄	符合 GB4589.1—1989 且经中国电子元器件质量认证委员会认证合格的 Ⅱ 类产品；符合 GB4589.1—1989 的 Ⅲ 类产品
B	B₁	符合 GB4589.1—1989 的 Ⅱ 类产品；按军用标准筛选要求等进行筛选的 B₂ 质量等级的产品
	B₂	符合 GB4589.1—1989 的 Ⅰ 类产品
C		低档产品

美国半导体分立器件的质量等级由高到低分别划分为 5 级：JANS（宇航级）、JANTXV（超特军级）、JANTX（特军级）、JAN（军用级）以及非 JAN 的民用级（低档、塑封）。例如，功率晶体管 2N1483 的军用级型号为 JAN2N1483，特军级型号为 JANTX2N1483。如果元器件的尺寸小，可以使用缩写字母 J、JX 或 JV 分别代表 JAN、JANTX 或 JANTXV。表 3-17给出了进口半导体分立元器件的质量等级。

表 3-17 进口半导体分立元器件的质量等级

质 量 等 级	JANS	JANTXV	JANTX	JAN	低 档	塑 封
质量系数 π_Q	0.05	0.12	0.24	1.2	6.0	12.0

2. 二极管分类

二极管使用时，应考虑最大反向电压、最大正向电流、反向电流和正向压降及工作频率。对三极管则主要考虑最大集电极电压、反向饱和电流、最大集电极功耗、电流放大系数、噪声系数、截止频率和环境温度范围等。除此之外，还要考虑以下问题：质量系数；封装形式；引出端的涂覆形式，半导体分立元器件引出端有镀金和镀锡两种涂覆形式；辐射加固保证（RHA）等级，反映半导体分立元器件抗天然辐射的能力；热内阻；抗静电能力；抗瞬态过载能力。二极管的分类见表3-18。

表 3-18 二极管分类

工 作 性 质	类　　型
开关检波钳位	开关二极管、肖特基二极管、整流二极管、稳压二极管
整流	整流二极管、快恢复整流二极管、开关二极管或肖特基二极管
稳压	稳压二极管，正向偏置的开关二极管、整流二极管
电压基准	电压基准管、稳压管

（续）

工 作 性 质	类 型
稳流	稳流二极管
信号显示	发光二极管
光电转换	光敏二极管
脉冲电压保护	瞬态电压抑制二极管

（1）开关二极管　开关二极管在电子线路中，可以完成开关、钳位、消反电动势、高频整流及开关电源等功能。常用硅或锗材料制作，硅材料制成的开关二极管正向压降比锗开关二极管要大，但反向电流要小，允许的最高工作结温高。开关二极管结的工艺不同，可分为 PN 结和肖特基结两种。PN 结的优点为反向漏电流小；缺点为正向压降大，使用频率低，工作效率低，击穿电压高。肖特基结优点为正向压降小，恢复速度快，噪声低；缺点为反向漏电流大，工作温度低，击穿电压低。

（2）整流二极管　功率整流二极管的反向电压范围 V_R 为 50～1000V，正向电流 I_R 不小于 1A。由于该管子功率耗损大，因此，应选用内热阻小的管子，必要时应采取散热措施。高压整流二极管允许反向击穿电压 V_R 在 1000V 以上。高频整流二极管具有较快的反向恢复时间（t_{rr}），一般 $t_{rr} \leqslant 200ns$。肖特基二极管具有正向压降低（一般为 0.6V），t_{rr} 小，一般不大于 50ns 的特点，所以适合于用作 3kHz 以上的高频整流，但肖特基二极管与 PN 结二极管相比有成本较高、反向耐压低和工作温度低的特点，选用时必须给予注意。

（3）检波二极管　在 Si 或 GaAs 材料上淀积一层金属制成，具有很小的结电容，电压、电流为非线性关系，截止频率高，电流灵敏度高，噪声低，功耗小。工作频率范围一般为 1～100kGHz 或更高，亦称微波二极管。主要有肖特基势垒二极管、体效应二极管、雪崩二极管、点接触二极管、隧道二极管等。选用时，要注意肖特基势垒二极管为静电敏感器件，要采取防静电措施。当对器件抗烧毁能力有较高要求时，应采用标称工作频率与使用频率相吻合的元器件。

（4）光电二极管　光电二极管是光电子器件中最基本的器件。它主要作光电变换用。

1）发光二极管。是把电能转化为光能的元器件。按照制造工艺及材料的不同，通电后，它可以发射出可见光（红、橙、黄、绿、蓝、白等光）以及不可见的红外线等。

2）光敏二极管。工作时，应按规定加上偏置电压，当无光照时，只有很小的暗电流流过光敏二极管，随着光通量的增加，流过光敏二极管的电流增加，光敏二极管的等效阻抗降低。

3）光伏探测器。即光电池，不需加偏置电压，其输出电压随入射光的面积和强度而改变。它主要用作光电敏感性检测。

（5）调整二极管

1）电压调整二极管。也称稳压二极管，它是能在齐纳击穿或雪崩击穿条件下正常工作的二极管。当通过该二极管的电流在一定范围内变化时，其两端的电压变化很小。它的功率范围在 0.2～1W 之间，稳压范围在 1～40V 之间。这种二极管的输出电压对温度是敏感的，一个额定稳定电压为 10V 的稳压二极管，当温度变化 1℃ 时，电压变化约 0.7mV。利用这一特性，电压调整二极管还可作为温度敏感元器件，还能做钳位、直接耦合器件等。

还有在电压调整二极管基础上发展起来的瞬变电压抑制二极管器件。在反向应用条件下，当承受一个高能量的瞬时脉冲时，其工作阻抗立即以很快的速度由高变低地降至很低的导通值，允许大电流通过，同时把电压钳制到预定水平，有效地保护了与之并联的电子线路的元器件，不致因瞬时过载而被损坏。这种二极管主要用于计算机、自控和通信等设备。瞬变电压抑制二极管有单向和双向两种。单向瞬变电压抑制二极管只对一个方向的浪涌电压起抑制作用，对另一个方向的浪涌电压只相当于一个正向导通的二极管。双向瞬变电压抑制二极管，对任何方向的浪涌电压都能起到抑制作用。对瞬变电压抑制二极管选择时，要注意其：①最大反向工作电压（V_{RWM}）；②最大钳位电压（V_{CM}）；③击穿电压（V_{BR}）；④最大峰值脉冲电流（I_{PM}）；⑤最大峰值脉冲功率（P_{PM}）。

2）电流调整二极管。也称稳流二极管，当这种二极管两端电压在较大范围内变化时，流过该二极管的电流基本稳定。电流调整二极管基本上是一个栅、源电极互连的场效应MOS管，因此可称为场效应电流调整二极管。它主要用作恒流源。它与精密电阻器或电压调整二极管串联时，电阻器或电压调整二极管上的电压即为精密基准电压。

（6）雪崩二极管（IMPATT） 主要用作功率振荡器。它采用普通PN结或肖特基结，利用势垒中的碰撞电离和载流子的渡越时间效应而产生功率较大的振荡，且在微波频率作用下具有负阻特性。该管功率容量较大，工作频率较高，但需工作电压较高，且噪声稍大。选用该二极管要注意：①该管子工作于负偏压雪崩状态，必须对回路电流限流，常采用直流恒流源；②在断开和接通电源时，不能出现电脉冲，否则会损坏管子；③为减少电源对振荡噪声的影响，电源电压微波系数应尽量小（<0.1mV）；④注意管子的散热。

3. 晶体管分类

晶体管的种类见表3-19。

表3-19 晶体管的种类

工作性质	应用要求	晶体管的类型
小功率放大	低输入阻抗（小于1MΩ） 微波低噪声	高频晶体管 微波低噪声管
功率放大	1GHz以上 10kHz以上 10kHz以下	微波功率管 高频功率管 低频功率管
开关	通态电阻小 低频功率 大电流或作调压电源	开关晶体管 低频功率开关管 闸流晶体管
光电转换、放大		光电晶体管
光电隔离	浮地	光电耦合器

（1）功率放大晶体管 主要用于功率放大、功率调整或功率开关。功率晶体管在大功率状态工作时散发的热量较多，因此，必须进行可靠性热设计。选用功率晶体管要特别注意二次击穿和安全工作区问题，注意晶体管的极限参数，交、直流参数和开关参数。

功率晶体管的极限参数有：P_{CM}——集电极最大允许功耗；I_{CM}——P_{CM}下集电极最大电流；$V_{BR(CEO)}$——基极电流I_b为零时，集电极–发射极的击穿电压；P_{SB}——功率晶体管二次击穿耐量线。为防止该晶体管发生二次击穿现象，工作时应注意I_c、$V_{BR(CEO)}$不得超过安全工作区，并注意降额和热设计。

（2）小功率晶体管　小功率晶体管常用硅和锗作管芯材料。由于硅晶体管可靠性高，因此，军用仪器和高可靠性的计算机及其应用系统多用硅晶体管。这种晶体管可用于放大和开关，还可用于数字电路和振荡电路等。选用小功率晶体管要注意工艺、型号和电参数的选择。

4. 场效应晶体管分类

场效应晶体管是一种电压控制型的器件，有以下四种类型：①MOS 场效应晶体管（MOSFET）；②VMOS 场效应晶体管（VMOSFET）；③微波场效应晶体管（MZSFET）；④双栅场效应晶体管（DGFET）。

场效应晶体管比双极型晶体管输入阻抗高、噪声低。MOS 场效应晶体管与双极型晶体管的性能对比见表 3-20。

表 3-20　MOSFET 与双极型晶体管性能对比

比较项目	MOSFET	双极型晶体管
输入阻抗	很高 $(10^9 \sim 10^{11}\Omega)$	较低 $(10^3 \sim 10^5\Omega)$
电流增益	很大 $(10^8 \sim 10^9)$	较低 $(10^2 \sim 10^3)$
驱动功率	较小	较高
驱动电路	简单	复杂
开关速度	快	较慢
导通时间	$10 \sim 20 ns$	$50 \sim 500 ns$
关断时间	$10 \sim 20 ns$	$500 \sim 2000 ns$
温度特性	热稳定性好	热稳定性较差
二次击穿	不易发生	较易发生
安全工作区	较大	相对较小
导通电阻	较大 $(0.01 \sim 10\Omega)$	较小 $(0.01 \sim 0.1\Omega)$
开关特性	接近理想开关	开关特性较差
伏安特性	接近理想线性	非线性
电流容量	可多管并联使用	一般不宜并联使用
输入电容	大	较小

MOS 和 VMOS 场效应晶体管选择时可参考表 3-21。

表 3-21　MOS 和 VMOS 场效应晶体管的选择

工作性质	应用要求	场效应晶体管的类型
弱信号前置放大	输入阻抗高、噪声低	小功率结型或 MOSFET
低噪声前置放大	$1/f$ 噪声低、高频噪声低	小功率结型场效应晶体管
高频放大	工作频率较高	小功率结型或 MOSFET
开关放大	开关速度高	小功率结型或 MOSFET
功率放大	输出较大功率	VMOSFET

通常 4GHz 以上频段几乎都选用微波场效应晶体管。选用时，要采取有效的防静电措施保护措施，线路设计时应在栅、源极之间加保护二极管或电压调整管。微波场效应晶体管有微波低噪声场效应晶体管和微波功率场效应晶体管两类，它们分别用作低噪声放大器、混频器和功率放大器、振荡器。

双栅场效应晶体管是在 GaAs MOSFET 的单栅管上加了一条并行相邻栅极。与单栅场效应晶体管相比，双栅场效应晶体管具有内反馈小。功耗增益大和稳定性高的特点，并且第二栅极可独立用作增益控制。主要用作增益放大器、混频器、限幅器和倍频器等电路。选用时应注意的问题同微波场效应晶体管。

5. 半导体分立器件的使用要求

（1）降额使用　使用半导体元器件时，要有意识地使元器件实际承受的应力低于元器件的额定应力。降额的主要参数是电压和电流。

（2）容差设计　设计时，应适当放宽半导体元器件参数的允许变化范围（包括元器件的制造公差、温度漂移、辐射引起的漂移），以保证半导体元器件的参数在一定的范围内变化时，设备或系统仍能正常地工作。

（3）防过热　温度是影响半导体元器件寿命的重要因素。防过热的目的是把半导体元器件的结温控制在允许的范围内。一般情况下，硅半导体元器件的最高结温为 175℃，而锗为 100℃。为了合理地控制外热阻及接触热阻，对半导体器件要进行热设计。

（4）防静电　静电对半导体元器件危害很大。这种危害往往具有隐蔽性和发展性，即静电放电造成的损伤一时难以检查出来，经过一段时间之后才会暴露，这会导致半导体分立元器件完全失效。因此，对于静电敏感的半导体元器件，防静电措施应贯彻于应用的各个环节中（如装配、测试、存储、运输、使用等）。

（5）防寄生耦合　具有放大功能的半导体元器件组成的电路，在高频或超高频工作时，必须防电源内阻耦合和布线寄生耦合产生的寄生振荡。

（6）防瞬态过载　设备或系统工作时，可能会发生某些电应力的瞬时过载，如起动或断开时的浪涌电压、浪涌电流、感性负载反电动势等，使半导体元器件受到损坏。为防止出现瞬态过载，可采取必要的防护或抑制措施。

（7）防电磁干扰　电磁干扰作用于半导体元器件的途径有传导和辐射两种。辐射干扰的媒介包括：低频电场、低频磁场和射频电磁场。为防止电磁干扰，必须进行电磁兼容性设计。

（8）辐射的屏蔽　采取局部措施以减少总剂量辐射。局部屏蔽措施的形式，可以是粘贴或喷涂于电路外表的辐射防护层，也可以采用辐射防护罩。局部屏蔽可以采用重金属片（如钨、钽材料）构成，也可以采用重金属片和轻金属片交叠构成。

3.8.6　模拟集成电路的性能及其选择

1. 半导体集成电路的质量等级

国产半导体集成电路质量等级也分为 A 级，包括：A_1、A_2、A_3、A_4；B 级，包括：B_1、B_2；C 级，包括：C_1、C_2。可参见表 3-16。

表 3-22 列出了美国半导体集成电路的质量等级标准。

表 3-22　美国半导体集成电路质量等级

质量等级	质量要求	质量系数
S	完全按照 MIL—M—38510S 级要求采购，列入 QPL—38510 的 S 级	0.25
S-1	完全按照 MIL—STD—975 或 MIL—STD—1547 要求采购，并有采购机关的规范批准	0.75
B	完全按照 MIL—M—38510B 级要求采购，列入 QPL—38510 的 B 级	1.0
B-1	完全按照 MIL—STD—883 的第 1.2.1 节的所有要求，并按照军用图样、国防部电子供应中心的图样或政府批准的文件进行采购	2.0
B-2	不完全符合 MIL—STD—833 的第 1.2.1 节的要求，并按照政府批准文件，包括卖方的等效 B 级要求采购	5.0
D	完全密封的具有正规可靠性筛选和制造厂质量保证措施的器件，非密封的用有机材料封装的器件必须承受 160 小时 125℃ 老化试验，以终点电气控制的 10 个温度循环（−55 ~ +125℃）和 100℃ 高温连续试验	10.0
D1	用有机材料（如环氧树脂硅或酚）封装或密封的民用（非军用标准）器件	20.0

与半导体分立器件的质量等级类似，表中的 S 级为宇航级（JANS），是质量等级最高的；B 为普军级（JANB 级）；D 和 D1 级属于非 JAN 的普通民品。通常，这些器件按温度范围可分为：

军用温度范围：−55 ~ +125℃；

工业温度范围：−40 ~ +85℃；

商业温度范围：0 ~ +70℃。

2. 模拟集成电路分类

（1）运算放大器　类型有通用、精密、高速、高输入阻抗、低噪声、功率、宽带和仪用运算放大器八类。

1）对精度要求较高时，应选择精密运算放大器，除选择输入失调电压足够小外，其输入失调电流也应足够小；运算放大器的开环电压增益应足够高；运算放大器的共模抑制比也应足够高。

2）信号很微弱时，选择低噪声运算放大器。对噪声要求较严时，除选择输入噪声电压足够小外，其输入噪声电流也应足够小。

3）要求建立时间很短时，选择高速运算放大器，如在很高的频率下工作的转换开关；工作频率较高时，如几十千赫以上，但对精度要求不高，且不要求通过直流信号时，可优先选择宽带放大器。若高频精度要求很高，运算放大器的单位增益带宽应足够大。

4）若信号源内阻很高，还应选择 MOS 管输入运算放大器。

5）宽带放大器包括射频放大器和中频放大器两种。其基本特征是频带宽（上限为 100MHz 量级）和增益低（电压增益不高于 40dB），具有较大的相移，不能闭环工作。应用宽带放大器时，要防止布线寄生耦合、电源内阻耦合，信号线尽量短，以保证寄生电容、电阻和电感足够小，保证宽带放大器免受干扰，保证工作稳定、可靠。

6）需要差动放大器，则应优先选择线性放大器中的仪用放大器。仪用放大器的基本特征是差动输入、增益较低（电压增益一般 <60dB）和精度较高。应用仪用放大器时，被选品种有敏感端和参考端，且负载与仪用放大器相距较远，负载电阻又较低时，为避免负载电压与仪用放大器输出电压不等所造成的误差过大，应使敏感端通过单独连线与负载端相连，参考端通

过单独连线与负载低端相连。在大的共模背景中，放大弱信号时亦可接成屏蔽驱动方式。

（2）非线性电路 非线性电路主要包括：模拟乘/除法器、模拟开关、时基电路、采样保持电路和锁相环等。

1）模拟开关选择时，应注意以下问题：①一般优先选择 CMOS 器件，若必须控制由于导通电阻随输入信号幅度变化造成的后果，则应选择开关器件为结型的晶体管；②当输入范围能覆盖输入信号时，若为单极型，可选不包括负电压的品种（如 CMOS 4000B 系列中的某些品种），否则应选输入范围包括正、负电压的品种；③若能保证模拟开关一端的电位等于或接近于地电位，则选择"电流开关"，以求简单；④选择控制电压的逻辑电平与控制指令的逻辑电平相容的品种；⑤对有可能出现过载情况，应选择带输入过载保护的品种；⑥当输入信号很弱时，应选择内部热电动势足够低和控制端对输出端的耦合足够小的品种；若信号源内阻又很高的情况，除选择内部热电动势足够低外，电荷转移和漏电流也要足够低。

除此之外，还应根据具体要求，选择导通电阻足够低，速度足够快和通信间隔离度足够高的品种。

2）采样/保持电路的基本功能是采集一个电压的瞬时值，并以模拟量的形式将其保持一定的时间。采样/保持电路选择时，应注意：①当信号变化率较高时，应选择时间足够小的品种，以保证保持指令发出时刻，输出值准确；②保持时间较长时，应选择保持端在保持状态漏电流要足够小的品种，以保证保持状态下输出电压下降足够慢；③当采样频率较高时，应选择捕获时间足够小的品种，以保证下一次采样前，输出已准确跟踪输入；④当对精度要求较高时，控制指令的电压跳变造成的保持电压跳变应足够小，以保证保持电压这一误差分量能得到控制。其他非线性电路选择时，应优选可以完成同样任务的数字电路。应用采样/保持电路时，外接电容绝缘电阻应足够高，介质吸取应足够小。

（3）稳压器 包括功率稳压器和基准稳压器。功率稳压器通常可分为线性稳压器和开关稳压器两种。基准稳压器分为稳压二极管和高精度基准电源。

功率稳压器选择时，应注意以下几点：①对电源纹波要求较高时，优先选择线性稳压器，要求提供较大电流时，应选择功率稳压器，否则应选择开关稳压器；②应优先选择具有内部振荡器保护功能的开关稳压器。因为在某些特殊条件下，如输入电压偏低和输入电压缓慢上升，其稳压器内部的振荡器可能停振。这时，内部电路功耗增大，有失效的危险。因此开关稳压器的内部振荡器保护功能尤其重要。开关稳压器尽量不选择具有串联调整管的品种，以防止由于调整管短路使输入电压直接加到输出端，而造成输出过电压；③稳压器应有保护功能，包括输出过电流保护和芯片热保护。其中输出过电流保护的指标应尽可能达到长时间短路保护，如 30min、45min，甚至 1h。

3.8.7 通用数字集成电路的性能及其选择

半导体数字集成电路有双极型 TTL（Transistor-Transistor Logic Gate）和金属氧化物半导体型 MOS（Metal-Oxide-Semiconductor）两类。目前主要使用大规模和超大规模集成电路（LSI 和 VLSI）制造。

1. 通用数字集成电路的分类

（1）TTL 型通用数字集成电路分类 双极型，属电流控制器件。有 54 和 74 两个系列。54 系列产品适用于较恶劣的环境、温度和供电条件，相当于军品；而 74 系列相当于民

品。两个系列工作条件对比见表 3-23。TTL 系列中，还包含了 ECL 型数字集成电路，它有
10K、100K、12500、1600 和 8000 等系列。此系列功耗过大，除高速场合外，一般不宜选择。

表 3-23　54 系列和 74 系列产品条件对比

参　　数	54 系列			74 系列		
	最　小	一　般	最　大	最　小	一　般	最　大
电源电压/V	4.5	5.0	5.5	4.75	5.00	5.25
工作温度/℃	-55	+25	+125	0	25	70

通用数字集成电路又按功耗、转换速度和工艺进行如下细分：
- 标准系列：54xx、74xx；
- 低功耗系列：54Lxx、74Lxx；
- 高速系列：54Hxx、74Hxx；
- 肖特基系列：54Sxx、74Sxx；
- 低功耗肖特基系列：54LSxx、74LSxx；
- 先进的肖特基系列：54ASxx、74ASxx；
- 先进的低功耗肖特基系列：54ALSxx、74ALSxx。

上述系列中的 "xx" 为器件的功能编号，编号相同的各子系列器件的逻辑功能和管脚
排列完全相同。例如，凡是 xx 为 04 的均是六反相器。

（2）MOS 通用数字集成电路分类　金属氧化物半导体型，是单极型数字集成电路（属
电压控制型器件），具有噪声容限宽，抗干扰能力较强的特点，有 PMOS、CMOS 等系列，目
前常用 CMOS 系列。CMOS 数字集成电路也进行了如下细分：
- 标准 4000 系列，包括 4000A 和 4000B 两个系列，后者的性能指标优于前者；
- 普通 54Cxx、74Cxx 系列；
- 高速 54HCxx/54HCT 和 74HCxx/74HCTxx 系列；
- 蓝宝石衬底 54HCSxx/54HCTSxx、74HCSxx/74HCTSxx 系列；
- 超高速 54ACxx/ACTxx、74ACxx/ACTxx 系列等。

表 3-24 列出了典型的数字集成电路的电气性能。

表 3-24　典型的数字集成电路的电气性能

性能参数（单位）＼类　型	HTL	TTL	ECL	CMOS
电源电压/V	15	5	-5.2	5~15
U_{OH} 最低容许值/V	12.5	2.4	-0.85	≈5
U_{OL} 最高容许值/V	1.5	0.4	-1.5	≈0
逻辑摆幅/V	11.00	2.0	0.65	≈5
高电平输入噪声容限/V	4.0（2.5）	1.9（0.4）	0.21	2.25（1.5）
低电平输入噪声容限/V	5.1（5.0）	1.05（0.4）	0.21	2.25（0.9）
每门功耗/mW	55	10	40	0.01
每门传输延时/ns	100	10	2	50
抗干扰性能	很好	好	差	很好

2. 通用数字集成电路的使用选择

（1）选择原则 ①必须了解电源电压、负载电流、输入信号电压、输出电平、环境温度、扇出系数和封装形式等性能参数；②为满足系统可靠性要求，应注意温度对元器件性能的影响，选择温漂小，稳定性好的元器件，如尽量选用硅器件而不用锗器件；③为降低接触不良故障，就要减少焊点数量。因此，要尽量选用集成电路，且尽量选用大规模、超大规模集成电路，其次才选中、小规模集成电路；④尽量选用抗干扰性能好的元器件，如为了提高噪声容限，可选用 CMOS 器件；⑤考虑功耗，可选用功耗小的或低功耗 CMOS 器件；⑥尽量选用资源丰富、国内广泛流行的器件。这对设备的安装、调试和日后的更换、修复是有利的。

（2）TTL 数字集成电路的选择 TTL 数字集成电路主要是中、小规模集成电路。对 TTL 集成电路选择时，应注意以下几点：①对时序逻辑电路，则最高频率应 2~3 倍于应用部位最高工作频率；②功能相近的要尽量压缩品种，在已选定的系列中，应尽量选择功能相同的品种中的一种；③对输入/输出接口电路，应尽量选择抗干扰能力强的类型和品种，如抗干扰能力较强的施密特触发器、缓冲放大器等。

（3）CMOS 数字集成电路的选择 TTL 数字集成电路的选用原则也同样适用于 CMOS 数字集成电路。除此之外，还应注意以下几点：①COMS 电路是电压控制器件，其输入阻抗极大，因此对信号干扰十分敏感，所以输入端不能开路。可根据具体情况，将不用端与使用端并联，或将其接电源或接地。如选 4000B 系列门电路，该产品有带输出缓冲器的产品，也有不带输出缓冲器的产品，使用时应根据需要确定选用哪一种合适；②对组合逻辑电路，如输入信号变化率小于输出端可能出现的振荡最低变化率，应在此部位选择施密特触发器，借助它的滞环消除输出端出现的振荡；③CMOS 电路输出电流仅几个微安，其驱动能力不大，对 TTL 电路扇出系数不大。MOS 电路的扇出系数可达 50 以上，其输出端驱动的电容负载不能大于 500pF，否则输出级功率过大会损坏电路；④输入信号幅度应在供电电压范围之内，若输入信号幅度超过供电电压，则易使输入端电流过大，损坏输入端保护二极管。还容易触发寄生晶闸管现象，造成电路损坏，因此，应严格控制输入信号幅度。

3.8.8 计算机及外围芯片的性能及其选择

1. 微处理器的选择

微型计算机系统中除微处理器和微控制器外，还有一些专用处理器，如浮点运算协处理器和"数字信号处理单元"（DSP）。微处理器有容错和非容错两大类。非容错系统处理器的配置有：单处理器、一个主处理器和多个从处理器、多个主处理器（分布式）和多个从处理器；容错微处理器常用几个并行工作的处理器，并通过比较它们的工作结果实现差错检测和纠错。与微处理器相似的还有单片机，它是在一块芯片上集成 CPU、RAM 和 I/O 接口等电路。

选择微处理器时，应考虑以下问题：①微处理器的字长和速度应能满足对精度和速度的综合要求；②微处理器的指令集应能满足应用要求，如 I/O 指令等；③微处理器的中断响应速度应能满足应用要求，优先选用 CMOS 工艺品种，以实现低功耗；④微处理器应具有足够的抗辐射能力。

微处理器应用时，要防布线寄生耦合和电源内阻耦合，如电源限流和发生锁定后重新加电等，还要在系统中设置启动复位脉冲发生线路，以便需要时启动复位。

2. 计算机外围接口电路的选择

外围接口选择应注意以下几点：①应优先选择 CMOS 工艺制造的产品，以实现低功耗；②确认待选外围芯片同微处理器、单片机、存储器和其他 I/O 接口的可连接性；③应注意研究集成度更高，功能更强的外围接口芯片的品种和可能性；④按外围接口电路的用途，选择与其兼容、配套的外围接口芯片品种，如作测量仪器接口，要选与仪器兼容的品种。

（1）D/A 与 A/D 转换器的选择

1）D/A 转换器的功能是实现数字量到模拟量的转换。它包括电阻网络型和加权电流源型两个主要类型。选择 D/A 转换器必须考虑以下问题：①D/A 转换器与系统中其他部件的兼容性；②选择并确定 D/A 转换器的精度和分辨率；③数字数据的编码种类和逻辑电平，如数字数据是串行方式，还是并行方式？有无串 - 并转换要求；④模拟输出信号负载的性质（电压驱动或电流驱动），满量程输出要求；⑤D/A 转换器是在固定参考电压下，还是在可变参考电压下工作？若为固定参考电压，则应确定外部参考电压，还是内部参考电压；⑥与其他系统部件连接有无特殊要求，是否要求输入数据锁存器；⑦若 D/A 转换器的输入与微处理器或微控制器连接，应优先选择其输入端能直接挂到微处理器或微控制器总线上的品种。

2）A/D 转换器的基本功能是实现模拟量到数字量的转换。它包括并行比较、逐次比较和积分三个主要类型。考虑三种类型首先要确定输入模拟信号变化率及其要求的模数转换速率，当要求的转换速率极高时，只能选择并行比较式；当转换速率较高时，可选择逐次比较式；当转换速率甚低时，宜选择积分式。选择时，应考虑以下几点：①A/D 转换器与系统其他部件的兼容性；②针对模拟信号的输入范围及信号的性质（是快速变化还是缓慢变化），是否在转换之前要对模拟信号进行处理；③根据 A/D 转换器应有的输入阻抗、应用的精度，确定其位数；④确定 A/D 转换器的转换时间、控制信号的要求及编码的种类；⑤是否要求 A/D 转换器带有数据锁存器？转换器与微处理器连接是否方便？应优先选择其输出端能直接接到微处理器总线上的品种；⑥A/D 转换器是否属于多路数据采集系统中的部件？若是，对转换器的精度要求应考虑系统中其他部件性能的影响。

A/D 与 D/A 两种转换器工作时，要正确选择外接元器件，如调零电阻器的噪声和漂移应足够小；积分电容器绝缘电阻应足够高，介质吸收应足够小。要防止电磁干扰，布线应尽量防止寄生电势。正确外接基准电源，基准电压应长时间稳定。

（2）电平转换器与电压比较器的选择

1）电平转换器的基本功能是完成逻辑电平不同的数字集成电路之间的电平转换及连接。如 TTL 和 CMOS 系列电路之间的电平转换及连接。电平转换器选择时，应注意下列问题：①若驱动的数字集成电路属于 CMOS 4000 系列，且其电源电压高于 5V，而被驱动的数字集成电路属于 TTL 系列，则应选用 CMOS 4000 系列中的电平转换器，如 CC4049、CC4050 来实现；②若驱动的数字集成电路属于 54HC 系列，而被驱动的数字集成电路属 TTL 系列，则应尽量使 54HC 系列的电源电压取 5V 以实现直接驱动，而无需电平转换器。

2）电压比较器的基本功能是当输入差模电压过零时，在输出端给出从一个极限值到另一个极限值的电压高速变化。电压比较器是差动输入，快响应，具有单端输出、高输入阻抗、低输出阻抗、大开环带宽和高转换率等特点。电压比较器可分为：低速（响应时间 $1\mu s$

以上），中速（响应时间 100ns ~ 1μs），高速（响应时间 10 ~ 100ns）和超高速（响应时间 10ns 以下）四个类型。

选择电压比较器时，①根据响应时间的要求选择类型；②根据精度选择输入灵敏度，但高灵敏度和快速响应往往不可兼得，因此需合理兼顾；③对精度要求较高时，除输入失调电压足够小外，其输入失调电流也应该足够小。因为，输入失调电流在外部电阻上的压降起着与输入失调电压等效的作用。

（3）驱动器选择　驱动器包括显示驱动器和外围驱动器等。

显示驱动器的基本功能是在数字信号的激励下，驱动各种类型的显示元器件。选择时应注意：根据被驱动显示器件的要求，如电压、电流等选择类型。驱动器与被驱动显示器件可连接。应用显示驱动器要防止电磁干扰和防高压放电。对高压放电，可采用以下预防措施：①电位差大的印制板导电带之间应该有足够大的间距；②在印制板表面应喷涂防潮漆。

外围驱动器的基本功能是在数字信号的激励下，驱动功耗较大的负载，如驱动磁盘或打印机。选择时应注意：①尽量选择带输出短路保护的品种；②当有大电容负载时，选择输出短路保护有延时响应特性的品种；③当有电感负载时，应选择带内接钳位二极管（用于反电动势钳位）的品种；④当负载电流很大且有载工作时间较长时，选择其输出开关元器件导通电阻足够小的品种，以防止过热。

3.9　仪器仪表材料的选用

3.9.1　仪器设计与选材的关系

仪器的设计过程，不仅包括结构与功能的设计，还包括零（构）件所用材料及工艺的设计。一般以下三方面的设计必然与选材发生关系：

1）首次设计制造一种新装备、新产品或是新的零（构）件。

2）为改善老产品的性能，需要更换原用材料。

3）为降低产品的成本而调整部分零（构）件的材料。

合理选择材料和安排加工工艺，对于保证机件的良好使用性能、方便加工制造、提高产品质量、降低生产成本、减少自然资源浪费等各方面都有重要意义。

3.9.2　选材的一般原则

1. 使用性能原则

零件的使用性能是保证完成规定功能的必要条件。使用性能主要指零件在使用状态下材料应具有的力学性能、物理性能和化学性能。

根据零件的工作条件，分析计算或测定出对材料力学性能的要求，这是材料选用的基本出发点。零件的工作条件是复杂的，为了便于分析，可将它分为受力状态、载荷性质、工作温度、环境介质等几个方面。受力状态有拉、压、弯、扭、剪切等；载荷性质有静载荷、冲击、交变载荷等；工作温度可分为低温、室温、高温、交变温度；环境介质是指与零件接触的润滑剂、海水、酸、碱、盐等。

对于新设计的重要零件，应进行失效分析，以确定其失效的主要抗力指标。分析结果表明，如零件是因疲劳抗力过低引起断裂失效，则应改用疲劳抗力较高的材料或对材料进行表面喷丸处理。

此外，当材料进行预选后，还应进行实验室试验、台架试验、装机试验、小批生产等，进一步验证材料力学性能选择的可靠性。

2. 工艺性能原则

材料的工艺性能表示材料加工的难易程度。在选材中，同使用性能相比，工艺性能常处于次要地位。当工艺性能和力学性能相矛盾时，不得不重新考虑更换另一种力学性能合格的材料。因为材料的工艺性能不好，会延长加工时间，影响加工质量，显著增高加工费用，尤其对批量生产，影响更是突出。

3. 经济性原则

在首先满足零件性能要求的前提下，选材应使产品的成本尽可能低廉，如选用一般碳钢和铸铁能满足要求的，就不要选用合金钢。

另外，某项产品或某种机械零件的优劣，不仅应符合工作条件的使用要求，从商品的销售和用户的愿望考虑，产品还应当具有重量轻、美观耐用等特点。这就要求在选材时，应突破传统观点的束缚，尽量采用先进科学技术成果，做到在结构设计方面有所创新，改革材料制造工艺，以适应现代生产的要求。

3.9.3　选材的典型实例分析

金属材料、高分子材料、陶瓷材料及复合材料是目前最主要的工程材料。对于不同类型、用途的零件，选材有很大差异。相比之下，金属材料具有优良的综合力学性能，并可通过热处理、加工硬化等手段调整性能，降低生产成本，所以金属特别是钢铁，目前仍然是仪器仪表行业的主要结构材料。对于某一类零件，使用要求不同，则选材不同，加工工艺也不同。在满足零件使用性能的前提下，怎样做到既节约选材成本，又简化工艺，是一个实践性很强的应用性技术问题。

下面以金属材料为例介绍几类典型零件的选材实例。

1. 轴类零件

轴类零件是仪器仪表行业中重要的基础零件之一，如丝杠、凸轮轴和变速轴等，它们带动安装在其上的零件作稳定运动，并传递着动力和承受各种载荷。轴类零件的工作条件可由以下几方面来决定：载荷的大小和转速的高低；在滚动轴承中运转还是在滑动轴承中运转；滑动轴承的材料及性质；公差等级要求；有无冲击载荷。

常用材料有碳素结构钢、合金钢和球墨铸铁。

1）比较重要或承载较大的轴，常用优质中碳钢 40、45、50 等，进行调质或正火处理，其中 45 钢应用最广。

2）不重要或承载不大的轴，常选用 Q235 或 Q275 钢。

3）承载较大而无很大冲击的重要轴，可用 40Cr 或 35SiMn、40MnB 等合金钢进行调质处理。

4）强度和韧性均要求较高、表面要求耐磨的轴，可用 20Cr、20CrMnTi 进行渗碳、淬火、回火处理，达到表面硬度 50 ~ 62HRC。

5）形状复杂的轴（如曲轴等），可用球墨铸铁进行铸造。

2. 壳体类零件

各种仪器的支架、箱体和外壳等，是构成各种仪器的骨架，一般用材占整个仪器用材的一半或者更多。其选材得当与否，对整个仪器的使用性能、工艺性能以及整体成本影响极大，而且也在不同程度上影响整机的构形、外观、色彩和重量，所以对这类零件的选材也不应忽视。

这类零件的结构特点是外形尺寸大，板壁薄，多承受较大的压应力或交变拉压应力。从这类零件的结构特点和受力条件可知，它的失效形式是变形过量和振动过大。变形过量主要有两种形式，即弹性变形过量和塑性变形过量。发生过大的弹性变形而造成零件的失效，称为弹性变形失效。为了保证精密机床和仪器设备壳体精度，过量的弹性变形是不允许的。为了提高壳体类零件的刚度和稳定性，主要的途径是改变零件的结构和选择弹性模量较大的工程材料。

在常用的工程材料中，陶瓷的弹性模量最好，其次是钢和铸铁，而高分子合成材料的弹性模量最低。所以在提高构件刚度为主的结构件中，应选用弹性模量大的陶瓷、钢和铸铁。但由于陶瓷太脆，工程上使用时很不安全；而铸铁弹性模量高，价格便宜，铸造工艺性能又很好，还有较好的吸振、抗磨、自润滑等优点，故被广泛采用。如果要求构件重量轻、美观、大方，可选用钢板焊接结构，也易于加工；如果承载不大，允许多投成本，则可采用铝合金制品；如果还要求重量轻、承载小、防腐蚀、美观大方、绝缘绝热时，塑料则是比较适合的选材对象。

习题与思考题

3-1　解释下列名词：晶体、非晶体、晶格、晶胞、单晶体、多晶体。

3-2　何谓材料的工艺性能？材料的工艺性能通常包括哪几方面内容？

3-3　什么叫调质处理？主要用于哪些工件？

3-4　什么是合金元素？合金元素在钢中的作用如何？常用的合金元素有哪些？

3-5　具体说明下列各钢号的种类及各合金元素的含量。40Cr、50B、9Mn2V、GCr15、Cr12、06Cr18Ni11Ti、W18Cr4V、T10A。

3-6　什么叫铸铁？白口铸铁和灰铸铁各有什么性能特点？主要原因是什么？

3-7　简述如下机床典型零件的选材及热处理：仪器导轨、主轴、丝杠、壳体、传动齿轮、工作台。

3-8　请简述各种变形铝合金的特性和用途。

3-9　什么是复合材料？复合材料的优点体现在哪里？

3-10　简述合理选材的一般原则。

第 4 章 精密机械制造技术

4.1 概述

4.1.1 精密加工和超精密加工的概念

当前，一般认为加工精度在 $1 \sim 0.1 \mu m$，加工表面粗糙度在 $Ra0.1 \sim 0.02 \mu m$ 之间的加工方法，称为精密加工。加工精度高于 $0.1 \mu m$，加工表面粗糙度小于 $Ra0.01 \mu m$ 的加工方法，称为超精密加工。

应该指出的是，精密加工和超精密加工的划分是相对的、不固定的，其划分的界限随着科学技术的发展不断向前推移。过去的超精密加工对今天来说，就是一般精密加工。

精密加工和超精密加工不仅包括大尺寸，也包括微小尺寸，但是，对于制造微小尺寸零件和超微小尺寸零件的生产加工技术又可称为微细加工和超微细加工。微细加工和超微细加工与一般尺寸加工不仅在概念和机理上不同，而且其精度的表示方法也不同，一般尺寸加工时，精度是用加工误差与加工尺寸的比值来表示的；而微细加工和超微细加工时，由于零件尺寸微小，精度就用尺寸的绝对值来表示。此外，若从加工精度的角度来区分，微细尺寸的精密加工又称微米工艺，超微细尺寸的超精密加工又称纳米工艺。

精密和超精密加工方法有：金刚石精密和超精密切削加工、精密和超精密砂轮磨削加工、超精研（油石研磨）、精密珩磨及镜面磨削等，精密加工适用于精密机床、精密测量仪器中的关键零件的加工，如精密丝杠、精密齿轮及精密导轨等，超精密加工多用于精密元件制造，是标志一个国家制造工业水平的重要指标之一。

4.1.2 精密加工对设备及环境的要求

在利用机床加工工件时，机床的几何误差和传动误差，要以一定的方式"遗传"给工件。此外，在加工过程中还会出现一些其他干扰因素，如工艺系统的受力变形、热变形、振动及磨损等，它们会造成新的加工误差，致使机床的精度在"遗传"过程中，发生退化现象。为了实现精密或超精密加工，必须提高加工设备的成形运动精度，为此必须对机床主轴部件和机床移动部件进行精化。

1. 对机床设备的要求

（1）主轴部件应具有高的回转精度与刚度　无论是精密切削加工，还是精密磨削加工，其机床主轴回转精度及刚度的影响是非常重要的。对高精度切削机床来说，其主轴的回转精度一般不低于 $0.3 \mu m$。

影响主轴的回转精度与刚度的主要因素是：轴承的结构形式与精度、轴承间隙及装配质量等，这些因素直接影响到被加工零件的横截面形状和加工表面粗糙度。所以，要提高主轴的回转精度和刚度，就要提高轴承的制造精度以及采用刚度高的轴承形式。另外，采用轴承预紧的方法消除轴承间隙，也可以提高轴承的回转精度和刚度。

（2）提高机床移动部件的直线运动精度（即导向精度）　机床的导轨是直线运动的基

准，它对加工精度产生直接的影响。影响直线运动精度的主要因素有：导轨的结构形式；导轨的几何精度和接触精度；导轨和基础件的刚度；导轨的油膜厚度和油膜刚度；导轨和基础件的热变形等。因此，为提高机床的直线运动精度，必须提高导轨的制造精度和采用液体静压导轨、气浮导轨等。

（3）刀具或工作台具有良好的低速运动稳定性　精密机械加工时，刀具的进给量很小，一般在 10～20mm/min 左右或更小。这样低的运动速度极易产生"爬行"，这是不允许的，所以要消除"爬行"，提高刀具低速运动的等速性。另外，为了实现精密加工，要使刀具实现微位移和微进给。

2. 对环境的要求

在精密机械加工时，对环境的要求主要包括消除振动干扰及保持恒定的环境温度，此外，还有恒湿及净化要求。加工时其振动的振源主要来自两方面，一是机床等加工设备产生的振动，如由回转零件的不平衡，零件或部件刚度不足等；二是来自加工设备外部，由地基传入的振动，如邻近机床工作时所产生的振动。这些振动对加工质量的影响比较大，比如，由于各种振源的干扰，使工件与刀具之间产生多余的相对运动，降低了加工精度。因此，有效地消除各种干扰，已成为精加工不可缺少的条件。实践证明，加工表面的粗糙度主要与振动的振幅与频率有关。在精密切削加工中，较高频率（200～400Hz）振动的振幅要求小于 0.126～0.25μm，而小于 60Hz 低频振动的振幅要求小于 0.126μm。

除了振动以外，在精密加工中，还要减少整个工艺系统等的热变形对加工精度的影响，对于精度要求较高的零件，应在恒温下加工和测量。目前我国的恒温环境一般均取为 20℃ ±(1～0.02)℃ 的范围内。

4.2　工艺路线的拟定

拟定工艺路线，是制订工艺规程的关键，此项工作常常与确定工艺基准、毛坯、工序尺寸、选择机床和工艺装备穿插进行。工艺人员在调查研究的基础上，从实际出发，参考有关资料，提出几种方案分析比较，以确定最佳工艺路线。

4.2.1　加工方法的选择

工件上的加工表面一般需要通过粗加工、半精加工、精加工等才能逐步达到质量要求，而选择加工方法是指为了达到加工表面的精度和粗糙度要求，所选择的一系列由粗到精的加工手段。因此，在确定工件上各加工表面的一系列加工方法和工序数时，应分析下列因素：各加工表面的技术要求；工件材料性质和毛坯质量；零件结构形状和尺寸；生产批量和生产类型；现有设备；各种表面的加工方法能否达到要求的经济精度和表面粗糙度等。

选择加工方法的原则：

1）考虑所选定的加工方法的经济精度和表面粗糙度应与被加工表面所要求的精度和表面粗糙度相适应。根据工件的加工精度和表面粗糙度要求选择加工方法时（例如车、铣、刨、磨等加工方法），应该同成本和加工条件相联系起来。同样一种加工方法，若工人技术水平高，机床的维护保养情况好，精心操作，细心调整，加工出的精度就会高，粗糙度值就会低。例如精车工序，一般能达到 IT7～IT8 级精度和粗糙度 $Ra5～1.25μm$，但如果细心操作，也能达到 IT6～IT7 级精度和粗糙度 $Ra1.25～0.02μm$，但耗费的成本就会较高。所谓加工经济精度是指在正常的加工条件下所能达到的加工精度，正常的加工条件是指：采用符合质量标准的设备、工艺装备和标准技术等级的工人及合理的加工时间等。因此，了解各种加工方法所能达到的经济精度和表面粗糙度是拟定零件加工工艺路线的基础。

　　大量的统计资料证明，任何一种加工方法，其加工误差与加工成本之间的关系符合图 4-1 所示的曲线形状。图中的 S 表示加工成本，δ 表示加工误差，从曲线可知：对一种加工方法来说，精度愈高，加工成本就愈高；但精度有一定极限，当超过 A 点时，再增加成本，加工精度也难以明显提高；同样，加工误差大到一定程度后（如曲线中 B 点的右侧），即使加工误差增大很多，加工成本却降低很少。曲线中的 AB 段加工精度和加工成本基本上相适应，属于经济精度的范围。

　　不同的加工方法，其经济精度不同，可根据具体情况来比较，从中选择最合适的加工方法。例如在表面粗糙度小于 $Ra0.4\mu m$ 的外圆加工中，通常多用磨削加工方法而不用车削加工方法。因为车削加工方法不经济。但是，对表面粗糙度为 $Ra1.6\sim25\mu m$ 的外圆加工中，多用车削加工方法而不用磨削加工方法。因为这时车削加工方法又是经济的了。

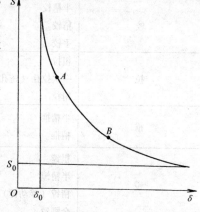

图 4-1　加工误差与加工成本的关系

　　对于典型表面的各种加工方法所能达到的经济精度和表面粗糙度列表 4-1、表 4-2 及表 4-3，以便选用时参考。在表 4-4 中列出了常用机床加工的形位精度，供选用机床时参考。

表 4-1　外圆加工中各种加工方法的经济精度及表面粗糙度

加工方法	加工情况	经济精度/IT	表面粗糙度 $Ra/\mu m$
车	粗车	12～13	10～80
	半精车	10～11	2.5～5
	精车	7～8	12.5～5
	金刚石车（镜面车）	5～6	0.02～1.25
铣	粗铣	12～13	10～80
	半精铣	11～12	2.5～10
	精铣	8～9	12.5～25
车槽		11～12	10～20
		10～11	2.5～10
外磨	粗磨	8～9	12.5～10
	半精磨	7～8	0.63～2.5
	精磨	6～7	0.16～1.25
	精密磨（精修整砂轮）	5～6	0.08～0.32
	镜面磨	5	0.008～0.08
抛光			0.008～1.25
研磨	粗研	5～6	0.16～0.63
	精研	5	0.04～0.32
	精密研	5	0.008～0.08
超精加工	精	5	0.08～0.32
	精密	5	0.01～0.16
砂带磨	精磨	5～6	0.02～0.16
	精密磨	5	0.01～0.04
滚压	—	6～7	0.16～1.25

注：加工非铁金属时，表面粗糙度取 Ra 低值（即大值）。

表 4-2 孔加工中各种加工方法的经济精度及表面粗糙度

加工方法	加工情况	经济精度/IT	表面粗糙度 $Ra/\mu m$
钻	φ15 以下	11 ~ 13	5 ~ 80
	φ15 以上	10 ~ 12	20 ~ 80
扩	粗扩	12 ~ 13	5 ~ 20
	一次扩孔（铸孔或冲孔）	11 ~ 13	10 ~ 40
	精扩	9 ~ 11	1. 25 ~ 10
铰	半精铰	8 ~ 9	1. 25 ~ 10
	精铰	6 ~ 7	0. 32 ~ 5
	手铰	5	0. 08 ~ 1. 25
拉	粗拉	9 ~ 10	1. 25 ~ 5
	一次拉孔（铸孔或冲孔）	10 ~ 11	0. 32 ~ 2. 5
	精拉	7 ~ 9	0. 16 ~ 0. 63
推	半精推	6 ~ 8	0. 32 ~ 1. 25
	精推	6	0. 08 ~ 0. 32
镗	粗镗	12 ~ 13	5 ~ 20
	半精镗	10 ~ 11	2. 5 ~ 10
	精镗（浮动镗）	7 ~ 9	0. 63 ~ 5
	金刚镗	5 ~ 7	0. 16 ~ 1. 25
内磨	粗磨	9 ~ 11	1. 25 ~ 10
	半精磨	9 ~ 10	0. 32 ~ 1. 25
	精磨	7 ~ 8	0. 08 ~ 0. 63
	精密磨（精修整砂轮）	6 ~ 7	0. 04 ~ 0. 16
珩	粗珩	5 ~ 6	0. 16 ~ 1. 25
	精珩	5	0. 04 ~ 0. 32
研磨	粗研	5 ~ 6	0. 16 ~ 0. 63
	精研	5	0. 04 ~ 0. 32
	精密研	5	0. 008 ~ 0. 08
挤	滚珠、滚柱扩孔器，挤压头	6 ~ 8	0. 01 ~ 1. 25

注：加工非铁金属时，表面粗糙度取 Ra 低值（即大值）。

表 4-3 平面加工中各种加工方法的经济精度及表面粗糙度

加工方法	加工情况	经济精度/IT	表面粗糙度 $Ra/\mu m$
周铣	粗铣	11 ~ 13	5 ~ 20
	半精铣	8 ~ 11	2. 5 ~ 10
	精铣	6 ~ 8	0. 63 ~ 5
端铣	粗铣	11 ~ 13	5 ~ 20
	半精铣	8 ~ 11	2. 5 ~ 10
	精铣	6 ~ 8	0. 63 ~ 5
车	半精车	8 ~ 11	2. 5 ~ 10
	精车	6 ~ 8	1. 25 ~ 5
	细车（金刚石车）	6	0. 02 ~ 1. 25

（续）

加工方法	加工情况		经济精度/IT	表面粗糙度 Ra/μm
刨	粗刨		11 ~ 13	5 ~ 20
	半精刨		8 ~ 11	2.5 ~ 10
	精刨		6 ~ 8	0.63 ~ 5
	宽刀精刨		6	0.16 ~ 1.25
插	—		—	2.5 ~ 20
拉	粗拉（铸造或冲压表面）		10 ~ 11	5 ~ 20
	精拉		6 ~ 9	0.32 ~ 2.5
平磨	粗磨		8 ~ 10	1.25 ~ 10
	半精磨		8 ~ 9	0.63 ~ 2.5
	精磨		6 ~ 8	0.16 ~ 1.25
	精密磨		6	0.04 ~ 0.32
刮	25mm × 25mm 内点数	8 ~ 10	—	0.63 ~ 1.25
		10 ~ 13		0.32 ~ 0.63
		13 ~ 16		0.16 ~ 0.32
		16 ~ 20		0.08 ~ 0.16
		20 ~ 25		0.04 ~ 0.08
研磨	粗研		6	0.16 ~ 0.63
	精研		5	0.04 ~ 0.32
	精密研		5	0.008 ~ 0.08
砂带磨	精磨		5 ~ 6	0.04 ~ 0.32
	精密磨		5	0.01 ~ 0.04
滚压	—		7 ~ 10	0.16 ~ 2.5

注：加工非铁金属时，表面粗糙度取 Ra 低值（即大值）。

表4-4 各种机床加工时的形位精度（表中括弧内的数字，是新机床的精度标准）

（单位：mm）

机床类型			圆度	圆柱度/mm/mm（长度）	直线度/mm/mm（长度）
普通车床	最大加工直径	≤400	0.02(0.01)	0.015(0.01)/100	0.03(0.015)/200
		≤800	0.03(0.015)	0.05(0.03)/300	0.04(0.02)/300
		≤1600	0.04(0.02)	0.06(0.04)/300	0.05(0.025)/400
					0.06(0.03)/500
					0.08(0.04)/600
					0.10(0.05)/700
					0.12(0.06)/800
					0.14(0.07)/900
					0.16(0.08)/1000
	提高精度车床		0.01(0.005)	0.02(0.01)/150	0.02(0.01)/200
外圆磨床	最大磨削直径	≤200	0.006(0.004)	0.011(0.007)/500	—
		≤400	0.008(0.005)	0.02(0.01)/1000	
		≤800	0.012(0.007)	0.025(0.015)/全长	

（续）

机床类型	圆度	圆柱度/mm/mm（长度）	圆度
无心磨床	0.01（0.005）	0.008（0.005）/100	0.003（0.002）

机床类型	钻孔的偏斜度/mm/mm（长度）	
	划线法	钻模法
立式钻床	0.3/100	0.1/100
摇臂钻床	0.3/100	0.1/100

机床类型			圆度	圆柱度/mm/mm（长度）	直线度（凹入）/mm/mm（长度）	孔轴心线的平行度/mm/mm（长度）	孔与端面的垂直度/mm/mm（长度）
卧式镗床	镗杆直径	≤100	外圆0.05（0.025）孔0.04（0.02）	0.04（0.02）/200	0.04（0.02）/300		
		≤160	外圆0.05（0.03）孔0.05（0.025）	0.05（0.03）/300	0.05（0.03）/500	0.05（0.03）/300	0.05（0.03）/300
		>160	外圆0.06（0.04）孔0.05（0.03）	0.06（0.04）/400	—		
内圆磨床	最大孔径	≤50	0.008（0.005）①	0.008（0.005）/200	0.009（0.005）①	—	0.015（0.008）①
		≤200	0.015（0.008）①	0.015（0.008）/200	0.013（0.008）①	—	0.018（0.01）①
珩磨机			0.01（0.005）	0.02（0.01）/300	0.02（0.01）/300		—
立式金刚镗床			0.008（0.005）	0.02（0.01）/300	0.02（0.01）/300	—	0.03（0.02）/300

机床类型			直线度/mm/mm（长度）	平行度（加工面对基准面）/mm/mm（长度）	垂直度	
					加工面对基准面/mm/mm（长度）	加工面相互间/mm/mm（长度）
卧式铣床			0.06（0.04）	0.06（0.04）/300	0.04（0.02）/150	0.05（0.03）/300
立式铣床			0.06（0.04）/300	0.06（0.04）/300	0.04（0.02）/150	0.05（0.03）/300
龙门铣床	最大加工宽度	≤2000	0.05（0.03）/1000	0.03（0.02）/1000 0.05（0.03）/2000 0.06（0.04）/3000	—	0.06（0.04）/300
		>2000		0.07（0.05）/4000 0.10（0.06）/6000 0.13（0.08）/8000		0.10（0.06）/500
龙门刨床		≤2000	0.03（0.02）/1000	0.03（0.02）/1000 0.05（0.03）/2000 0.06（0.04）/3000	—	0.03（0.02）/300
		>2000		0.07（0.05）/4000 0.10（0.06）/6000 0.12（0.07）/8000		0.05（0.03）/500

（续）

机床类型		直线度/mm/mm（长度）	平行度（加工面对基准面）/mm/mm（长度）	垂直度	
				加工面对基准面/mm/mm（长度）	加工面相互间/mm/mm（长度）
插床	最大插削长度	≤200	0.05(0.025)/300	—	0.05(0.025)/300	0.05(0.025)/300
		≤500	0.05(0.03)/300	—	0.025(0.03)/300	0.05(0.03)/300
		≤800	0.06(0.04)/500	—	0.06(0.04)/500	0.06(0.04)/500
		≤1250	0.07(0.05)/500	—	0.07(0.05)/500	0.07(0.05)/500
平面磨床	立轴矩台，卧轴矩台		—	0.02(0.015)/1000	—	—
	卧轴矩台（提高精度）		—	0.009(0.005)/500	—	0.01(0.005)/100
	卧轴圆台		—	0.02(0.01)/工作台直径	—	—
	立轴圆台		—	0.03(0.02)/1000	—	—

机床类型		直线度		平行度	
		上加工面/mm/mm（长度）	侧加工面/mm/mm（长度）	加工面对基准面/mm/mm（长度）	加工面相互间/mm/mm（长度）
牛头刨床	最大刨削长度	≤250	0.02(0.01)②	0.04(0.02)②	0.04(0.02)/最大行程	0.06(0.03)/最大行程
		≤500	0.04(0.02)②	0.06(0.03)②	0.06(0.03)/最大行程	0.08(0.05)/最大行程
		≤1000	0.06(0.03)②	0.07(0.04)②	0.07(0.04)/最大行程	0.12(0.07)/最大行程

　① 工件长度 > 1/2 机床最大磨削长度，但 < 200mm；② 工件长度 ≥ 0.6 最大刨削长度。

　　2）考虑所选定的加工方法要能保证加工表面的几何形状精度和表面相互位置精度。例如，三坐标测量机测量标定时使用的标准球，其尺寸精度一般不作要求（标准球的尺寸通常为 1in 或 1.5in），但球体的圆度误差（指任意截面的圆度误差）要求很高，一般要求其误差要小于 0.1μm。如此高的形状精度，其最终工序的加工只能采用专用的磨床进行超精密研磨加工或是采用金刚石超精密切削加工。

　　3）考虑工件材料的可加工性。例如对硬度高的淬火钢宜采用磨削加工，但对非铁金属，因磨削困难则应采用切削方法加工。

　　4）选定的加工方法要适应生产类型。大批量生产，可采用高效率的专用设备和先进的加工方法。如加工内孔和较小平面时，可采用拉削；轴类零件加工可采用半自动液压仿型车床或自动车床。小批量、多品种生产时，可采用数控机床等通用设备。

　　5）选定的加工方法要适应本厂的生产条件。如设备情况、工艺水平及生产经验等。

4.2.2　零件各表面加工顺序的安排

1. 加工阶段的划分

当工件的加工精度要求较高时，常把工艺路线分成几个阶段。

（1）粗加工阶段　粗加工阶段的主要任务是切除工件表面的大部分余量，并做出精基准。这阶段的精度要求不高，主要是提高生产率。

（2）半精加工阶段　在半精加工阶段减小粗加工中留下的误差，并使加工表面达到一定的精度，为后续的精加工做准备。

（3）精加工阶段 在精加工阶段，应使工件的尺寸、形状和位置精度达到或基本达到图样规定的精度要求以及表面粗糙度要求。

（4）精密、超精密或光整加工阶段 当零件的加工精度和表面质量要求很高时，在工艺过程的最后要进行精密加工。如安排珩磨或研磨、精密磨、超精加工、金刚石车、金刚镗或其他特种加工方法加工，以达到工件的最终精度要求。

划分加工阶段的目的：

（1）满足循序渐进的原则 工件的加工是由粗到精逐步达到要求的，工件粗加工时需要去除的余量较大，因而切削力、切削热较大，工艺系统的受力变形、热变形及工件内应力都较大。因而要划分若干工序，逐步消除。

（2）合理安排机床 由于粗加工主要是为了去除工件表面的大部分余量，因而粗加工可以选用功率大、精度低而加工效率高的机床进行加工，而精加工阶段可以选用与加工精度相适应的精密机床进行加工。严禁使用精密机床做粗加工，以保持精密机床的精度水平，避免丧失精度。

（3）便于及时发现问题 毛坯的各种缺陷，如气孔、砂眼和加工余量不足等，一般在粗加工即可发现，可及时修补或报废，以免后续工序再加工造成浪费。

（4）便于组织生产 由于各加工阶段对生产条件的要求不同，这样划分加工阶段后便于安排生产。如粗加工可在一般车间进行，超精加工可在恒温、净化等环境中进行。热处理工序可放在粗、精加工之间，这样由热处理工序引起的变形可在精加工中消除。

2. 工序的集中与分散

确定了加工方法和划分好加工阶段后，零件加工的各个工步也就确定了。在制定工艺规程时，就要考虑是将某些工步合并在一个工序里在同一个机床上加工，还是将某些工步分散成各个单独工序，分别在不同的机床上进行加工，也就是工序集中与分散的问题。所谓工序集中，是指一个工件的加工只集中在少数几道工序里完成，这样每道工序所完成的加工内容多，工艺路线短，工序数少，称为工序集中。反之，工件的加工分散在很多工序里完成，这样工艺路线长，工序数多，称为工序分散。在加工工件时，若工序集中，可减少工件的装夹次数并有利于采用高效率的专用机床和工艺装备，实行单件多刀加工和多件同时加工，提高生产率。另外，由于是在一次装夹中加工几个表面，易于保证这些表面之间的相互位置精度。相反，若工序分散，则每台机床只需要完成一个工步，这样机床设备和工夹具相对比较简单，机床调整容易，加工精度高，同时也易于平衡各工序时间，组织流水生产。但工序分散时，也会使得设备数量多，操作工人多，生产面积大。

3. 加工顺序的安排

（1）机械加工工序的安排

1）先加工基准表面，再加工其他表面。工艺路线开始安排的加工面应该是选做定位基准的精基准面，先加工基准表面，然后以基准表面定位，再去加工其他表面。如精度要求较高的轴类零件（机床的主轴、丝杠等），其第一道工序是铣端面，钻中心孔，然后以中心孔定位加工其他表面。再有，对箱体类零件（车床主轴箱、变速箱等），也都是先安排基准面的加工，再加工孔系和其他平面。

2）先加工主要表面，后加工次要表面。主要表面：设计基准面、装配基准面、主要的工作面。次要表面：键槽、螺孔等其他次要表面。

零件上的主要表面和次要表面之间往往有位置精度要求,因此,次要表面的加工一般安排在主要表面达到一定的精度之后,如半精加工之后,终加工之前加工。

3)先安排粗加工工序,后安排精加工工序。

(2)热处理工序的安排 热处理工序主要是用来改善材料的性能和消除内应力,一般可分为以下工序:

1)预备热处理。目的是为了改善工件材料的切削性能,方法有退火、正火。一般安排在机械加工之前。

2)去应力处理。主要是消除毛坯制造时产生的残余应力以及工件加工过程中产生的残余应力,方法有时效、退火。可安排在粗加工之前或粗加工之后,精加工之前进行。另外,对精度要求很高的零件,如精密丝杠、主轴等,还可安排多次人工时效处理,使工件的精度稳定。

3)最终热处理。目的是提高材料的强度和硬度。常用的方法有淬火—回火,以及各种表面化学热处理。如渗碳、氮化等。最终热处理一般应安排在半精加工之后,磨削加工之前。但是,氮化处理安排在精磨之后。

(3)辅助工序的安排 辅助工序的种类很多,如检验、去毛刺、清洗等。辅助工序也是很重要的,也是保证产品质量必要的工序,也应充分重视。检验工序可安排在粗加工之后,重要工序之后或工件从一个车间转到另一个车间时,以便控制质量,避免浪费工时。去毛刺工序应在零件淬火之前进行。

4.2.3 典型表面加工路线的选择

1. 外圆表面的加工路线

图 4-2 列出了外圆表面的典型加工路线,可归纳为 5 条基本加工路线。

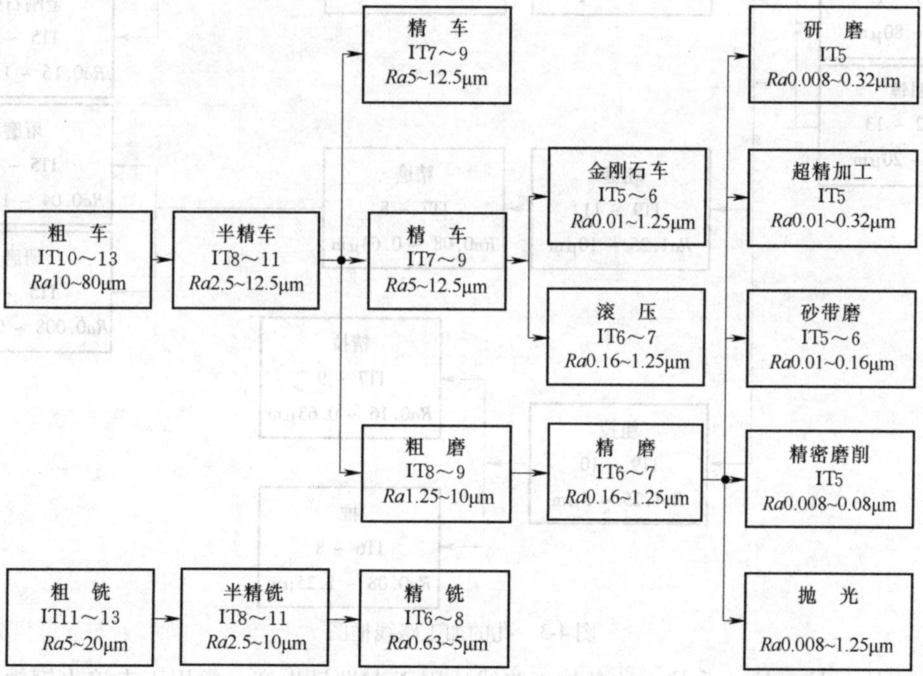

图 4-2 外圆表面的加工路线框图

（1）粗车—半精车—精车　这是常用材料主要的加工方法，视加工精度的要求，可选择最终的加工工序为半精车或精车。

（2）粗车—半精车—精车—金刚石车　对于非铁金属，如铜、铝等材料，由于材料软，若用磨削加工，切屑及砂粒容易堵塞砂轮的表面，因此，其最终工序多采用精车或金刚石车削加工来达到最终精度。金刚石车削是在精密车床上或金刚石车床上用金刚石刀具进行加工。

（3）粗车—半精车—粗磨—精磨　这条加工路线适用于精度要求较高，表面粗糙度值要求较小的钢铁材料的加工。

（4）粗车—半精车—粗磨—精磨—研磨、超精加工、砂带磨、镜面磨或抛光　对于钢铁材料，当零件的精度要求进一步提高，表面粗糙度值进一步减小时，采用这条加工路线。最后一种加工方法视具体要求选用。

（5）粗铣—半精铣—精铣　这是采用立铣刀或盘状铣刀加工大直径外圆时采用的加工路线。

2. 孔的加工路线

孔的加工可在车床、镗床、钻床、磨床和拉床上进行；对精度要求高，表面粗糙度值很小的孔需要铰孔、磨孔和研孔。图4-3示出了孔的五条典型加工路线框图。

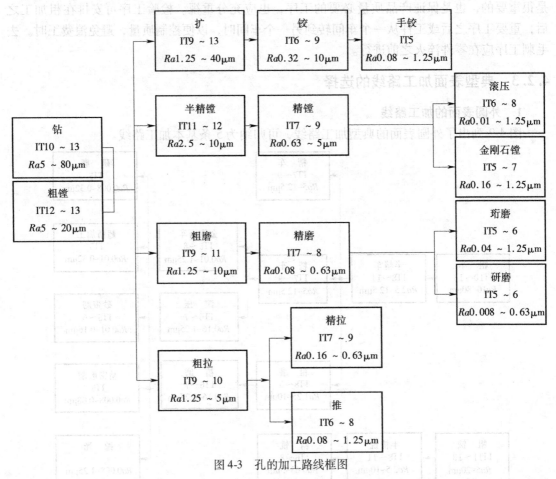

图4-3　孔的加工路线框图

（1）钻—扩—铰—手铰　这条加工路线适用于大批量生产，常用于未淬火钢铁材料的 φ50mm 以下的中小孔的加工。也可用于非铁金属的孔。在单件及小批生产中，用手铰可获得较高的加工精度和较小的表面粗糙度。另外，扩孔可纠正孔的位置精度，铰孔可保证孔的尺寸、形状精度和减小孔的表面粗糙度，但不能纠正位置精度。经过铰孔加工的孔能达到 IT7 级精度的基准孔（H7）。

（2）钻（或粗镗）—半精镗—精镗—浮动镗或金刚镗　这条加工路线适合加工具有下列情况的孔：

1）对于箱体孔系和位置精度要求很高的孔系的加工。

2）在各种生产类型中，直径较大的孔，例如：φ80mm 以上，毛坯上已有位置精度比较低的铸孔或锻孔。

3）非铁金属的孔，可用金刚镗来保证其尺寸、形状和位置精度以及表面粗糙度的要求。

在这条加工路线中，当毛坯上已有毛坯孔时，第一道工序可安排粗镗，若没有毛坯孔时第一道工序可安排钻孔。后面的工序视零件的精度要求，可安排到精镗或浮动镗、金刚镗。

（3）钻（或粗镗）—粗磨—半精磨—精磨—研磨、珩磨　这条加工路线主要用于淬硬零件的加工或精度要求高的孔加工。

（4）钻—粗拉—精拉　这条加工路线多用于大批大量生产盘套类零件的圆孔、单键孔和花键孔的加工。其特点是质量稳定可靠，生产率高。

3. 平面的加工路线

图 4-4 示出了平面的加工路线框图，可归纳为：

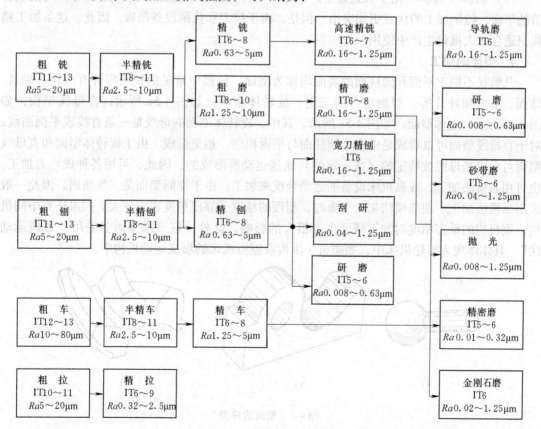

图 4-4　平面的加工路线框图

（1）粗铣—半精铣—精铣—高速铣　在平面加工中，铣削加工的生产率高。特别是近代发展起来的高速铣，不仅加工精度高（IT6～IT7），而且表面粗糙度值也比较小（$Ra1.25\sim0.16\mu m$）。同样，视加工精度的要求，可只安排到半精铣或精铣。

（2）粗铣（刨）—半精铣（刨）—粗磨—精磨—研磨、精密磨、砂带磨或抛光　如果被加工平面有淬火要求，则可在半精铣（刨）后安排淬火。淬火后安排磨削加工。最后一种加工方法视具体要求选用。视平面精度的要求，也可以只安排到粗磨或精磨。

（3）粗刨—半精刨—精刨—宽刀精刨、刮研或研磨　刨削加工同铣削加工相比生产率稍低，因此，不像铣削加工那样应用广泛。但是，对于窄长平面的加工来说，刨削加工的生产率并不低。

宽刀精刨多用于大平面或机床床身导轨面的加工，其加工精度和表面粗糙度都比较好，在生产中被广泛采用。

刮研是获得精密平面的传统加工方法。精密平面的平面度一直是用手工刮研的方法来保证的，但这种加工方法的劳动量大，生产率低，多用于单件及小批生产。

同铣削平面的加工路线一样，也可视平面精度的要求，只安排到半精刨或精刨。

（4）粗车—半精车—精车—金刚石车　这条加工路线主要用于非铁金属零件的平面加工，如果被加工零件是钢铁材料，则精车以后可安排精密磨、砂带磨、研磨或抛光等。

（5）粗拉—精拉　用于大批量生产中非淬火件的加工，生产率高，尤其对有沟槽或台阶的平面，拉削加工的优点更加突出。但是，由于拉刀和拉削设备昂贵，因此，这条加工路线只适合在大批量生产中使用。

4. 型面的加工

凡形状不同于平面和圆柱面的表面均称为型面。仪器中常见的型面零件有凸轮、模具、球面、手把和叶片等。型面可分为三类：旋转体型面，如图4-5a所示；直母线型面，如图4-5b所示；立体型面，如图4-5c所示。其中，旋转体型面的母线是一条直线或平面曲线，对于直母线型面可以看成是由多个圆柱面与平面相切、相交组成。由于旋转体型面和直母线型面可看成是母线按特定的（或一定的）轨迹运动所形成的，因此，可用各种成形刀加工，也可用靠模法加工，或靠机床设备的运动合成来加工。由于空间型面是三维曲面，因此一般采用靠模法加工。用靠模法加工型面时，型面的精度受靠模精度影响较大。如果还有中间机构，则机构的动态精度对加工精度也有很大的影响。此外，该三维型面多采用"形成运动法"，具体体现为齿轮机床中，如插齿、滚齿及刨齿机床的形成运动机构中。

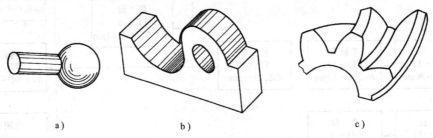

a)　　　　　　　　　　b)　　　　　　　　　　c)

图4-5　型面的种类

a）旋转体型面　b）直母线型面　c）立体型面

型面零件可采用车削、铣削、磨削及特种加工方法加工。

（1）车削、铣削型面

1）赶型法。按划线用手动进给的方法加工，这种方法也叫双手控制法。加工时两手同时做纵向和横向进给，通过双手的合成运动，加工出所需要的型面形状。这种加工方法生产率低，只用于单件生产，并且精度低、表面粗糙度值大。如采用车削加工单球、三球手柄及手摇把等零件。

2）成形刀法。采用此法加工是将加工刀具的刀刃磨成工件表面形状。如采用成形刀法进行车削加工时，将车刀刀刃的形状磨得跟工件表面形状相同，这种车刀也叫成形刀（样板刀）。成形刀可分为三种，普通成形刀，如图 4-6a 所示；菱形成形刀，如图 4-6b 所示；圆形成形刀，如图 4-6c 所示。此法适用于小批生产，加工精度高。

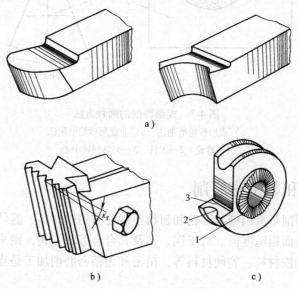

图 4-6　成形车刀的种类

a）普通成形刀　b）菱形成形刀　c）圆形成形刀

1—防转齿　2—刀刃　3—前面

3）靠模法。靠模法加工是预先做一个与工件形状相同或相似的靠模板，依靠它使工件或刀具始终沿着它的外形轮廓做进给运动，从而获得准确的型面。此法加工尺寸精度可达 0.2～0.1mm，表面粗糙度可达 $Ra5～1.25\mu m$。一般用于成批及大量生产。

4）利用专用装置加工。专用装置可以使刀具按所需要的轨迹运动。例如，车削加工时用圆弧刀架车削球面，刀尖按外圆弧或内圆弧的轨迹运动，即可车出各种形状的圆弧，精度可达 0.05～0.02mm，表面粗糙度可达 $Ra5\mu m$，生产率很高。铣削加工时利用专用装置铣精密球面，铣阿基米德螺旋线面零件及在齿轮加工机床上铣齿。

（2）磨削型面　磨削型面一般可分为在特殊专用磨床上磨削和在一般磨床上磨削，专用磨床如靠模磨床，一般磨床如平面磨床、外圆磨床以及工具磨床及齿轮磨床等。在一般磨床上磨削，其方法又分为两种：

1）成形砂轮磨削法。如图 4-7a 所示，将砂轮修整成与工件型面完全吻合的反型面，然后再以此砂轮磨削工件，获得所需要的形状。对于旋转体零件，如不太长，可在外圆磨床上用成形砂轮磨削，对于细长的工件，可用无心磨床加工。

2）非成形砂轮磨削法。如图4-7b所示，将工件装夹在专用夹具上，在加工过程中固定或不断改变其位置，便可获得所需要的形状。

（3）特种加工方法加工 采用电火花、超声波及电解加工型面也是行之有效的加工方法，尤其是对内腔型面的加工。

（4）数控机床加工 详见第7章。

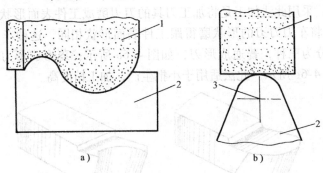

图4-7 成形磨削的两种方法

a）成形砂轮磨削法 b）非成形砂轮磨削法

1—砂轮 2—工件 3—夹具回转中心

4.3 精密磨削和超精密磨削

精密和超精密磨削是采用精密砂轮和超精密砂轮对钢铁材料、脆硬材料等进行加工，得到高加工精度和低表面粗糙度值。对于铜、铝及其合金等软金属，则采用金刚石刀具进行超精密车削，而对于钢铁材料、脆硬材料等，精密和超精密磨削加工是当前最主要的精密加工手段。

精密砂轮磨削是利用精细修整的粒度为 $60^\# \sim 80^\#$ 的砂轮进行磨削，其加工精度可达 $1\mu m$，表面粗糙度可达 $Ra0.025\mu m$。超精密砂轮磨削是利用经过仔细修整的粒度为 W40 ～ W5 的砂轮进行磨削，可以获得加工精度为 $0.1\mu m$，表面粗糙度为 $Ra0.025 \sim 0.008\mu m$ 的加工表面。

4.3.1 精密和超精密磨料磨具（砂轮）

砂轮是由磨料和结合剂制成的，砂轮的内部有许多空隙，这些空隙起着散热和容纳磨屑的作用。砂轮的特性包括磨料、粒度、结合剂、组织、硬度、形状及尺寸等。

1. 磨料

砂轮中磨粒的材料称为磨料。在磨削过程中，磨料担负着切削工作，磨料要经受剧烈的挤压、摩擦以及高温的作用。因此，磨料应具备很高的硬度、耐热性以及韧性。另外，为了能切入金属，磨料还应具有比较锋利的切削刃口。

磨料有两类：天然磨料和人造磨料。天然磨料大部分有着成分不纯，质量不均的缺点，另外，有些天然磨料虽好（比如，天然金刚石），因价格昂贵也很少采用。所以，目前制造砂轮用的磨料主要是各种人造磨料。常用的除了有刚玉系磨料和碳化物系普通磨料外，还大量使用超硬磨料，如人造金刚石和立方氮化硼。

2. 粒度

粒度是指磨料的颗粒尺寸，其具体的大小用粒度号表示。磨料的粒度对磨削表面的粗糙度和磨削效率有很大的影响，是精密磨削和超精密磨削的重要影响因素，应根据不同的加工要求，选用不同粒度的磨料。磨料从其粒度考虑可分为磨粒和微粉两大类。在我国国标中，对于普通磨料，磨粒分为 27 级，微粉分为 14 级；对于超硬磨料，磨粒分为 20 级，微粉分为 18 级，每一粒度号对应某一范围内的磨粒尺寸，见表 4-5。例如，对于普通磨料，$60^{\#}$ 磨粒的基本尺寸为 300～250μm。

表 4-5　各种磨料的粒度号及其基本尺寸　　　　　　　　（单位：μm）

普通磨料系				超硬磨料系			
磨料	粒度号	基本尺寸	说明	磨料	粒度号	通过网孔基本尺寸/不通过网孔基本尺寸	说明
磨粒	4#	5600～4750	粒度号用筛选法分级，以 1in 长度上有多少筛孔来表示。如 40# 粒度是指 1in 长度上有 40 个筛孔	磨粒	16/18	1180/1000	粒度号是以相邻两个筛网网孔尺寸来确定的
	5#	4750～4000			18/20	1000/850	
	⋮	⋮			⋮	⋮	
	240#	75～53			325/400	45/38	
微粉	W63	63～50	W 表示微粉，其粒度用微粉的基本尺寸表示。如 W40，其微粉尺寸在 40～28μm 之间	磨料	粒度标记	相似圆直径 D	说明
	W50	50～40		微粉	36～54	36～54	D 为微粉投影折合为相当圆（或称相似圆）的直径
	W40	40～28			22～36	22～36	
	⋮	⋮			⋮	⋮	
	W1.0	1.0～0.5			0～1	0～1	
	W0.5	0.5～更细			0～0.5	0～0.5	

注：普通磨料粒度号及其基本尺寸见 GB/T 2477—1983；超硬磨料粒度号及其尺寸范围见 GB/T 6406.1—1986、微粉粒度及其基本尺寸见 GB/T 6966.2—1986。

3. 结合剂

结合剂是用于将磨粒粘结成各种砂轮的粘结材料。结合剂的种类及其性质将影响砂轮的强度、硬度、耐冲击性、耐热性和耐腐蚀性等。此外，结合剂对磨削表面的粗糙度值和磨削温度也有一定的影响。

常用的结合剂分有机和无机结合剂两大类，无机结合剂主要是陶瓷结合剂，而有机结合剂主要有树脂结合剂和橡胶结合剂。

4. 硬度

砂轮的硬度不是指砂轮的软硬程度，它是指结合剂粘结磨粒的牢固程度，也是指磨粒在磨削力作用下，从砂轮表面上脱落下来的难易程度。若砂轮硬，就是磨粒粘得牢，不易脱落；砂轮软，就是磨粒粘得不牢，容易脱落。由此可见，砂轮的硬度与磨料的硬度完全是两回事。同一种磨料，可以做出不同硬度的各种砂轮。

砂轮的硬度对加工表面质量和磨削生产率有直接的影响，要认真选择。如果选得太硬，磨粒变钝后仍不能脱落，不仅磨削效率降低，磨削力和磨削热会显著增加，工件表面会被烧伤，使表面的粗糙度降低。如果选得太软，当磨粒还很锋利时就会脱落，使砂轮损耗过快，很快失去正确的几何形状，工件精度难于控制，同时工件表面也容易受脱落磨粒的划伤，也会降低表面的粗糙度。

国产砂轮的硬度等级名称及其代号见表4-6。

表4-6　普通磨料砂轮等级名称及其代号

硬度等级名称		代号（GB/T2484—1984）
大级	小级	
超软	超软1　超软2　超软3	D　E　F
软	软1　软2　软3	G　H　J
中软	中软1　中软2	K　L
中	中1　中2	M　N
中硬	中硬1　中硬2　中硬3	P　Q　R
硬	硬1　硬2	S　T
超硬	超硬	Y

注：在硬度小级中的数字1、2、3表示砂轮硬度增加的次序。数字大硬度高。

5. 组织

普通磨料砂轮中磨料含量用组织表示，它反映了磨料、结合剂、和气孔三者之间体积的比例关系，组织紧密表示磨料所占体积大，气孔所占体积小；反之，则为组织疏松。

组织的表示方法有两种，即磨粒率和气孔率。磨粒率表示磨料在砂轮体积中所占的百分数，它反映了砂轮工作时单位工作面积可参加切削的磨粒数，如表4-7所示；气孔率表示气孔在砂轮体积中所占的百分数，按其松紧程度分为高密度、中等密度和大气孔三类，见表4-8。

表4-7　以磨粒率表示的磨具组织及其应用范围

组织号	0	1	2	3	4	5	6	7	8	9	10	11	12	13	14
磨粒率（%）	62	60	58	56	54	52	50	48	46	44	42	40	38	36	34
适用范围		重负荷磨削，成形、精密磨削，间断磨削及自由磨削，或加工硬脆材料等			无心磨、内、外圆磨和工具磨，淬火钢工件磨削及刀具刃磨等			粗磨和磨削韧性大、硬度不高的工件，机床导轨和硬质合金刀具磨削，适合磨削薄壁、细长工件，或砂轮与工件接触面大以及平面磨削等						磨削热敏性较大的钨银合金、磁钢、非铁金属以及塑料、橡胶等非金属材料	

注：根据国际GB/T2484—1984。

表4-8　以气孔率表示的磨具组织及其应用范围

松紧程度	高密度	中等密度	大气孔
气孔率（%）	趋于0	20～40	40～60及60以上
应用范围	形状保持性好，磨削表面粗糙度值低，适于重负荷磨削，成形磨削，精密磨削，加工硬脆材料	适于一般磨削，淬火钢磨削，刀具刃磨	磨削韧性大，硬度不高的材料。磨削热敏性大的材料（磁钢，钨银合金等）。磨削非铁金属和非金属材料（塑料，橡胶）。薄壁、细长工件磨削。大接触面平面磨削

砂轮组织的松紧直接影响磨削加工的生产效率和表面质量。若砂轮组织松，则单位体积内磨粒的含量少，磨粒间的气孔大，排屑方便，砂轮不易堵塞，磨削效率高。此外，气孔还可以将磨削过程中的切削液或空气带入磨削区域，以降低温度，减少工件的发热变形和避免

产生烧伤。反之，若砂轮组织紧，则单位体积内磨粒的含量多，磨削时参与磨削的磨粒数多，这样砂轮的轮廓形状易于保持不变，可提高被加工表面的精度和降低粗糙度值。

6.　形状与尺寸

为了适应在不同类型的磨床上磨削各种形状和尺寸的工件，砂轮需制成各种形状和尺寸。我国生产的各种磨具（砂轮）的名称、形状、代号及其基本用途可查阅国家标准 GB/T2484—1984 和 GB/T4127—1984。

7.　强度

砂轮高速旋转时，砂轮上任一部分都受到离心力的作用。砂轮所受到的离心力与砂轮线速度的平方成正比，所以当砂轮的线速度增大到一定数值时，离心力就会超过砂轮强度的允许值，使砂轮破裂。因此，砂轮的强度通常用安全速度来表示。

各种砂轮，按强度高低，都规定了安全线速度，并标注在砂轮上或说明书中，供使用选择。

4.3.2　精密磨削

精密磨削是指加工精度为 $(1 \sim 0.1)\mu m$，表面粗糙度达到 $Ra0.2 \sim 0.025\mu m$ 的磨削方法，精密磨削也称低粗糙度磨削。它又可进一步分为普通磨料砂轮和超硬磨料砂轮精密磨削两大类，多用于精密轴系、轴承、滚动导轨、量具及刃具等的精密加工。

1.　精密磨削机理

精密磨削主要是靠砂轮的精细修整，使磨粒具有微刃性和等高性。由于砂轮修整时应用较小的修正导程（纵向进给量）和修整深度（横向进给量），从而使砂轮表面的磨粒微细破损而产生微刃，这样，一颗磨粒就形成了多颗微磨粒，相当于使砂轮的粒度变细。此外，由于微刃是精细修整形成的，也使得砂轮表面上的微刃不仅数量多且等高性好。磨削时，砂轮是在微刃状态下进行加工的。等高微刃的微切削作用可切除工件表面上极微薄的余量，且使加工表面的残留高度极小，另外，由于微刃在被加工表面上多次重复以及在无火花光磨时，微刃与被加工表面之间的微切削、摩擦、滑挤、抛光和熨光等作用，从而可使被加工表面获得低粗糙度值，并获得高精度。

2.　砂轮的选择

精密磨削时砂轮的选择以易产生和保持微刃及其等高性为原则。

在磨削钢件及铸铁件时，常采用刚玉类磨料。由于刚玉类磨料韧性较高，易保持磨粒的微刃性和等高性，而碳化硅磨料由于其韧性差，颗粒呈针片状，修整时难以形成等高性好的微刃，磨削时，微刃易产生细微碎裂，不易保持微刃性和等高性。

砂轮的粒度可选择粗粒度和细粒度两种，粗粒度砂轮经过精细修整，微刃切削作用是主要的；细粒度的砂轮经过精细修整，半钝态微刃在适当压力下与工件表面的摩擦抛光作用比较显著，其加工表面粗糙度值较粗粒度砂轮所加工的要低。

结合剂的选择中，以树脂类较好。如果加入石墨填料，则可加强摩擦抛光作用。近年来出现的采用聚乙烯醇乙缩醛新型树脂加上热固性树脂作结合剂的砂轮，有良好弹性，抛光效果好。另外，对粗粒度砂轮也可用陶瓷结合剂，加工效果也不错。

有关砂轮选择的具体情况见表 4-9。

表 4-9 精密磨削的砂轮选择

砂 轮					被加工材料
磨粒材料	粒度号		结合剂	组织	硬度	
白刚玉（WA）	粗 60#~80#	细 240#~W7	树脂（B）陶瓷（V）橡胶（R）	密分布均匀气孔率小	中软（K、L）软（H、J）	淬火钢、铸铁、15Cr、40Cr、9Mn2V
铬钢玉（PA）棕刚玉（A）						工具钢、38CrMoAL
绿碳化硅（GC）						非铁金属

3. 精密磨削时的砂轮修整

砂轮的修整是精密磨削的关键之一，采用金刚石修整工具以极低而均匀的进给速度进行精细修整，以使其表面磨粒上具有大量的等高微刃。精密磨削砂轮的修整方法有单粒金刚石修整、金刚石粉末烧结型修整器修整和金刚石超声波修整等，如图 4-8 所示。采用单粒金刚石修整和金刚石粉末烧结型修整器修整时，修整器应按图示位置进行安装，如图 4-9 所示。使金刚石受力小，使用寿命长。金刚石超声波修整采用超声波激振砂轮修整工具，修整出的砂轮表面更为完好。这种方法可分为点接触法和面接触法两种。点接触法的修整器是尖顶的，易使砂轮表面产生微裂纹。而采用小平面型金刚石修整器，由于是金刚石的一个小平面与磨粒接触，因此接触应力小，磨粒上不易产生裂纹，从而形成等高性很好的微刃。

砂轮的修整用量有修整导程、修整深度、修整次数、和光修次数。修整导程越小，工件的表面粗糙度值越低，但也不能过小，一般为（10~15）mm/min。修整深度一般为 2.5μm/单行程，而砂轮一般修去 0.05mm 即可恢复其切削性能。修整时一般可分为初修与精修，初修用量可大些，精修一般需 2~3 次单行程。光修为无修整深度，主要是为了去除砂轮表面个别突出微刃，使砂轮表面更加平整，其次数一般为 1 次单行程。

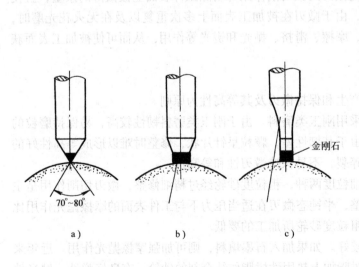

图 4-8　精密磨削时砂轮修整
a) 单粒金刚石　b) 金刚石粉末烧结块　c) 超声波修整头

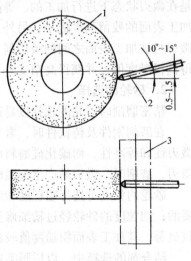

图 4-9　金刚石修整器
修整砂轮时的安装位置
1—砂轮　2—金刚石修整器　3—工件

4. 精密磨削的条件与要求

（1）机床条件 精密磨削时应采用精密磨床，要求精密磨床应有高的几何精度，主要是砂轮主轴的回转精度、工件主轴的回转精度、导轨直线度及高精度的横向进给机构，以保证工件的几何形状精度和尺寸精度要求。此外，还要求应有低速稳定性好的工作台纵向移动机构，不能产生爬行、振动，以保证砂轮的修整质量和工件的加工质量。如：要求砂轮轴径向圆跳动不大于 $1\mu m$；工件轴的回转精度应小于 $0.25\mu m$；横向进给机构的灵敏度和重复性不大于 $2\mu m$，并有微量进给机构。工作台的液压驱动系统在纵向移动速度为 10 mm/min 时，不产生爬行现象，往复速度差不超过 10% 等。

（2）磨削用量

1）砂轮速度。一般为（15~30）m/s，砂轮速度进一步提高时，虽然其切削作用增强，但对表面粗糙度不利。同时，砂轮速度高时不仅磨削热会增加，机床也易产生振动，可能使被加工表面产生烧伤、波纹、等缺陷，因此砂轮速度取低一些为好。

2）工件速度。一般为（6~12）m/min，工件速度较高时，易产生振动，工件表面可能有波纹；工件速度较低时，工件表面也易产生烧伤等缺陷。视工件材料不同，砂轮速度与工件速度的比值可在 120~150 之间选取。

3）工件纵向进给量。由于砂轮经过精细修整，其切削能力有所减弱，因此，工件纵向进给量不宜过大，否则会使工件表面的粗糙度值增大，并产生烧伤等缺陷，一般为（50~100）mm/min。

4）磨削深度（吃刀量）。由于砂轮经过精细修整有微刃性，因此磨削深度不能超过微刃高度，一般取（0.6~2.5）μm/单行程。

5）走刀次数。由于磨削余量一般为（2~5）μm，故走刀次数一般为 2~3 个单行程。

6）无火花磨削。又称光磨，其次数的确定主要是使磨床相关部件的弹性变形得以充分恢复，使磨粒的微刃性的微切削、摩擦、抛光等作用得以充分发挥。用粗粒度砂轮（$60^\#$ ~ $80^\#$）精细修整后进行精密磨削时，光磨次数视加工表面粗糙度的要求不同可取 5~10 次单行程；用细粒度砂轮（$240^\#$ ~ W7）精细修整后进行精密磨削时，光磨次数可取 10~25 次单行程。

（3）对被加工工件质量的要求 由于磨削的余量很小（一般为 $15\mu m$ 左右），故要求磨削前工件的表面质量、加工余量和几何精度应与磨削的要求相适应。工件材料组织应均匀，且硬度高，易于磨光，表面无缺陷。

5. 超硬磨料砂轮的精密磨削

超硬磨料砂轮目前主要有金刚石砂轮和立方氮化硼砂轮，用来对各种高硬度、高脆性金属材料和非金属材料进行精密磨削，如陶瓷、玻璃、半导体材料、宝石、石材、硬质合金、耐热合金钢，以及铜铝等非铁金属及其合金等。

金刚石砂轮与立方氮化硼砂轮磨削相比有各自的特点和应用范围。金刚石砂轮有较强的磨削能力和较强的磨削效率，在加工非金属脆硬材料、硬质合金、非铁金属及其合金等方面有优势。另外，由于人造金刚石价格较便宜，因此应用较广泛。但由于金刚石易与铁族元素产生化学反应和亲合作用，故不适宜加工钢铁材料。

立方氮化硼比金刚石有较好的热稳定性、较强的化学惰性，如金刚石的热稳定性只有 700~800℃，而立方氮化硼可达 1250~1350℃，不易与铁族元素产生化学反应和亲合作用，加工钢铁金属时，有较高的耐磨性。虽然当前立方氮化硼磨料磨具的应用不如金刚石，且价格也比较贵，但它很有发展前途。

4.3.3　超精密磨削

1. 超精密磨削和镜面磨削

超精密磨削是近年来发展起来的最高加工精度、最低表面粗糙度值的砂轮磨削方法，一般是指加工精度达到或高于 $0.1\mu m$，表面粗糙度低于 $Ra0.025\mu m$，是一种亚微米级的加工方法。镜面磨削一般是指加工表面粗糙度达到 $Ra0.02 \sim 0.01\mu m$，表面光泽如镜的磨削方法，它在加工精度的含义上不够明确，从精度和表面粗糙度相应和统一的观点来理解，应该认为镜面磨削属于精密磨削和超精密磨削范畴。

超精密磨削特点：

（1）超精密磨削是超微量切除加工　超精密磨削是一种极薄切削，其去除的余量可能与工件所要求的精度数量级相当，甚至于小于公差要求，因此在加工机理上不同于一般磨削加工。

（2）超精密磨床是超精密磨削的关键　由于超精密磨削是在超精密磨床上进行，其加工精度主要决定于机床，它是一种"模仿式加工"，因此加工精度一般不会超过机床精度。由于超精密磨削的精度要求越来越高，已经进入 $0.01\mu m$，甚至纳米级，这就给超精密磨床的研制带来了很大困难，需要多学科多技术的密集和结合。

（3）超精密磨削是一个系统工程　影响超精密磨削的因素很多，各因素之间又相互关联，所以超精密磨削是一个系统工程。超精密磨削需要一个高稳定性的工艺系统，对力、热、振动、材料组织、工作环境的温度和净化等都有稳定性的要求，并有较强的抗干扰能力。有了高稳定性，才能保证加工质量的要求。所以超精密磨削是一个高精度、高稳定性的系统。

2. 超精密磨削机理

超精密磨削是超微量切除，切削厚度极小，其磨削深度可能小于材料的晶粒尺寸。由于磨削是在晶粒内进行，因此磨削力一定要超过晶体内部非常大的原子、分子结合力，磨削时，磨粒上所承受的切应力会急速地增加并变得非常大，可能接近被磨削材料的抗剪强度极限。同时，磨粒切削刃处受到高温和高压作用，这就要求磨粒材料要有很高的高温强度和高温硬度。对于普通磨料，在这种高温、高压和高剪切力的作用下，磨粒将会很快磨损或崩裂，不能得到高精度低表面粗糙度值的磨削质量。因此，在超精密磨削时一般多采用人造金刚石、立方氮化硼等超硬磨料砂轮。

超精密磨削时除有微切削作用外，还有塑性流动和弹性破坏作用，同时还有滑擦作用。磨粒虽有相当硬度，本身受力变形极小，但由于砂轮结合剂的影响，所以它实际上仍属于弹性体。当刀刃锋利，有一定磨削深度时，微切削作用较强；如果刀刃不够锋利，或磨削深度太浅，磨粒切削刃不能切入工件，则产生塑性流动、弹性破坏和滑擦。因此，超精密磨削时，应使整个磨削系统具有一定的刚度，同时，砂轮的修整也要更加精细。

镜面磨削比超精密磨削、精密磨削对砂轮的修整要求更为严格，在磨削用量上，光磨的次数明显增多，故加工出来的工件表面粗糙度可达到小于 $Ra0.01\mu m$。

3. 超精密磨床

（1）超精密磨床的特点　超精密磨床的特点在许多方面都与超精密车床相似，其特点如下：

1）高精度。目前国内外各种超精密磨床的磨削精度和表面粗糙度可达到的水平为

尺寸精度：±（0.5 ~ 0.25）μm

圆度：（0.25 ~ 0.1）μm

圆柱度：0.25/25000 ~ 1/50000

表面粗糙度：Ra0.01 ~ 0.006μm

2）高刚度。超精密磨床是进行超精密加工，切削力一般不会很大，但由于精度要求极高，应尽量提高磨削系统刚度，其刚度值一般应在 200N/μm 以上。

3）高稳定性。为了保证超精密磨削质量，超精密磨床的传动系统、主轴、导轨等结构，温度控制和工作环境等均应有高稳定性。

4）微进给装置。由于超精密磨床要进行超微量切除，因此一般在横向进给（切深）方向都配有微进给装置，使砂轮能获得行程为（2 ~ 50）μm，位移精度为（0.2 ~ 0.02）μm，分辨率达（0.01 ~ 0.1）μm 的位移。

5）计算机数控。由于在生产上要求超精密磨床能稳定地进行批量生产，因此，现代超精密磨床多为计算机数控，可减少人工操作的影响，使质量稳定，一致性好，且能提高工效。

（2）超精密磨床结构

1）主轴系统。主轴支承由液体静压向空气静压发展，空气静压轴承精度高、发热小、工作稳定，但要注意提高承载能力和刚度。

2）导轨。多采用空气静压导轨，也有采用精密研磨配制的镶钢滑动导轨。

3）基座。多采用石材。床身、工作台等大件一般采用稳定性好的天然或人造花岗岩制造。

4）热稳定性结构。整个机床采用对称结构、密封结构、淋浴结构等热稳定性措施。

一种比较理想的新颖的四面体结构立轴超精密磨床如图 4-10 所示，它由六个柱连接四个支持球构成一个罐状的四面体，静刚度为 10N/nm，加工精度可达 1nm 以上，是由英国国立物理学实验室（NPL）开发的。

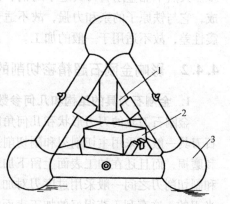

图 4-10　四面体结构立轴超精密磨床
1—主轴　2—工作台　3—支持球

超精密磨削用量与所用机床，被加工材料，砂轮的磨粒和结合剂材料、结构、修整、平衡，工件欲达精度和表面粗糙度等有关，可根据有关资料选择或根据具体情况进行工艺试验决定。

4.4　超精密车削加工

直接用车削加工的方法来获得高精度目前仍然是一条重要的加工途径。它广泛用于对非铁金属和钢铁材料的加工。特别是对非铁金属的加工，由于非铁金属的磨削性能差，切屑易堵塞砂轮空隙，研磨时，磨粒易镶入工件中，故车削加工是达到高精度的主要方法。

在精密车削中，金刚石超精密车削可达到尺寸精度 $0.1\mu m$ 数量级，表面粗糙度 $Ra0.02 \sim 0.005\mu m$，是达到镜面切削的重要方法。

4.4.1　金刚石刀具和超精密切削的机理

金刚石刀具是超精密切削中的关键。金刚石刀具有两个比较重要的问题，晶面的选择和研磨质量——刃口半径 ρ。由于金刚石晶体是各向异性，不同晶面耐磨性不同，并且同一晶面上不同方向上耐磨性也有很大差别，因此，晶面的选择对刀具的使用性能有重要的关系。另外，超精密切削中，最小切削厚度取决于金刚石刀具的刃口半径，刃口半径越小，则最小切削厚度越小。据国外报道，现在研磨质量最好的金刚石刀具，其刃口半径可以小到几纳米的水平，并用此刀具成功地实现了纳米级切削厚度的稳定切削。

金刚石刀具的超精密切削机理与一般切削有较大的差别。因为采用金刚石刀具切削时，其背吃刀量、进给量很小，一般切削厚度在 $1\mu m$ 以下，背吃刀量小于材料的晶粒尺寸，切削是在晶粒内进行。因此，切削力一定要超过晶体内部非常大的原子、分子结合力，刀刃要承受极大的剪切应力。同时由于产生很大的热量，刀刃切削处的温度将极高，因此要求刀刃要有很高的高温强度和高温硬度。一般刀具材料难于胜任，而金刚石可以承担。这是由于天然单晶金刚石刀具有一系列优异的特性，如硬度极高、耐磨性和强度高、导热性能好、和非铁金属的摩擦系数低、能磨出极锋锐的刀刃等。

由于金刚石的这些特点，使得金刚石作为超精密加工刀具的材料比硬质合金要优越得多。天然单晶金刚石刀具适于对铜、铝等非铁金属的超精加工，但由于金刚石是由碳原子组成，它与铁原子的亲和力强，故不适于切削钢铁材料。此外，金刚石的价格昂贵，性脆而抗震性差，故不适用于一般的加工。

4.4.2　影响金刚石超精密切削的因素

1. 金刚石刀具的结构和几何参数

金刚石刀具的刀刃形状和几何角度是影响金刚石超精密切削质量的主要因素之一。金刚石刀具一般不采用主切削刃和副切削刃相交为一点的尖锐的刀尖，这样的刀尖不仅容易崩刃和磨损，而且还在加工表面上留下加工痕迹，使表面粗糙度值增加。金刚石刀具的主切削刃和副切削刃之间一般采用过度刃对加工表面起修光作用。有用直线修光刃的，也有用圆弧修光刃的，这有利于获得好的加工表面质量。

金刚石刀具的刀刃形状和几何角度有三种，如图 4-11 所示。从图中可以看出，由于其主、副偏角较小，刀尖的圆弧半径较大，故加工表面的粗糙度值很小。金刚石车刀的刀头固定在刀杆上，如图 4-12 所示。此外，对金刚石刀具来说，其刃口的刃磨是一项关键技术。传统的工艺方法主要靠研磨加工，将金刚石的晶向选定以后，固定在夹具上，放在专用研磨机上进行研磨，使选择好的晶向与主切削刃平行，这样可以保证刃口在最能承受切削力的方向上。研磨剂一般选用金刚砂和润滑油。

2. 机床的精度、刚度和微位移

超精密机床是实现超精密切削的首要条件，金刚石超精密切削机床应具有较高的精度、刚度和稳定性。其机床主轴的回转精度也是影响金刚石超精密切削质量的主要因素，因此，主轴应采用空气或液体静压轴承，以取其流体薄膜均匀的优点，使其回转精度高于

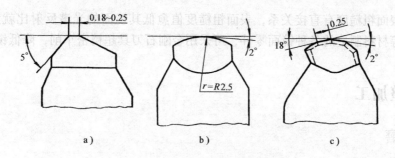

图 4-11　金刚石刀具切削刃的几何形状
a) 直刃　b) 圆弧刃　c) 棱刃

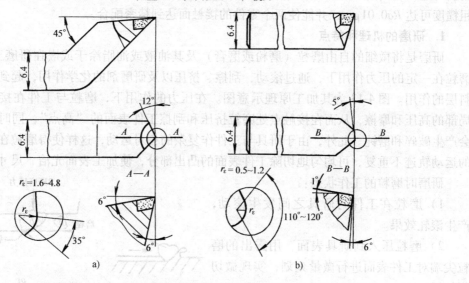

图 4-12　金刚石车刀
a) 上弯 45°左偏刀　b) 直头左偏刀

$0.05\mu m$。此外，还要采用相应的精密导轨及精密微量进给机构。还应有恒温、恒湿、净化和抗震条件，才能保证加工质量。

3. 切削用量

选择合理的切削用量是实现金刚石超精密切削的关键之一。实验表明，金刚石刀具超精密切削可以使用很高的切削速度，刀具在高速下长期切削磨损甚小。超精密切削时实际选择的切削速度，可根据所使用的超精密机床的动特性和切削系统的动特性选取，即选择振动最小的转速。例如沈阳第一机床厂生产的 SI-255 液体静压主轴的超精密车床在 $700\sim800r/min$ 时振动最大。因此用这机床进行超精密切削时，要避开该转速范围，用高于或低于该转速切削，均可得到较好的加工表面质量。

超精密切削应在高切削速度（$v>100m/min$），小背吃刀量（$a_p=0.005\sim0.05mm$）及小进给量（$f=0.01\sim0.05mm/r$）下进行，以控制切削力，减小切削过程的力变形影响。

4. 金刚石刀具超精密切削的应用

金刚石刀具精密切削铜、铝及其合金等软金属是当前最有成效的精密和超精密加工方法。它的出现，解决了不少难以加工的高精度元器件问题。如计算机用磁盘、导航仪上的球面轴承以及激光核聚变和红外光技术中的非球面镜等各种镜面零件。由于镜面零件的镜面光谱反射比与表面粗糙度有直接关系，表面粗糙度值愈低其镜面的光谱反射比就愈高。因此，对用铜、铝等材料制造的各种镜面零件，可采用金刚石刀具超精密车削，降低镜面零件的表面粗糙度值。

4.5　光整加工

4.5.1　研磨

研磨是一种传统的光整、精密加工方法。研磨精度可达到亚微米级的精度，其中，尺寸精度可达 $0.025\mu m$、球体的圆度精度可达 $0.025\mu m$、圆柱体圆柱度精度可达 $0.1\mu m$，表面粗糙度可达 $Ra0.01\mu m$，并能使两个零件的接触面达到精密配合。

1. 研磨的机理和特点

研磨是将微细的自由磨粒（磨粉或磨膏）及其油液或油脂涂于或嵌在研磨工具表面上，磨粒在一定的压力作用下，通过滚动、刮擦、挤压以及研磨剂的化学作用，起到切除细微材料层的作用。图 4-13 为其加工原理示意图。在压力的作用下，磨粒与工件在接触点处产生局部的高压和摩擦，从而在接触点处磨粒挤压和刮擦工件表面的"高点"，同时部分磨粒也会产生破碎和磨钝。此外，由于研具与工件作复杂的相对运动，这样使得磨粒在工件表面上的运动轨迹不重复，可均匀地切除工件表面的凸出部分，使加工表面光洁、尺寸精确。

研磨时磨粒的工作状态：

1）磨粒在工件与研具之间发生滚动，产生滚轧效果。

2）磨粒压入到研具表面，用露出的磨粒尖端对工件表面进行微量刻划，实现微切削加工。

3）磨粒对工件表面的滚轧与微量刻划同时作用。

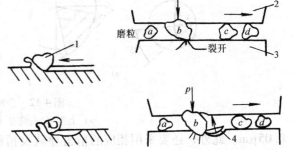

图 4-13　研磨时磨粒的切削作用
1—磨粒　2—研具　3—工件　4—磨屑

研磨过程中磨粒的滚轧和微切削作用随着工件和研具的材质、磨粒、研磨压力和研磨液等研磨条件的不同而不同，所产生的研磨表面的状态也不同。对于脆硬材料的研磨，例如玻璃、陶瓷等，研磨中磨粒的作用是磨粒的滚轧作用和微切削作用。由于脆硬材料的抗拉强度比抗压强度小，磨粒在压力的作用下，就在脆硬材料加工表面的拉伸应力最大部位产生微裂纹。当纵横交错的裂纹扩展并相互交叉时，受裂纹包围的部分就会产生脆性崩裂形成磨屑，达到表面去除的目的。对于金属材料的研磨，在研磨机理上与脆性材料相比有很大的不同，金属材料受压后，只在表面产生塑性变形的压坑，不会发生脆性材料那样的破碎和裂纹。因此，研磨金属材料时，磨粒的作用主要是微量刻划即微切削加工。

2. 研磨的方法

按操作方式不同，研磨可分为手工研磨和机械研磨两类：

（1）手工研磨　主要用于单件小批生产和修理工作中，也用于形状比较复杂，不便于采用机械研磨的工件。手工研磨不仅操作者的劳动强度大，而且要求操作者技术熟练、掌握专业特有的研磨诀窍，特别是对某些高精度的工件，比如多面棱体等，其尺寸精度、形状精度、位置精度和表面粗糙度等的技术要求都很高。研磨时，要使工件同时都达到这些要求，就是对有经验的操作者来说，也不是一件容易的事。

此外，在有些手工研磨中，被研磨工件或研磨工具之一是机动的，研磨时，虽然有一部分工作是机动的，但工件被研磨的质量，仍然决定于操作者的技术水平，所以仍属于手工研磨。

研磨工件外圆时，用手推动研具做往复运动。研具的结构如图 4-14 所示，研磨时，调整螺钉 1，使研磨套 2 直径变化，与工件表面均匀接触。另外，在粗研时，研具孔内开有直沟槽，可用来储存多余的研磨剂及排除研磨中产生的微屑。研内孔时，研具圆棒可夹紧在机床主轴上，用手推动工件或夹持器做往复运动。图 4-15 为可调式内孔研具，可调整螺母 1 和 4，利用心轴 2，使研磨套 3 胀开或收缩，以便于对内孔研磨。销钉 5 用来防止研磨套 3 转动。

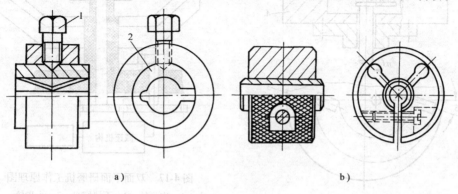

图 4-14　研磨工具

a) 粗研工具　b) 精研工具

1—螺钉　2—研磨套

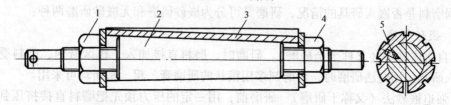

图 4-15　可调式内孔研具

1—螺母　2—心轴　3—研磨套（胀套）　4—螺母　5—销钉

（2）机械研磨　机械研磨主要用于大批大量生产中，特别是对几何形状不太复杂的工件，经常采用机械研磨。机械研磨所用研磨机的设计主要考虑研磨运动轨迹不能单一，研磨运动轨迹越复杂，工件表面的研磨质量越好。图 4-16 所示的研磨机，被研磨的工件是圆柱面，工件 2 放在铸铁研盘 1、4 之内。用隔板 3 将工件隔开。工件放在隔板上的沟槽内，沟槽与圆盘半径成 6°~15°夹角。上、下研盘以相反的方向旋转。工件上所施加的压力是上研盘的重量和所加的载荷力 F 之和。当研盘旋转时，隔离板也旋转，但隔离板是做偏心旋转，隔离板的中心以 4~10mm 的半径围绕研盘中心旋转。这样，工件除了滚动以外，还相对于研盘做附加的径向滑动，使研磨的轨迹非常复杂，工件研磨的更加均匀。

图 4-17 所示的是另外一种双面平面研磨机。在精密仪器制造业中，对于光学平晶、量

块及石英振子基片等元器件，除要求极高平面度、极小表面粗糙度值外，还要求两端面严格平行，其最终工序可使用双面平面研磨机进行研磨。被研磨的工件放在工件保持架内，上下均有研磨盘。下研磨盘由电动机通过减速机构带动旋转。为在工件上得到均匀不重复的研磨轨迹，工件保持架制成行星轮形式，外面和内齿轮啮合，里面和小齿轮啮合。故工作时工件将同时有自转和公转，作行星运动。上研磨盘一般不转动（有时也转动），上面可加载并有一定的浮动以避免两研磨盘不平行造成工件两研磨面的不平行。

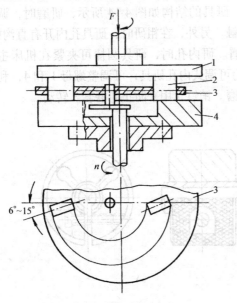

图 4-16　研磨机示意图
1—上研盘　2—工件　3—隔板　4—下研盘

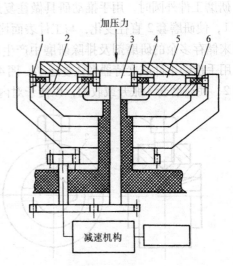

图 4-17　双面平面研磨机工作原理图
1—内齿轮　2—下研磨盘　3—小齿轮
4—上研磨盘　5—工件　6—工件保
持架（行星轮）

根据磨料是否嵌入研具的情况，研磨又可分为嵌砂研磨和无嵌砂研磨两种：

（1）嵌砂研磨

1）自由嵌砂法（又称半干研磨）。研磨时，磨料直接加入工作区域内，磨料受挤压而自动嵌入研具。用此法研磨时，研磨剂多用糊状的研磨膏，粗、精研均可采用。

2）强迫嵌砂法（又称干研磨）。研磨前，用一定的压力预先把磨料直接挤压到研具表面中去，研磨时，只在研具表面涂以少许润滑剂，这种方法可获得很高的加工精度及低的表面粗糙度。但研磨的效率较低，一般用于精研。如：研磨量块等精密量具。

（2）无嵌砂研磨（又称湿研磨、敷砂研磨）　采用较软的磨料（如氧化铬）和较硬的研具（如淬硬钢）。在研磨前，把预先配置好的液状研磨混合剂涂敷在研具表面上，研磨过程中，磨粒始终处于自由状态，不嵌入研具表面，此法的加工效率高，但加工表面的几何形状精度和尺寸精度不如嵌砂研磨，因此，多用于粗研和半精研。

3. 研磨剂

研磨剂是由磨料、研磨液及辅料按一定的比例调配而成的混合剂。研磨剂常配制成液态研磨剂、研磨膏和固体研磨剂（研磨皂）三种。

（1）磨料　氧化铝系（如：棕刚玉、白刚玉等）磨料常用来粗、精研钢、淬火钢、铸铁及硬青铜。碳化物系（如：碳化硅、碳化硼）主要用于研磨硬质合金、铸铁等脆性材料或铜、铝等非铁金属。此外，软磨料系中的氧化铬和氧化铈则主要用于光学玻璃及单晶硅等的精研和抛光；超硬磨料系（人造金刚石、立方氮化硼）则主要研磨玻璃、陶瓷、半导体材料等高硬度难加工材料。

磨粒的粒度应根据所要求的表面粗糙度来选择，一般说粒度越细则加工的表面粗糙度值越低。粗研时为了提高生产率，用较粗的粒度，如用 W28 ~ W40；精研时则用较细的粒度，如用 W5 ~ W28；镜面研磨时用 W1 ~ W3.5 粒度，甚至可细到 W0.5。

（2）研磨液 研磨液不仅具有冷却和润滑作用，同时它还具有一定的黏度，起到调和磨粒，使其分布均匀的作用。常用的研磨液中含有煤油、汽轮机油、矿物油、航空汽油、乳化液、水等各种物质，根据被加工工件材料，采用其中的一种或几种成分按一定的比例配制而成。

（3）辅助材料 辅助材料是一种混合剂，它不仅起吸附、润滑作用，而且在研磨过程中还起化学作用，以加快研磨过程。比如，加入一定量的硬脂酸和油酸后，工件的表面会形成一层氧化膜，易于被研掉，加快了研磨的速度。常用的辅助材料有硬脂酸、油酸、脂肪酸、蜂蜡、硫化油和工业甘油等。

4. 研磨用量

研磨用量是指研磨表面单位面积上所承受的压力和工件与研具的相对滑动速度。研磨压力，手工研磨时主要靠操作者的感觉来确定，而机械研磨时一般为 0.01 ~ 0.3MPa，研磨压力过小，研磨效率下降；研磨压力过大，研具磨损加快，研磨表面粗糙度上升，效率反而下降。对于滑动速度来说，在一定的范围内，研磨作用随滑动速度的提高而增强。但过高的滑动速度不仅会造成发热现象，甚至烧伤被研表面，而且研具急剧磨损，直接影响加工精度。一般在粗研时取 40 ~ 50m/min，精研时降至 6 ~ 12m/min。

5. 对被加工工件的要求

研磨的精度和粗糙度，很大程度上取决于工件研磨前的加工质量。一般研磨余量仅留 0.01 ~ 0.02mm。若研磨前工件的误差过大，就难以纠正，若余量过大，应分粗、精两道工序研磨。

6. 研磨的应用范围

随着现代工业的发展，研磨加工在各个领域中都有广泛的应用。

按被研磨工件表面形状不同，研磨可应用于平面、内孔、外圆、球面、螺纹、齿轮、各种曲面以及各种配合偶件的配合研磨等。

按被研磨工件的材料不同，研磨可以加工碳素工具钢、渗碳钢、合金工具钢、氮化钢、铸铁、铜、硬质合金、玻璃、单晶硅、天然油石以及石英等材料制成的工件。

4.5.2 超精研

1. 超精研的加工机理

超精研加工是采用细粒度、低硬度的油石，在一定的压力和切削速度下对工件的表面进行的一种光整加工方法。如图 4-18a 所示，精研时，有三种运动：工件以低速回转 n_w，油石做快速的往复振摆运动 v 以及沿轴向做进给运动 f_a。这三种运动合成后，使磨粒在工件表面上形成不重复的复杂轨迹。如果暂不考虑油石的轴向进给运动 f_a，则磨粒在工件表面走过的轨迹是余弦曲线，如图 4-18b 所示。O_1 点的瞬时研磨速度 v 是油石的瞬时速度 $v\cos\varphi$（此处忽略了油石的进给速度 f_a) 和工件的回转速度 v_w 的合成。二者构成的切削角 β 是超精研加工的重要参数之一。

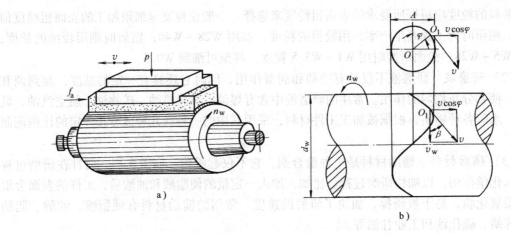

图 4-18　超精研加工

a) 加工原理　b) 运动轨迹

超精研加工时，首先在油石和工件之间注入切削液，一般采用80%煤油与20%锭子油的混合剂，以起到冷却、润滑、清理切屑和形成油膜的作用。开始加工时，由于表面粗糙度较大，表面凹凸不平，表面间的接触面积小，压强大，因而不能形成完整油膜，加工表面上的凸峰很快被切除。随着加工面逐渐被磨平，接触面积不断增大，压强不断下降，切削作用逐渐减弱，此时接触面间逐渐形成油膜，使表面之间的摩擦成为液体摩擦状态，此时表面不再接触，切削作用停止。最终形成光洁的表面。

由超精研加工的特性决定，它只能研磨工件的凸峰，加工余量很小，仅为 0.05 ~ 0.025mm，它能由切削过程自动过渡到光整抛光过程。可获得 IT1 ~ IT3 级的尺寸精度和 $Ra0.08 ~ 0.01\mu m$ 的粗糙度。

2. 油石的选择

超精研所用的油石是采用刚玉或碳化硅做磨料，用黏土或树脂结合剂制成。加工时若采用的油石粒度号越大，则加工后得到的表面粗糙度值越低。为此，一般在粗加工时多选用 $300^\#$ ~ $400^\#$ 粒度，精加工时选用 W3.5 ~ W10 微细粉粒。当粗加工和精加工选用同一种油石时，则可用粒度为 W10 微粉。

3. 工艺参数的选择

（1）最大切削角 β_{max}　实验证明，切削角 β_{max} 对加工表面粗糙度和生产率有很大影响，β_{max} 角愈大，油石的切削作用愈强，生产率愈高，但表面粗糙度值亦大些。一般粗加工时，β_{max} 可选取 30° ~ 45°，精加工时 β_{max} 取 10° ~ 20°。

（2）油石的振摆频率 f 及振幅 A　油石的振摆频率 f 越大，切削作用越强，生产率越高。但 f 受到工艺系统刚度的限制，频率过高，会使加工表面出现振纹，降低表面质量。一般粗加工时，$f = 1500 ~ 3000$ 次/min，精加工取 $f = 500 ~ 1500$ 次/min。振幅 A 愈大，切削作用愈强，但对减小表面粗糙度不利。一般粗加工时，取 $A = 3 ~ 5mm$，精加工时，取 $A = 1 ~ 3mm$。

（3）工件的圆周速度 v_w　工件的圆周速度 v_w 越大，则最大切削角 β_{max} 越小，切削作用减弱，生产率下降，但对降低表面粗糙度有利，一般粗加工时，取 $v_w = 0.07 \sim 0.25 \text{m/s}$，精加工时，取 $v_w = 0.25 \sim 0.5 \text{m/s}$。

（4）油石的压强 p　油石的压强越大，则切削作用越强。但压强过大，磨粒易划伤加工表面。若压强过低，由于磨粒的自励性差，不仅影响生产率，而且易损伤表面。一般粗加工时，选取 $p = 0.15 \sim 0.3 \text{MPa}$，精加工时，$p = 0.05 \sim 0.15 \text{MPa}$。

（5）油石的轴向进给量 f_a　应根据油石的长度和加工的要求选择，其值越大，生产率越高，但对降低表面粗糙度值不利。一般可按表 4-10 选取，当工件的转速较高时，其值不应超过 300mm/min。

表 4-10　油石的轴向进给量 f_a

油石长度/mm		10 ~ 25	25 ~ 50	50 ~ 80	80 ~ 120
f_a	粗	0.1 ~ 0.3	0.3 ~ 0.7	0.7 ~ 1.2	1.2 ~ 2.0
/(mm·r^{-1})	精	0.07 ~ 0.15	0.1 ~ 0.3	0.3 ~ 0.5	0.5 ~ 0.8

4.5.3　珩磨

珩磨是一种低速磨削法，主要用于内孔表面的精加工，也可用于外圆或齿形表面的加工。珩磨加工的表面质量好，可以获得较低的表面粗糙度值。经珩磨加工的表面，一般可达 $Ra0.32 \sim 0.02 \mu m$。此外，珩磨加工还能获得较高的尺寸精度和形状精度。它对形状误差，如圆度、圆柱度和表面波度等，有轻微的修整作用。

1. 内孔珩磨的工作机理

内孔珩磨的工作机理如图 4-19 所示。珩磨孔时，工件固定不动，珩磨头在孔中回转，并做轴向往复运动。通过珩磨头上的涨缩机构，可使油石径向伸出，向孔壁施加一定的压力，这样就使得油石在孔面上形成交叉不重复的切削轨迹，从而切除一层薄的金属，实现珩磨加工。

图 4-20 所示为典型的珩磨头结构。其中油石的胀缩可移动中心杆实现，拧动中心杆上的螺母 1，带动中心杆移动，利用中心杆的两个锥面推动顶块 7，使油石座 6 胀缩，油石粘在油石座上。为避免油石脱落，在其两头各套上一圈弹簧箍 8 拉紧油石座。

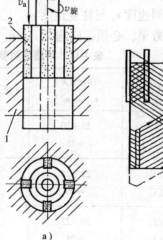
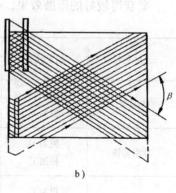

图 4-19　珩磨加工
a) 加工原理　b) 运动轨迹
1—工件　2—珩磨头

为提高珩磨加工质量，使油石压力稳定，还可采用液压或气动的珩磨头。为避免珩磨头与机床主轴的轴心线不一致带来的干涉，珩磨头与主轴一般都采用浮动连接，或用刚性连接而配用浮动夹具。

2. 油石及珩磨液的选择

油石中的磨料性质、硬度及粘结剂，对珩磨的质量和生产率有密切的关系。常用的磨料是白色氧化铝和绿色的碳化硅，若在磨料中添加 20% ~ 30% 的石墨粉，可增加磨料对加工表面的摩擦抛光作用。磨料的粒度选择主要取决于加工表面的粗糙度要求，粗珩时用 $60^{\#}$ ~ $120^{\#}$ 粒度，半精珩时用 $120^{\#}$ ~ $320^{\#}$ 粒度，精珩时用 W28 ~ W14 微粉。对于油石的硬度，一般是根据工件的硬度，珩磨效率和珩磨余量等条件合理选用。一般对硬度高，珩磨余量大的工件，要选用较软的油石。而工件材料软，表面粗糙度值低时，要选用较硬的油石。结合剂一般采用陶瓷、树脂结合剂。陶瓷结合剂的油石性能稳定，但性脆，可用于各种材料的粗珩或精珩。树脂结合剂的油石有弹性，能抗振，能在珩磨压力较高的条件下使用，多用于低粗糙度值的珩磨。

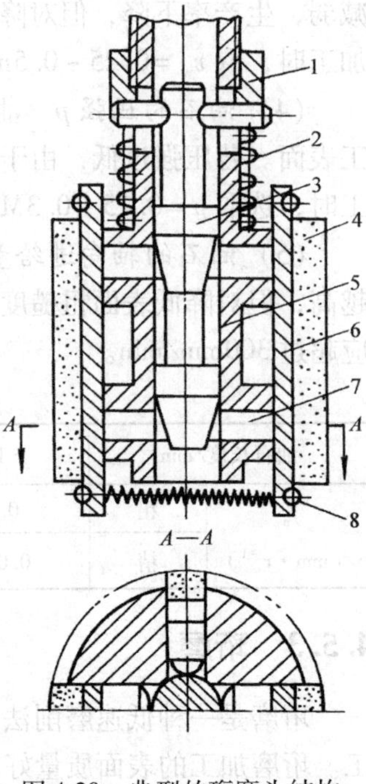

珩磨液有水剂和油剂两种，水剂珩磨液（主要成分：水、磷酸三钠、环烷皂、硼砂、亚硝酸钠等）冷却性和冲洗性较好，适用于粗珩。油剂珩磨液（主要成分：煤油、油酸、松节油等）宜加入适量的硫化物，以改善珩磨过程。另外，珩磨液的黏度也影响珩磨效率，对高硬度或脆性材料宜用低黏度的珩磨液。

图 4-20　典型的珩磨头结构
1—螺母　2—弹簧　3—调整锥
4—油石　5—本体　6—油石座
7—顶块　8—弹簧箍

3. 工艺参数的选择

珩磨内孔时，珩磨速度 v、切削角 β（交叉角）和油石压力 F 的选择，主要依据工件的材料和表面粗糙度的要求而定。珩磨速度包括珩磨头的圆周速度 v_t 与往复速度 v_a。

要获得较好的珩磨效果，必须正确选择 v_t、v_a 和 β，具体可参见表 4-11。

表 4-11　珩磨切削参数的选择

工件材料	加工性质	珩磨速度 v/ ($\mathrm{m \cdot min^{-1}}$)	交叉角 β/(°)	圆周速度 v_t/ ($\mathrm{m \cdot min^{-1}}$)	往复速度 v_a/ ($\mathrm{m \cdot min^{-1}}$)
灰铸铁	粗加工	25 ~ 30	45	23 ~ 28	10 ~ 12
	精加工	≈35	45	32	13.5
球墨铸铁	粗加工	22 ~ 25	45	20 ~ 23	9 ~ 10
	精加工	≈30	45	27	12
未淬火钢	粗加工	20 ~ 25	45	18 ~ 22	9 ~ 11
	精加工	≈28	45	25	12
纯铁	粗加工	25 ~ 30	45	23 ~ 28	10 ~ 12
	精加工	≈33	45	31	12
合金钢	粗加工	25	45	23	10
	精加工	≈28	45	26	11
淬硬钢	粗加工	15 ~ 22	40	14 ~ 21	5 ~ 8
	精加工	≈30	40	28	10

（续）

工件材料	加工性质	珩磨速度 v/ (m·min⁻¹)	交叉角 β/(°)	圆周速度 v_t/ (m·min⁻¹)	往复速度 v_a/ (m·min⁻¹)
铝	粗加工 精加工	25～30 ≈35	60 45	21～26 30	12～15 17.5
青铜	粗加工 精加工	25～30 ≈35	60 45	21～26 30	12～15 17.5
黄铜	粗加工 精加工	18～30 ≈50	60 30	15～26 48	9～15 13
纯铜	粗加工 精加工	25～30 ≈40	60 45	21～26 38	12～15 16
硬铬	精加工	15～22	30	14～21	4～6
塑料	粗加工 精加工	25～30 ≤40	45 30	23～28 37	10～12 11

珩磨油石工作压力是指油石通过进给机构施加于工件表面单位面积上的力，压力增大时，材料去除量和油石磨损量也增大，表面粗糙度值升高，珩磨精度较差。一般粗珩时取 $0.5～2MPa$，精珩时取 $0.2～0.8MPa$。

4．珩磨前工序的要求

珩磨加工也是一种光整加工方法，其加工余量很小。因此，应严格控制孔的尺寸公差，以保证珩磨余量合理，否则应按尺寸大小分组加工。当珩磨钢件或高硬度、高韧性的工件时，只要余量增大 $0.01mm$，珩磨工时便会成倍增加。另外，不要使用钝化了的油石，以免加工表面形成挤压硬化层，同时待加工表面不应有残留氧化物、硬化层、油漆和油垢等，以免珩磨困难和堵塞油石。

4.6 精密零件的加工

4.6.1 精密平板与 90°角尺的加工

精密平板与直角尺的加工，一般是先经过机械加工和热处理（时效），达到较高的精度和稳定性以后，然后采用研磨和刮研的方法来达到最终的精度。

1．精密平板的加工

几何精度的基础之一是平面。而精密平板又是仪器制造中常用的检验工具或测量基准及仪器工作台。加工精密平板的最后一道工序是采用三块平板互相对研（或对刮）的方法，其加工的原理与方法，如图 4-21 所示。采用三块尺寸相同的平板，将它们编成 1、2、3 号，并假设 1、3 是凹形，2 是凸形。则平板对研的顺序如下：

先是平板 1 和 2 对研，使两块平板达到完全密合，两块平板虽然达到完全密合，但这并不表示两块平板的平面一定是理想平面。假设出现平板 1 凹和平板 2 凸的状态。下一步平板 2 和 3 对研，出现平板 2 凸 3 凹的状态。第三步是平板 1 和 3 对研，由于这两块平板都是微凹，对研的结果必定是平面精度都有所提高。为此，进行下一个循环。假设平板 1 和 3 对研

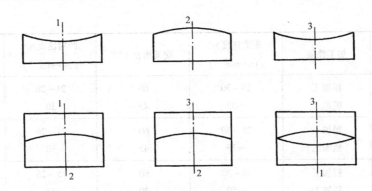

图 4-21 平板对研方法

后，出现平板 1 微凹，3 微凸的状态（当然，也可能出现 3 微凹和 1 微凸的结果，但这不影响最终的分析结果），这样平板 1 和 2 进行对研后，平板 1 会微凹，2 会微凸，但要比原先小得多，然后平板 2 和 3 对研，由于两块平板都是微凸，对研后两块平板的精度都再一次提高。如再进行第三轮对研，依次是 1 与 3、1 与 2 对研，最后三块平板全都研平。采用上述交替研配的理由是：两块平板虽然不平，但这两块平板仍能相配，互相密合。但两块中必有一块不能和第三块相贴合，故必须交替配研，使三块平板的接触都相似，这样三块平板才能全部研平。对刮时与对研的方式相似，只是以刮代研，其对刮的顺序仍然是：1/2，3/(2)，3/1，2/(1)，2/3，1/(3)。但对刮时，有基准的问题，如 1/2 表示 1、2 两块平板都刮研，3/(2)表示以平板 2 为基准刮研平板 3，其他的含义类似。三平板对研和对刮的方法虽然是一种费工费力的方法，但却是达到最高精度平面的唯一方法，用这种方法可加工出 0 级平板。

另外，对研和对刮时，应注意以下几个问题：

1）应在对研时，经常回转平板，将其中的一块平板经常转 90°再研，以免产生扭曲面，即一条对角线高，另一条对角线低。

2）由于对研时，上平板总要越出下平板一端长度 L，如图 4-22a 所示。两端研磨的时间短，研的量少，而中间研磨的时间长，研的多，故研后的上下平板都有微凹形状。

3）由于对研时，上板自重所形成的压强是不均匀分布，如图 4-22b 所示。当上研板越出一段后，下研板的边缘受的压强大，因此下研板边缘研得多而变低。因此在平板对研时，上平板不要超出下平板太多。如综合上述两个因素给研磨带来的影响，产生的形状误差如图 4-22c 所示，即上平板呈现凹形，下平板呈现双微凸状。

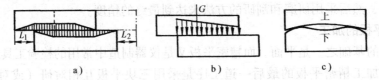

图 4-22 平板对研时出现的状态
a）行程的影响 b）重心的影响 c）产生的形状误差

平板一般都用铸铁材料制造，它的刚性好，性能稳定。近年来，花岗岩平板应用日趋广泛，它有较好的刚度和稳定性，而且不易生锈，受碰后不会翻边而凸出。另外，对小平板，一般多用研磨方法进行最后加工；对于大平板，一般多用刮研方法进行最后加工，或用专门的研平板机进行研磨。

2. 精密 90°角尺的加工

精密 90°角尺也是常用的精密量具，它不仅对两个尺身平面有平面度的要求，而且还有垂直度的要求，因此加工较困难。

精密 90°角尺的最终加工也是采用研磨或刮研的方法，其加工原理和精密平板相似，也是采用三个 90°角尺，先将每个 90°角尺的长边研好，再研磨另一个 90°角边的平面，如图 4-23 所示。先将 90°角尺 1 和 2 已研好的一边合在一起，然后将两个 90°角尺一起放在平板上研磨另一边，待密合后，可能 90°角尺的两边不垂直。此时再将 90°角尺 1 和 90°角尺 3 合在一起与精密平板对研，由于这两个 90°角尺都是大于 90°的，因此研磨后，90°角精度都有提高。依次反复循环，最后每个 90°角尺都会达到极高的垂直度，其垂直度一般可达 ±5″。

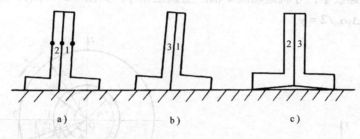

图 4-23　90°角尺的研磨方法

4.6.2　精密螺纹的加工

仪器制造业中，螺纹按用途不同，可分为紧固螺纹、传动螺纹、密封螺纹和读数螺纹；按螺纹的轴向截面不同，常用的有三角形螺纹、梯形螺纹和矩形螺纹。

常见的螺纹加工方法有：车削、铣削、磨削、研磨、攻螺纹、套螺纹及滚压。可视其使用要求、精度高低及生产批量不同选择不同的加工方法。下面重点介绍螺纹的精密加工方法。

1. 螺纹的精密切削

在精密车床上采用单刀切削螺纹是常用的加工方法，其加工精度可达 IT4 ~ IT6 级，表面粗糙度达 $Ra2.5 ~ 0.32\mu m$。

（1）螺纹车削的条件　螺纹车床应具有高精度的轴系、导轨和传动系统（主轴、交换齿轮和丝杠等），其中传动系统的传动链要短，此外，还需要有螺距校准装置。螺纹车刀需经研磨加工，使其具有正确的廓形及锋利的刀刃，并应正确安装。

加工时应采用冷却与润滑措施，并控制切削力不应过大，防止温度和振动对加工的影响。

工件须经预加工及去应力处理，应选用轧制棒料平直部分。基准面应经光整加工，如预先研磨顶尖孔等。

（2）螺纹车削的误差分析

1）螺纹牙型误差 $\Delta\alpha_0/2$：牙型误差主要是指螺纹牙型角 α 误差、牙型半角不对称及牙型轮廓不是直线等。影响螺纹牙型误差的因素有：

① 刀具廓形不准确及磨损：螺纹车刀是成形刀具，其廓形应该与通过工件中心线的轴

向截面中螺纹的牙型一致，若刀具廓形刃磨不正确或因磨损而破坏了原有的正确形状，都会直接影响螺纹牙型的精度。因此，车刀要按要求进行严格刃磨。为了保证廓形的正确，车刀廓形可用角度样板、投影仪或工具显微镜进行检测。此外，刀具的前后刀面的表面粗糙度应研磨到 $Ra0.1 \sim 0.05\mu m$，刀刃的直线度误差应控制在 $2\mu m$ 以内，并应注意改善车刀的工作条件（选择合理的切削用量、消除振动和充分的冷却润滑），以防止其过快的磨损。

② 刀具的安装误差：由于梯形丝杠的螺纹表面（截形的两侧面）为阿基米德螺旋面，其通过丝杠轴心线任一截面上的轮廓都是直线，因此，在车削梯形丝杠时，必须使车刀左右两个主刀刃位于通过丝杠轴线 xy 平面上，并与垂直于丝杠轴线的平面成 $\alpha_0/2$ 角。如图 4-24所示。

如果在车削螺纹中，导轨运动绕 z 轴产生偏摆角 γ，如图 4-24 所示，则引起的半角误差：$\Delta_1\alpha_0/2 = -\Delta_2\alpha_0/2 = \gamma$。

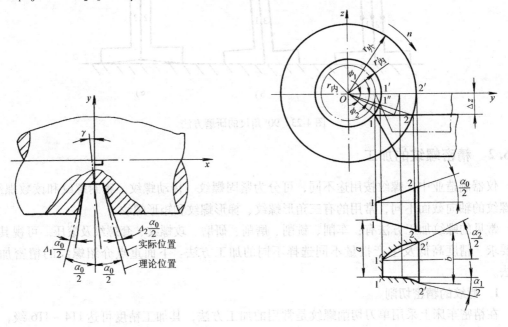

图 4-24　螺纹车刀绕 z 轴偏转角 γ　　　　图 4-25　螺纹车刀沿 z 轴偏移 Δz 的影响

螺纹车刀如沿 z 轴有一定安装误差 Δz，则加工出的工件其螺纹表面就不是阿基米德螺旋面，而是准渐开线螺旋面，其基圆半径为 Δz，故丝杠轴向截面螺纹两侧，不是直线而呈曲线，从而牙形角也产生一定的误差。

由图 4-25 可知，当车刀低于工件轴线水平面 Δz 时，在工件径向水平面上，点 $1'$、$2'$ 都未切到。当工件旋转 ϕ_2 角时，$2'$ 点转到 2 点，开始被切削；而这时的 $1'$ 点才转到 $1''$ 位置，尚未切到。当工件继续旋转到 ϕ_1 角时，这时的 $1'$ 点才转到 1 点，开始被切削。显然 $1'$ 点比 $2'$ 点后切到。另外，当工件旋转时，车刀也在做相应的轴向移动，因此，对于 $1'$ 点和 $2'$ 点来说，由于工件有转角 ϕ_1 和 ϕ_2，使刀具的轴向移动距离不同，它们被切削时，都不在工件的理论位置水平面上，故使螺纹的左右截形都产生了畸变。

设 $1'$、$2'$ 两点在轴向离开其理论位置距离分别为 a 及 b，可通过工件每转一圈，车刀轴向移动一螺距 P 的关系求出，则

$$a = \frac{P}{2\pi}\phi_1 \quad b = \frac{P}{2\pi}\phi_2$$

式中 $\phi_1 = \arcsin\dfrac{\Delta z}{r_{内}}$；$\phi_2 = \arcsin\dfrac{\Delta z}{r_{外}}$

由于 $\phi_1 > \phi_2$，所以 $a > b$。

在螺纹牙槽的左侧，由于 $\alpha_0/2 > \alpha_1/2$，牙型半角误差为负（即角度减小）

$$\Delta_左\frac{\alpha_0}{2} = \frac{\alpha_1}{2} - \frac{\alpha_0}{2}$$

在螺纹牙槽的右侧，由于 $\alpha_2/2 > \alpha_0/2$，牙型半角误差为正（即角度增大）

$$\Delta_右\frac{\alpha_0}{2} = \frac{\alpha_2}{2} - \frac{\alpha_0}{2}$$

可以看出，对直径较小的丝杠，此项误差较大，故应校准螺纹车刀的高度，以减小 Δz 的影响。

2）螺距误差 ΔP：螺距误差有三种类型，如图 4-26 所示，即为局部性误差；周期性误差和渐进性误差。上述三种误差之和即为螺距的综合性误差。产生螺距误差的主要因素有：

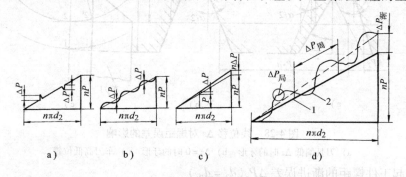

图 4-26　三种螺距误差曲线

a）局部性误差　b）周期性误差　c）渐进性误差　d）螺距综合误差曲线

① 机床丝杠的螺距误差。它将直接反映到被加工螺纹中去，对螺距加工的精度影响最大。通常采用校准装置来消除机床丝杠误差的影响。此外，机床丝杠出现径向圆跳动和轴向窜动时，也相当于它本身的螺距有"周期"性误差，对高精度机床，丝杠的径向圆跳动不应大于 $5\mu m$，轴向窜动不应大于 $2\mu m$。

② 机床传动链误差。在从主轴到丝杠的传动链中，当齿轮有制造误差和安装偏心时，致使丝杠在旋转过程中产生转角误差，造成传动链不精确，从而影响工件的螺距精度。因此精密螺纹车床的交换齿轮要求不低于 5 级精度，齿轮与心轴之间的配合间隙应尽可能小。

③ 床身导轨在水平面内偏斜（或床身导轨与机床前后顶尖连线不平行），会使加工的螺纹产生中径锥度误差，此外，螺距也产生渐进性误差。如图 4-27 所示，若偏斜 Δy 是逐渐增大的，则螺距沿被加工螺纹长度方向逐渐增大，从而产生螺距渐进误差 ΔP_y

$$\Delta P_y = \pm \Delta y \tan\left(\frac{\alpha_0}{2}\right)$$

④ 机床导轨在垂直平面内倾斜，将使车刀与工件中心线不等高，从而引起螺纹牙型误差（与图 4-25 分析相同）和螺距误差。如图 4-28 所示，如果 Δz 是沿工件长度方向逐渐增

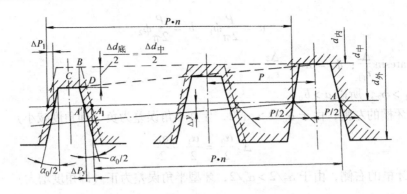

图 4-27　线位移 Δy 对螺距误差的影响

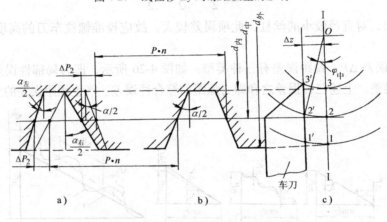

图 4-28　线位移 Δz 对螺距误差的影响

a) 刀具偏低 Δz 时的牙形　b) $\Delta z = 0$ 时的牙形　c) 车刀高低位置

大的，则引起工件螺距的渐进误差 $\Delta P_z\,(d_2 = d_{中})$

$$\Delta P_z = \frac{P}{\pi d_2}\Delta z$$

另外，机床刀具拖板绕 x、y、z 轴的转角误差 α、β、γ，也均会使车刀偏离正确位置，引起螺纹截形和螺距误差。机床主轴的径向圆跳动和轴向窜动也会引起螺距的周期误差，其中主轴的窜动 Δe 将以 1 比 1 的关系直接影响螺距误差 ΔP。

除此之外，加工时的工件受力变形及切削热产生的热变形也会给螺距带来较大的误差。

2. 精密螺纹的磨削与研磨

(1) 螺纹的磨削　螺纹的磨削主要用于淬硬后工件的精加工。磨削螺纹的精度可达 5～6 级（GB/T197—1981），表面粗糙度可达 $Ra0.63～0.08\mu m$。

1）磨削的方法。采用单线砂轮在螺纹磨床上磨削，其加工原理如图 4-29 所示。工件装于两顶尖之间，用拨盘带动做低速转动，工件每转一周时，工作台移动一个导程。砂轮轴线与工件轴线倾斜一螺纹升角 ψ，由于砂轮是成形砂轮，因此其截形应与工件牙型相符。

2）砂轮的修整

① 成形法修整砂轮。此种方法的砂轮修整器结构简单、刚性好，砂轮修整精确，但对直径大的砂轮或直径小的工件，由于螺纹内、外径的螺旋角相差较大，磨削时产生螺纹顶部和根部干涉，这将影响螺纹的磨削精度，如图 4-30 所示。

② 展成法修整砂轮。用展成法修整过的砂轮磨削螺纹时，可避免干涉现象。其砂轮的修整装置如图 4-31 所示，将砂轮修整器装于两顶尖之间，通过磨床拨盘使夹具绕顶尖中心旋转，金刚石 6 尖端相对于砂轮 5 的工作面可做倾斜的直线运动，同时金刚石 6 还作与被磨丝杠一致的螺旋运动（既在夹具体中做旋转，又和磨床工作台一起做轴向运动）。

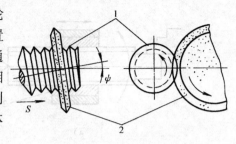

图 4-29 磨削螺纹加工原理图

1—工件 2—砂轮

该法的原理是：修整器上的金刚石运动轨迹构成被磨螺纹的螺旋面，用这个模拟工件的螺旋面去修整砂轮，反过来再用这砂轮去磨削螺纹，牙型既正确，又不会产生干涉畸变。

金刚石 6 的直线运动是靠回转手轮 10，通过丝杠 9 实现的。倾斜角是靠溜板 8 绕回转中心销 4 摆动一牙形半角 $\alpha/2$ 而获得。修整砂轮另一面时，可使用另一套修整器（成对的）去完成。

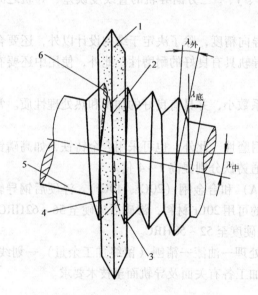

图 4-30 磨削螺纹的干涉现象

1—砂轮 2、4—螺纹根部干涉
3、6—螺纹顶部干涉 5—工件

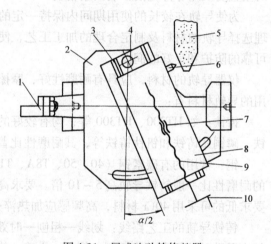

图 4-31 展成法砂轮修整器

1—桃子轧头 2—底座 3—溜板座
4—溜板座回转中心销 5—砂轮 6—金刚石
7—螺母 8—溜板 9—丝杠 10—手轮

（2）螺纹的研磨 研磨螺纹可达 5 级以上的精度，表面粗糙度可达 $Ra0.16\mu m$。

研磨螺纹可在普通车床或专用机床上进行。如图 4-32 所示，将工件（或研具）装夹在机床主轴上做慢速正、反转旋转，研具（或工件）用手扶住做往返移动，同时在工件和研具之间加入一定量的研磨剂，并可通过调整研磨粉的粒度和研磨时手的压力大小来控制研磨量的大小和表面粗糙度的高低。

图 4-32a 为研磨外螺纹时，研具采用一个可调节的螺母。图 4-32b 为研磨内螺纹时，研具采用一个可调节的螺杆。也可采用不可调节的研具直接研磨。研具常用铸铁或铜材制作。

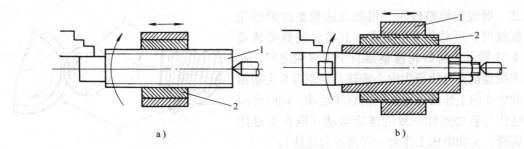

图 4-32　螺纹的研磨

a）研磨外螺纹　b）研磨内螺纹

1—工件　2—研具

4.6.3　导轨的加工

仪器底座上的导轨是保证各部件安装位置和相互运动的导向面。导轨的精度对仪器的精度起决定性的作用。例如：三坐标测量机，其 x、y、z 三方向导轨的直线度误差、导轨之间的垂直度误差等都直接影响测量精度。

为使导轨在较长的使用期间内保持一定的导向精度，除了决定于结构设计以外，还要合理选择导轨的材料及制定合理的加工工艺，使导轨具有良好的耐磨性。此外，使用中还要有可靠的防护和良好的润滑。

仪器导轨的材料，应具有耐磨性好，摩擦系数小，并具有良好的加工和热处理性质。常用的导轨材料有：

铸铁：如 HT200、HT300 等，均有较好的耐磨性。此外，也可采用合金铸铁，如高磷铸铁、磷铜钛铸铁和钒钛铸铁等，其耐磨性比普通铸铁分别提高 1～4 倍。

钢：常用的有碳素钢（40、50、T8A、T10A）和合金钢（20Cr、40Cr）。淬硬后钢导轨的耐磨性比一般铸铁导轨高 5～10 倍。要求高的可用 20Cr 材料，渗碳后淬硬至 56～62HRC；要求低的可采用 40Cr 材料，高频感应加热淬火硬度至 52～58HRC。

铸铁导轨的工艺路线：划线—粗刨—时效处理—油漆—精刨（留终加工余量）—划线、钻有关孔及攻螺孔并修毛刺、倒角—上漆—终加工各有关面及导轨面至技术要求。

上述各工序完工后一般均需检验。

导轨面的终加工方法有：导轨面在粗刨、精刨后采用细刨——"刮花"或刮研、或磨削等。

（1）细刨——"刮花"　此法对大型仪器的导轨较合适，生产率较高。可在精度较高的龙门刨床上，采用比一般刨刀粗糙度值低的宽刃刨刀进行细刨，刨削后在导轨面上进行"刮花"加工。

（2）刮研　刮研导轨时用刮研板和平尺进行，刮研板和平尺是基准件，刮研板长度愈大，导向面所得精度也愈高，通常刮研板长度为导轨件宽度的 2～2.5 倍。刮研用的平尺应具有足够的刚性，并且要比导向面稍长。

刮研导轨面的特点：

1）取得表面（或组合面）之间的位置精度比较容易，不必用特殊的工艺装备。

2）当导轨结构特点不能用其他方法精加工时，可用这种方法精加工。

3）此法具有导轨变形小、精度高、表面美观等优点。

4）手工刮研劳动强度高，生产率低。

（3）磨削　以磨削法精加工导轨，能经济地得到较好的精度和较低的表面粗糙度值，而且可对淬硬的导轨做精加工。

（4）研磨　研磨加工和刮研相似，其区别是用油石代替刮刀。

习题与思考题

4-1　什么是精密加工与超精密加工？它们各有哪些主要的加工方法？其特点是什么？

4-2　简述实现精密加工的条件。

4-3　仪器仪表中，常见的型面零件可划分为几类？主要的加工方法有哪几种？

4-4　机械加工工艺过程为什么通常划分加工阶段？各加工阶段的主要作用是什么？

4-5　何谓工序集中与分散？各有何特点？

4-6　精密磨削加工使用的砂轮有哪些主要的特性？应如何选择？

4-7　试简述精密磨削和超精密磨削加工出高精度工件表面的机理。

4-8　超精密磨削与精密磨削和一般磨削相比有哪些特点？

4-9　分析金刚石超精密切削的机理及其应用范围。

4-10　实现高精度低粗糙度值磨削的基本工艺条件是哪些？它与研磨等光整加工方法相比较具有哪些特点？

4-11　光整加工的主要目的是什么？它能否提高被加工表面与其他表面之间的相互位置关系？为什么？

4-12　试述研磨加工的机理及特点。

4-13　试述珩磨的机理及特点。

第5章 特种加工

20世纪中期，随着科学技术的进步和工业生产的快速发展，对工业产品的性能提出了更高的要求，产品零件的结构更加复杂、形状特殊、精密微细，而使用的材料也越来越广泛和特殊。对于这样的产品传统的加工方法已经不能胜任，从而产生和发展了特种加工方法。

所谓传统加工方法主要是利用机械能通过刀具的切削而去除工件材料的加工方法。特种加工是利用了机械能以外的能量（电、热、光、声、化学能等）来实现工件材料的去除。生产中常用的特种加工有电火花加工、电化学加工、激光加工、超声波加工、高能粒子束加工、等离子弧加工等。

特种加工有其区别于传统切削加工的特点：①加工中工具不与工件接触，没有切削力的影响，工具硬度可以低于工件材料的硬度；②加工能量容易控制；③便于实现特殊形状零件加工及微细加工；④机床运动简单。

特种加工的发展在某些方面对传统机械加工工艺产生了重大影响，突破了产品设计中的某些传统定式，为新材料的推广应用开辟了新的有效手段。特种加工是正在发展中的新技术，在很多方面还有待深入研究和完善，但是相信它必将在未来的机械制造业中发挥越来越大的作用。

5.1 电火花加工

电火花加工又称放电加工或电蚀加工。它是利用工具电极和工件电极之间的脉冲火花放电所产生的局部瞬时高温使工件材料被熔化及汽化蚀除下来的一种加工方法。电火花加工按照工艺方法可以分为如下几类：电火花穿孔成形加工、电火花线切割加工、电火花磨削、电火花同步共轭回转加工、电火花表面强化与刻字五类。前四类是改变工件的形状和尺寸的加工，最后一类主要是改善或改变表面性质的加工。在这几类加工中，生产上应用最广泛的是电火花穿孔成形加工和电火花线切割加工。

5.1.1 电火花成形加工

1. 基本工作原理

电火花成形加工的原理如图5-1所示，工件4与成形工具3分别接在脉冲电源的两个输出电极上，并同时浸入具有绝缘性能的工作液中，通过机床的自动进给调节系统，使工具和工件始终保持一定的间隙。当加在工件电极和工具电极之间的脉冲电压升高至大于间隙中液体介质的绝缘强度时，该处液体介质被击穿并产生火花放电。在放电的微小局部区域，放电产生的瞬时高温（可达10000℃以上），使工件和工具表面局部金属被熔化和汽化而被蚀除掉一小部分，形成一个小的凹坑。放电结束，工作液恢复绝缘后，下一个脉冲电压又会使两极之间绝缘最弱处被击穿放电，如此循环往复，在相当高的频率下，不断地重复放电使工件表面形成无数个小凹坑而得到加工。工具电极不断地向工件进给，就可以将工具的轮廓形状复制在工件上，加工出所需的零件形状、尺寸。

电极表面材料被蚀除的过程是由：极间工作液介质电离、击穿，形成火花放电；电极材料的熔化、汽化，工作液介质的汽化、分解；电蚀产物的抛出；电极间消除电离恢复绝缘这样一些连续阶段组成。

在电火花加工过程中，工具电极和工件表面必须保持一定的间隙。通常为几微米到几百微米。如果间隙过大，脉冲电压不能击穿极间绝缘介质，不能产生火花放电。间隙过小，电极容易接触发生短路。

电火花加工必须采用脉冲电源，由于放电时间短（$10^{-7} \sim 10^{-3}$ s），可以使绝大部分热量局限在很小的加工区内。如果是连续长时间放电，就会形成电弧放电，使工件表面大面积烧伤熔化，不能实现一定尺寸的精密加工。

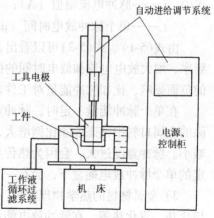

图 5-1　电火花成形加工原理图
1—脉冲电源　2—自动进给调节装置　3—成形工具
4—工件　5—工作液　6—工作液泵　7—过滤器
8—工作液箱

在两次脉冲放电之间应有足够的脉冲间隔，可以保证每一次脉冲放电后，间隙中的介质充分完成消电离，电蚀产物（金属微粒，碳粒等）及时排除出电极间隙。

电火花成形加工是在工作液中进行。要求工作液必须具有良好的绝缘性能（$10^4 \sim 10^7 \Omega \cdot cm$）和化学稳定性，工作液还可以带走电蚀产物，冷却工具电极和工件表面。

电火花成形加工机床主要由四大部分组成，如图 5-2 所示。

（1）电源　应采用单向脉冲电源，主要参数的调节范围要广。

（2）自动进给调节系统　可以自动调节工具电极相对工件的运动，维持一定的放电间隙，使电火花加工可以连续正常进行。

（3）机床　用来装夹工件、工具电极，并能对它们相互位置进行调整的机械系统。

（4）工作液循环过滤系统　用来对工作液进行过滤净化，带走一部分余热。

2. 影响电火花成形加工的工艺因素

电火花加工中，材料被电蚀的过程是个十分复杂的过程。研究各种因素对放电腐蚀的影响对提高电火花加工的生产率和加工精度有重要意义。

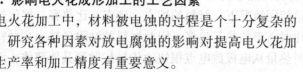

图 5-2　电火花成形加工设备

（1）影响材料放电腐蚀及加工速度的主要因素

1）极性效应。电火花加工过程中，无论正极还是负极都受到瞬时高温的作用，材料都会被电蚀，只是电蚀的程度各不相同。材料相同的两个电极电蚀量不一样的现象叫做极性效应。如果两电极材料不相同，则极性效应更为复杂。

在电火花放电过程中，正极和负极分别受到电子和离子的轰击而获得能量。由于电子质量小，在短时间内即可获得很高的加速度和速度。因此，当采用窄脉冲加工时，电子轰击传给正极的能量大于离子轰击负极的作用，正极的蚀除量大于负极。这时，工件应接在正极上，工具接在负极上，这种加工方式称为正极性加工。当采用宽脉冲加工时，正离子有足够的时间加速，质量又较大，因此对负极的轰击动能大，负极的蚀除量将大于正极。这时，工件应该接在负极上，工具接在正极上，称为负极性加工。

为了提高生产率和降低工具电极的损耗，应该充分利用极性效应，合理选择加工极性和脉冲宽度。这也是电火花加工采用单向脉冲电源的原因。

2）脉冲参数。电火花加工时，单个脉冲的蚀除量与单个脉冲能量在一定范围内近似成正比关系，因此在某一加工时间内，总的电极蚀除量可以用如下公式表示

$$Q = K W_M f \varphi t \tag{5-1}$$

式中　Q——总蚀除量；

　　　W_M——单个脉冲放电能量；

　　　f——脉冲频率；

　　　t——加工时间；

　　　K——与电极材料，脉冲参数，工作液等有关的工艺系数；

　　　φ——有效脉冲利用率。考虑加工中有些脉冲不能产生火花放电（如间隙过大、过小时）而引入的参数。

单个脉冲放电能量与极间放电电压、放电电流和放电持续时间有关，在用纯铜电极加工钢工件时，单个脉冲能量可近似表示为

$$W_M = (20 \sim 50) \hat{i}_e t_e \tag{5-2}$$

式中　$\hat{i}_e$——脉冲电流幅值（A）；

　　　t_e——单个脉冲放电时间（μs）。

由式(5-1)、式(5-2)可以看出，如果仅仅为了提高电蚀量和生产率，可以采取提高脉冲频率、增大放电电流和放电时间的措施。但在实际加工中还要顾及这些参数对其他方面造成的负面影响，比如脉冲能量对工件表面粗糙度的影响，脉冲间隔对加工稳定性的影响等。

在单个脉冲能量一定时，脉冲宽度过小，脉冲电流幅值将很大，热量过于集中，会使蚀除的金属材料中气态蚀除比例增大，金属因汽化而消耗掉很大的能量，反而使材料的蚀除量减小。脉冲宽度过大，会因为热传导扩散而损失大量的热量，也会使电蚀量减小。因此在一定的单个脉冲放电能量下，会有一个最佳脉宽使电极电蚀量最大。

3）金属材料的热学物理常数。材料的热学物理常数是指熔点、沸点、热导率、比热容、熔化热、汽化热等。在脉冲放电能量相同情况下，材料的熔点、沸点、比热容、熔化热、汽化热越高，单位质量金属熔化和汽化时需要的热量越多，因此材料的蚀除量越小。材料的热导率大，会把火花放电时产生的瞬时热量从电极放电点很快地传导扩散到其他部位，而减少了放电点处的电蚀量。

钨、钼、石墨等材料熔点、沸点高，因此很难蚀除。铜的熔点、沸点虽然较低但导热性好，所以也很难电腐蚀，因此这些材料可用做工具电极材料。考虑加工难度和加工成本，生产中多采用铜和石墨等材料作为工具电极。

4）工作液。工作液对放电蚀除过程有很大的影响。电火花成形加工目前主要采用的工

作液有机油、变压器油、锭子油、煤油等，不同性质的工作液对电蚀量的影响不相同。绝缘性能好且密度、黏度大的工作液有利于压缩放电通道，使放电电能量集中在很小的范围内，可以增大电蚀量，但不利于电蚀物的排出，影响加工的稳定性，这种工作液适合用于粗加工，加工中多选用机油。在中、精加工时，脉冲能量小放电间隙小不利于排屑，因此要求工作液黏度小、流动性好、渗透性好，多选用煤油。

影响放电腐蚀的因素会直接对加工速度产生很大的影响。加工速度或称生产率是指单位时间内工件的电蚀量。如前所述，充分利用极性效应，选择最佳脉冲宽度（放电时间），将有利于工件的电蚀。由式(5-1)可知，提高脉冲频率，增大单个脉冲能量及提高工艺系数 K 可使电蚀量增大，这些都与提高加工速度有直接关系。

但是在考虑如何提高加工速度的同时，也必须注意相关因素对其他方面的影响。提高脉冲频率就将缩短脉冲间隔，这将不利于放电后工作液的消电离及电蚀产物的充分排除，其结果是易形成电弧放电影响加工的稳定性，降低了有效脉冲利用率；增加单个脉冲能量将使工件表面粗糙度值增大。所以当表面质量及加工精度要求较高时，特别是精加工时不宜采用太高的加工速度。

（2）影响加工精度的主要因素　影响加工精度的因素很多，除去机床精度、工具及工件的定位安装误差这些机械加工方面的因素外，从电火花成形加工工艺角度考虑主要是放电间隙，电极间二次放电，以及工具电极损耗的影响。

1）放电间隙。在电火花加工中，要求工具电极与工件电极之间存在一定的放电间隙，因此工具的轮廓尺寸应比工件最终要求的尺寸减小一个放电间隙的值。在电火花成形加工中采取措施保持放电间隙的稳定不变，就可以保证工件的尺寸达到我们所要求的精度。但在实际加工中，较难保证间隙的稳定和一致性，最终影响了工件的加工精度。另外间隙的大小对工件加工精度的影响也不同，间隙大对精度的影响就大，因此精加工时应采用较小的放电间隙。

精加工的放电间隙一般为 0.01mm，粗加工时可达 0.5mm 以上。

2）二次放电。由于间隙内存在电蚀产物因此在已加工的表面上会由此而引发二次放电。随着不断向下加工，侧面间隙排屑变得困难，工件上部较多的电蚀产物使二次放电机会增大，导致工件深度方向的斜度增大，影响了工件的形状精度。

3）工具电极的损耗。在加工中因脉冲放电，工具的端面和侧面都会受到损耗。随着加工的深入，工具电极的下部分经历的加工时间长损耗大，即使不考虑二次放电的影响，工件也会因电极的损耗而形成加工斜度。二次放电及工具损耗对工件斜度的影响如图 5-3 所示。

工件上很难加工出尖角和棱边。这是因为工具尖角处易产生尖端放电，工具的尖角很快被蚀除成圆角。另一方面放电间隙各处的大小是相等的，因此即使工具仍有尖角，

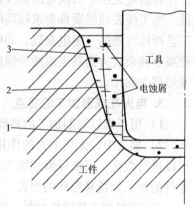

图 5-3　加工斜度的形成

1—电极无损耗时工具轮廓线　2—电极有损耗而不考虑二次放电时的工件轮廓线　3—电极有损耗并存在二次放电的工件轮廓线

在工件上也只能加工出半径为间隙值的圆弧。

加工中电蚀产物会在电极表面上生成覆盖层，对电极的损耗起保护和补偿作用。合理利用覆盖效应就可以降低工具电极的相对损耗。

采用较大的脉冲宽度和较小的脉冲电流及控制脉冲电流的上升率，加之工具电极材料良好的热传导作用，可以使工具电极放电点处的瞬时温度不致太高而减小电蚀损耗。

合理地选用工具电极材料，也是降低工具电极损耗应十分注意的问题。这些在前面已经有过讨论。

电火花的加工精度可达 $0.01 \sim 0.05\text{mm}$。

（3）影响表面质量的主要因素

1）表面粗糙度。电火花成形加工工件表面粗糙的成因与金属切削加工不同，它是由无数的电蚀小凹坑重叠而成。因此，影响表面粗糙度的主要因素是单个脉冲能量及工件材料的热物理常数，在相同的脉冲能量下熔点高的材料表面粗糙度值要小。电火花成形加工中，既要减小工件的表面粗糙度值又要提高生产率是一件很困难的事，往往是当加工速度成倍降低，工件表面粗糙度值却只能稍有减小，通常情况下电火花加工表面粗糙度可达到 $Ra2.5 \sim 0.63\mu\text{m}$。

2）表面变质层。经电火花加工后，工件表面由于受到放电瞬时高温及工作液的快速冷却作用发生了很大的变化，形成了熔化层和热影响层。

熔化层位于工件表面最外层，是经过高温熔化而后又凝固形成的，它的金相组织已经与基体金属完全不同，并含有气孔、碳化物及其他夹杂物。熔化层因与内层的结合不牢固，在交变载荷作用下易磨损剥落。

热影响层位于熔化层之下与基体金属之间与基体材料的界限并不明显。这一层金属虽未熔化，但在高温作用下金相组织也发生了变化。

电火花加工中工件表面在瞬时高温并迅速冷却收缩的作用下会产生一定的拉应力，导致工件表面熔化层中出现显微裂纹甚至会扩展到热影响层中，因此其疲劳强度比切削加工表面低。当工件表面层质量要求较高时，可采用小的电规准（指电火花加工中，为达到一定的工艺指标所需的一组电参数，如电压、电流、频率、脉宽、极性等），或通过回火、喷丸处理减小残余应力提高表面疲劳强度，甚至可以通过研磨、抛光等方法将电火花加工后的表面变质层去除掉。

3. 电火花成形加工的特点

1）用于难以切削加工的高硬度、高强度金属材料的加工。

2）加工中，无切削力的作用。因此工具电极可以用比工件软的材料且制造比较容易；可以进行微孔、窄槽等微细加工和低刚度工件的加工；可利用其仿形复制的原理使复杂形状零件的加工如特殊形状的型孔、型腔等变得简单。

3）适宜加工热敏性材料。因为脉冲放电时间极短，工件表面受热的影响很小，不致因热而产生变形。

4）脉冲参数调节范围广，在同一台机床上，通过改变电规准可以连续完成粗、中、精加工。

但是电火花成形加工方法在应用中也存在如下的局限性：

1）加工速度慢，生产率低。特别是精加工时，为了顾及工件的表面质量，加工速度会更低。

2）工具电极存在损耗，影响成形精度，工件尖角的最小半径受到限制。

4. 电火花成形加工的应用

由于电火花成形加工具有上述不同于传统机械加工的特点，因此在航天、航空、仪器仪表、精密机械、轻工等各个领域得到广泛的应用。

（1）电火花穿孔加工　电火花穿孔加工可以应用在冲裁模、拉丝模、粉末冶金模、挤压模等各种精密零件和模具的圆孔、异形孔及小孔、深孔的成形加工。穿孔加工的精度主要决定于工具电极的尺寸精度及放电间隙。

工具电极的精度一般不低于 IT7，表面粗糙度小于 $Ra1.25\mu m$。在加工冲模的凹模时，工具电极的精度和表面粗糙度都要比工件高一级，工具电极参与加工的部分应有足够的长度，可以用后面损耗很小的部分对型孔加以修正。为了提高生产率，工具电极可以加工成阶梯形。在初期的粗加工阶段用较小截面的部分，配以强电规准蚀除掉大部分余量，然后再用上部截面较大部分完成精加工。

电火花的放电间隙主要由加工中采用的电规准确定。由粗加工到精加工的过程中适时合理地依次转换强、中、弱三种电规准对保证加工质量同时提高生产率十分有利。

（2）电火花型腔加工　型腔加工包括型腔模具和型腔零件的加工。广泛应用的型腔模有锻模、压铸模、胶木模、塑料模、挤压模等。型腔的加工要比穿孔加工困难。由于它属于盲孔加工，工作液循环困难，电蚀产物不容易排除，型腔加工中加工面积可能有很大变化，对不同的加工情况电规准要做不同的选择和调整，因此操作复杂。另外，电极各部分损耗不均匀，且损耗后不能像穿孔加工那样通过电极的送进对精度进行修正，只能采用更换电极的方法，因此对电火花型腔加工工艺方法提出了更高的要求。

型腔电火花加工常用的工艺方法主要有以下三种。

1）单电极平动法：这种方法采用一个成形电极，只进行一次安装定位即可完成形腔的粗、中、精加工。首先通过粗加工使型腔基本成形，然后在半精、精加工过程中使工具电极相对工件做微小的平面小圆运动，如图 5-4 所示。并逐步由强到弱地转换电规准，同时根据电规准依次加大工具电极的平动量 S_n，使工具电极与工件间保持与电规准相对应的放电间隙 S，从而实现型腔的侧面修光，完成整个型腔的加工。加工精度可达到 $\pm0.05mm$。

由于电极的平面运动改善了排屑条件，有利加工过程稳定，工具电极的损耗也较为均匀。但是由于电极的平动，型腔加工精度不高，特别是难以加工出型腔清晰的棱角。

采用数控电火花加工机床可以使工具共同作微量移动，移动轨迹可以是小圆、方形、十字形等（通常称为摇动），不但可以加工出清晰的棱角，而且更适应复杂型面的侧面修光需要。

2）多电极更换法：这种加工方法是采用多个电极在粗、中、精加工时依次更换使用。多电极更换法仿型精度高，适合多尖角、窄缝的型腔加

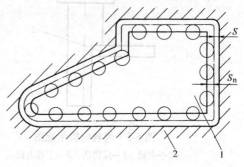

图 5-4　单电极平动法电极运动轨迹
1—工具电极　2—工件

工。但是要求多个电极的制造精度、更换时定位精度高。

3）分解电极法：这种加工方法是根据型腔的几何形状，把整个电极分解成主型腔部分和副型腔部分分别制造。型腔加工时，先用主型腔电极加工出主型腔，然后用副型腔电极加工出尖角、窄缝等部位。

这种方法简化了复杂形状电极的制造。但是电极更换时定位精度要求较高。目前采用3～5坐标数控电火花加工机床，可以实现电极和电规准的自动更换和转换，定位精度也容易得到保证。

（3）小孔加工　这里所指小孔一般直径在0.1～2mm，深径比20以上。这类小孔的加工应属精密、微细电火花加工。

这类小孔的加工在工具电极的选择及排屑方式上都有其特殊之处。工具电极应选择刚度大、容易调直、加工稳定性好、相对损耗率小的材料如黄铜、铜钨合金、钨丝、钼丝等。

小孔加工排屑更加困难，容易引起加工的不稳定，在小孔加工中应采取一些措施改善排屑条件。可以采用电火花反烤工艺，将实心电极沿轴向修烤掉一部分，约为直径的1/6～1/8，如图5-5所示。小孔加工时机床主轴带动这种修烤过的工具电极回转，加工区域始终有一个通往外界的通道，有利于电蚀产物的排出。也可以采用电磁振动头或超声振动头，使工具电极或其端面产生轴向高频振动的加工方法。对孔径稍大的小孔，可以采用空心电极，工作液强迫循环排除电蚀产物。近年来出现的高速小孔加工就是利用一个双孔管状电极。加工中管状电极旋转并轴向进给，同时在管中通入高压水基工作液，如图5-6所示。工作液可以迅速将电蚀产物排除，使加工速度极大地提高，一般可以达到60mm/min。

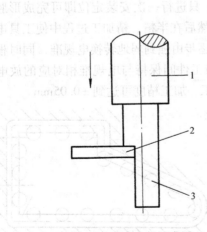

图5-5　烤扁电极示意图
1—主轴　2—反烤块　3—工具电极

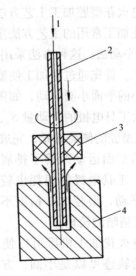

图5-6　电火花高速小孔加工示意图
1—高压工作液　2—管电极　3—导向器　4—工件

异形小孔的加工与圆形小孔的加工是一样的，需要解决的主要问题是异形工具电极的制造和异形电极的安装定位。

5.1.2 其他电火花加工

1. 电火花小孔磨削

一些直径很小且很深的孔，工件材料加工性能又很差，对这类小孔的精加工用机械磨削的方法很难进行，而用电火花磨削或镗磨的方法可以满足加工要求。电火花磨削时用纯铜、黄铜、钼丝等做的工具电极代替磨轮，依靠火花放电去除材料而没有切削作用。

如图 5-7 所示，小孔磨削加工时，工具电极和工件存在如下的运动：工具电极和工件各自的旋转运动、工具电极或工件的轴向往复运动、工具电极或工件的径向进给运动。

电火花镗磨的运动与磨削略有不同，镗磨时工具电极没有旋转运动。电火花镗磨小孔的圆度可达 $0.003 \sim 0.005 \text{mm}$，表面粗糙度小于 $Ra0.32\mu\text{m}$。

小孔磨削、镗磨可以用来加工小孔径的弹簧夹头、钻套的内孔、冷挤压摸深孔、微型轴承的内环等。

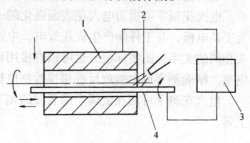

图 5-7 电火花磨削示意图
1—工件 2—工作液 3—脉冲电源 4—工具电极

2. 电火花同步回转精密加工

图 5-8 所示是用这种方法加工内螺纹的示意图。加工中工件与工具电极分别绕各自轴线同步同方向转动，两者之间无轴向位移，同时工件相对工具电极径向送进并维持合理的放电间隙。经火花放电在工件上复制加工出与工具电极螺纹相同的内螺纹。

电火花同步回转加工可以用来制造精密内、外螺纹，螺纹环规，螺纹板牙，滚丝模等，加工精度可达微米级，表面粗糙度 $Ra0.2 \sim 0.063\mu\text{m}$。

3. 电火花表面强化和刻字

电火花表面强化是一种对工件表面进行强化处理的工艺方法。这种方法是利用工具电极和工件在空气中或其他气体介质中火花放电完成的，如图 5-9 所示。工具电极在振动器的带动下做频繁的振动（50Hz 或 100Hz），与工件表面不断发生短路、开路的变化。当电极接近工件表面时，发生火花放电，使工具电极和工件材料熔化、汽化被抛出。振动中电极以一定

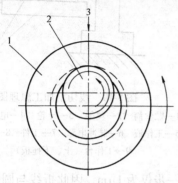

图 5-8 同步回转加工内螺纹示意图
1—工件 2—工具电极 3—进给方向

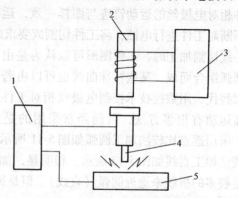

图 5-9 电火花表面强化原理图
1—脉冲电源 2—振动器 3—振动器电源 4—电极 5—工件

的压力压向工件，使熔化的材料互相粘结、扩散、化合形成溶渗层。当工具电极离开工件表面时熔化层很快冷凝，一部分电极材料就被粘结覆盖在工件上而使工件表面得以强化。随着工具电极不断的移动，就可以使整个工件表面形成一层强化层。

选择不同材料做工具电极，可以使工件表面强化层具有不同的特性。工件表面层强化后，可以使表面硬度、耐磨性、耐蚀性、疲劳强度等得到改善和提高。

电火花强化工艺可以广泛用于模具，刃具、量具及凸轮、导轨等零件的表面强化。

电火花刻字可视为电火花表面强化的一种应用。用铜或铁板制成图案、文字等的字头作为工具电极，与工件间产生火花放电，电蚀产物便会镀覆在工件表面上，形成与工具电极字头相同的文字，图案标记。也可以直接用钼丝、钨丝作为工具电极，并做成可以手控的刻字电笔。精确刻字可由缩放尺或靠摸控制电极丝实现仿形刻字。

电火花刻字可用在金属产品表面的刻字、刻划、图案、印记等，如在刃具、量具、轴承上等。

5.1.3　电火花线切割加工

电火花线切割加工与电火花成形加工同为电火花加工。因此在放电蚀除原理、工艺规律、加工特点、应用等方面都存在着一些共性，但是电火花线切割加工仍然具有其特殊之处。

1. 线切割加工原理

电火花线切割加工与电火花成形加工的基本原理相同，只是线切割加工是利用一根金属丝（钼丝或铜丝）作为工具电极，与工件之间进行电火花放电而完成加工。

如图 5-10 所示，电火花线切割加工过程中，做往复直线运动的电极丝在加工区通过，并在加工区中连续不停地注入工作液。电极丝与工件接在脉冲电源上，在脉冲电压作用下，发生火花放电，将电极丝附近的工件金属电蚀掉。工件固定在机床的工作台上，在控制系统作用下工作台在水平面内可以沿 x、y 两个坐标方向位移，从而带动工件合成各种曲线运动。工件相对电极丝的运动轨迹与图样一致，运动中电极丝不断对工件进行电蚀，将工件切割成要求的形状。

线切割加工时，工件图形可以认为是由直线及若干圆弧组合而成，某些特殊曲线也可以由若干圆弧来近似替代。用数控技术控制电极丝相对工件的直线及圆弧运动有很多方法，目前经常采用的是逐点比较法。采用逐点比较法加工圆弧如图 5-11 所示；用逐点比较法加工直线如图 5-12 所示。很明显，加工结果是用足够多的折线来逼近圆弧（直线）。但是因为每移动一步仅为 $1\mu m$，因此折线与圆弧（直线）的误差很小。

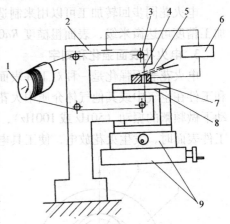

图 5-10　线切割加工原理图
1—贮丝筒　2—丝架　3—导轮　4—电极丝
5—工作液　6—脉冲电源　7—工件　8—夹具
9—工作台（上、下拖板）

2. 线切割加工设备

按电极丝运行速度的不同，电火花线切割机床可以分为高速走丝线切割机床和低速走丝

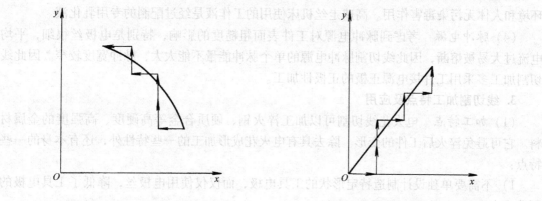

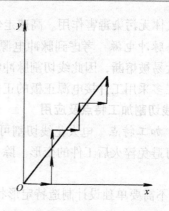

图 5-11　逐点比较法加工圆弧　　　　　　　图 5-12　逐点比较法加工直线

线切割机床。高速走丝线切割机床的电极丝工作时作高速往复运动，走丝速度一般为 8～10m/s。电极丝可以反复使用。高速走丝的运行方式为我们国家首创，我国生产和使用的多为这种类型的机床。低速走丝线切割机床的电极丝工作时作低速单方向运动，走丝速度可低于 0.02m/s，电极丝只使用一次，是国外主要生产和使用的机种。这里主要介绍高速走丝线切割机床。

电火花线切割加工设备主要包括机床本体、控制系统、工作液循环系统、脉冲电源、机床附件等几大部分。

（1）机床本体　由床身、坐标工作台、走丝机构等组成。

1）坐标工作台包括上、下两个拖板，一个为 x 方向运动，一个为 y 方向运动，形成纵横"十"字形。每个拖板由一个步进电动机驱动。为了保证工件的加工精度，对坐标工作台和传动链的精度、刚度、耐磨性等有较高的要求。

2）走丝机构用来带动电极丝以一定的速度运动。电极丝是由电动机带动的贮丝筒来驱动的。电极丝整齐地密排卷绕在贮丝筒上，并获得一定的张力。贮丝筒可以做正、反两个方向的转动，使电极丝在贮丝筒上往复地卷绕、松开。工作中，电极丝经过丝架上支撑导轮的换向后，通过加工区实现往复的直线运动。高速走丝机床中主要使用抗拉强度高有一定韧性的钼丝。

坐标工作台、走丝机构被安装在床身上，床身为箱形铸件，有足够的刚度和强度。

（2）控制系统　目前绝大部分电火花线切割机床都是采用数字程序控制，而采用微型计算机的数控系统（CNC）又成为主要的数控方式。控制系统的主要作用是按加工要求对电极丝相对工件的运动轨迹进行自动精确控制，并且还可以对进给速度、电源、走丝机构、工作液循环系统等进行加工控制，以及实现故障停机、安全自检等功能。

近年来已经实现了 CAD/CAM 技术在线切割机床上的应用。只需要直接在计算机屏幕上绘出零件图样，通过一定的软件处理直接控制线切割机床的加工，并在屏幕上实时、同步显示加工进程。

（3）工作液循环系统　为了能够顺利地将电蚀产物排除，保证加工的稳定，加工设备需要配备工作液循环过滤系统，为加工区火花放电间隙提供清洁的工作液。高速走丝线切割机床采用浇注式的方法供液。工作液要求有一定的绝缘性能（$10^3～10^4\Omega\cdot cm$）；有一定的浸润性，便于渗入窄缝中；具有较好的吸热，传热性能，可以对电极丝及工件进行冷却；对环境和人体无污染毒害作用。高速走丝机床使用的工作液是经过配制的专用乳化液。

（4）脉冲电源　考虑到脉冲电源对工件表面粗糙度的影响，特别是电极丝很细，平均电流过大易被熔断，因此线切割脉冲电源的单个脉冲能量不能太大，脉冲宽度较窄。因此线切割加工多采用工件接电源正极的正极性加工。

3. 线切割加工特点及应用

（1）加工特点　电火花线切割可以加工淬火钢、硬质合金等高硬度、高强度的金属材料。它可避免淬火后工件的变形。除去具有电火花成形加工的一些特性外，还有本身的一些特点：

1）不需要单独设计制造特定形状的工具电极，而仅仅使用电极丝，降低了工具电极的制造成本。

2）通过 CNC 控制，可以很方便地加工出形状复杂的零件。

3）能加工细小、窄缝工件，加工内角半径可达 0.02mm。

4）线切割属于轮廓加工，蚀除材料很少，材料利用率高，特别对贵重金属有一定的经济意义。

5）加工中电极丝不断往复移动，电极丝损耗小，对加工精度的影响可以忽略不计。

6）线切割不能加工型腔、盲孔类零件。

（2）应用

1）可用于冲裁模具的加工。在一定的工艺措施下，通过一次编程就可以切割出具有一定的配合间隙、精度符合要求的凸、凹模及它们各自的固定板。

2）可用于挤压模、拉丝模、粉末冶金模、塑压模等带锥度的模具加工以及成形刀具和样板的加工。

3）可用于电火花成形工具电极的加工。特别是铜钨合金等难以用普通切削方法加工的工具电极更显经济。

4）加工形状复杂的高硬度材料零件，加工微细狭窄异形的孔、槽等。在新产品试制中，某些零件不必通过另行制造模具，而采用线切割加工方法，大大缩短了加工周期，降低了成本。

5）加工三维直纹曲面。电火花线切割一般只能加工二维曲面。但只要再增加一个回转工作台附件，即可加工由直线组成的三维直纹曲面，如图 5-13 所示。

高速走丝线切割加工精度可达到 0.01 ～ 0.02mm 左右，表面粗糙度一般可达到 $Ra5 \sim 2.5\mu m$。

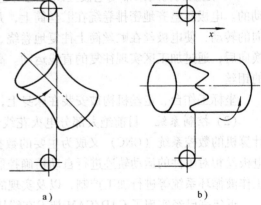

图 5-13　电火花线切割加工直纹曲面
a）加工双曲面　b）加工回转端面曲线或端面凸轮

5.2　电化学加工

将两块金属分别接到直流电源的两极上并浸入电解液槽中，接通电源后，两金属电极之间发生导电现象。接在阳极上的金属发生氧化反应，金属原子失去电子变为正离子进入电解液中，阳极金属逐渐被溶解。而在阴极上，金属离子会获得电子变为金属原子而沉积在阴极表面，在阴极上发生还原反应。这种通电后，由于电子的得失，在阳极发生阳极氧化溶解在阴极发生还原沉积的反应称为电化学反应。利用电化学反应原理进行的加工称为电化学加工。

根据电化学反应机理，电化学加工包括两大类。一类是利用阳极金属发生氧化溶解而使金属材料被除去的加工，如电解加工、电化学抛光；一类是利用阴极还原反应使金属沉积、镀覆的加工，如电镀、涂覆、电铸等。在实际生产中还有一类是将电化学加工与机械加工相结合而形成的电化学机械加工，如电解磨削等。

5.2.1 电解加工

1. 电解加工的基本工作原理

电解加工是利用金属在电解液中发生电化学阳极溶解而去除金属材料的一种加工方法。如图 5-14 所示，电解加工时，作为工件的金属接在直流电源正极（阳极）上，作为工具的金属接在直流电源的负极（阴极）上。正、负极间保持一个很小的间隙（0.1 ~ 1mm）。在电极间隙中通过一定压力（0.5 ~ 2MPa）的电解液。接通电源后，工件阳极的金属被氧化溶解，溶解物被高速流过的电解液带走。工具阴极不断向工件阳极靠近，工件表面的金属不断被电解蚀除。加工开始时，工具阴极与阳极金属表面之间各处的距离不相等，如图 5-15a 所示。距离近的地方电流密度大，电解液流速高，该处工件表面金属溶解就快。相反，距离较远的工件表面金属溶解就慢。随着工具电极的不断送进，工件表面各处会以不同的速度溶解，经过逐渐的电解蚀除就形成与工具电极相同的形状，如图 5-15b 所示。

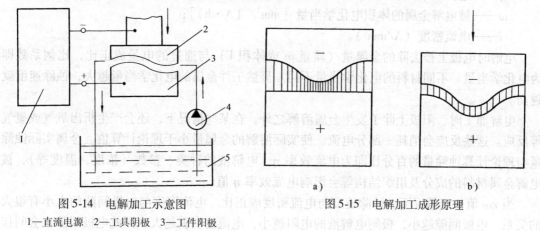

图 5-14 电解加工示意图　　　　　　　图 5-15 电解加工成形原理
1—直流电源　2—工具阴极　3—工件阳极
4—电解液泵　5—电解液

2. 电解液及加工设备

（1）电解液　电解加工中电解液所起的主要作用是在外电场作用下作为传送电流的导电介质。为充分发挥电解液的作用，对电解液提出以下要求：

1）应有利于阳极金属高速溶解，有利于提高电流效率。电解液中的电解质应有较高的溶解度、离解度和电导率。电解液中的阴离子应能避免在阳极上出现析氧等反应消耗一部分电流，使得用于阳极金属溶解的电流减少。

2）应能避免溶液中金属阳离子在阴极表面上沉积析出而改变工具阴极形状和尺寸。

3) 一般情况下应使阳极产物形成不溶性化合物，便于电解液使用后的处理。

4) 使用安全、腐蚀性小、黏度低、价格便宜。目前生产中常使用中性电解液，如 $NaCl$、$NaNO_3$、$NaClO_3$。它们较之酸性和碱性电解液腐蚀性小，较安全。

在生产实际中，电解液要根据工件材料、加工精度、生产率的要求综合考虑选择。

（2）加工设备 电解加工的基本设备主要有机床、直流电源、电解液系统。

机床用来固定安装夹具、工件（阳极）、工具（阴极）。机床的主轴、工作台在工作中要承受电解液强大的压力，因此应有足够的刚度。机床要保证工具进给速度的稳定，使工件各截面溶解均匀，不会对加工精度造成影响。为避免电解液的腐蚀，机床需要采取一定的防腐措施，并要有安全防护装置，防止电解加工中产生的氢气引起爆炸。

电解加工用的电源一般为直流电源。为满足加工中电参数选择的需要，电源电压应在一定范围内连续可调并且能够保持稳定。

电解液系统可以连续不断地向加工区提供一定压力、流速、清洁的电解液，并带走加工间隙中的电解产物及热量。

3. 影响电解加工的工艺因素

（1）影响加工速度的主要因素 电解加工的加工速度是指阳极的溶解速度，可以用 g/min 或 mm^3/min 来表示。实际生产中有时常用进给方向的蚀除速度 mm/min，可用下式表示

$$v = \eta\omega i$$

式中 v——工件阳极金属的蚀除速度（mm/min）；

η——电流效率；

ω——被电解金属的体积电化学当量 $[mm^3/(A \cdot h)]$；

i——电流密度（A/mm^2）。

电解时电极上被去除的金属量（质量 m 或体积 V）与通过的电量成正比，比例系数即为电化学当量。不同材料的电化学当量不同。显然工件金属的电化学当量越大，蚀除速度就越高。

电解加工时，阳极上除了发生金属溶解之外，在某些情况下，还会产生析出氧气或氯气等反应。这些反应会消耗一部分电流，使实际溶解的金属量小于理论计算值。金属实际蚀除量与理论计算蚀除量的百分比即为电流效率 η。电解液的种类、参数（浓度，温度等），被电解金属材料的成分及组织结构等会影响电流效率 η 值。

当 $\eta\omega$ 值一定情况下，蚀除速度与电流密度成正比。电流密度与电极间隙的大小有很大的关系。电极间隙越小，极间电解液的电阻越小，电流密度就越大。因此电极间隙也会间接地影响蚀除速度。但电极间隙不能过小，否则将不利于电解产物及析出氢气的排出，容易引起火花放电。

（2）影响加工精度的主要因素 在电解加工中加工间隙的大小、均匀性及稳定性是影响加工精度的主要因素。加工前由于工件表面凹凸不平，凸起部分间隙小蚀除速度大，而工具与工件距离越近工件凸起部分相对凹坑处蚀除速度就越快，可以加速工件表面的整平效果，使加工间隙快速趋向均匀。所以减小加工间隙对提高加工精度是有利的。

加工经过一段时间后，工件的蚀除速度将会与工具阴极的进给速度相等，处于动态平衡状态，加工间隙的变化量为零，并保持一个稳定的数值。此时的加工间隙称为平衡间隙。平

衡间隙越小电解加工精度越高。

工具电极的进给速度大，可以达到较小的平衡间隙。但过大的进给速度会使平衡间隙过小。工件材料的成分、电解液的电导率、电流效率、加工电压等对平衡间隙的大小及稳定性也有影响。

电解加工精度一般情况下可达到 0.15~0.30mm。

（3）影响表面质量的主要因素　电解加工是依靠电化学阳极溶解来去除金属，因此影响表面质量的因素较多也较复杂。

工件材料合金元素的电极电位及电化学当量存在差别，以及材料金相组织不均匀都将使工件表面各点的溶解速度不同，造成了工件表面的微观凹凸不平。

采用电解液通过阴极工具中的通道流入或流出方式时，工具上出液口的形状及布局设计不合理将造成加工间隙内电解液流场的不均匀，而电解液不能保证一定的流速也会影响流场的均匀性，这些都会使工件表面产生流痕等缺陷。电解液温度不适当会造成工件表面缺陷及溶解不均匀。而较高的电流密度可以使阳极工件材料均匀溶解，有利于降低工件表面粗糙度值。

4. 提高加工精度的方法

为了提高加工精度，近年来在生产中已采取了如下的几种方法和措施：

（1）脉冲电流电解加工　采用脉冲电流电解加工，在脉冲间隔时间内，流动的电解液就可以把电解产物、气泡、热量等冲刷带走，使电极间电导率分布均匀性得到改善，从而使工件各处阳极溶解速度均匀，减小了加工误差。另外，间断析出的氢气泡产生的波动会对电解液起搅动作用，有利于电解产物从加工间隙中排出。

（2）混气电解加工　混气电解加工是将电解液和一定量的压缩气体（空气、二氧化碳、氮气），在气液混合装置中均匀混合形成含有无数微小气泡的气液混合物，并将这种混有气体的电解液通入加工间隙参与电解加工。由于电解液中混入了不导电的气体，使电解液的电阻率加大，导电性降低。导电性的改变是与加工间隙中的压力有关。小间隙处，压力高，电解液中的气泡体积小，该处导电性相对较好，阳极溶解速度快。大间隙处刚好相反，工件溶解速度慢。因此混气加工可以使加工间隙趋向均匀一致。当间隙大到一定数值时，混气加工存在着一个使电解作用停止的切断间隙，对减小工件侧面锥度有很好的作用。由于混入了气体，使电解液的密度降低，黏度减小，流动性得到改善。电解液中气体密度的变化及高速流动的气泡对电解液有一定的搅拌，冲击作用，使加工区电解液流场分布得到改善。

但是混气加工也存在一些不足之处。由于混入了气体，电解液电阻率加大，电流密度下降，使工件溶解速度减小。混气电解加工的生产率仅为不混气时的 1/2~1/3。并且需要另外增加供气等附属设备。

5. 电解加工的特点及应用

（1）特点

1）可以加工高硬度高强度的各种金属材料，如高温合金、硬质合金、淬火钢等。并且可以加工形状复杂的型面。

2）电解加工的生产率高。对于型孔、型面、型腔可以一次进给成形。

3）工件表面质量好，不存在切削加工的残余应力和变形及金相组织的变化，不存在刀痕与毛刺等。表面粗糙度可达 $Ra1.25~0.2\mu m$。

4）加工工件的阴极工具基本没有损耗，使用寿命长。

电解加工也存在一些不足之处：

1）加工精度不是很高且难以实现较高的加工稳定性。加工窄缝、小孔有很大难度，而且不能加工出清晰的棱角。

2）加工复杂型面时，工具电极的设计困难。

3）电解液对设备有一定的腐蚀作用，电解产物对环境有一定污染，需要采取防护措施和妥善处理。

（2）应用

电解加工可以用于复杂形状的零件如花键孔、炮管腔线、模具型腔、各种异型孔、深孔的加工。一些诸如椭圆、半圆、方形等截面形状特殊的通孔或盲孔，应用一般机械加工方法困难很大，而采用电解加工就很方便而且生产率很高。一些需要经常更换且精度要求不高的模具型腔，往往采用电解加工代替电火花加工。因为电解加工的生产率可以是电火花加工的 5 ~ 10 倍。图 5-16 为电解加工型孔的示意图。工作液从阴极工具内的进水孔进入，从工具端面出水口进入加工区并从侧面间隙排出。为避免型孔的侧壁成锥形，阴极工具侧面应增加绝缘层，仅在端部留有一定宽度的工作圈。

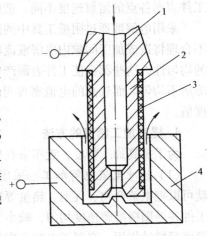

图 5-16　型孔加工示意图
1—进水孔　2—阴极主体
3—绝缘层　4—工件

结合一定的加工方式和工艺方法，实现电解套料加工，电解抛光，电解去毛刺、倒棱，电解刻字等。可以加工出型面复杂的涡轮叶片。

图 5-17 为套料法电解加工整体叶轮。这种方法要首先加工好圆盘形的叶轮毛坯，然后采用电解套料法直接在轮坯上加工出所有叶片。加工用的套料阴极工具主要由阴极片及空心绝缘水套组成。阴极片中间开有与叶片截面形状相同的异型孔，尺寸稍大于叶片截面相差一个侧面间隙。加工时阴极向工件（叶轮毛坯）进给，因阴极片异型孔而使叶轮上叶片周围的材料被蚀除掉，

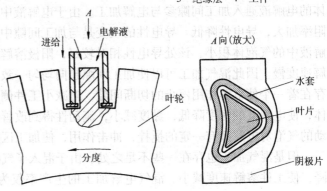

图 5-17　套料法加工整体叶轮

留下对应于叶片部分的金属材料。空心绝缘水套是用来通过电解液及隔离电力线。加工完一个叶片后，阴极工具退出，叶轮精确分度定位后，再进行下一个叶片的套料加工。用这种方法加工整体叶轮，周期短、强度高、质量好。

电解抛光的原理与电解加工相同，是利用电化学阳极溶解使工件表面粗糙度值降低。电解抛光时，选择合适的电解液及加工参数可以使工件阳极表面生成一层氧化膜，表面低凹部分的氧化膜较厚对阳极溶解有一定抑制作用，而凸起部分的氧化膜较薄，因此凸起部分处电

流密度较大，使工件表面微观凸起部分的溶解速度快，直到表面变得平整、光洁，并且不会影响工件的尺寸，更不影响工件的形状。与电解加工相比，电解抛光时，阴极工具和阳极工件之间的加工间隙较大，电流密度小，对提高电流分布的均匀性有利。抛光时电解液一般不流动只需搅拌。

电解抛光的生产效率比机械抛光高十几倍，不受金属材料硬度、韧性等的限制。特别是对于形状复杂的型孔、型腔，小尺寸零件更显出它的优越性。

用电解法去毛刺、倒棱可以减轻工人的劳动强度，提高工作效率，对于机械方法很难工作的部位也可以加工。

5.2.2 电解磨削

电化学加工与机械加工相结合而成为电化学机械加工。电解磨削即是电化学机械复合加工中的一种。另外还有电解珩磨和电解研磨。

1. 电解磨削的工作原理

电解磨削是利用电解腐蚀和机械磨削作用相结合的方法对零件进行加工的。

如图 5-18 所示。磨轮接直流电源的阴极成为导电磨轮，被加工的工件接电源阳极。在磨轮和工件间通入纯化性电解液。磨轮上突出的磨粒与工件接触形成了电解所需的加工间隙，工件表面在电流和电解液的作用下发生电化学阳极氧化，生成很薄的一层氧化物薄膜。这层薄膜会被导电的磨轮刮磨掉而露出金属表面，接着又会被电解腐蚀生成新的氧化物薄膜。工件表面不断生成氧化物薄膜又被磨轮不断刮削掉，在这种交替作用下工件得到加工。在电解磨削加工中，电解起主要作用。工件表面主要是被电解腐蚀，磨轮只是把腐蚀生成的氧化膜刮除掉。

在另一种电解磨削方式中，磨轮并不连接在直流电源上，仅仅是作为一个普通的磨轮。在磨轮之外，单独增加一个中间电极接在直流电源的阴极上。工作时，在中间电极与工件阳极之间喷入电解液，发生电解腐蚀。磨轮只是用来刮削阳极钝化膜。这种加工方式称为中极法，如图 5-19 所示。中极法电解磨削由于单独采用中间电极，使阴极与工件阳极之间的导电面积增大，电极通过的电量大，因此工件表面的蚀除量增大，生产率高。特别在外圆磨削时更有利。

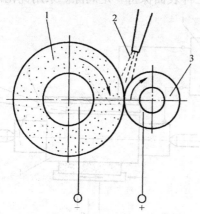

图 5-18 电解磨削原理
1—导电磨轮 2—电解液 3—工件

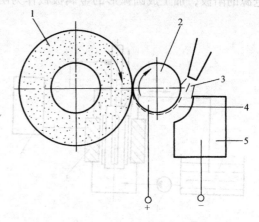

图 5-19 中极法电解磨削
1—普通砂轮 2—工件 3—电解液
4—钝化膜 5—中间电极

2. 电解磨削的特点及应用

（1）特点　电解磨削与机械磨削相比较具有以下几个特点：

1）可以得到较高的加工精度和表面质量。与机械磨削比较，由于电解磨削主要的作用是电解腐蚀，磨轮只是磨去很薄且并不坚硬的氧化膜，磨削力、磨削热都很小，工件表面不会出现裂纹、毛刺、烧伤等缺陷，表面粗糙度一般可小于 $Ra0.16\mu m$。与电解加工相比，电解加工完全依靠工件阳极溶解蚀除金属，由于影响阳极溶解的因素很多且复杂，因此加工精度难以控制。而电解磨削时工件的尺寸和精度是通过控制磨轮相对工件的运动来实现的，其加工精度要比电解加工精度高。

2）加工效率高。由于电解磨削主要是电解作用，与普通机械磨削相比，加工效率可以提高数倍。例如在加工硬质合金时，加工效率要比单纯用金刚石砂轮磨削提高 3～5 倍。

3）磨轮损耗小。例如，同样使用碳化硅砂轮加工硬质合金，普通机械磨削时砂轮损耗量为合金去除量的 4～6 倍。而用电解磨削时，砂轮损耗量反而小于合金去除量。

4）需要增加与电解加工有关的附属设备，及防止腐蚀和环境污染的装置，并采取相关措施。

（2）应用　电解磨削主要用来磨削各种高硬度的材料。可以用来磨削硬质合金的刀具、量具、挤压拉丝模、轧辊等，也适合小孔、深孔、薄壁、细长零件的磨削。

3. 电解珩磨

电解珩磨是电解加工与机械珩磨相结合的一种加工方法。电解珩磨中电解是主要的作用。电解珩磨时，金属珩磨头接直流电源阴极，工件接阳极。珩磨条不导电，通过调节磨条外径，形成一定的加工间隙。如图 5-20 所示，电解珩磨时磨条的作用力小，磨条损耗小，工作热影响小。电解珩磨的加工效率比一般珩磨高，加工精度及表面粗糙度都有改善。电解珩磨可用于小孔、深孔、薄壁筒等的加工。在齿轮的精加工中也得到了应用。

4. 电解研磨

电解研磨是电解加工与机械研磨相结合的一种加工方法。如图 5-21 所示，工件接直流电源的阳极，加工成圆弧形的金属极板作为阴极与工件表面保持一定间隙。采用钝化性电解

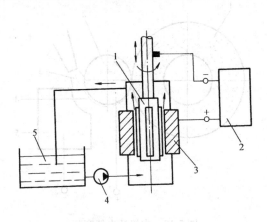

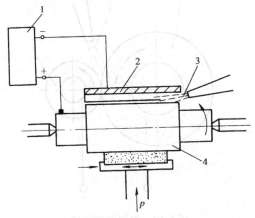

图 5-20　电解珩磨原理图
1—珩磨头　2—直流电源　3—工件
4—泵　5—电解液

图 5-21　电解研磨原理图
1—直流电源　2—圆弧形阴极
3—电解液　4—工件

液 NaNO₃。工作时工件旋转，金刚石磨条压在工件表面上并作往复振摆，将工件表面氧化膜刮除。电解研磨可以实现镜面加工，表面粗糙度可达 Ra0.025μm。电解研磨的加工效率比机械研磨高。

5.2.3 电铸加工

电铸加工是电化学加工中利用阴极还原反应使金属沉积而达到加工目的的一种加工方法。它与电镀工艺相似。电镀时镀层厚度仅为 0.001 ~ 0.05mm，其目的是装饰和防蚀。电铸时，金属沉积厚度可达 0.05 ~ 5mm 以上，直接得到所需的金属制品。

1. 电铸加工原理

电铸加工原理如图 5-22 所示。用导电的原膜作阴极，电铸工件金属材料作阳极，以含有工件金属离子的盐溶液为电铸液，接通直流电后，在阴极上发生还原反应，溶液中的金属离子在阴极原膜上获得电子被还原成金属原子而沉积在原膜表面。阳极发生氧化反应，金属原子失去电子成为离子溶入电铸液中，补充金属离子的减少。当阴极原膜上沉积的金属层厚度达到要求，即可从原膜上得到所需的电铸工件。

电铸原膜的材料应该根据电铸件的精度要求及生产量的大小决定。当电铸件尺寸精度要求较高，表面要求光洁，生产批量较大时，多采用耐用的金属原膜。反之，可用成本低易加工的石蜡、石膏、塑料等材料。金属原膜表面需进行钝化处理，形成不太牢固的钝化膜，以便于电铸工件从原膜上取下。非金属原膜表面需进行导电化处理，一般可采用如下两种方法：在原膜上涂敷导电胶；采用真空镀膜、离子镀或化学镀的方法在原膜表面覆盖或沉积一层金属膜。

电铸槽应采用耐腐蚀的材料作衬里或用玻璃、陶瓷等容器。直流电源电压 3 ~ 20V（可调），电流密度 0.15 ~ 0.30A/cm²。电铸槽中可以用桨叶对电铸液进行搅拌，以使电流密度加大，加快电铸速度。并对电铸液循环过滤，去除其中的固体杂质，防止在电铸件上出现针孔、凹坑等缺陷。为了长时间保持电铸液一定的温度，要采用电加热器。

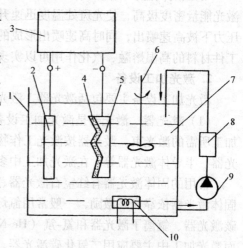

图 5-22 电铸加工原理图
1—电铸槽 2—阳极 3—直流电源 4—电铸层
5—原模（阴极） 6—搅拌器 7—电铸液
8—过滤器 9—泵 10—加热器

2. 电铸加工的特点及应用

（1）特点

1）可以比较方便地复制复杂形状的零件。

2）能准确复制工件的复杂表面及微细纹路。

3）电铸件精度较高，表面粗糙度可达 Ra0.1μm。用同一原模加工的电铸件一致性非常好。

4）可制得纯度很高的金属制件。

5）电铸加工生产周期长，生产率较低。

（2）应用

1）复制精细的表面轮廓及图案。如唱片模、艺术品模、纸币及证券等的印刷版。

2）复制注塑模具，电火花加工的工具电极。

3）制造高精度、复杂形状的空心、薄壁零件。如波导管、电动剃须刀网罩等，表面粗糙度标准样块、反光镜、表盘及微细、异形孔喷嘴等零件。

5.3　激光加工

5.3.1　激光加工方法

1. 激光加工的基本原理

激光加工是将激光所具有的光量转换为热能对各种材料进行加工的一种新方法。激光具有高光强、高单色性、高方向性和高相干性。正是由于激光具有这些特性，激光经过透镜聚焦后可得到直径为几微米的光斑，能量密度可达到 $10^8 \sim 10^{10}\,\mathrm{W/cm^2}$，在加工表面上能产生 $10^4\,℃$ 以上的高温。激光照射到被加工表面后，一部分光量被工件吸收并转换成热能，由于激光能量密度极高，使光斑处温度迅速升高，材料被瞬时熔化、汽化，并在蒸汽爆炸产生的压力下被高速喷出，同时高速喷出形成的冲击波又促使熔融状物质的喷射去除。利用激光对工件材料的高温熔融、汽化作用可以实现打孔、切割、焊接等加工。

2. 激光加工设备

激光加工设备主要包括激光器、激光电源、光学系统和机械系统。

（1）激光器　激光器是激光加工设备中的关键部分，它可以将电能转换为光量并输出加工所需的激光束。激光器按激光工作物质不同可以分为固体激光器、气体激光器、液体激光器、半导体激光器等。在激光加工中多采用固体激光器和气体激光器。

常用的固体激光器有红宝石激光器、钕玻璃激光器、掺钕钇铝石榴石（YAG）激光器。固体激光器依靠光泵激励，一般常用氙灯、氪灯作为激励光源。气体激光器常用的有二氧化碳激光器、氩离子激光器和氦-氖（He-Ne）激光器。氦-氖激光器广泛应用于精密测量中，而激光加工中主要应用二氧化碳激光器。二氧化碳激光器采用高压电源放电激发，是连续输出功率最高的气体激光器，且效率也很高。但是它的瞬时输出功率不大，对焦、调光不便，因此在打孔加工方面不如固体激光器。氩离子激光器是通过气体放电激发，其输出的激光波长短，发散角小主要用于光盘录刻等精密微细加工。

（2）激光器电源　提供给激光器所需的能量及控制功能。可以实现电压、时间控制及触发功能。不同激光器对电源的要求不相同。固体激光器需要连续或脉冲电源；气体激光器可以是直流电源、交流电源、射频电源、脉冲电源等。

（3）光学系统　用来将激光器输出的激光束聚焦在工件加工位置，并可以对焦点位置进行观察和精确的调节。通过光学系统还可以将工件加工位置显示在投影屏上。

（4）机械系统　包括床身、工作台及控制系统。由于激光加工属于微细精密加工，因此机械系统要求刚度好，传动精度高。工作台可以三维移动并采用计算机实现数控操作。

5.3.2　影响激光加工的主要因素

除去光学系统和机械系统的影响外，还有如下一些主要因素会对激光加工造成一定影响。

1）激光输出能量一定时，照射时间过长，热量会传导扩散，不但使加工精度降低，能量耗损也增大。照射时间过短，加工区功率密度过高使蚀除材料汽化部分增大，能量的利用效率降低。

2）发散角小的激光束采用短焦距聚光镜聚焦，焦面上光斑小，功率密度高。用来打孔，则孔深且锥度小并能打出小直径的孔。

3）如图 5-23 所示，激光焦点在工件表面下方位置很低或在工件表面上方位置过高时，工件表面处光斑面积较大，能量密度小都会影响孔的加工深度并加大孔的锥度。一般焦点位置应在工件的表面或略低于表面。

4）焦面上光斑内发光强度在各处的分布是不相同的，中心部位发光强度最高，远离中心部位发光强度降低。对于基模光束发光强度以光斑中心对称分布，因此用基模光束聚焦打孔孔是圆形的，如图 5-24a 所示。而非基模光束发光强度分布不对称，打出的孔不是圆形，如图 5-24b、c 所示。激光器工作物质的光学均匀性及谐振腔的调整精度都影响光斑中发光强度的分布。

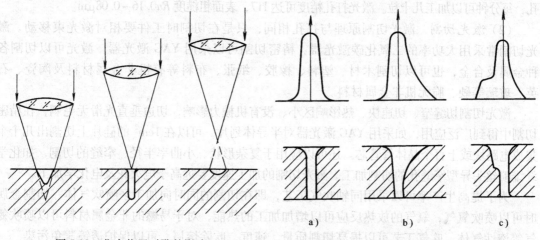

图 5-23　焦点位置对孔的影响　　　　　图 5-24　发光强度分布对打孔质量影响

5）加工时，激光一次照射所得孔的深径比为 5 左右，欲得到工件深孔就需要采用多次照射的方法。但是随着孔深的增加，由于孔壁的反射、透射、激光的散射或吸收等原因，孔前端能量密度减小，每次照射的加工量逐渐减小，至一定深度后只有提高单脉冲能量才能继续加工下去。

6）各种材料的吸收光谱不同对激光能量的光谱吸收比不相同，因此在加工中应该根据工件材料的性能来选择激光器。工件表面粗糙度值越低对激光的吸收效率越低，因此应该对光洁的材料表面作打毛、黑化等适当处理。

5.3.3　激光加工的特点及应用

1. 激光加工的特点

1）激光加工的功率密度高，几乎可以加工任何金属与非金属材料。对于硬、脆的非金属材料如陶瓷、石英、金刚石的加工更显出它的优越性，打毛或色化后的透明材料如玻璃等也可以进行加工。

2）激光加工属于非接触加工，工件不受切削力影响，刚度差的材料加工精度也可以很高。

3）激光束聚焦后的光斑直径可达微米以下，因此可以进行微细加工。

4）可以通过透明介质加工，如对玻璃容器内的工件进行加工。

5）激光加工是利用激光束，不需加工工具，没有工具设计、制造、损耗等问题。容易实现自动化操作。

6）加工速度快，效率高。对非照射区的热影响小，工件热变形小。

7）激光加工属于瞬时、局部的热加工，影响因素复杂，加工精度不高，特别是重复精度难以控制。

2. 激光加工的应用

（1）激光打孔 激光打孔孔径可达几个微米，深径比远大于电火花打孔及机械钻孔。可以加工难度很大的倾斜面上的小孔。它在化纤喷丝头、金刚石拉丝模、仪表及钟表宝石轴承、喷嘴等的小孔加工中得到了广泛的应用。激光打孔可以实现自动化连续加工，生产效率非常高是机械加工无法相比的。例如，加工手表红宝石轴承（$\phi 0.07 \sim 0.12mm$）时，采用自动上料，激光连续打孔，每分钟可以加工几十粒。激光打孔精度可达 IT7，表面粗糙度 $Ra0.16 \sim 0.08\mu m$。

（2）激光切割 激光切割原理与打孔相同，只是在切割时工件要相对激光束移动。激光切割常采用大功率的二氧化碳激光器。精密切割可以采用 YAG 激光器。激光可以切割各种金属及合金，也可以切割木材、塑料、橡胶、纸张、布料等有机非金属材料及陶瓷、石英、玻璃等硬、脆无机非金属材料。

激光切割切缝窄、切速快、热影响区小、没有机械力影响，切边垂直光滑无毛刺，在精密切割中得到广泛应用，如采用 YAG 激光器对半导体划片，可以在 $1cm^2$ 的硅片上切割出几十个集成电路块或上百个晶体管管芯。还可以应用于复杂形状、小曲率半径、窄缝的切割，如化学纤维喷丝头异型窄缝孔的切割加工。激光切割的加工速度要远高于电火花及电化学加工。

为了提高生产率可以采用同轴吹气工艺，即在切割的同时向加工区喷吹气体。切割金属时可以喷吹氧气，氧气的放热反应可以增加加工的热能，对于易燃的非金属材料可以喷吹氮气等惰性气体。吹气工艺可以提高切割质量、速度，吹除熔屑，可以保护透镜避免污染。

激光切割可以应用在精密仪器中旋转零件的动平衡中。待平衡的工件做旋转运动，由传感器及检测电路将其不平衡量的大小及位相测出并转换成电信号，再由控制电路控制激光器发出激光束聚焦在工件过重部位，切割掉相应的材料实现激光去除质量完成动平衡。激光动平衡已在陀螺转子、钟表摆轮的动平衡中得到实际应用。

（3）激光焊接 激光焊接与打孔、切割的原理略有不同，它不是将材料熔化和蒸发去除。激光焊接时，激光束在待焊工件接缝处移动仅需将焊缝处材料熔化而粘连成一体。因此激光焊接所需能量密度比打孔要低。激光焊接可以采用红宝石激光器和钕玻璃激光器进行点焊，而二氧化碳激光器和 YAG 激光器更适合缝焊，集成电路引线的焊接可以采用氩离子激光器。在医学外科手术中用激光焊接技术代替手术切口的缝合已经得到实际的应用。

激光焊接有许多优点：①焊接速度快、生产效率高，材料不易氧化，热影响区小，很适合用来焊接热敏感性强的电子元器件；②可用于微小元件精密焊接如集成电路引线，钟表游丝，采用光纤传输可以在一般难接近的部位焊接；③可以透过玻璃等透明体进行焊接，如用于玻璃真空器件内部的焊接；④可以对不同种的材料进行焊接，包括金属与非金属之间的焊接，也可以焊接石英等难熔的材料。

目前在机械工业、航空航天工业、汽车工业、电子工业及精密仪器中许多零部件采用激光焊接，这大大提高了零部件的焊接质量及可靠性。

（4）激光热处理　激光热处理方式很多，其中应用最多的是激光相变硬化和激光表面合金化。

1）激光相变硬化（激光表面淬火）是用大功率的激光束对工件表面扫描加热，使工件表面迅速达到相变温度，扫描过后表面快速冷却使工件表面相变硬化。与普通淬火相比，激光加热速度极快，冷却速度同样极快并且是依靠自身的热传导骤冷淬火不需其他冷却介质。加热面积、加热温度、硬化深度可以通过调节激光功率、扫描速度、光斑大小加以控制。激光淬火后表面层晶粒极为细小，硬度及耐磨性更好，零件热变形很小。因此很适合于复杂、精密零件及其局部进行表面硬化处理。激光相变硬化适于中、高碳钢、工具钢、高合金钢、不锈钢、铸铁等多种材料。

2）激光表面合金化是在准备合金化的零件表面上事先预置合金元素。用激光束照射，零件表面材料和合金元素同时熔化、熔合形成均匀的有特殊性能的表面合金层。预置合金元素可以采用热流涂、化学粘结、电镀、溅射法和离子注入法等方法。

一些性能较差的廉价材料可以采用激光表面合金化来提高其耐磨、耐蚀、耐热性能。也可以对零件局部需要的地方进行合金化处理。例如以灰铸铁为材料的发动机阀座，由于工作环境温度高易产生回火变软，采用预置铬进行合金化处理后其硬度可提高到 HRC55，使用寿命延长而不必改用成本高的高温合金。

激光表面强化还可以采用激光涂覆工艺。将合金粉末喷撒在零件表面，用激光束使其溶化，而零件基体表面仅仅是微溶一薄层，冷却凝固后在零件表面形成牢固的合金涂覆层。

激光热处理工艺简单，易于实现自动化，零件不产生热变形，可以作为最后精加工工序。但激光热处理硬化层深度有限，不适用于承受大载荷的零件。

5.4　超声波加工

超声波是振动频率高于 16000Hz 的声波，它具有频率高、波长短、能量强度大的特性。超声波加工是利用超声波在介质中传播时在传播方向上产生的高频压力及在液体中产生的空化作用对工件进行加工的一种方法。空化作用是指当超声波在液体介质中主要以纵波形式传播时，会使液体介质出现连续的压缩与稀疏，在稀疏区域形成负压，出现很多空腔。当空腔被压缩闭合瞬间，将显出爆炸性而引起极强的液压冲击波，作用在工件表面上。

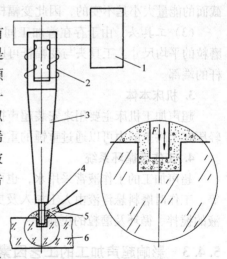

图 5-25　超声波加工原理
1—超声波发生器　2—换能器　3—变幅杆
4—工具头　5—磨料悬浮液　6—工件

5.4.1　工作原理

如图 5-25 所示，超声波发生器产生的超声频电流（16000～25000Hz），通过换能器转换为超声频机械振动，振动幅度经变幅杆放大驱使工具端面作超声频振动。加工时工具轻压在工件上，在工具与工件周围充满了混有磨粒的工作液（悬浮液）。工具迫使工作液中的磨粒以很大的速度和加速度轰击、抛磨工作表面，使表面材料粉碎成细小的粉末脱落下来。同时工具端面的超声振动又会产生工作液的高频液压冲击和空化作用，促使带有磨粒的工作液进入工件表面的微裂纹中，加速工件表面的破碎。加工过程中工具不断向下进给，工具端面形状便会不断"复印"在工件上。

超声加工是磨粒的撞击与超声空化共同作用的结果，而磨粒的撞击是主要作用。

5.4.2 超声加工设备

超声加工设备的组成主要包括超声波发生器、超声振动系统、机床本体和磨料工作液循环系统。

1. 超声波发生器

超声波发生器是将工频交流电转变为超声频的电振荡，并能输出一定的功率作为超声加工的能源。其输出功率及频率可以连续调整。

2. 超声振动系统

超声振动系统的作用是将超声频电能转换为机械能，使工具端面作超声频振动实现超声加工。它由换能器、变幅杆、工具头组成。

（1）换能器　它的作用是将超声频电振荡转换为机械振动。实现这种转换可以利用压电效应和磁致伸缩效应两种方法。

压电效应换能器是利用石英晶体、压电陶瓷等物质的压电效应进行换能。这种换能器转换效率高，但机械强度不高，广泛用于中、小功率的超声换能。

磁滞伸缩效应换能器是利用铁磁性物质随所处磁场强度变化而产生伸缩的现象进行换能。金属铁磁性物质强度高，可用于大、中功率的换能，铁氧体材料强度低，用于小功率换能。

（2）变幅杆　由于换能器的振幅很小，仅为 0.005 ~ 0.01mm，需要通过变幅杆将振幅放大到 0.01 ~ 0.1mm。变幅杆是上部粗下部细的杆，振动能量在杆中传递时，通过每一横截面的能量大小是不变的，因此变幅杆下部截面越小处能量密度越大，振幅也就越大。

（3）工具头　由于存在着加工间隙，工具头的尺寸要比工件略小。一般加工间隙可取磨粒的平均尺寸。工具头与变幅杆可以加工成一个整体，也可以单独制作再连接固定在变幅杆的端部。

3. 机床本体

超声加工机床主要用来安装超声振动系统，实现工具头位置的调整及工作进给。工具头轻压在工件上的力可以通过重锤的重力及弹簧力调整。机床结构比较简单。

4. 工作液循环系统

超声加工的工作液常采用水，也可以用煤油或机油。磨粒常用碳化硼、碳化硅、氧化铝等。工作时磨料悬浮液由人工加入及更换，也可用泵供给。超声加工的空化作用有利于悬浮液的搅拌、循环及磨粒的更新。

5.4.3 影响超声加工的工艺因素

1. 影响加工速度的主要因素

超声加工速度是指单位时间内去除材料的量。提高工具头振动频率及振幅有利于提高加工速度。但过大的振幅和频率会在振动系统中产生很大的交变内应力。加工中应将超声电振荡的频率调至振动系统的共振频率。加工中工具头应对工件保持一个合适的静压力（进给压力）。此压力过小使工具头与工件间隙大，磨粒撞击力减弱，压力过大工具头与工件间隙减小，不利于磨粒的更新，这些都会使加工速度降低。磨料硬度高、磨粒粗可使加工速度快，但工件表面粗糙，应该根据不同的工件材料合理选择磨料种类。悬浮液的浓度也要适当，过浓，磨粒相互碰撞增多，能量损耗大，加工速度反而不高。被加工材料越脆越易被撞击粉碎，易于加工。而工具头则应选择较软、韧性好的材料。

2. 影响加工精度及表面质量的主要因素

工具头制造误差和磨损会直接影响加工精度。工具头安装时重心应在超声振动系统的轴线上，否则工具头会伴有横向侧振引起磨粒对孔壁的二次加工，造成孔的锥度。磨粒细、均匀性好可以提高加工精度。加工中磨钝的磨粒需要不断地更新。但随着加工深度的增加，一方面工具头磨损加大，另一方面磨粒更新变得困难使加工精度下降。一般超声加工精度为 0.01 ~ 0.02mm。

磨粒细、工件材料硬、较小的工具振幅都可以使工件表面粗糙度值减小，一般可达到 $Ra0.8 ~ 0.1\mu m$。

5.4.4　超声加工的特点

1）特别适合加工各种硬、脆的非金属材料。

2）超声加工是利用磨粒对工件表面瞬时局部撞击作用，工件受力小、热影响小、加工精度较高，有较好的表面质量。可以加工薄壁、低刚度的工件。

3）工具头可以采用较软的材料，易于加工。超声加工中工具不需要与工件做复杂的相对运动，因此机床结构简单。

5.4.5　超声加工的应用

与电火花加工、电解加工相比，虽然超声加工生产率低，但是它可以加工前者不能加工的非导体硬、脆材料，而且加工精度及表面粗糙度也要优于电火花和电解加工。超声加工在如下几个方面得到了应用。

1. 型孔、型腔加工

如图 5-26 所示，超声加工可以对硬、脆材料进行型孔、型腔的加工，特别是非导体材料。

2. 切割加工

与普通机械加工方法相比，超声波切割半导体材料、石英、金刚石、宝石等硬脆材料是一种比较有效的加工方法。图 5-27 所示为切割单晶硅示意图，薄钢片或磷青铜片作为刀片，按一定间距焊接在变幅杆端部作为切割工具，一次可以完成 10 ~ 20 片单晶硅片的切割加工。

3. 焊接加工

超声焊接是利用超声振动去除待焊工件表面的氧化膜，露出材料本体。两个被焊表面互相亲和，在振动作用下摩擦熔化粘结在一起。超声焊接可以焊接金属、非金属材料，例如易生成氧化膜而不容易焊接的铝制品以及塑料制品等，还可以在非金属材料表面涂覆金属薄层，例如在陶瓷表面涂覆银、锡等。超声焊接不使用焊剂，不需外加热，无污染，目前在集成电路引线焊接上已得到应用。

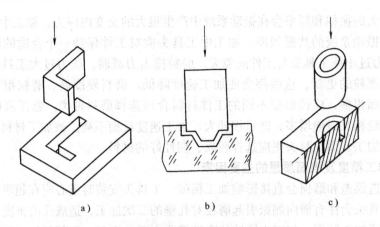

图 5-26　超声型孔、型腔加工
a) 加工异形孔　b) 加工型腔　c) 套料加工

4. 复合加工

将超声波加工与电火花加工、电解加工和机械加工等结合起来，可以大大提高加工速度和加工质量。

超声波电火花复合加工时，将超声振动系统固定在电火花加工机床主轴头下部，在电火花加工的同时使工具电极的端面做超声振动。这种复合加工可以使有效脉冲利用率得到提高，生产率可以提高几倍至几十倍。

超声电解加工是在电解液中加入一定比例的磨料，电解加工时，阴极工具端面做超声振动，在磨粒的撞击及超声空化作用下，阳极工件表面生成的钝化膜会加速破坏，同时振动也利于电解液的循环更新，使加工速度及质量都得以提高。

超声机械加工是在机械切削加工中同时使切削刀具做超声振动，可以使切削力降低，刀具寿命延长，可以提高加工速度、加工精度和表面质量。目前主要应用在耐热合金、不锈钢等难加工材料。

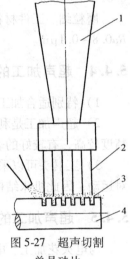

图 5-27　超声切割
单晶硅片
1—变幅杆　2—工具
（薄钢片）　3—磨料液
4—工件（单晶硅）

5. 超声清洗

超声清洗主要是利用超声空化作用。当超声波在清洗液中传播时会引起液体分子的高频往复振动，在液体中产生无数微小空气泡，空气泡瞬时闭合产生强烈的冲击波，使工件表面的污物脱落下来得到清洗。超声清洗可以使工件上难以得到清洗的窄缝、微细深孔、弯孔、盲孔、沟槽等处得到净化，因此广泛应用在喷油嘴、喷丝板、仪器仪表零件、手表机芯、半导体及集成电路元器件等精细零件的清洗。

5.5　高能粒子束加工

电子束加工、离子束加工属于高能粒子束加工，是在电场作用下，具有高能量密度、高速运动的粒子束轰击工件表面，使材料瞬时熔化、汽化的一种特殊加工方法，在微电子学及精细加工领域的应用得到了较快发展。

5.5.1 电子束加工

1. 电子束加工原理

如图 5-28 所示，在真空条件下，作为电子枪的阴极 1 经过电流的加热而发射电子，带负电荷的电子在高电位的加速阳极 3 作用下得到加速，并通过聚焦系统 4 的聚焦成为极细的电子束。经过加速聚焦的电子束能量密度可达 10^9W/cm^2，并以极高的速度轰击工件表面。电子束的动能转变为热能，在极短时间内（几分之一微秒）使冲击部位温度升高几千度，从而使材料瞬时熔化和汽化。在控制栅极 2 上比阴极更低的负偏压可以控制电子束的强度。通过电磁偏转装置 5 可以控制电子束运动方向及电子束焦点位置，与工作台 9 位移控制相配合，可以实现较大面积的加工。整个加工装置及加工过程必须在真空环境下完成，避免电子在运动中与气体分子碰撞而使能量损失，并保护阴极不会被高温氧化。

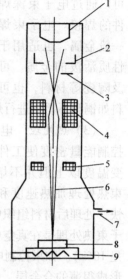

图 5-28 电子束加工原理
1—阴极 2—控制栅极
3—加速阳极 4—聚焦系统 5—电磁偏转装置
6—电子束 7—抽气系统
8—工件 9—工作台

2. 电子束加工特点

1）电子束束径可达几微米甚至达到 $0.1\mu m$，能量密度很高，可以使任何材料熔化、汽化。适于精密微细加工，生产率高。

2）加工中瞬时热能集中在微小面积上，来不及向周围材料扩散，热影响区小，工件变形小，适于热敏性材料加工。

3）电子束强度、位置、聚焦可以通过电场、磁场直接、快速、精确控制，并便于采用计算机实现加工过程自动化。

4）加工在真空中进行，工件不会氧化、污染。特别适合容易氧化的金属及纯度要求特别高的半导体材料加工。

5）需要真空装置、设备，费用高。

3. 电子束加工的应用

（1）打孔与切割 电子束打孔时，能量密度应该足以使材料汽化蒸发。在相同能量密度下，不同材料的去除率（cm^3/s）不相同。铝材去除率较高而钨材最小，因此应该根据不同材料的热性能确定电子束的强度、聚焦等参数。电子束打孔的最小孔径可达 0.003mm，深径比可达 10:1。

电子束打孔生产率极高，每秒可打几十至几万个孔，并且可以在工件运动中打孔称之为电子束高速打孔。例如，在人造革上打微孔可以使其具有真皮一样的透气性。加工时电子束成片状并分成数百条小电子束同时打孔，速度可达 50000 孔/s。

电子束可以加工各种异形孔及窄缝，并且可以加工弯孔、斜孔和曲面。加工中利用电子束通过磁场会发生偏转的原理，通过控制电子束速度和磁场强度就可以控制电子束在工件中的曲率半径。同时改变电子束和工件位置加工曲面及弯槽，如图 5-29a、b 所示；工件不动，改变磁场极性可得一个入口两个出口的弯孔，如图 5-29c 所示。

利用电子束还可以在陶瓷或半导体材料上加工出精致微细的沟槽和孔。在金属镀层上刻划出混合电路的电阻。这种在微电子器件制作中的应用也称为电子束蚀刻。

（2）焊接 电子束焊接时应控制电子束的能量密度使材料发生局部熔化。焊接时，焊件接缝相对电子束移动，接缝处材料熔融形成熔池，在离开电子束后冷却凝固，使工件牢固结合在一起。电子束焊接速度快，焊缝窄且深，热影响区小工件变形小。由于是在真空中进行且不用焊条，因此焊缝具有高化学纯度，接头强度高于母材。

电子束可以焊接薄膜工件，也可以通过电子束深焊实现窄缝厚工件的焊接。电子束焊接不但适用于一般金属，也适用于熔点高、化学性质活泼的金属。可以焊接半导体及陶瓷等材料，也可以对不同种材料如铜和不锈钢进行焊接。

（3）热处理　电子束热处理时，控制能量密度使工件材料加热到相变温度以上但并不熔化。由于电子束热处理加热速度和冷却速度都很

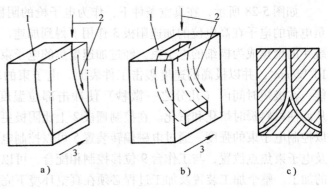

图 5-29　电子束加工曲面、弯槽、弯孔
1—工件　2—电子束　3—工件运动方向

快，处理后材料组织中晶粒极细，因此力学性能高于常规的热处理。与激光热处理比较，电子束热处理是在真空中进行，工件不会氧化，能量转换效率可达 90%（激光热处理只有不足 10%）。如果控制电子束能量仅使工件表面微溶，同时加添其他元素，会使金属工件表面形成很薄的合金层，使工件表面物理力学性能得到改善。

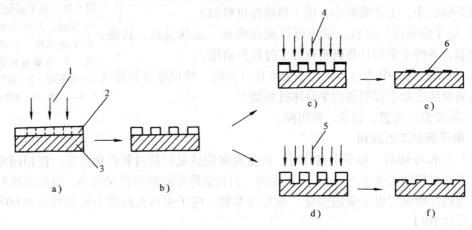

图 5-30　电子束光刻加工
a）电子束曝光　b）显影　c）蒸镀　d）离子刻蚀　e）、f）去掉抗蚀剂、留下图形
1—电子束　2—电致抗蚀剂　3—基板　4—金属蒸汽　5—离子束　6—金属

（4）光刻　电子束光刻是利用较低能量密度的电子束照射高分子材料，使材料发生化学变化的加工方法。光刻前先在衬底基板上涂一层作为电致抗蚀剂的高分子材料形成掩膜层，然后使电子束按规定图形对掩膜层进行扫描曝光，使掩膜层的高分子材料发生化学变化而形成潜像。将曝光后的掩膜层放入显影剂中，由于高分子材料被电子束照射后溶解度发生变化，就会在显影剂中使潜像显现出来。结合蒸镀或离子束刻蚀，就可以在衬底基板上制出要求的图形，如图 5-30 所示。由于电子束的波长甚短（其波长约 0.1A），因此，电子束光刻线条分辨率可达 0.25μm，光刻图形精度高，曝光不需要掩模版，用计算机控制，对准精

度可达 0.1μm。曝光是在高真空中进行，可避免表面灰尘沾污。电子束光刻已应用于大规模集成电路图形的制作。

5.5.2 离子束加工

1. 离子束加工原理

离子束加工原理与电子束加工类似，它是在真空环境下使离子束高速冲击工件。不同的是离子质量远大于电子，在高速运动中具有的能量更大。电子束加工是利用动能转换成热能的热效应，而离子束加工是利用动能对工件的机械作用。图 5-31 所示为常用的考夫曼型离子枪及其加工原理。热阴极灯丝 2 发射电子，在阳极 9 的吸引加速及电磁线圈 4 的偏转作用下高速螺旋运动前进。由惰性气体注入口 3 注入惰性气体，在电离室 10 中，气体原子被高速运动的电子撞击电离成等离子体。在多孔且具有负电位的引出电极 8 的作用下，从等离子体中将正离子引出，形成几百条离子束撞击到工件表面。当离子束能量超过原子的键合力，就会把原子撞击出来，使工件表面材料发生溅射而得到加工。当离子能量相当大时，离子会注入工件表面，改变了表面化学成分，使工件表面层获得一定的机械物理性能。因此，离子束加工是基于离子束撞击工件表面后产生的溅射效应和注入效应。

图 5-31 考夫曼型离子枪原理
1—真空抽气孔 2—阴极灯丝 3—惰性气体注入口 4—电磁线圈 5—离子束流 6—工件 7—阴极 8—引出电极 9—阳极 10—电离室

2. 离子束加工特点

1) 离子能量及束流密度可以精确控制，因此离子束加工可以实现精确定量控制。可以对材料进行纳米级精度的加工，属于最精密微细的特种加工。

2) 加工在真空中进行，所以适合高纯度半导体材料、易氧化的金属材料加工。

3) 离子对工件的轰击是一种微观作用，加工应力小，工件变形小，对各种材料都可以加工。

4) 设备费用高，应用受到一定限制。

3. 应用

(1) 刻蚀 离子束刻蚀是利用离子撞击的溅射效应去除材料。为了避免发生化学反应，通常采用惰性元素氩离子。离子束刻蚀可以将材料的原子逐层剥离（又称离子铣削），精度可达原子级，属纳米加工。利用离子刻蚀极高的加工精度和超微加工能力可以加工非球面透镜、陀螺仪空气轴承等。可以对磨光的玻璃进行离子轰击抛光，达到极光滑的表面。可以刻蚀高精度微细图形，例如集成电路图形，光栅等。还可以用来减薄材料，如用来减薄探测器探头，提高其灵敏度；减薄石英晶体振荡器和压电传感器的晶片，提高固有频率。

(2) 镀膜 离子镀膜加工包括溅射沉积和离子镀。离子溅射沉积是用氩离子轰击镀膜材料制成的靶，靶材原子溅出后沉积在靶附近的工件表面，形成一层很薄的镀膜。离子镀是在轰击靶材时也同时轰击工件表面，使镀膜与工件基材结合力增强。离子镀可以在金属或非金属上镀金属或非金属，镀膜致密附着力强。

利用溅射沉积和离子镀可以在工件表面上镀耐磨、耐热、耐蚀、润滑、导电、装饰等各种材料，使工件表面获得所需要的各种性能，例如在模具或切削刀具表面镀氮化钛、碳化钛，可以提高使用寿命几倍以上。在手表壳、表带上镀氮化钛，不仅外观与镀金相近，其耐磨、耐蚀性能远比镀金膜高。在光盘，磁盘及镀膜玻璃的生产中也得到应用。

（3）离子注入　利用离子注入效应可以将高能量离子引入工件表面，显著改善金属的耐磨性、耐蚀性、硬度和抗疲劳性等，达到材料改性的目的。目前，应用较多的有 N、C、B、Ti、Cr、Ni、He 等元素的离子。例如，清华大学采用 400kW 离子注入机，给磁头注入氮离子和钛离子，使磁头的耐磨性提高 1 倍以上。在高精度仪器轴承方面的研究工作中，证明了钛和碳离子的注入处理是提高轴承合金耐咬合磨损性能的有效方法。而用作人工关节的钛合金 Ti-6Al-4V 耐磨性差，离子注入 N^+ 后，耐磨性提高 1000 倍。

离子注入还可以应用在半导体器件和大规模集成电路的制作，例如在半导体材料中注入硼、磷进行掺杂可以制作 PN 结。在光学方面离子注入可以制造光波导。

5.6　其他特种加工

5.6.1　等离子弧加工

气体在高温下原子、分子会发生电离，离解成带正电荷的离子和带负电荷的自由电子。由于正负电荷数量相等，整体呈中性，称为等离子体。等离子体是物质存在的第四种状态。等离子体虽然整体呈现电中性，但它具有导电特性。

1. 等离子弧加工原理

如图 5-32 所示，加工装置采用直流电源，钨电极接阴极，工件接阳极。两极间通入工作气体（氮气、氩气、氢气等），在强电场下两极间形成强大的电弧。同时电弧的高温进一步加速气体的电离形成更强的电弧。电弧在周围工作气体包围下通过喷嘴通道，由于受到三种效应影响而使其能量密度提高：①喷嘴通道对电弧的机械压缩效应；②喷嘴因冷却水冷却内壁温度较低，使靠近喷嘴内壁处的气体电离度下降，导电性变差，迫使电弧电流在电弧中心高温区通过，电弧有效截面积减小，这种作用称为热收缩效应；③在电弧电流磁场作用下，电弧强烈收缩，电弧变得更细，此为磁收缩效应。在上述三种效应影响下电弧的导电截面积大大减小，电流密度大幅提高。这种被压缩了的电弧称之为等离子体电弧，简称为等离子弧。等离子弧能量高度集中，并以很高的速度从喷嘴喷出，以极大的动能冲击工件，释放大量热能，温度可达 10000～28000℃，将工件材料熔化同时将熔渣吹除。

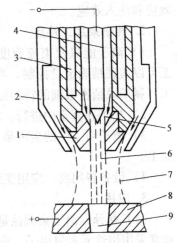

图 5-32　等离子弧加工原理

1—喷嘴　2—保护罩　3—冷却水
4—钨电极　5—工作气体　6—等离子体电弧　7—保护气体屏　8—工件
9—切口

2. 等离子弧加工特点

（1）能量集中，温度高　等离子弧是被压缩了的电弧，其能量高度集中在很小截面的弧柱内，产生的温度远比普通电弧高。

（2）电弧稳定，工作可靠　等离子弧是高度压缩又高度电离的电弧，弧柱较长时仍可保持发散角小，挺直度高；与普通电弧相比不易飘动，稳定性好；容易操作。

（3）加工控制性好 等离子弧的参数如功率、温度、弧长、气体类型和流量、轰击力等，可以根据加工需要进行调节控制。因此用一个电极就可以加工不同材料不同厚度的工件，以及进行切割、焊接、热处理等不同的加工。

3. 应用

（1）切割 等离子弧切割是利用等离子弧的高温及高速喷射的轰击力使材料熔化并被吹除。与氧乙炔切割比较，它的切深大、切速快、切口光洁，热影响区小，变形小。对于导热性好、熔点高的难加工材料，特别是不锈钢、铜、铝等已普遍采用等离子弧切割。在钨、钼、钛、合金钢、铸铁等金属的切割中也得到应用。

（2）焊接 等离子弧焊接时，等离子弧的温度及冲击力调节得比切割时低，只是将焊缝材料熔融而并不把它吹除。等离子弧焊接焊缝深、焊接速度快，热影响区小。焊缝力学性能好。采用弧柱截面很小的微束等离子弧可以精密焊接 1mm 以下的薄板材料及精细接头。等离子弧可以焊接不锈钢、铝及各种合金。

（3）流涂 利用图 5-32 装置产生的等离子射流把材料粉末熔化流涂到工件表面，形成细密且结合牢固的涂层。流涂不同的材料，可以使工件表面具有耐热、耐磨、耐蚀、导电或绝缘等各种性能。等离子流涂主要用于获得质量高的特殊功能涂层，在航空航天、化工、能源等高新技术领域里得到应用。

此外，等离子弧可以与机械切削加工相结合。切削前用等离子弧加热工件表面，使其变得易于切削。这种复合加工可以使切削力减小、效率提高，延长刀具寿命。

5.6.2 喷射加工

1. 磨料喷射加工

（1）工作原理 磨料喷射加工是利用混有微细磨粒的高压气体束流冲击工件表面去除材料的加工。如图 5-33 所示，作为供气装置的压气瓶可以提供一定压力的干燥清洁气体（空气、二氧化碳或氮气）。气体进入贮有磨粒的磨料室后，在振动器作用下，与磨粒均匀混合，由喷嘴喷出混有磨粒的高速射流冲击工件表面。喷嘴紧靠工件加工处，并与加工表面成一小的角度。磨料的类型、粒度、气体压力、喷嘴的孔径、喷嘴与工件表面距离和角度，以及喷射速度和时间会对加工速度、精度和表面粗糙度有很大的影响。为了防止灰尘、粉末

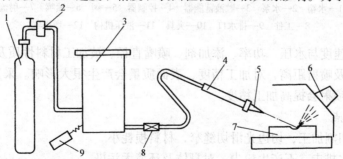

图 5-33 磨料喷射加工示意图
1—压气瓶 2—过滤器 3—料室 4—手柄 5—喷嘴 6—收集器
7—工件 8—控制阀 9—振动器

对身体的损害，加工装置中应安装吸尘、排气的收集器。

（2）应用

1）可用于玻璃、陶瓷、硬金属、硬塑料等脆硬材料零件的切割、去毛刺等加工。小型精密零件中的孔、窄槽、螺纹的去毛刺很困难，有时又不能采用热能或电化学方法，而采用磨料喷射去毛刺就显得十分方便有效。

2）可用于工件表面的清理，特别是复杂不规则的表面，例如对螺纹孔的清理；可用于导线绝缘层的剥离和对导线清理而不影响导电性能。

3）可以利用保护掩膜进行喷射雕刻。例如在玻璃工件表面，用橡皮膜保护不需加工部位，用磨料喷射即可刻蚀出所要求的图案。喷射加工还可用于磨砂玻璃的制造。

2. 液体喷射加工

（1）工作原理　液体喷射加工是用高压高速液体射流对工件喷射去除材料的加工。经常使用的液体是水或带有添加剂的水。如图 5-34 所示，水箱中的水经过滤器过滤后，由水泵送进贮液蓄能器，使水流变得平稳。经增压器后，水压可增高到 400MPa。通过喷嘴形成高压水射流，喷射到工件上将材料去除，切屑被液流带走。水中混入添加剂（甘油、聚乙烯等），可以改善加工性能。喷嘴多采用耐磨、耐蚀的蓝宝石、金刚石。喷嘴直径 0.1~0.5mm。

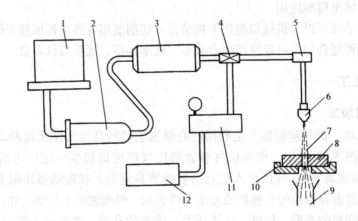

图 5-34　液体喷射加工示意图

1—水箱　2—水泵　3—贮液蓄能器　4—控制器　5—阀　6—喷嘴　7—射流
8—工件　9—排水口　10—夹具　11—液压机构　12—增压器

水喷射加工速度与水压、功率、添加剂、喷嘴直径、被加工材料性质及其厚度有关。而上述各项因素以及喷射距离，对加工精度、表面质量会产生很大影响。采用低的加工速度、小喷嘴、近距离喷射会提高加工精度。

（2）加工特点

1）水喷射切割加工，切边光滑切缝窄，材料损耗小。

2）切屑随水排走，不产生粉尘，对身体及环境无污染。

3）加工温度低，适于易燃材料如纸张、木材的切割。

（3）应用　水喷射加工主要用于切割以及去毛刺加工。可以切割各种非金属材料，例如橡胶、塑料、木材、皮革以及石棉、水泥、碳素制品等，也可以切割铝、纯铜、铅等软、薄金属材料。

5.6.3 磨料流加工

1. 工作原理

磨料流加工又称挤压珩磨，是在一定压力下，使黏弹性磨料通过工件表面，利用磨粒刮削作用进行工件表面的光整加工。如图 5-35 所示，工件安装在夹具上，夹具固定在装填有黏弹性磨料的磨料室中间。工作时，活塞上、下往复运动，迫使磨料以一定压力通过工件。磨料中的磨粒便对工件表面进行抛光或去毛刺加工。加工中磨料流相当于"软砂轮"，紧贴在工件表面上滑移。黏弹性磨料由高分子材料与磨粒均匀混合而成。高分子材料是磨粒的载体，主要用于传递压力和携带磨粒一起移动。

2. 加工特点

1）黏弹性磨料是一种半流态磨料，它可以很容易地与任何形状的工件表面贴合，因此适用于复杂形状的工件表面加工，如异形面、异形孔、交叉孔等。

2）加工速度快，一般仅需几分钟，十几分钟即可加工一个零件。一个零件的多处可同时加工，对于小型零件可实现多件同时加工，生产效率高。

3）加工精度高。尺寸精度可达微米级。它不能影响零件的几何形状误差，但可以大大降低零件表面粗糙度值，可达到 $Ra0.025\mu m$。

3. 应用

磨料流加工几乎可以加工所有的金属材料以及陶瓷、硬塑料等非金属材料。主要用在光整加工。

1）可用于各种模具复杂型面的抛光，如挤压模、冲载模、拉丝模等。

2）用于各类零件复杂型面特别是复杂内表面的抛光、倒圆、去毛刺加工。

3）用于去除电火花加工、激光加工工件表面的硬化层及其他表面微观缺陷。

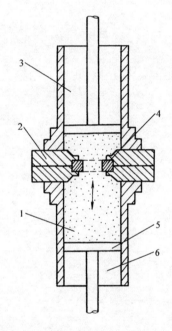

图 5-35 磨料流加工原理图

1—黏性磨料 2—夹具 3—上磨料室
4—工件 5—活塞 6—下磨料室

习题与思考题

5-1 实现电火花成形加工必须具备哪些条件？

5-2 电火花成形加工为何采用单向脉冲电源？

5-3 电火花成形加工有哪些特点及主要的应用？

5-4 电火花线切割加工有哪些与电火花成形加工不同的特点？

5-5 为什么某些时候在新产品试制中有些零件采用线切割方法加工可以降低成本缩短试制周期。试举例说明。

5-6 电解加工中电解液起什么作用？对它有哪些要求？

5-7　电解加工中减小加工间隙有什么好处？为什么加工间隙不能过小？

5-8　混气电解加工为何能提高加工精度？

5-9　电解加工电极间的蚀除原理与电火花加工电极间的蚀除原理有何不同？

5-10　电解磨削与机械磨削有何区别？

5-11　为什么电铸法可以方便地复制内表面形状复杂的零件？

5-12　激光加工的特点是什么？

5-13　简述超声波加工的基本原理。

5-14　超声波加工设备的振动系统由哪几部分组成？它们各自的作用是什么？

5-15　为什么电子束可以加工弯孔、斜孔、曲面？

5-16　简述电子束光刻原理。

5-17　电子束，离子束加工原理有何异同？

5-18　哪些因素使等离子弧具有高的能量密度？

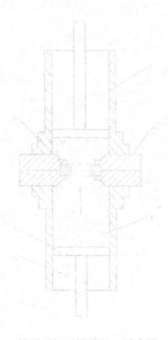

第 6 章 仪器仪表元器件的成形工艺及特殊工艺

仪器仪表中所使用的元器件种类繁多，形式各异。据统计，目前仪器仪表中 60% 以上的元器件是由成形工艺制造的。仪器仪表制造中涉及的成形工艺和特殊工艺内容较多，本章仅就其中的七项加以介绍，即金属元器件的精密成形工艺、仪器仪表非金属元器件的精密成形工艺、仪器仪表元器件的连接成形工艺、刻划技术、光学零件的加工工艺、电子组装技术、表面覆盖与装饰。

6.1 金属元器件的精密成形工艺

金属元器件的精密成形，是指零件成形后仅需少量加工（即近净成形技术 Near Net Shape Technique），或不必加工（即净成形技术 Net Shape Technique），即可作为机械构件使用的成形技术。它是一类先进制造技术，与传统切削加工相比，它具有节省材料、节约工时、提高生产率、降低成本等优点，是仪器仪表元器件制造的发展方向之一。

6.1.1 精密铸造

铸造分砂型铸造和特种铸造两大类。在仪器仪表制造中得到广泛应用的熔模铸造和压力铸造，均属于特种铸造。这两种精密铸造方法都是近净成形工艺，甚至净成形工艺。

1. 熔模铸造

熔模铸造又称失蜡铸造。这种铸造方法是先用易熔材料（如蜡料）制成实体模样，然后在模样表面涂挂数层耐火材料制成型壳，待型壳硬化、干燥后，加热使壳内易熔的实体模样熔失掉，得到的空心型壳，再经高温焙烧后进行浇注，从而获得铸件。这种铸造方法在我国古代春秋时期，就用来生产精致的青铜铸件。

现代熔模铸造，已发展成为了一种重要的精密铸造方法。熔模铸造工艺过程如图 6-1 所示，主要工序如下：

（1）压型的制造　压型是用来压制蜡模的专用模具，一般使用钢、铜或铝经机械加工而成，要求有较高的精度和低的粗糙度值，主要用于大批量生产。单件和小批量生产时，常采用易熔合金、环氧树脂或石膏直接由母模浇注而成。近年来，也常采用快速成形技术来制造母模。

（2）熔模的制造　常用的制造熔模的材料有两种，一种是最常用的蜡基模料（由石蜡、硬脂酸各 50% 组成），而对于精度要求高的铸件，常采用热稳定性好、强度较高及收缩率小的松香基模料。压制熔模时一般是在注蜡机上将模料压入上述的压型中，待冷凝后开模取出，经修整获得熔模。可将多个熔模焊成熔模组。

（3）型壳的成形　型壳的材料包括耐火材料和粘结剂。常用的耐火材料有硅砂、刚玉砂等。粘结剂一般用水玻璃，铸件精度高时应使用硅酸乙酯或硅溶胶等。制型壳时，一般先使用浸涂法在熔模上涂挂涂料（由粘结剂和耐火材料等配制），再进行流态化撒砂（耐火材

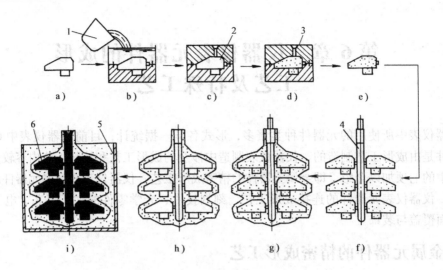

图6-1　熔模铸造工艺过程示意图

a）母模　b）用母模浇注压型　c）制造好的压型　d）向压型中压蜡
e）制造好的熔模　f）熔模组合　g）结壳　h）脱蜡、焙烧　i）造型、浇注
1—易熔合金浇包　2—压型中的空腔　3—蜡料入口　4—浇道棒　5—砂箱　6—填箱

料）或雨淋式撒砂。每涂挂和撒砂一层后，必须进行充分干燥和硬化。重复此过程3~7次，直至形成5~10mm厚的型壳为止。

（4）脱模、型壳焙烧　将制好壳的模组放进90~95℃的热水槽中，使型壳中的熔模熔化浮出，也可将熔模用高压蒸气脱出。脱模后将中空的型壳在800~1200℃（依型壳种类而定）环境中焙烧，使其强度提高并彻底去除壳内残余物。

（5）浇注、落砂、清理　型壳焙烧后通常趁热（600~700℃）进行浇注，以提高充型能力。在熔化铸造用金属时，常使用中频感应电炉和变频中频炉。钛、镍等特殊合金常采用真空熔炉和真空浇注设备。铸件冷却后，击毁型壳，取出铸件，切除浇冒口，并用喷砂、抛丸、碱煮或电化学等方法清理铸件表面。

熔模铸造广泛应用于仪器仪表、航空航天、机械、汽车、武器等行业中。与其他铸造相比，熔模铸造具有如下特点：

1）熔模铸造铸件的精度和表面质量比普通铸造高，尺寸精度一般可达IT11~IT13，表面粗糙度 Ra12.5~1.6μm，熔模铸造是一种近净成形方法，加工余量小，甚至有些使用场合可不再加工。

2）可铸造结构形状非常复杂、并难于用其他方法加工成形的零件。铸件重量可小至几克，壁厚薄至0.5mm，铸出孔径最小可达1mm。

3）适用于各种合金，特别适用于成形那些切削加工性能不良或难以加工的合金零件，如不锈钢、耐热钢、硬质合金等。

4）生产批量不受限制，单件、小批、大量生产均可。

5）工艺过程较复杂，生产周期长，多用于小型零件，一般不超过25kg。

2. 压力铸造

压力铸造简称压铸，是将液态或半液态的金属或合金，在高压下高速充填金属铸型，并在压力下凝固成形的铸造方法。常用压力为几帕至几十兆帕，充型时间为0.05~0.2s，充型速度为 10 ~ 120m/s。所以，高压、高速充填铸型是压力铸造与其他铸造方法的根本区别。

压铸过程是在压铸机上进行的，压铸机可分为热压室压铸机和冷压室压铸机两类。热压室压铸机上装有储存液态金属的坩埚，压室浸在液体金属中，因此只能压铸低熔点合金，故应用较少。图 6-2 所示为应用较普遍的卧式冷室压铸机的总体结构图。冷室压铸机的压室与

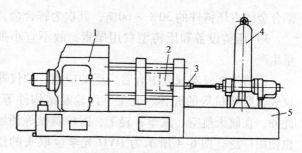

图 6-2　卧式冷室压铸机总体结构图
1—合型机构　2—压铸模具　3—压射结构
4—蓄压器　5—机座

金属熔化炉及保温坩埚是完全分开的，熔化炉可熔化高熔点合金，故适用于各种压铸用合金；同时液体金属进入型腔流程短，压力损失小，因此应用范围较广。

卧式冷室压铸机的压铸工艺过程示意图如图 6-3 所示。

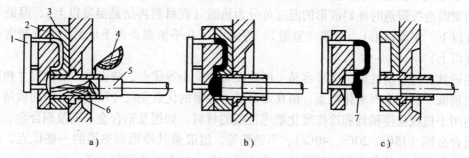

图 6-3　卧式冷室压铸机压铸工艺过程示意图
a) 合型、浇注　b) 压射　c) 开型、顶出铸件
1—顶出结构　2—活动半型　3—固定半型　4—金属液　5—压射冲头
6—压射室　7—铸件

与其他铸造方法相比，压力铸造有以下优点：

1) 压铸件的尺寸比普通铸件精度高，一般可达 IT11 ~ IT13，表面粗糙度可达 Ra3.2 ~ 0.8μm，最高可达 Ra0.4μm。因此，有些场合压铸件可不经机械加工而直接使用。

2) 由于铸件在压力下凝固结晶，冷却速度又较快，所以压铸件组织致密，可提高铸件强度和表面硬度。

3) 压铸件中便于嵌铸其他材料的零件，从而简化制造工艺，减少装配工时。

4) 由于在高压下充填铸型，提高了液态金属的充型能力，故能压铸出形状较复杂的零件，如锌合金最小壁厚可达 0.3mm，可铸出 0.7mm 的小孔。必要时压铸工艺还可铸出螺纹、齿轮、花纹等。

5) 生产效率高，一般的冷室压铸机生产率可达 80 ~ 100 次/小时。

压铸的缺点是：

1) 压铸时，由于充型速度快，型腔中的空气很难完全排出，所以铸件表皮下常有气孔等。故压铸件不宜进行较大余量的加工，以免气孔暴露出来。同时，内含气孔的压铸件不能进行热处理。

2) 压铸的合金种类因模具寿命而受到限制，目前主要用于熔点较低的合金材料，其中

铝合金约占压铸件的30%~60%，其次为锌合金，另外还有少量的铜合金、镁合金。

3）压铸设备和压铸型费用昂贵，故不宜小批量生产。

压铸件在仪器仪表中有着广泛的应用，如仪器仪表和照相机等的壳体、支架、齿轮及结构件等。此外，在航天航空、汽车、轻工、医疗器械等领域也使用广泛。图6-4所示为DVD光学读取头的压铸座体，其尺寸精度可达±0.05mm以上。

图6-4　DVD光学读取头的压铸座体

6.1.2　精密锻造

锻造是塑性体积成形工艺，近代的精密锻造工艺是在古老的自由锻造的基础上发展起来的。在仪器仪表元器件的制造工艺中，精密锻造也是一种近净成形甚至净成形加工方法。

精密锻造按锻造时坯料成形的温度可分为热锻（在材料再结晶温度以上）、温锻（再结晶温度以下、室温以上）、冷锻（室温）、等温锻（几乎恒温条件下成形，温度通常在再结晶温度以上）。

热锻具有材料塑性好、成形容易、所需设备吨位小等优点，缺点是产品的尺寸精度和表面质量稍低、钢件表面氧化严重、模具寿命低。冷锻的优点是尺寸精度高，表面质量好，但仅能适用于机械强度稍低和冷作硬化敏感性低的材料，如铝及铝合金、铜及铜合金、中低碳钢及低合金钢（15Cr、20Cr、40Cr）、不锈钢等。温锻兼具冷锻和热锻的一些优点，但由于成形温度仍较高，故仍表现出热锻的一些不足之处，如存在表面氧化等。

精密锻造具有以下特点：

1）材料利用率高。普通锻造一般仅是为切削加工提供粗毛坯，而精密锻造后的零件后续加工量少，属于近净成形工艺。

2）产品的精度较高，尺寸一致性好。目前，热精密锻造件尺寸精度可达到±(0.4~0.2)mm，温精密锻造件为±(0.2~0.1)mm，而冷精密锻造件为±(0.1~0.01)mm左右，精密锻造件表面粗糙度可达$Ra1.6~0.4\mu m$。同时，产品尺寸一致性好，若冷锻模的凹模和冲头用硬质合金制造，则加工十万件制品模具才磨损0.01mm，因此，精密锻造出的零件尺寸几乎相同。

3）锻压可使金属获得更细密的晶粒，故能提高锻件材料的力学性能。

4）劳动生产率高。切削加工受机床、刀具和切削进给量的制约，生产效率不可能很高。例如，某凸轮的轴心内花键，切削加工每件需3min，而挤压内花键只需0.4min。

5）由于精密锻造所用模具的制造成本较高，故只有在生产批量较大时，经济上才有利。

仪器仪表元器件制造中常用的精密锻造工艺有精密模锻、冷挤压、精压、闭塞式模锻、粉末锻造等。精密锻造多使用机械压力机。

1. 精密模锻

通过压力迫使金属流动，使金属充满锻模模腔（型腔）而生产锻件的方法称作模锻。目前，工业发达国家模锻件占总锻件数的70%以上。精密模锻可锻造出形状复杂、精度高的模锻制品。

为保证精密模锻制品的质量，工艺过程中需采取以下措施：

1）一般多采用多级锻造，使用两套或两套以上不同的锻模。其中一套用于预锻（或称粗锻），另一套用于终锻，有时为了进一步提高精度往往还要再加一套精密锻模。为了保证尺寸精度和表面粗糙度的要求，精密模锻模具的模膛精度一般要比锻件精度高 2 级。凹模材料可采用耐热模具钢，如 RM2（5Cr4W5Mo2V）等来制造，冲头和顶杆材料可用 3Cr2W8V 等。

2）精密模锻对毛坯有较高的要求，因此需精确计算原始坯料的体积，一般公差 ±（0.3% ~ 0.8%），并精确下料。

3）采用少无表面氧化加热法，防止表面因氧化使粗糙度变坏。常用的加热方法有电加热法和少无氧化火焰炉等。

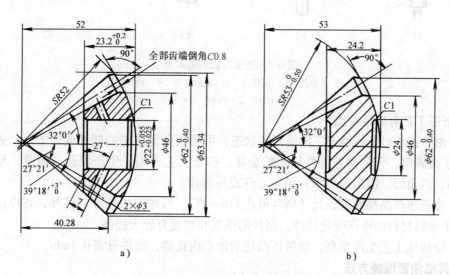

图 6-5　使用精密模锻工艺制造的差速器行星齿轮

a）零件图　b）精密锻造件图

4）锻造时应严格控制模具温度、锻造温度，同时模锻时要很好地进行润滑并冷却模具。

图 6-5 所示为使用精密模锻工艺制造的差速器行星齿轮的零件图和精密锻造件图。图 6-6 所示为导柱式齿轮精密锻造模结构图。

该零件的加工工艺流程为：

下料（φ35 棒料，重（285 ± 5）g）→少无氧化加热（1000 ~ 1150℃）→预锻→终锻→空冷→切边→清理氧化皮→检验→加热（700 ~ 850℃）→温精压→保护介质中冷却→切边→检验→机加工中心孔（齿形定位）。

2. 冷挤压

冷挤压工艺是在冷态下（一般在室温下），使金属坯料在挤压模膛内受压而被挤出，从而

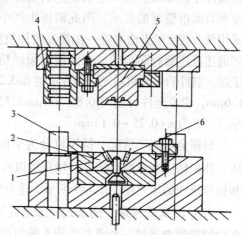

图 6-6　导柱式齿轮精密锻造模结构图

1—预应力圈　2—下模　3—导柱

4—导套　5—上模　6—工件

获得所需形状、尺寸，以及一定力学性能的成形制品。冷挤压一般在冷挤压机上加工。

按照挤压时金属流动方向与凸模运动方向的关系，冷挤压可分为正挤压、反挤压、复合挤压、径向挤压等，如图 6-7 所示。

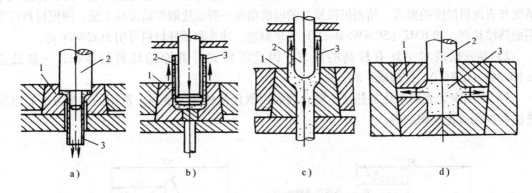

图 6-7　挤压方式的基本类型

a) 正挤压　b) 反挤压　c) 复合挤压　d) 径向挤压

1—凹模　2—凸模　3—工件

冷挤压工艺有如下特点：

1) 由于挤压时金属处于三向受压的状态，可提高金属坯料的塑性成形能力，故冷挤压也可用于高碳钢、合金钢等塑性较差的金属。挤压工艺多用于生产深孔、薄壁、异形断面（如方形、六角形、齿形等形状）的空心件或杯形件。

2) 冷挤压产品精度高，尺寸精度可达 IT6 ~ IT7，纤维组织连续。另外，在冷挤压过程中，由于金属材料的冷作硬化特性，制件的强度和硬度有较大提高。

3) 冷挤压工艺生产率高，如挤压凸轮的轴心内花键，每件只需 0.4min。

3. 其他精密锻造方法

（1）精压　精压属于锻造后续工序。某些锻件经初步成形后，还未能达到最终的精度和表面粗糙度的要求，因此锻压生产中常采用最后精压的方法来进一步提高锻件质量。如前述差速器行星齿轮，在终锻后须经精压工序。制件的表面粗糙度，钢件可达 $Ra3.2$ ~ $1.6\mu m$，铝合金件可达 $Ra0.8$ ~ $0.4\mu m$，尺寸精度一般为 $\pm (0.25 ~ 0.1)mm$。

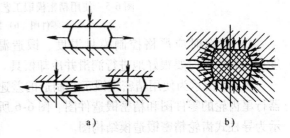

图 6-8　精压分类和精压机理示意图

a) 平面精压　b) 体积精压

根据金属变形情况，精压可分为平面精压、体积精压和浮雕精压等。精压可以在冷态、温态和热态下进行。图 6-8 所示为精压分类和精压机理的示意图。图 6-9 所示为连杆零件平面精压模的结构示意图。

（2）闭塞式模锻　闭塞式模锻是近年来发展十分迅速的精密成形方法。该成形方法是在封闭凹模内通过一个或两个冲头单向或对向挤压金属，从而在封闭凹模内一次成形零件，最终获得形状复杂的精密锻件。闭塞式模锻实质上就是精密模锻和挤压工艺的结合与发展，它综合了二者的优点，具有良好的发展前景。如锥齿轮，以往一直用精密模锻的方法成形，需经多次锻造工序。目前使用闭塞式模锻，可一次锻造成形，如图 6-10 所示。

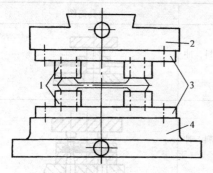

图 6-9　连杆平面精压模的结构示意图
1—精压板　2—上底板
3—垫板　4—下底板

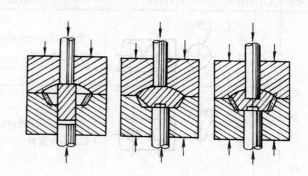

图 6-10　锥形齿轮的闭塞式模锻过程示意图

闭塞式锻造的优点是生产效率高，一次成形便可以获得形状复杂的精密锻造件；锻件精度较高，且制品金属流线沿锻件外形连续分布，力学性能好。同时，由于成形中坯料处于三向压应力状态，故可适用于低塑性的材料。

（3）**粉末锻造**　粉末锻造 1964 年由美国研究开发，是将金属粉末冶金和精密模锻相结合而发展起来的一项颇具竞争力的新工艺。它综合了精压和闭塞式模锻的优点。粉末锻造是指将金属粉末烧结的预成形坯，经加热后在闭式锻模中实现无飞边精密模锻，从而获得与普通模锻件相同密度、形状复杂的精密金属锻件的方法。

粉末锻造工艺过程如图 6-11 所示。

图 6-11　粉末锻造工艺过程

粉末锻造时，较细的金属粉体颗粒像流体一样充填型腔各处，故成形性能极好；再经锻造后，晶粒细密。故粉末锻造能以较低的成本和较高的生产率来生产高质量、高精度（IT6～IT9）、形状复杂的结构零件。例如，粉末锻造制造的凸轮，其耐磨性可比普通模锻件提高几倍以上，模具的寿命也可提高 10～20 倍。

6.1.3　精密冲压

冲压是通过模具使板料塑性成形以获得零件制品的工艺方法。由于冲压通常在冷态下进行，因此也称冷冲压。冲压坯料的板厚一般小于 4mm。精密冲压是普通冷冲压技术的发展，它可以加工出精度高、表面粗糙度值小的冷冲压件。

精密冲压的基本工序可分为分离工序（主要是精密冲裁）和成形（变形）工序两大类。表 6-1 列出了各种冲压工序类型及其模具简图。

精密冲压常用的金属材料有低碳钢、铜、铝、镁合金及高塑性的合金钢等。目前，高强钢板、涂敷镀层钢板、塑料夹层钢板和其他复合材料和高分子材料板材的使用也日渐增多。精密冲压所使用的基材形状有板材和带材等。

表 6-1　冲压工序类型与模具简图

类别	工序名称		工序简图	工序特征	模具简图
分离工序	冲裁	落料		用模具沿封闭线冲切板料，冲下的部分为工件	
		冲孔		用模具沿封闭线冲切板料，冲下的部分为废料	
	切口			用模具将板料局部切开而不完全分离，切口部分材料发生弯曲	
成形工序	弯曲			用模具使板料弯成一定角度或一定形状	
	拉深			用模具将板料压成任意形状的空心件	
	翻边			用模具将板料上的孔或外缘翻成直壁	
	缩口			用模具对空心件口部施加由外向内的径向压力，使局部直径缩小	
	胀形			用模具对空心件口部施加由内向外的径向压力，使局部直径扩张	

精密冲压具有以下的工艺特点：

1）板材冲压件壁薄、重量轻，同时又具有高的强度和刚度。冲压既能制造尺寸很小的仪表零件、电子产品的精密零件，又能制造仪器壳体等较大的零件；既能用来制造一般公差等级和形状较简单的零件，又能够制造其他工艺无法加工的微米级精度的、形状极其复杂的精密薄壁零件。故此，板料冲压成形的零件在仪器仪表中有着广泛的应用。

2）精密冲压件质量稳定，互换性好，大多可直接装配使用。

3）精密冲压操作简单，加工成本低，但冲模复杂，制造成本高，因此仅适用于大批量生产。

1. 精密冲裁

冲压分离工序中的落料工序和冲孔工序，其变形过程和模具结构是相同的，习惯上统称为冲裁。普通冲裁得到的冲裁分离断面由塌角、剪切面、断裂面和毛刺 4 部分组成。断裂面是粗糙度极差的不光滑表面，且不与板平面垂直。因此，普通冲裁只能得到一般质量的冲裁件。仪器仪表制造中广泛使用精密冲裁（常简称为精冲）工艺，由精密冲裁获得的冲裁件在全部板厚范围内不存在上述断裂表面，而是 100% 的光滑剪切面。图 6-12 所示为各种齿形的典型精密冲裁零件。

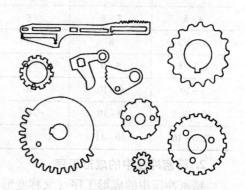

图 6-12　各种齿形的典型精密冲裁零件

精密冲裁之所以能获得普通冲裁无法达到的加工质量，是因为精密冲裁在工艺上进行了一系列的改进，如采用了强力齿形压边精密冲裁（如图 6-13a 所示）和对向凹模精密冲裁（如图 6-13b 所示）等精密冲裁方法。强力齿形压边精密冲裁的基本原理是，在凸模接触工件毛坯前，通过压边力使齿形压边圈先将毛坯压紧在凹模上；而在凸模压入材料的同时，利用顶杆的反压力从下面将材料压紧。对向凹模精密冲裁的原理是，利用上凹模对工件压紧，并使上凹模和下凹模对冲裁表面进行整修切削。精密冲裁需要在特殊的精密冲裁压力机上进行。该种压力机可完成上述两种精密冲裁方法所需的冲裁力、压边力和顶杆反压力三个供力的动作。

同时，精密冲裁为了获得具有光洁平直剪切面的高精度成品零件，凸模和凹模之间的间隙较小，大约是料厚的 1%，而普通冲模约为 5% ~ 10%。另外，精密冲裁须使用工艺润滑剂。精密冲裁过程中的冷作硬化，可使精密冲裁件的剪切面具有良好的耐磨性和耐腐蚀性，故精密冲裁件的剪切面可直接作为齿形面等工作面来使用。

精密冲裁件的尺寸公差和几何形状公差见表 6-2。精密冲裁件可达到的剪

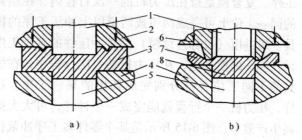

图 6-13　用在多动压力机上的精密冲裁方法
a）强力齿形压边精密冲裁　b）对向凹模精密冲裁
1—冲头　2—齿形压边圈　3—毛坯　4—凹模　5—顶杆
6—对向凹模　7—废料　8—工件

切面粗糙度为 $Ra3.6 \sim 0.2\mu m$，一般为 $Ra2.5 \sim 0.63\mu m$。

表 6-2　精密冲裁件的尺寸公差和几何形状公差

精密冲裁件料厚 /mm	材料抗拉强度极限至 600MPa			100mm 长度上的 平面度/mm	剪切面垂直度 /mm
	内形（IT）	外形（IT）	孔距（IT）		
0.5 ~ 1	6 ~ 7	7	7	0.13 ~ 0.060	0 ~ 0.01
1 ~ 2	7	7	7	0.12 ~ 0.055	0 ~ 0.014
2 ~ 3	7	7	7	0.11 ~ 0.045	0.001 ~ 0.018
3 ~ 4	7	8	7	0.10 ~ 0.040	0.003 ~ 0.022
4 ~ 5	7 ~ 8	8	8	0.09 ~ 0.040	0.005 ~ 0.026
5 ~ 6.3	8	9	8	0.085 ~ 0.035	0.007 ~ 0.030
6.3 ~ 8	8 ~ 9	9	8	0.08 ~ 0.030	0.009 ~ 0.038
8 ~ 10	9 ~ 10	10	8	0.075 ~ 0.025	0.011 ~ 0.042
10 ~ 12.5	9 ~ 10	10	9	0.065 ~ 0.025	0.015 ~ 0.055
12.5 ~ 16	10 ~ 11	10	9	0.055 ~ 0.020	0.020 ~ 0.065

2. 精密冲压中的成形工序

精密冲压中的成形工序（又称变形工序），是使坯料产生塑性变形而不破裂的工序，主要包括弯曲、拉深、翻边、缩口、胀形等（见表 6-1）。

通过精密冲压中的成形工序，可将板料塑性成形为形状极其复杂的精密零件。如光盘光学读取头的力矩器零件（如图 6-14 所示），壁厚 0.8mm，其形状复杂，底部中心有凸起的轴孔，侧面有冲压出的凸台。该零件经多次连续拉深成形后，形状的尺寸精度小于 0.05mm。

板料冲压成形模具又称冲模，其结构形式按工序组合方式分类，可分为单工序模、复合模、级进模等（精密冲载模具的分类相同）。

单工序模在压力机的一次行程中只能完成单一工序。复合模是指在压力机的一次行程内，在模具的同一工位上可完成两道或两道以上冲压工序的模具。级进模（又称连续模）是将冲压件的各个工序设在同一副模具上，在压力机的一次行程中，在模具的不同工位各自分别完成其中的某一工序。这样，压力机一个行程就能完成一个冲件，可大大提高生产效率。图 6-15 所示是某个零件多工序冲裁拉深级进模的示意图。级进模常使用带状料，每完成一个冲件，带状料定距前进一个工位。

图 6-14　力矩器零件

精密冲压使用的设备有各种冲压机械压力机和冲压液压压力机，近代生产中广泛使用多工位自动压力机、数控压力机等自动化程度较高的冲压设备。

精密冲压成形工序的经济精度为：拉深件高度尺寸精度为 IT8 ~ IT10（经修整后可达 IT6 ~ IT7），拉深件直径尺寸精度为 IT9 ~ IT10，弯曲为 IT9 ~ IT10，厚度精度为 IT9 ~ IT10。

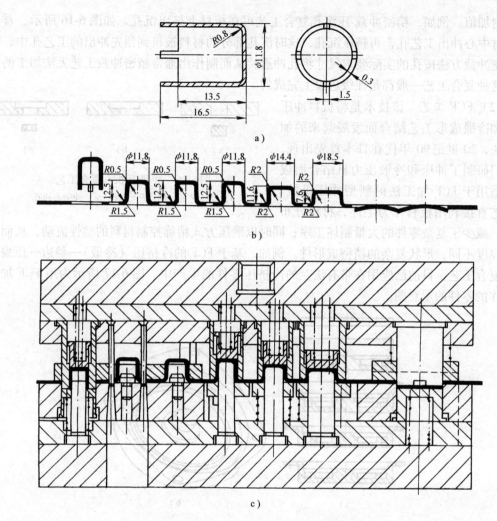

图 6-15 多工序冲裁拉深级进模示意图

a) 冲裁拉深件零件图 b) 样件图 c) 冲裁拉深级进模模具图

冲压件表面质量一般不应超过原材料表面质量，否则需增加切削加工等工序，会使产品成本大幅度升高。

设计冲压件时，在满足使用性能的同时，应结合冲压工艺的特点充分考虑零件的结构工艺性，如应采用圆角代替尖角连接，弯曲半径不应小于材料许可的最小弯曲半径，拉深件外形高度不宜太高，孔间距不应小于板厚，尽量提高材料的利用率等。

3. 精密冲压工艺的新进展

随着材料技术和压力加工设备的发展，精密冲压也在不断地出现一些新的工艺方法，如精密冲裁复合工艺和 FCF 工艺（Flow Control Forming，精确控制材料流动成形法）。这两种工艺都是将板材塑性成形工艺与体积塑性成形工艺相结合而派生出的新的工艺方法。

（1）精密冲裁复合工艺 是利用精密冲裁压力机具有 3 种独立可调压力（冲裁力、压边力和反压力）的特点，在精密冲裁过程中与其他工艺（压沉孔、半冲孔、压扁等）相复合。就产品而言，从等厚度的精密冲裁件发展到不等厚度的精密冲裁件；就工艺而言，从单一的板材分离工序发展到多种成形工艺的复合工艺。这就极大地扩大了精密冲裁件的应用范围和附加值。例如，精密冲裁-压沉孔复合工艺可在板材上挤出沉孔，如图 6-16 所示。首先在板材中心冲出工艺孔，再挤压沉孔，这时沉孔部分的材料被挤到预先冲出的工艺孔中，再用精密冲裁方法按孔的实际要求尺寸将孔冲透，从而制作出通常精密冲裁工艺无法加工的沉孔。这种复合工艺一般都是在级进模上完成的。

（2）FCF 工艺　该技术是将板料冲压工艺和冷锻成形工艺结合而发展起来的加工方法，20 世纪 90 年代在日本首先出现，并专门研制了冲床和冷锻压力机结合而成的，适用于 FCF 加工法的新型冲压机械。该工艺直接利用板料作为毛坯，材料分布

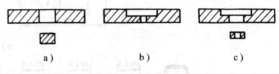

图 6-16　冲裁-压沉孔复合工艺
a）冲工艺孔　b）挤压沉孔　c）冲中心通孔

合理，减少了复杂零件的大量制坯工序；同时以锻压方式精确控制材料的塑性流动，从而制作出厚度不同、形状复杂的精密成形件。例如，基于 FCF 的冷挤压（冷锻）—翻边—压扁—冲裁复合工艺，目前已应用在带有法兰的冷挤压零件的生产中。图 6-17 所示为用 FCF 加工法制作的零件的示意图。

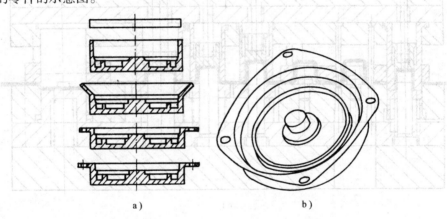

图 6-17　FCF 加工法
a）原理图　b）典型零件

6.1.4　弹性元件的精密成形

在仪器仪表中，弹性元件得到广泛的应用。它是利用材料的弹性特性来完成各种功能的元件。弹性元件种类很多，根据不同的使用要求，其结构形状和所用的材料也各有差异。在工艺上，制造金属弹性元件应满足下列要求：

1）在一定的工作条件下，具有一定的弹性特性，即在载荷作用下，能产生一定的位移或变形。

2）工作特性不随时间或其他因素（如温度、气候条件等）的改变而变化，即工作特性要具有较好的稳定性。

3）使用寿命要长。

下面介绍几种常用的金属弹性元件的制造工艺。

1. 螺旋弹簧的制造

螺旋弹簧基本上用圆形截面弹簧丝绕制而成。其基本工艺过程如下：选择弹簧丝→绕制

→分割→制作受力端→整形→热处理→时效→表面处理（氧化和电镀）→老化→检验。

（1）弹簧的绕制与分割　螺旋形弹簧成形的方法有两种：心轴成形和无芯成形。

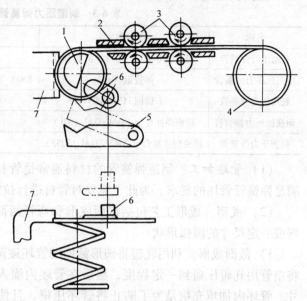

1）心轴成形。可在车床或专用设备上进行。绕制时，将弹簧钢丝密绕或按一定螺距绕在心轴上，然后按需要圈数切断，弹簧的圈间间距用整形方法得到。由于绕后有弹性回复，通常用试验方法确定心轴直径尺寸。心轴成形法绕制弹簧的生产率及绕制精度均较低。

2）无芯成形。绕制在专用设备上进行，其工作原理如图 6-18 所示。弹簧钢丝从簧丝线轴 4 抽出，经送料、矫直滚轮 3 进入具有纵向槽的导板系统 2，然后送至由固定的导向轴 1 和卷绕垫 7 组成的卷绕机构绕制成螺旋形状。调整间距销 6 的位置可将得到不同节距的弹簧，卷绕到规定圈数时，切断刀 5 自动

图 6-18　无芯成形绕制螺旋弹簧示意图
1—导向轴　2—导板系统　3—滚轮　4—簧丝线轴
5—切断刀　6—间距销　7—卷绕垫

将弹簧切下。此法绕制的弹簧质量好、生产率高，得到广泛应用。

（2）弹簧受力端的制造　拉伸和扭转弹簧端部钩环，可以在绕制弹簧螺旋圈的同时或以后弯出。

压缩弹簧两端承力平面，通常用磨削法制造。两端承力平面应垂直于弹簧轴线，并保证弹簧自由长度的尺寸在公差范围内。

（3）老化处理　老化处理是为了减小弹簧的残余变形，通常是在一定温度和载荷下保持一段时间。例如，压缩弹簧在超过工作温度 50%、超过最大工作载荷 20% 的条件下保持 2h；也可采用机械老化法，使弹簧加载、卸载一定次数，例如以 100 次/分的频率进行 2h 机械老化。

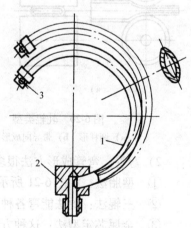

2. 弹簧管的制造

压力弹簧管通常的结构是一种弯成圆弧形的空心扁管，管子截面的短轴位于管子弯曲平面内，如图 6-19 所示。在内压力作用下，弹簧管发生弯曲，使封闭端产生位移 W，再通过传动放大机构带动指针得到指示，达到测量压力的目的。

图 6-19　压力弹簧管常见的结构
1—压力弹簧管　2—接头
3—指示机构接头

制造压力弹簧管及后述的膜片、膜盒、波纹管等弹性元件的材料有黄铜、锡青铜及铍青铜、不锈钢、精密弹性合金等，见表 6-3。

制造弹簧管的基本工艺过程为：原材料检查→管坯加工→成形→热处理→组件装配→稳

定处理→检验→成品。

表 6-3　制造压力弹簧管的常用材料

名称	材料	热处理方法
普通压力弹簧管	锡青铜 QSn6.5-0.1、黄铜 H80	冷作加工后，170℃时效
中高压压力弹簧管	弹簧钢 50CrV	850℃等温淬火后，在 420℃回火（盐浴加热，淬火，回火）
氨用压力弹簧管	不锈钢 1Cr18Ni9Ti	冷作加工后，320℃时效
耐腐蚀压力弹簧管	精密弹性合金 Ni36CrTiAl（3J1）	650℃真空时效
精密压力弹簧管	精密恒弹性合金 Ni42CrTiAl（3J53）	650℃真空时效

（1）管坯加工　制造弹簧管的材料通常是管材，但是管材的尺寸标准和力学性能不能满足弹簧管管坯的要求。为此，需要对管材进行拉深加工。

（2）成形　成形工艺包括截面成形和弯管两部分。经成形后的管坯截面是扁圆的，且弯成一定尺寸的圆弧形状。

1）截面成形。利用轧辊将圆形截面的管坯逐渐压扁到要求的弹簧截面形状和尺寸。先将空管用轧辊压扁到一定程度，然后在管坯内灌入填充物，再继续压扁到要求的形状和尺寸。管坯内加填充物是为了防止将管坯压瘪，且使管坯在压扁过程中材料冷作硬化程度均匀。填充物要具有一定硬度和弹性，可塑性好，且易充填和取出。常用的填充物有：明矾、松脂、砂子以及易熔铋合金等。压扁时采用的轧辊有圆柱形的，也有带导向成形槽的，如图 6-20 所示。对于椭圆截面管坯只能用带有导向成形槽的轧辊进行压扁。

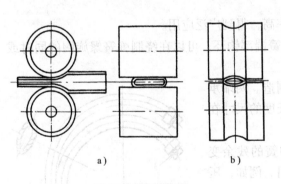
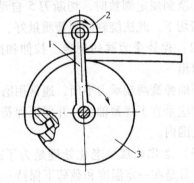

图 6-20　轧辊类型　　　　　　　　　　图 6-21　在型胎上弯管
a）圆柱形　b）带导向成形槽　　　　1—连杆　2—滚子　3—固定型胎

2）弯管。弯管成形方法很多，常用的有如下几种：

①　型胎法：如图 6-21 所示。这种方法设备简单，型胎无通用性，成形质量不一致。

②　三辊法：此法能弯各种曲率半径的弹簧管。

③　金属芯定型法：这种方法生产效率高，节省填料工序，成形质量好。

3. 膜片和膜盒的制造

膜片、膜盒在仪表中的作用是将压力或压差转换成膜片、膜盒的中心位移或中心集中力输出，传给指示器或执行机构。

金属膜片制造工艺过程如下：材料准备（主要是冷轧）→落料成形→切边冲孔热处理→表面处理→硬芯组合→稳定处理→性能测试。

而膜盒制造还需经过膜盒组合→抽空灌充→稳定处理→性能测试等工序。

实践表明，冷轧、成形、热处理、膜片组合、抽空灌充和稳定处理是影响膜片与膜盒质量的关键工艺。

（1）冷轧（又称辗轧） 由膜片弹性计算式可知，膜片位移与其厚度的立方成正比，而膜片材料供应标准中，厚度尺寸的精度较低，因此，膜片制造之前需要对材料进行冷轧，以达到要求的尺寸及公差。冷轧是在精密辗压机上进行，将原材料冷轧至所需膜片厚度，一般极限偏差为 $\pm (0.001 \sim 0.002) \text{mm}$。

（2）膜片成形 膜片成形工序是决定膜片几何参数的主要因素，它与膜片特性有直接关系。因此，在成形时应保证获得正确而稳定的几何参数，并有一定的冷作硬化程度。

膜片成形方法很多，如旋压成形、液压成形、硬模成形、橡胶模成形、高能成形，还有车制成形等。

1）旋压成形（又称滚压成形）。它是在车床或旋压机上进行，如图6-22所示。采用模具及旋压工具滚压制成。工作顺序是先弯边后成形，再用割刀切去边缘而制成所需的波纹膜片。这种方法所用设备简单，旋压时材料变形大，冷作硬化程度较大，从而提高了膜片的弹性性能与工作寿命。但要求技术水平高，质量不稳定，生产效率低。所以只适用于小批生产的大尺寸和要求不高的膜片。

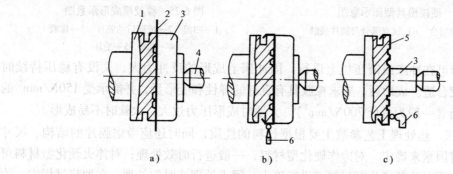

图6-22 波纹膜片的旋压成形示意图

a）弯边 b）波纹成形 c）切边

1—旋压膜 2—膜片毛坯 3—垫块 4—顶尖 5—膜片 6—旋压工具

2）液压成形。它是利用均匀作用于膜片毛坯上的液压压力，使膜片毛坯产生塑性变形，使之完全贴合在凹模型面上，从而制成波纹膜片，如图6-23所示。

成形过程中，膜片毛坯的外缘需要施加压边力，以防起皱。成形压力与压边力是膜片制造中重要工艺参数。成形压力与材料品种、状态、厚度、膜片波纹深度、波距及模具结构等有关。压边力是靠调整凹模和模座的相对位置来实现。

液压成形过程中，由于膜片受力均匀，因而能得到较好的质量和稳定的特性。这种方法广泛用于尺寸不大（直径60mm以下）、厚度较薄（0.35mm以下）、成形不规则的复合波形的膜片加工。

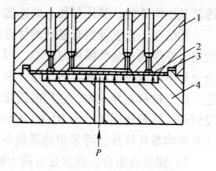

图6-23 波纹膜片的液压成形示意图

1—凹模 2—膜片毛坯 3—密封圈 4—模座

3）硬模成形。利用具有一定型面的阴阳金属型冷压成形的方法制造膜片，称硬模成形。这种方法成形的膜片型面准确、特性稳定，而且能成形直径大且较厚的膜片。

　　成形时，可在偏心冲床或压床上进行。所用模具可以是膜片与凹凸模型面完全吻合，也可以是只有局部接触，如图6-24所示。

　　硬模成形的模具结构较为复杂，但它制造的膜片性能稳定，因此适用于大批量生产。

　　4）橡胶模成形。图6-25所示为橡胶模成形的简图，膜片毛坯放在模座中的橡胶上，合上凹模，在压力作用下，橡胶受压变形，迫使膜片毛坯紧贴在凹模型面上，从而制成波纹膜片。

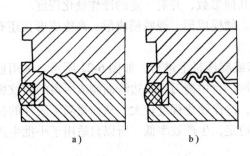

图6-24　硬模模具型面示意图
a）与膜片波纹吻合　b）仅有部分与膜片接触

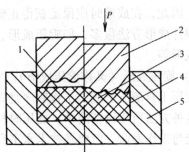

图6-25　橡胶模成形示意图
1—凹模　2—成形后的膜片　3—橡胶
4—模座　5—毛坯

　　橡胶模成形可在冲床或液压机上进行。因冲床上成形的反冲力大，又没有稳压持续时间，所以后者较合适。成形后，要求橡胶具有良好的弹性和变形量，并能承受 $150N/mm^2$ 的压力，硬度适当（一般为肖氏 $700N/mm^2$）。太硬时成形压力过大，太软时不易成形。

　　（3）热处理　热处理工艺参数主要根据材料的性质，同时还应考虑膜片的结构、尺寸以及生产条件等因素来确定。对冷作硬化型材料，一般进行时效处理；对淬火硬化型材料可进行正火处理；而对弥散硬化型材料可进行淬火、回火处理或时效处理。在加热过程中，为防止材料表面氧化，应将膜片表面与空气隔绝，常用的方法有固体保护、气体保护，如使用盐浴炉和真空炉等。

　　（4）膜片的组合　膜片的组合主要包括膜片与硬心连接、膜盒的组合两项工作。

　　1）膜片与硬心的连接。膜片的位移一般都是通过固连在其中的刚性连接件（即硬心）传至其他构件的。膜片与硬心的连接，可采用粘结、钎焊和电阻焊等。

　　粘结在工艺上虽然有显著的优点，但是粘结剂易于老化，因此目前应用不多。锡铅钎料能用于钎焊铜合金的膜片与硬心，因为钎料易产生塑性变形而使迟滞增大。电阻焊适用于铜合金和不锈钢膜片与硬心的焊接。对目前广泛应用的恒弹性材料的膜片，其硬心仍用黄铜制造。由于材料差异太大，它们的连接，不能用电阻焊，用锡铅钎料钎焊也很困难，最好采用硬钎焊，钎料选用牌号为 HLAgCd26-17－17－10－0.3 的银铜锌镉合金。在焊接过程中，为了不影响膜片特性，可采用热量集中、加热迅速的电阻钎焊。

　　2）膜盒的组合。膜盒是由两个膜片经周边焊接而成。为了得到具有一定特性要求的膜盒，一般采用按特性分组组合。膜片周边的连接方法，目前应用的有锡铅钎料钎焊、缝焊（电阻焊）、氩弧焊、等离子焊、电子束焊等。

　　（5）膜盒的抽空与灌充　真空及充气（或充液）膜盒，焊接组合时或焊接组合后，需进行抽空或抽空-灌充。

真空膜盒是在真空室中进行焊接组合而成。如果在真空室内充以所需气体,并在其中进行焊接就可得到充气膜盒。充液膜盒先焊成开口膜盒,然后进行抽空与灌充液体。

(6) **稳定处理** 为了消除膜片、膜盒制造过程中产生的内应力,减小弹性迟滞以及提高膜片、膜盒特性的稳定性,需要进行稳定处理。目前常用的稳定处理有自然时效、预加热、预加载荷以及预加交变载荷等方法。

4. 波纹管的制造

波纹管是一种表面具有一定波纹形状的薄壁零件,如图 6-26 所示。波纹管的特点是:在压力、轴向力、径向力(或弯矩)作用下均能产生相应的位移。因此,它在众多技术领域中得到广泛的应用。波纹管的类型可分两大类:无缝波纹管和焊接波纹管。应用最广的是由薄壁管坯制成的无缝波纹管。

波纹管的制造工艺包括管坯制造、波纹的成形、波纹管的整形、热处理、稳定处理和性能检测等。

(1) **管坯制造** 通常制造管坯的方法有拉深法和焊接法两类。拉深中又有多次拉深和旋压拉深之分;而焊接法中则分为对接氩弧焊和搭接滚焊。

(2) **波纹的成形** 波纹的成形是制造波纹管的关键工序之一。在预制管坯上成形波纹的方法有液压法、滚压法和滚压-液压法;不需预制管坯的成形方法有焊接法、化学沉积法和电铸法。

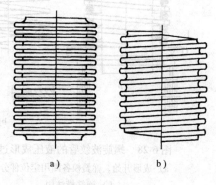

图 6-26 波纹管
a) 环形波纹管 b) 螺旋形波纹管

1) 液压法成形。液压法主要用来制造直径为 5 ~ 300mm 的环形波纹管,也可以成形螺旋形波纹管。液压成形是在专用的液压机和成形模具上加工的,液压成形过程如图 6-27 所示。对于采用二次成形的深波纹管,第一次成形只产生约 40% 的变形,经软化处理后进行第二次成形。

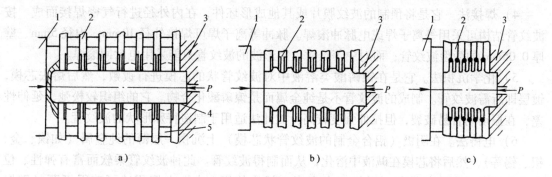

图 6-27 液压成形过程示意图
a) 模板由定位器定位,通过液压管坯膨胀鼓起 b) 活塞推动模板,管坯右移 c) 各模相互贴靠,成形完毕
1—活塞杆 2—模板 3—夹头支座 4—管坯 5—定位器

图 6-28 所示为螺旋波纹管的液压成形过程。由于它的波纹是连续的螺旋波纹,故采用的成形模是具有内型面的圆柱弹簧模。对大、中尺寸规格的螺旋波纹管可采用液压法成形,

而小尺寸规格的多采用下述的滚压法成形。

2）滚压法成形。滚压法成形分为两种：

①　向内滚形法。此种方法采用的管坯直径为波纹管的外径。可加工直径 20~80mm、波深系数在 1.4 以下的浅波环形或螺旋形波纹管。

②　向外滚形法。此法采用的管坯直径为波纹管内径（如图 6-29 所示）。可加工直径在 100mm 至几米，波深系数达 1.5 的大波纹管。

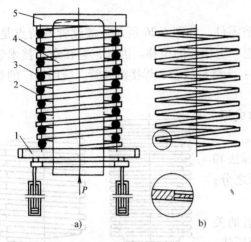

图 6-28　螺旋波纹管的液压成形过程
a）成形开始，弹簧模各圈用定位件分开
b）弹簧模结构
1—出模器　2—定位件　3—弹簧模
4—工件毛坯　5—上盖板

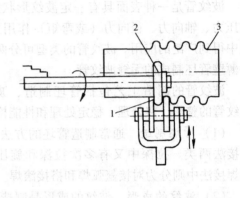

图 6-29　向外滚形法示意图
1—外滚轮　2—内滚轮　3—管坯

3）滚压-液压法成形。它是将管坯先向内滚形，然后进行液压向外鼓形使波纹最后成形。由于该法是使管坯既向内、又向外延伸，故波纹上的壁厚较均匀，提高了成形成品率，是制造深波纹管的一种有效方法。

4）焊接法。它是将预制的波纹膜片或其他成形坯件，在内外径进行气密焊接而成。按波纹管结构可采用等离子焊或电脉冲滚焊。脉冲等离子焊可焊接外径 10mm、内径 5mm、壁厚 0.05mm 的微型波纹管；而对中等尺寸、矩形波的波纹管只能采用电脉冲滚焊。

5）化学沉积法。它是在镍磷酸类溶液中对波纹管状的芯模进行镀敷，然后熔去芯模，镀层即所需波纹管。制成的波纹管不是纯金属而是镍磷酸化合物。它的组织较松弛，延伸性差，在振动场合易破裂，但拉伸强度较高。故此法适用于制造特殊形状的波纹管。

6）电铸法。在阴极（铝合金制的波纹管状芯模）上沉积一层薄的纯金属（如镍、金、银、锡等），然后将芯模在碱液中溶化，从而制得波纹管。此种波纹管柔软而富有弹性、位移大、迟滞小、密封性好，适用于在高真空场合使用。由于电沉积法可获得极薄（壁厚 0.0075mm）、微型（外径 0.75mm）、高精度（外径偏差 ±0.075mm，长度偏差 ±0.1mm）的纯金属波纹管，因此，它适于制造小型、异型及高精度的波纹管。

（3）波纹管的整形　由液压或滚压-液压成形的波纹管，波纹成形后，需进行整形。用其他方法成形的波纹管，成形后一般不需要再整形。整形的方法，可用手工整形或机械整形。

6.2　仪器仪表非金属元器件的精密成形工艺

6.2.1　塑料零件的精密成形

塑料是 20 世纪发展起来的新材料。目前，世界上塑料的体积产量已经赶上并超过了钢铁。塑料具有易于制造形状复杂及精度高的零件、质量轻、价格低廉等诸多优点。因此，塑料元器件在仪器仪表中得到广泛应用。

塑料零件不同于金属零件，很少采用刀具进行切削加工，绝大多数塑料元器件都是在一定的条件（如温度、压力）下，通过物态转变或交联固化的作用，使用模具来成形的。因此，使用塑料能够一次成形极其复杂和精密的零件，这是使用其他材料很难做到的。如定时引信中的秒针，原来需要 5 个金属零件加工后装配组成，而改用注射成形方法制造的塑料件后，只需一个零件就可替代，如图 6-30 所示。近年来，已有不少全塑料的仪器仪表问世，如全塑袖珍照相机等。

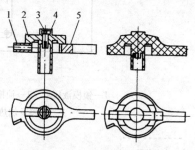

图 6-30　定时引信的秒针
1—长销　2—套管　3—短销
4—弹簧座　5—秒针

塑料的种类繁多，按它受热时所呈现的性质不同，可分为热固性塑料和热塑性塑料两大类。

（1）热固性塑料　这种塑料受热时开始软化，随着温度升高而发生化学变化，使低相对分子质量的线型结构转变为高相对分子质量的网状结构。固化后成为不熔化与不溶解的状态，并保持原凝固时的形状。这种塑料在一次压制后即使再加热也不再软化。

（2）热塑性塑料　它的分子结构是线型或支链型结构，所以可塑性很好，加热即软化，冷却即固化，这一过程可以反复进行。

塑料零件的成形方法很多，常用的有注射成形、压缩成形、压注成形、挤出成形、中空吹塑成形、发泡成形、真空吸塑成形、压延成形等。

1. 注射成形

通常使用的塑料中，以热塑性塑料居多，而热塑性塑料的主要成形方法是注射成形（又称注塑成形）。近年来，某些热固性塑料也采用了注射成形的方法。例如，热固性酚醛塑料，日本过去基本上都采用压缩或压注方法成形，但目前其中已有 70% 被注射成形替代。据统计，目前的工程塑料中，80% 以上都采用注射成形方法生产。

注射成形是在注射成形机上进行的。注射成形机按类型可分为立式、卧式、直角式三类；按注射方式可分为柱塞式和螺杆式。

卧式注射机外形如图 6-31 所示。注射成形的原理是：将粒状或粉状塑料经注射机的料斗送到加热的料筒内，塑料受热熔融呈流体状态，在受到注射机柱塞（或螺杆）以较快的速度和很高压力的推动下，经喷嘴注入模具型腔，并使之充满，经冷却固化后，开启模具得到零件。

注射成形生产工艺循环流程如图 6-32 所示。

注射成形法的特点是：

1）可以制造各种结构复杂、尺寸精密，或带有金属嵌件的成形零件。

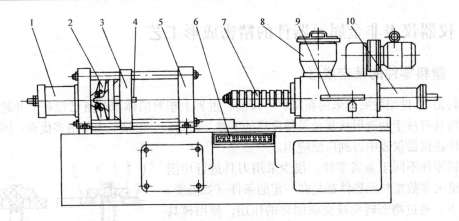

图 6-31　卧式注射机外形图

1—锁模液压缸　2—锁模机构　3—移动模板　4—顶杆　5—固定模板　6—控制台

7—料筒及加热器　8—料斗　9—定量供料装置　10—注射液压缸

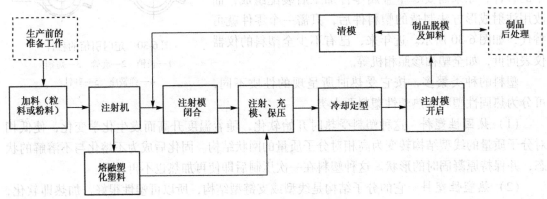

图 6-32　注射成形生产工艺循环流程

2) 对各种塑料的成形适应性强。

3) 成形周期短，可多腔成形。

4) 易于实现自动化连续生产。

图 6-33 所示为利用注射成形法生产的 CD 读取头座体零件，该零件形状复杂、形状精度、定位精度要求很高。最初的产品为金属压铸件，现改为加工成形容易、成本低的注塑件，利用注射成形方法可一次成形。孔的精度可达到 IT8 级精度，定位精度可达 ±0.05mm。

注射成形的精度以及元件的性能主要取决于注射膜的精度以及注射时的温度、压力和时间。

2. 压缩成形及压注成形

与热塑性塑料不同，热固性塑料常使用压缩成形（又称压塑成形）和压注成形（又称传递成形）。这两种工艺是用于生产热固性塑料制品的两种主要方法。一些熔体黏度很高的热塑性塑料，如氟塑料，超高相对分子质量聚乙烯，聚酰亚胺和添加有长纤维、片状纤维的增强塑料等也使用压缩成形工艺。这两种模塑工艺的示意图如图 6-34 所示。

压缩成形时，将预热过的塑料原料直接放在经过加热的模具型腔内，凸模向下运动，在热和压力的作用下使物料进行聚合和交联，从而固化成形。压缩成形的工艺过程如图 6-35

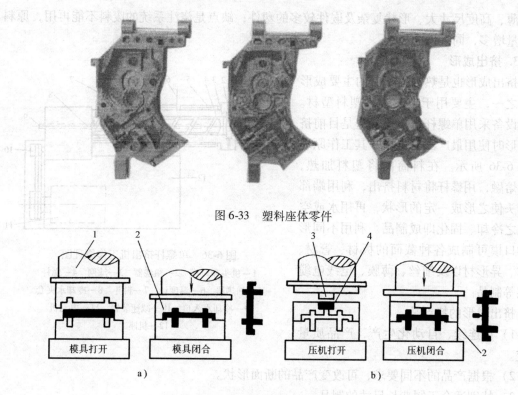

图 6-33　塑料座体零件

图 6-34　压缩模塑和传递模塑工艺示意图

a）压缩模塑　b）传递模塑

1—活塞　2—模具（热的）　3—压料活塞　4—加料室

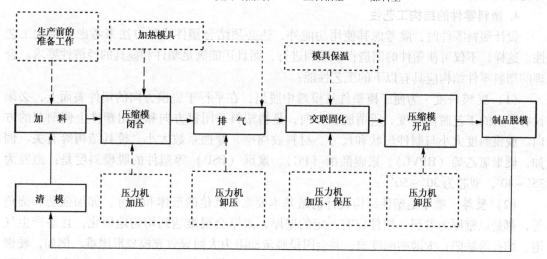

图 6-35　压缩成形的工艺过程

所示。

　　而热固性塑料的另一种成形方法——压注成形（如图 6-34b 所示）中，塑料原料先在加料室初步塑化后再通过浇注系统压入被加热的闭合型腔内，最后固化成形。压注成形与压缩成形相比，优点是成形周期短，而且塑料表面和内部固化均匀，塑料件性能提高，适用于成形壁薄、高度尺寸大、形状复杂及嵌件较多的塑件；缺点是浇注系统的废料不能再用，原料消耗量增多，同时模具复杂。

3. 挤出成形

挤出成形也是热塑性塑料的主要成形方法之一，主要用于成形各种塑料型材。成形设备采用单螺杆挤出机，这是目前挤出成形时使用最广泛的机型，其工作原理如图 6-36 所示。在料筒内将塑料加热，使之熔融，用螺杆将材料挤出，利用端部的模头使之形成一定的形状，再用水或空气使之冷却、固化即成制品。利用不同形状的口模可制成各种截面的板材、管材、棒材、异形材以及细丝、薄膜、电线电缆涂层等制品。

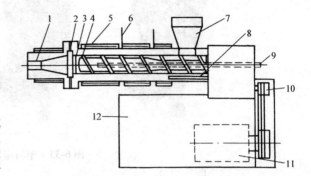

图 6-36 单螺杆挤出机工作原理图
1—机头和口模 2—粗滤器 3—滤网 4—螺杆
5—加热器 6—温度计 7—料斗 8—冷却水夹套
9—冷却水入口 10—减速装置 11—电动机
12—机座

挤出成形的特点是：

1）可连续、自动化生产，产品质量稳定。

2）根据产品的不同要求，可改变产品的断面形状。

3）特别适合于制造长尺寸的制品。

4）可以实现综合性加工，如挤出机与压延机配合生产薄膜，与造粒机配合可以造粒，与复合机配合可生产复合制品等。

4. 塑料零件的结构工艺性

设计塑料零件时，除考虑其使用功能外，还必须结合塑件成形方法来考虑其结构工艺性。这样，不仅可使塑件的制造得以顺利进行，而且还能满足塑件和模具的经济性要求。合理的塑料零件结构应具有以下的工艺性能：

（1）脱模斜度 为便于模塑件从模腔中脱出，在平行于脱模方向的塑件表面上，必须设有一定的工艺脱模斜度。所谓脱模方向，是指塑料开闭模方向和抽出塑件上侧型芯的方向。脱模斜度大小与制件形状和尺寸、材料收缩率、摩擦系数大小、模具结构等有关。例如，硬聚氯乙烯（HPVC）、聚碳酸酯（PC）、聚砜（PSU）等塑件的脱模斜度是：型腔为 $35' \sim 40'$，型芯为 $30' \sim 50'$。

（2）壁厚 壁厚是塑件结构设计的最基本要素。其他的形体和尺寸，如加强肋和圆角等，都是以壁厚为参照。塑件应有一定的壁厚，太厚会很难达到均匀地硬化，且易产生气泡、缩孔等缺陷；太薄则刚度差，并会因模腔流动阻力大而导致充模成形困难。例如，硬聚氯乙烯（PVC）材料，小塑件的壁厚约为 1.2mm，中等塑件壁厚约为 1.8mm，大塑件壁厚为 3.2～5.8mm。壁厚的设计应尽量均匀，切忌壁厚突变或截面厚薄悬殊的设计，以免成形时出现缺陷。

（3）加强肋 在塑件上设置加强肋，可增加强度和刚度，同时注射成形与压注成形时还可起辅助浇道的作用。一般情况下，肋厚应取壁厚的 50% ～70%，肋的布置方向最好与熔料的充填方向一致。

（4）支承面　塑料件不应以整个基面作支承面，而应采用凸起的边框或底脚凸台等来进行支承。

（5）圆角　为了使熔融塑料易于流动和避免应力集中，应在两表面相连接的转角处加设圆角 R。

（6）孔的要求　一般情况下，孔的周边易产生熔接痕迹，同时降低了强度，因此必须考虑以下几点：

1）孔间距应为孔径的 2 倍以上；孔与塑件边缘之间的距离最好为孔径的 3 倍以上。

2）孔的周边应增加壁厚，如图 6-37a 所示。

3）用型芯对接成形的孔，上下孔有可能偏心，可将任一侧的孔取得稍大些，如图 6-37b 所示。

4）为防止型芯可能弯曲，与熔料流动方向垂直的盲孔，深度应根据孔径的大小而限定。

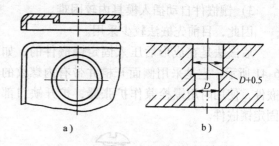

图 6-37　孔的工艺要求示意图

a）孔周边的加厚　b）用对顶销成形孔

（7）塑料成形螺纹　用成形方法可压制出任何截面形状的内、外螺纹，但其强度仅为金属材料强度的 1/5 ~ 1/10。热固性塑料成形的螺纹长度不超过螺纹直径的 1.5 倍；内、外螺纹的直径不小于 3mm，螺距不小于 0.5mm；若需要更细的螺纹则可采用金属嵌件代替。塑料螺纹不应当加工到零件的顶端。在螺纹的每一端应留出一段光滑部分，其长度不小于 0.8mm，如图 6-38 所示。在塑料件表面上压制的滚花，不应设计成交错的斜纹，否则会使成形模具复杂化，如图 6-39a 所示。而应设计成与零件轴线平行的直线，如图 6-39b 所示。

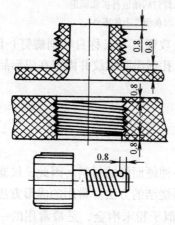

图 6-38　螺纹的工艺要求示意图

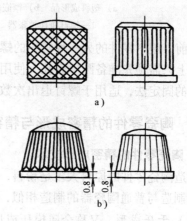

图 6-39　滚花件的工艺要求示意图

a）交错的斜纹滚花　b）与轴线平行的滚花

（8）镶嵌件　利用镶嵌件可扩大塑料零件的使用范围，还可简化部件的装配，提高生产效率。镶嵌件的固定方法有两种：先嵌固定法与后嵌固定法。

先嵌固定法是将镶嵌件在塑料成形时嵌入成形品内，如图 6-40 所示。它是将一个带有内螺纹的金属镶嵌件嵌入塑料零件内。为了防止转动，镶嵌件外圆部分先经滚花处理，嵌入后再铆接固定。这种先嵌法存在以下缺点：

1）固定镶嵌件费工，使成形周期加长，生产率降低。

2）当镶嵌件在成形的合模工序脱落时会损伤模具。

3）镶嵌件自动插入模具内较困难。

因此，目前先嵌法较少采用。

后嵌法是在成形后压入固定镶嵌件的，如图6-41 所示。它是采用侧面开槽并带有内螺纹的镶嵌件，使用时用螺栓兼作扩张器，扩开缺口部位固定镶嵌件。

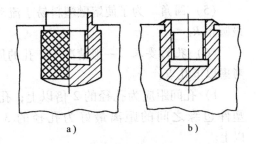

图 6-40　先嵌固定法示意图
a）端面有铆接部的嵌件　b）铆接后的状态

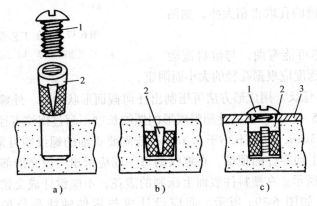

图 6-41　后嵌固定法
a）塑料成形品　b）镶嵌件压入塑件　c）拧入螺钉后镶嵌件扩张固定
1—螺钉兼作扩张器　2—镶嵌件　3—被紧固在塑件上的零件

目前，塑料零件的另一种常用的螺纹联接方法是自攻螺钉（又称自切削螺钉）固定法，在塑件上只需预先准备圆形底孔，使用时自攻螺钉将内孔刻出阴螺纹并固定在成形品上。这种形式的固定法，适用于螺钉退出次数较少的场合。

6.2.2　陶瓷零件的精密成形与精密加工

1. 陶瓷零件的精密成形技术

制造陶瓷零件的原料大多是粉料，同时陶瓷又是一种硬而脆的材料，因此，仪器中陶瓷零件的制造与普通陶瓷器的制造相似，多采用成形后再烧结的方法。常用的成形方法有：

（1）干压成形　又称金属模压成形，这种方法类似于粉末冶金，是最常用的一种成形方法。干压成形是一种利用压力，将置于模子中的干粉料压紧至密而得到具有一定形状和尺寸要求的坯件的成形方法。将陶瓷粉料添加少量粘合剂，然后用喷雾干燥法造粒，将得到的干燥粉料充填入模样，压制时由上、下模具的成形表面使制品成形。该成形方法的优点是生产效率高，工序较少，便于生产过程的机械化、自动化、零件素坯干燥时间短；缺点是致密性较差。该成形方法适合压制高度为 0.3~60mm，直径 φ5~500mm 的陶瓷零件。近来，金属模样的尺寸精度明显提高，烧制后，尺寸精度可达 ±0.1%，平面平整度可达 1~3μm。

为了提高零件的致密性，可采用热压成形技术，图 6-42 所示为热压工艺原理示意图。热压实际是把加压成形和烧结结合在一个工序中同时完成。把粉末装在模腔内，在加压（一般为干压成形压力的 1/10~1/3）的同时，将粉末加热至正常烧结温度或更低一些，在短时间内把粉末烧结成形状精确、致密均匀、晶粒微小的制品。

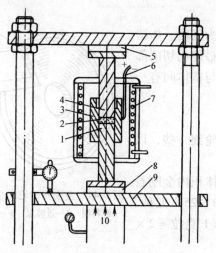

图 6-42　热压工艺原理示意图
1—下模冲　2—被压制材料　3—模体
4—上模冲　5—隔热板　6—测温热电偶
7—加热器件　8—隔热板　9—下活动板
10—液体压力

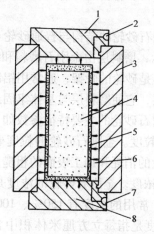

图 6-43　等静压成形法原理图
1—上盖　2—排气口　3—高压容器
4—粉末　5—成形橡胶模　6—液体
压力介质　7—液体压力介质加入口
8—下盖

（2）等静压成形　等静压成形是巴斯克原理（静压传递原理）的一种应用。图 6-43 所示为等静压成形法的原理图。在密闭容器内的液体或气体被施压时，便以相等的压强向各个方向传递。用富有弹性的塑料或橡胶做成适当形状的模具，将待压实的粉料装进弹性模子内，放入密闭容器内加压，则此压强便均匀作用于弹性模具的各个外表面上。坯体也因此从各个方向被均匀地压实，故称为等静压成形。

该方法成形的素坯密度高，同时不需要金属模具，模具制造方便，成本低。等静压成形可用来制造机械电子零件、纳米陶瓷刀具、核燃料元件、导弹弹头等。

（3）注射成形　类似塑料注射成形的方法。首先，在陶瓷粉料中加入约 15%~30% 重量百分数的热塑性石蜡、热塑性树脂等，用注射成形机把熔化的含蜡料浆在压力下注满金属型中，冷却后脱模得到坯件，之后再排蜡和烧结。该成形法所制得的零件尺寸精确、光洁、结构致密，可用来制造形状复杂、尺寸和质量要求高且批量生产的特种陶瓷产品。

2. 陶瓷零件的精密加工技术

陶瓷零件在成形烧结过程中，其表面不同程度地遭到侵蚀、渗透、黏附，甚至包覆着一层金属或者其他化合物，表面也较为粗糙。而仪器中的陶瓷零件大多是具有特殊功能的高精度机械或电子零件，因此，陶瓷零件成形烧结后，常需要进一步进行精密加工（微米量级）或者超精密加工（几十纳米量级以下）。由于陶瓷硬而脆，故常采用磨削、研磨、抛光类的加工方法。由于每次的加工量极小，被加工陶瓷件表面的晶体结构仍具有完整性。常用的加工方法有以下几种：

（1）陶瓷零件的磨削　磨削是陶瓷零件加工中最通用的加工方法，加工效率高，设备简单。磨削可使用普通的外圆磨床、内圆磨床、无心磨床和平面磨床等设备进行加工，也可对普通磨床稍加改造后使用；大批量加工时可使用专门设计的陶瓷专用磨床。

金刚石砂轮仍是目前陶瓷加工最理想的工具，其硬度和刚度大且寿命长，因而加工稳定、精密。

金刚石砂轮的结构与普通砂轮不同，其结构分为三层。如图6-44所示，磨料层由金刚石磨料和结合剂构成，是砂轮的切削部分；基体是砂轮的骨架，通常用铝制成；在磨料层与基体间有一个过渡层，它使磨料层与基体牢固地结合在一起。

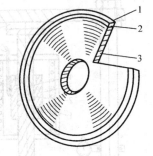

图 6-44　金刚石砂轮的结构
1—磨料层　2—过渡层　3—基体

金刚石砂轮的主要特征参数如下：

1）粒度。金刚石砂轮的粒度要选得比普通砂轮细一些，以降低砂轮的消耗和加工表面的粗糙度值。

2）浓度。金刚石砂轮的浓度是指磨料层单位体积内金刚石的含量。常用的浓度有 150%、100%、75%、50%、25% 五种。100% 浓度是指每立方厘米体积中含有 4.39 克拉（1 克拉 = 2 × 10^{-4}kg）金刚石。

3）磨料层厚度。常用的有 1.5、2、3、5mm 四种。

陶瓷零件的一系列典型金刚石磨削工艺示意图如图 6-45 所示。

（2）陶瓷零件的研磨和抛光　为了得到更高的尺寸、形状精度和低表面粗糙度值，陶瓷零件在磨削后可进行研磨加工和抛光加工。其加工过程与金属零件的加工相类似，所用研磨粉或研磨膏首选金刚石，也可选用 B_4C、立方氮化硼等磨料，粒度范围为 250~600 目。研磨精度可达 1 级，表面粗糙度 Ra 值可达 0.01μm。

研磨后为了进一步得到更光滑的制品表面，进一步消除微崩刃，可进行抛光加工。抛光是指用高速旋转的低弹性材料抛光盘（棉布、毛毡、人造革等），或用低速旋转的软质弹性和粘弹性材料抛光盘（沥青、石蜡、合成树脂、锡等），加抛光剂对零件进行表面光整加工。抛光可进一步获得更光滑的表面，甚至镜面，但一般不能提高工件形状精度和尺寸精度。抛光剂常使用 1μm 以下的微细磨粉。抛光加工一般可达到纳米量级的表面粗糙度，而在理想加工条件下，可获得表面粗糙度值 Ra0.1~0.2nm、平行度和晶向误差等小于 20″ 的超平滑高精度抛光表面。

（3）陶瓷零件的其他现代加工方法　由于陶瓷材料硬而脆的特点与一般金属材料有着很大的不同，故特种加工的很多方法在陶瓷零件的加工中常显现出加工的优势，并在陶瓷零件的加工中得到应用。例如，超声波加工可进行打孔、切断、起槽和雕刻等；线切割加工 AG_2 复合氧化铝陶瓷效果很好，尺寸精度比粗磨后的制品尺寸精度还要高；电子束加工、等离子束加工，以及激光加工方法等，均可对陶瓷材料进行打孔、切割等不同要求的微细加工。

为了保证各种功能陶瓷材料制成的元件的性能，目前已发展出一系列的无加工变质层、无表面损伤（不扰乱结晶的原子排列）的镜面超精密抛光方法，如浮法抛光。如图 6-46 所示，其原理类似于液压轴承，浸在抛光液中的高速旋转的工件夹具和工件，与不动的带有锯

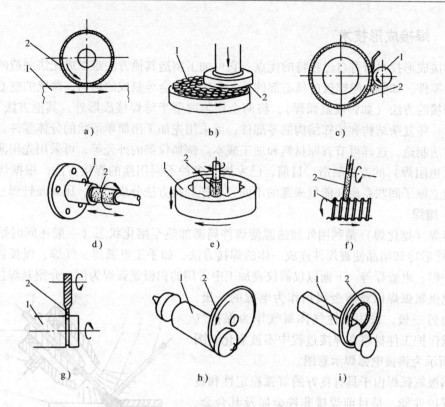

图 6-45　典型金刚石磨削工艺示意图

a) 磨削平面　b) 端面磨平面　c) 磨削外圆　d) 磨内圆
e) 成形磨削　f) 磨螺纹　g) 磨削槽　h) 外圆切割　i) 内圆切割
1—工件　2—金刚石磨具

齿的锡抛光盘间形成一层液膜，从而使工件浮起。当磨粒与工件相互摩擦时，强度高的物质表面原子有可能被强度低的物质表面原子冲击而被去除，即可用软质粒子抛光液来加工硬质材料，并且工件材料也不会发生塑性变形错位。

　　该方法是一种高效率批量生产的方法，用来进行 VTR 磁头及计算机磁头磁隙面的加工，可获得表面粗糙度 Rz 为 2nm 的表面。又例如弹性发射加工，原理是使微粒子高速冲击工件表面，使物质原子间的结合弹性破坏，可获得加工精度为 ±0.1μm、表面粗糙度值 Rz 为 0.5nm 以下的光滑表面。此外，还有水合抛光法、磁悬浮抛光法等。

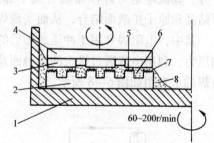

图 6-46　晶体和磁头的浮法抛光装置
1—精密回转台　2—锡抛光盘　3—工件　4—夹具　5—单点金刚石车削的锡模表面　6—槽
7—几微米厚的抛光液薄膜　8—抛光液

6.3　仪器仪表元器件的连接成形

　　焊接、胶接与机械连接（螺纹联接、铆接）合称为当代三大连接成形技术。这三种技术既可单独使用，也可组合使用。其中的焊接成形技术与胶接成形技术，在仪器仪表中也都得到了极其广泛的应用。

6.3.1　焊接成形技术

焊接成形技术有着自己独特的优点：它可加工制造其他方法难以或无法制造的一些特殊形状的零件。如静电陀螺仪的核心部件是一个铝铍合金等制成的均匀、薄壁的空心圆球，除采用焊接的方法（如钨极氩弧焊），将两个均匀薄壁半球焊接成形外，其他方法很难制造。同时，一些复杂结构和特殊结构的零部件，可采用先加工出简单形状的分体零件，再焊接成形的方法制造，这样可节省原材料和加工成本。例如仪器的外壳等，可采用先用薄板冲压再焊接（电阻焊）的方法制造。目前，已发展了多种不同用途的焊接方法，根据焊接过程中达到建立原子间联系所获能量来源的不同，可把焊接方法分成熔焊、压焊及钎焊三大类。

1. 熔焊

熔焊（熔化焊）是利用外加热源使焊件局部加热至熔化状态（一般还同时熔入填充金属），然后冷却结晶使被焊件连成一体的焊接方法，如手工电弧焊、气焊、埋弧自动焊、气体保护焊、电渣等。下面以仪器仪表加工中常用的钨极氩弧焊为例，介绍其焊接过程。

钨极氩弧焊以难熔金属钨作为电源的一极，工件为另一极，采用惰性气体氩气作为保护气体，以保护工件材料在焊接过程中不被氧化。图6-47所示为钨极电弧焊示意图。

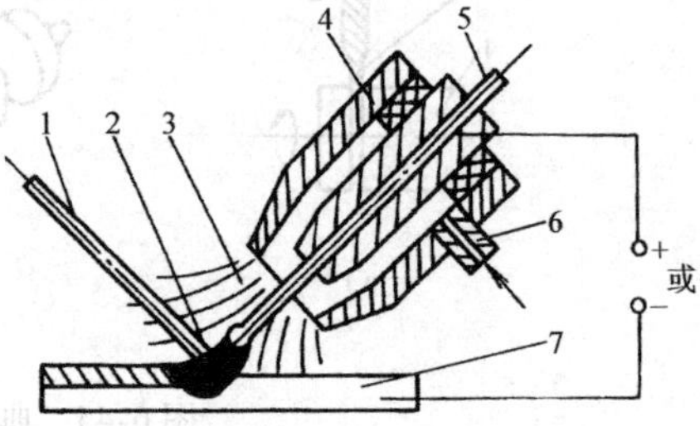

钨极氩弧焊由于具有良好的氩弧稳定性和良好的保护性能，是目前焊接非铁金属及其合金、不锈钢、钛及其合金和难熔活性金属（如钼、铌、锆）等的较理想的方法。

图 6-47　钨极氩弧焊示意图
1—填充金属丝　2—电弧　3—氩气流
4—喷嘴　5—钨极　6—进气管　7—工件

2. 压焊

压焊包括电阻焊、摩擦焊、扩散焊、超声波焊等。其机理是对焊件加热（或不加热）并施压，使其接头处紧密接触，产生塑性变形、再结晶和原子扩散而结合，从而实现焊接。

其中，电阻焊常用于冲压成形后的薄板件的焊接。电阻焊是将被焊件组装后通过电极施加压力，利用电流通过接头的接触面及邻近区域产生的电阻热进行加热的焊接方法。常用电阻焊的示意图如图6-48所示。

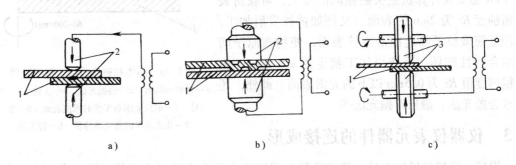

a)　　　　　　　　　　b)　　　　　　　　　　c)

图 6-48　常用电阻焊的示意图
a) 点焊　b) 凸焊　c) 缝焊
1—工件　2—电极　3—滚轮电极

3. 钎焊

熔点比焊件低的钎料和焊件共同加热到钎焊温度，在焊件不熔化的情况下，钎料熔化并润湿钎焊面，依靠二者的扩散而形成钎焊焊头，这种连接方法称为钎焊。钎焊分为硬钎焊（钎料熔点高于450℃）及软钎焊（钎料熔点低于450℃）。

由于钎焊温度低于基体金属熔点，故与熔焊相比，基体的组织和力学性能变化小，同时整体变形小，故可用于精密连接。由于钎焊是靠熔化的钎料来连接两个基体的，故钎焊还可以连接异种材料。但钎焊常要求较严格的接头间隙，其焊接后的强度不是很高。图6-49所示为钎焊接头举例。

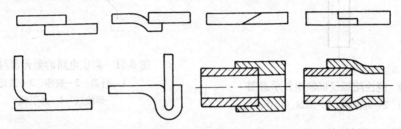

图 6-49　钎焊接头举例

常用的可钎焊的金属和合金有：铜及其合金、铝、不锈钢、硬质合金、陶瓷、金刚石与钢之间、钢铁、金、银、镍、钨、镁、铱－铂、石墨等。

钎焊时，除根据钎焊要求选用合适的钎料外，还要选用合适的钎焊剂。钎焊剂的作用是进一步清除待焊表面的氧化物并在钎焊中保护钎焊接头面。

钎焊在仪器仪表、电子系统、刀具制造、航天航空、核能等工业部门有着广泛的应用，如仪器仪表中的膜盒、传感器、散热器等零件的制作与连接。尤其是在印制电路板制作中，对于电子元件的连接，可以说钎焊（铅锡合金钎焊）几乎是唯一可行的方法。

4. 现代高能量密度焊接

激光焊接与电子束焊接等属于高能量密度的焊接，它们的瞬间功率密度都可达$10^5 \sim 10^{12} \mathrm{W/cm^2}$，比一般的焊弧高$10^3 \sim 10^8$倍。它们均具有能量束束径小，热影响区窄，焊接速度快，焊缝深宽比大等优点。因此，可以进行高性能质量、高精密件、超薄件及难熔件等的焊接。电子束焊与激光焊均属于现代熔焊。

电子束焊能量转换率高，束功率的不稳定度≤1%。同时由于焊接在真空中进行，所含杂质要比高纯保护气体焊所含杂质低上千倍。它在众多重要焊接场合已得到广泛应用，如中国科学院电子学研究所利用电子束焊对多种传感器进行了焊接封装。图6-50所示是一种挠性陀螺仪框轴组件示意图。

组件由内外框轴组成，材料是3553高弹性合金。内、外框轴上均有0.05mm厚的细颈（挠性薄片），它是整个组件的关键部分，需要有足够的弹性。细颈与焊点的最小距离仅1.5mm，焊接时要求热影响区不超过1mm，以免影响细颈的弹性。用电子束焊成功地实现了焊接，成品率100%，被焊工件实际变形仅0.002mm。

激光焊接可用光纤传输激光束，故灵活性好，同时无需真空环境，可用于焊接钛合金、镁合金及金刚石刀具、钨基高温合金等。图6-51所示为集成电路密封时激光焊接的示意图。

集成电路管芯需密封在金属壳内，金属盖厚约为0.3mm，长9mm，宽6mm。金属盖和嵌在陶瓷内的边框材料为柯伐合金。采用脉冲重复YAG激光器进行焊接，聚焦光斑尺寸为

$0.6 \sim 0.7 \mathrm{mm}$。采用激光焊接后，气密性比原工艺提高了几个数量级，可达 $10^{-8} \mathrm{ml/s}$。

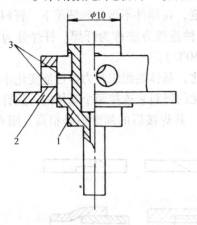

图 6-50　挠性陀螺仪框轴组件示意图
1—内框轴　2—外框轴　3—细颈（挠性薄片）

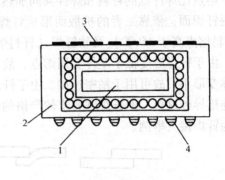

图 6-51　集成电路的激光密封焊接
1—封盖　2—底座　3—激光
焊接区　4—外引线

6.3.2　胶接成形技术

1. 胶接成形的特点

胶接连接是将不同零部件连接成形为一个新的、不可拆卸的整体零件的重要方法。与机械连接和焊接方法相比，胶接具有以下独特的优点：

1）适用范围广。可以连接金属、陶瓷、塑料、橡胶、复合材料等多种材料，甚至不同类型材料之间也可连接。如光学零件（玻璃或塑料）与金属基座间可用胶接代替金属压装；医学上已实现人体组织的粘结，并以粘结伤口来代替手术缝合。

2）连接处应力分布均匀。由于胶接接头处为面际连接，应力分布均匀，减少了薄板结构由于焊、铆、螺栓连接引起的应力集中与局部翘曲，并可大幅度提高疲劳寿命。例如，目前小型飞机的机体大部分，大型客机机体的 50% 以上，连接部均采用胶接机构来代替原来的其他连接方式；中国长征 2 号捆绑式运载火箭上使用了 10 个型号的结构胶。

3）接头密封性好。胶接方式在连接的同时，也可起到密封的作用。

4）胶接连接成本低，工艺过程易实现机械化、自动化。

2. 胶接工艺

胶接工艺流程图如图 6-52 所示。

图 6-52　胶接工艺流程图

3. 胶接接头的结构形式

胶接接头的结构形式多种多样，常用的有对接、斜接、嵌接、搭接、角接、T 形接与套接等，如图 6-53 所示。

4. 胶粘剂的选择

仪器仪表中常用的胶粘剂有：

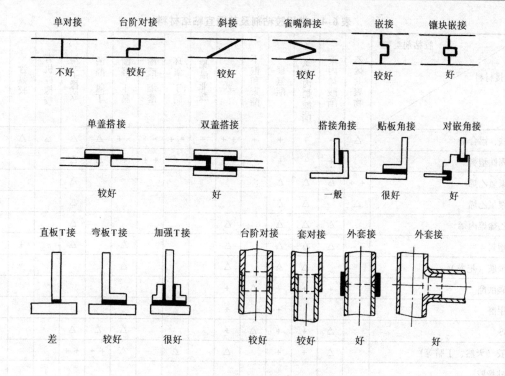

图 6-53　胶接连接的接头形式

（1）改性环氧树脂胶　是以环氧树脂为主体的胶粘剂，通用性强、粘结力大，耐腐蚀、耐老化，电性能优良。它能粘结金属、陶瓷、玻璃和部分品种的塑料，但与未经处理的聚乙烯、聚氯乙烯、聚四氟乙烯及橡胶等的粘结力较差。目前市场上供应的环氧树脂胶多为加入了一些其他高分子化合物和填料的改性环氧树脂胶粘剂，在抗冲击等性能上得到了提高。

（2）第二代（又称改性）丙烯酸树脂胶粘剂（SGA）　由双组分组成，特点是固化快，固化时间为 $2 \sim 20 \mathrm{min}$。它能粘结金属、塑料等不同类型的材料，粘结强度和耐冲击强度都很高，使用温度 $-60 \sim 120 \mathrm{℃}$。

（3）聚氨酯胶粘剂　聚氨酯胶粘剂粘结金属的强度不如前两种胶，但具有高的剥离强度和耐冲击强度。其化学组成可调节，可制成从刚性至柔性或具有弹性结构的一系列胶粘剂，能粘结多种材料，如金属、塑料、橡胶、玻璃、陶瓷、皮革等。同时聚氨酯密封胶也得到广泛使用。

（4）紫外固化胶粘剂　该类胶为单组份胶，使用方便，在紫外光（UV）照射下可在极短时间（$5 \sim 15 \mathrm{s}$）固化，因此何时固化可完全随意控制。在仪器仪表、电子产品的装配中，广泛应用于零部件的装配及定位，对金属、玻璃和某些塑料有良好的粘结性。

（5）无机胶　其特点为使用温度高。如双组分硅酸盐无机胶粘剂，其粘结剂为硅酸钠，结合剂为二氧化硅、氧化铝等，对多种金属、非金属均有良好粘结效果，能承受 $800 \sim 2900 \mathrm{℃}$ 的高温。

（6）其他功能胶　如密封胶、导热胶、导电胶、电磁胶、医用胶等。

不同材料胶接时胶粘剂的选择可见表 6-4。

表 6-4 常用胶粘剂及其适宜粘结材料

被胶接材料＼胶粘剂类型	乙烯共聚物	聚丙烯酸酯	α-氯基丙烯酸酯	聚氨酯	不饱和和聚酯	环氧	聚酰亚胺	环氧·丁腈	酚醛·缩醛	酚醛·丁腈	酚醛·氯丁	氯丁橡胶	有机硅橡胶	含氟胶	无机胶
钢铁、铝合金	△	+	+	+	+	++	+	++	++	++	△	△	△	△	+
热固性塑料		+	+	△	++	+	+	++	+		△	△			+
硬聚氯乙烯	++	△	△	△											
软聚氯乙烯	△			△								△			
聚乙烯聚丙烯			△	△								△			
氟塑料							△			△				+	
聚酰胺（尼龙）			△	△						△					
聚碳酸酯		+		△		+									
聚甲醛				+		+									
ABS		△								△	△				
橡胶（天然、丁腈等）	△	+	+	△		△		△				++	++		
氟硅橡胶													+	+	
玻璃、陶瓷		+	+	△	△	+	+	+	+	+					++

注：＋＋表示胶接强度优；＋表示较好；△表示可以。

6.4 刻划技术

在仪器仪表中，为了测量和瞄准，常使用一些带有分划的零件，如刻尺、度盘、分划板和光栅等。这就需要在零件表面加工制作出成组的线条、字母、数字、指标及各种形式的图案。制造这些线条或图案的工艺，称为刻划或分划。零件基体常使用玻璃、金属等。图6-54所示为各种类型的刻度、分划元件。

刻划的精度取决于线纹宽度 B 与刻度间隔 b 或分度角 α 的公差值，如图6-55所示。

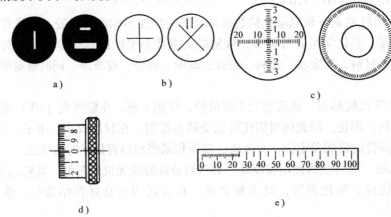

图 6-54 刻度、分划元件

a) 狭缝、取像窗 b) 瞄准用分划 c) 测量用分划 d) 读数刻度筒 e) 标尺

表 6-5 中列出了刻划公差等级。线纹宽度与刻度间隔的比，一般取 1∶10。

表 6-5　刻划公差等级

公差种类 精度等级	直线尺寸公差/mm	角度公差
高精度	0.001 ~ 0.01	<6″
中等精度	0.01 ~ 0.1	1′ ~ 6″
低精度	>0.1	>1′

刻划加工的方法很多，常用的有机械刻划法、机械-化学法、机械-物理法、照相复制法、光刻法（详见第 9 章第 2 节）、电子束刻划及激光刻划等。

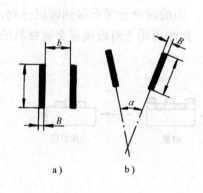

图 6-55　刻线的宽度及间隔
a）长度刻划　b）角度刻划

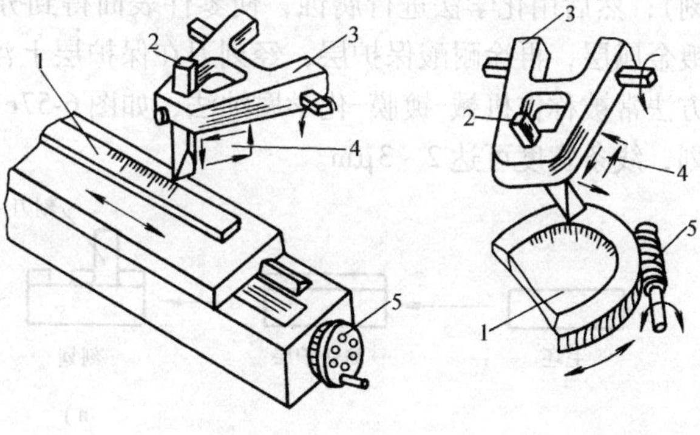

图 6-56　刻线机
a）长度刻线机　b）圆度刻线机
1—工件　2—刻刀　3—刀架　4—刻刀运动方向
5—传动工件运动的机构

6.4.1　机械刻划

机械刻划是在刻线机上进行的。刻线机是一种专用精密机床，它是按一定方向和规定的距离（或角度）移动（或转动）毛坯或刻刀进行刻划的。按加工的形式可分为长度刻线机和圆度刻线机两大类，如图 6-56 所示。

1. 长度刻线机

长度刻线机用于平面与圆柱面长度刻尺上的刻划加工。按刻线机的刻划精度，可分为四级：

（1）一级精度　属高精度刻划，专用于制造精密光栅，刻线间隔最小可达 0.6μm，而刻划误差不超过 0.025μm。

（2）二级精度　用于精密刻划，其刻划误差不超过 1μm。

（3）三级精度　用于一般实验室和生产中用的分划器，其刻划误差为 0.03 ~ 0.01mm。

（4）四级精度　用于粗分划器。

2. 圆度刻线机

圆度刻线机用于平面、圆柱面或锥面上的圆分度刻划。按刻划精度也可分为四级：

（1）一级精度　用于圆光栅盘刻划，角度刻划误差为 0.2″。

（2）二级精度　用于圆光栅盘及刻度盘的刻划，角度刻划误差为 1″。

（3）三级精度　用于一般圆度盘的刻划，角度刻划误差为 30″～20″。

（4）四级精度　用于粗圆度盘的刻划。

6.4.2　机械－化学法与机械－物理法刻划

机械-物理法刻划又称机械-镀铬法刻划，该刻划法是先对涂在玻璃基底上的蜡层进行机械浮刻，然后进行真空镀铬，再除去蜡的底层，即得到铬质线条，如图 6-57a 所示。此法可获得 1～2μm 的细线条。

机械-化学法刻划是先对涂在零件表面上的耐酸保护层（蜡层）进行机械刻划（一般称浮刻），然后用化学法进行腐蚀，使零件表面得到分划，如图 6-57b 所示。也可以在玻璃上先镀金属层，再涂耐酸保护层，经刻刀在保护层上浮刻后，用酸腐蚀金属而得到镀层分划，该方法常被称作机械-镀膜-化学腐蚀法，如图 6-57c 所示。此法可用于对玻璃或金属材料的刻划，线条宽度可达 2～3μm。

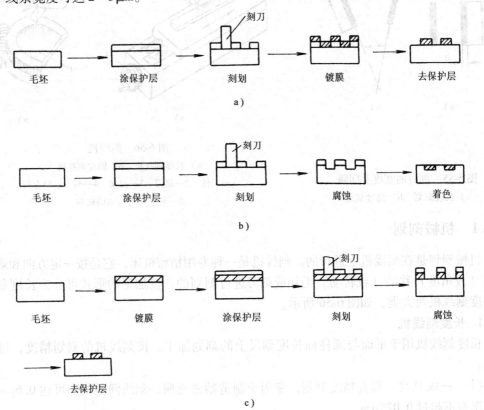

图 6-57　刻划工艺示意图

a）机械-物理法刻划　b）机械-化学法刻划　c）机械-镀膜-化学腐蚀法

6.4.3　照相复制法刻划

照相复制法从工艺上讲可分为两个步骤：第一步是制版，即照相复制用模板的制作；第二步是通过复制制作分划元件。

目前，模板的制作多使用集成电路掩模板制造的设备。制造复制用模板的工艺方法很多，一般是先绘制出按一定比例放大的符合精度要求的原稿，然后再经一次或两次照相缩放而制成模板。也可使用图形发生器设备直接制作模板。

光学图形发生器是通过光学曝光方法按设计要求直接制作模板图形的自动制版设备。制作的刻线线宽可达 2~3μm。也可使用分辨力更高的电子束曝光装置，能扫描出最小线宽为 0.1μm 的微细刻线图形。激光直写系统也是模板制造的一种前景广阔的制作技术。这些制版方法均采用计算机处理，能根据输入的图形数据直接扫描、曝光出所需的模板刻线图形。目前，光学照相和微电子光刻制版已形成从感光材料、底图排版制作，到投影曝光等一整套独特的超精细制版工艺。

模板制作完毕后，即可使用模板复制分划元件。批量生产时，可先复制出工作模板而将母版保存。根据复制时所用感光剂的不同，可分为以下几种复制工艺：

（1）卤化银工艺　用于模板转换以及刻划一些粘保护片的分划。

（2）铬盐复制工艺　以虫胶或聚乙烯醇与重铬酸盐的混合剂作为感光剂。该工艺成本低、效率高，但相对感光度稍低。

（3）光敏抗蚀剂工艺　分辨率、抗蚀力、感光度及附着性均优于铬盐复制工艺。光敏抗蚀剂又称光刻胶，其中又分为正胶和负胶。

下面给出目前生产中广泛使用的虫胶无底层照相复制法（铬盐复制工艺）的工艺过程：

1）玻璃的清洁处理。

2）虫胶感光剂的配制。先取虫胶 40g，蒸馏水 300ml，氨水 40ml，配制成虫胶溶液，并浓缩成 210ml。再取重铬酸铵 2g，氨水 5ml，无水乙醇 20ml，蒸馏水 50ml，配制成另一种溶液。然后在红灯下将上述两种溶液混合备用。

3）涂胶。对长方形毛坯可用浸涂法涂胶，对圆形毛坯可用离心甩胶机涂胶，等待 30s 后，烘烤 1min。

4）曝光。将涂好感光胶层的毛坯与母版紧密地结合一起。曝光时间、光强、距离对显影都有影响。虫胶感光剂光源应用 1000W 超高压短弧氙灯，照度在 1m 处为 1000lx，曝光时间为 2~3.5min。

5）显影和着色。曝光后，将零件毛坯放入盛有酒精和甲基紫的培养皿中显影，同时着色。显影约 4min，再放入清水中，使显影停止。

6）检查修补后真空镀铬。

7）去底层。对于虫胶层，可在 30% 的 NaOH 溶液中加热去除，再用碳酸钙擦净玻璃表面。因所镀铬质线纹的牢固度很高，使用中线纹不易被擦掉。

6.4.4　激光刻划

激光刻划是利用激光束聚焦照射在被加工工件表面上，使局部表面组织受热或蒸发，出现热蚀变色，从而产生清晰的线纹、图形或字体。激光刻划分辨率高，线纹清晰、美观，无环境污染，适宜于计算机控

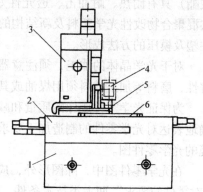

图 6-58　JCS-046 精密激光线纹刻划机示意图

1—床身　2—工作台　3—立柱　4—激光刻划头　5—吸尘口　6—夹具

制与自动化柔性生产。目前，激光光源多采用 Nd：YAG 等脉冲 Q 开关固体激光器，体积小，能量高。图 6-58 所示为北京机床研究所生产的 JCS－046 精密激光线纹刻划机的示意图。

该机激光刻划头 4 采用 Q 开关声光调制 Nd：YAG 激光器和 X－Y 检流式扫描镜。线纹精度由精密数控工作台的定位精度保证。其主要用途为游标卡尺及各类量尺的精密线纹刻划，也可用于标记、商标、艺术品等各种复杂图形的刻划。被加工材料可为金属、塑料、橡胶以及各类涂层等非金属材料。

6.5 光学零件的加工工艺

随着近代光学和光电子技术的飞速发展，现代仪器中光学元器件的使用日趋广泛。仪器中所使用的光学元器件的种类繁多，按其功能、结构形式和工艺特点，可分为透镜、棱镜、反射镜、分划元件、滤光片、光栅，以及激光器件、光纤器件、光存储器件等。

制造光学元器件的材料通常有光学玻璃、光学晶体、光学塑料等。

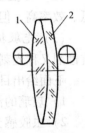

绝大多数的光学元器件由光学玻璃制造。其中冕牌玻璃中的 K9 玻璃（国外牌号为 BK7）最常用，其光学性能优良，硬度较高。单个的光学零件，如单透镜、棱镜等一般均选用 K9 玻璃制造。火石玻璃和冕牌玻璃有不同的折射率和色散系数，像质要求较高的光学元器件，常选用火石玻璃和冕牌玻璃搭配使用，以满足消球差、彗差及消色差的要求。图 6-59 所示的双胶合透镜即是选用这两类玻璃分别制成的两片单透镜 1 和 2 胶合后，成为 1 片透镜来使用，它比单种玻璃制成的透镜有更好的像质。

图 6-59   胶合物镜
1—第 1 块单透镜
2—第 2 块单透镜

近 10 余年来，聚合物光学材料（一般称光学塑料）的发展很快，其应用也为人们所瞩目。光学塑料具有质轻、耐破损、价格便宜、易于加工成形等优点，可用于制造非球面透镜、照相机及望远镜镜头、眼镜镜片及光盘片、仪器的表盖及指示窗等。常用的光学塑料有 PMMA 及 PC 等。PMMA（有机玻璃）具有较高的透光率和较小的色散，硬度较高，耐紫外线照射；其缺点是耐热性较低及吸湿性较大。PC（聚碳酸酯）具有耐热、耐冲击、透光性好的优点，缺点是存在一定的双折射率。目前，新型的共混聚合物改性光学塑料及新结构的光学塑料正在不断地涌现。光学塑料零件的加工常采用注塑及模压的方法成形。

对于光学晶体的加工，须注意器件对晶体晶轴位置的加工要求。另外，一些晶体具有潮解性，磨料等加工辅料须用煤油或其饱和溶液作为溶剂。

为保证光学零件成像的质量和减小光能的损耗，其加工精度要求一般较高。为完整、准确地表达对光学零件的制造加工要求，应正确地进行光学制图。图 6-60 所示为某个望远物镜的光学零件图。

在光学零件图中，除图形外，应在左上角以专用表格的形式标出"对材料的要求"与"对零件的要求"两大类技术条件。光学零件的技术条件是制定光学零件加工工艺规程，选择光学材料和进行光学加工的依据。它反映了光学系统的设计要求，以及光学元件的质量指标，因此必须在加工中予以保证。

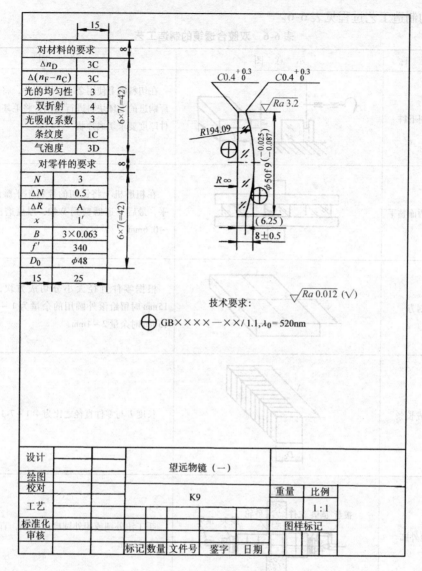

图 6-60　某望远物镜零件图

6.5.1　光学零件的基本加工工艺

与机械类零件相比，光学零件的加工一般有着更高的技术要求。因此，它的加工工艺也与一般的机械类零件的加工工艺有着较大的差别。下面将以图 6-59 所示的双胶合透镜为例，从玻璃毛坯块料开始，逐步介绍其加工过程，以便使我们对光学零件加工的特殊性及其基本加工工艺能有所了解。

双胶合透镜的工艺流程如图 6-61 所示。

图 6-61　双胶合透镜的工艺流程图

具体的制造工艺过程见表6-6。

表6-6　双胶合透镜的制造工艺

序号	名　称	示　意　图	说　　明
1	切割下料		在切料机上使用金刚石圆锯片，将从光学玻璃厂购进的毛坯块料进行切割，将毛坯块料根据零件厚度要求切成片状
2	片料两面整平		在粗磨机上将锯切的片料不平整的两表面磨平，最后一道磨料到W40，厚度磨削量为0.15~0.6mm
3	划方		根据零件直径大小切成方块，直径小于15mm时留给滚外圆用的余量为1~2mm；大于15mm时余量2~4mm
4	胶成长条		长度L与零件直径之比为4:1~7:1
5	滚外圆		手工滚外圆或用外圆磨磨床滚圆，直径余量一般留1~3mm
6	粗磨球面		在透镜铣磨机上使用金刚石磨具用范成法加工，零件直径小于10mm时单面厚度余量约为0.15~0.2mm；大于10mm时为0.2~0.25mm
7	上盘		将多个待加工零件用火漆胶等粘结在镜盘上。该种粘结具有一定的弹性

（续）

序号	名　称	示意图	说　明
8	细磨		使用细磨抛光机加工，如两轴机、四轴机等。使用铸铁、黄铜等制成精磨模，加不同粒度的磨料由粗至细依次加工，最后一道磨料 W16
9	抛光		在细磨抛光机上使用抛光模进行。模上涂有以沥青、松香为主体的抛光胶粘层，加工中添加氧化铈、氧化铁等抛光粉制成的抛光液
10	第二面		翻面，加工第二面，与序号8、9、10相同
11	定心磨边		在定心磨边机上进行。调整透镜，使透镜中心与机床旋转中心重合后，透镜旋转时像将不动，然后磨边、倒角
12	胶合		在胶合对中仪上，以外径稍大的负透镜作为胶合定心基准，通过观察旋转时像是否移动来调整正透镜中心线与之重合。使用冷杉树脂胶等，在透镜加热到 80~130℃时，压合后冷却
13	化学镀增透膜		在化学镀膜机上完成

6.5.2　光学零件的现代制造技术

1. 非球面光学零件的数控加工技术

在光学系统中，采用非球面光学零件有明显改善像质、简化系统等众多优点。但由于其加工要比球面零件困难得多，因此长时间来一直限制了它的使用。近二十多年来，随着科学技术的发展，很多新的非球面加工技术，如数控加工技术等得到了发展和完善。

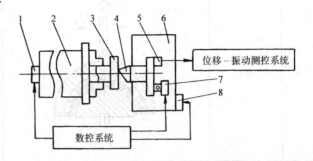

图 6-62　单点金刚石切削车床的结构示意图
1—脉冲编码器　2—主轴　3—工件　4—金刚石车刀
5—传感器　6—刀架　7—压电陶瓷　8—感应同步器

（1）数控超精密切削　目前，以单点金刚石切削（Single Point Diamond Turning，简称 SPDT）为代表的非球面加工技术已发展得相当成熟。典型 SPDT 设备的组成如图 6-62 所示。

1）刃口半径可小到 20nm 的单结晶金刚石刀具。

2）主轴采用静压油轴承或气浮轴承，并配有压电式快速微动伺服刀架，可以实现纳米级微位移。

3）采用计算机数字控制系统（CNC）来精确控制运动机构的位置和运动。

4）由激光干涉测长仪等来实时测量运动机构的位置，并采用闭环控制方式。

5）严格控制温度、湿度等加工环境。

目前，SPDT 可用于直接车削非球面反射镜、高精度塑料非球面透镜、多面棱镜等。并可加工用于注塑生产光学元件的模腔。加工材料为塑料、晶体，以及铜、铝、非电解镍等。加工的面型精度已达到几十纳米量级，表面粗糙度 σ 可接近 1nm。

（2）数控超精密延展性磨削　目前，SPDT 的最大局限性在于尚不能加工光学玻璃等硬脆材料。但进一步的研究表明，当吃刀量很小时，可以在材料脆裂前进行塑性加工。据此，目前发展了使用金刚石砂轮在保证微小进给量的前提下，直接磨削光学玻璃等硬脆材料的延展性磨削加工方法。目前，平面延展性磨削 CNC 机床已投入使用，K9 光学玻璃经过一次磨削，表面粗糙度可达到 2.2Å（rms）。据预测，数控超精密延展性磨削将在非球面镜片加工制造方面占主导地位。

2. 塑料光学零件精密注射成形技术

塑料光学零件具有质轻、耐冲击、易于实现非球面、便于大批量生产、成本低等优点。塑料光学零件最常用的制造方法是热塑性塑料的注射成形方法。过去，注射成形只能制造一些低精度的光学零件。20 世纪 80 年代以来，随着精密注射成形技术的发展，成像质量优异的高精度非球面塑料透镜已进入商业化批量生产阶段，其价格甚至比用传统方法加工的光学玻璃球面透镜还要低廉。目前，塑料光学零件已广泛使用在照相机摄影镜头、光盘读取系统、投影机投影镜头、医疗光学系统元件、激光二极管准直镜等场合。由注射成形制造的塑料光学元件的面形精度普遍达到 $0.1 \sim 0.05 \mu m$。图 6-63 所示为江西光学仪器总厂生产的一次性相机用物镜的零件图。

光学塑料零件的注射成形过程为：原料预热干燥→加热塑料使其达到一定的黏度→通过喷嘴射入闭合的模腔→保压冷却，固化定型→开模取出成品。

该过程的循环时间，小零件一般为半分钟，大零件约为 3～4min。有关注射成形的详细内容见第 6.2 节。

由于制作塑料光学元件的材料是高分子化合物，因此在注射成形时常常产生收缩和双折射，如 PMMA 的收缩率在 1.5% 左右。这将影响制品的面形精度和成像质量。为保证塑料光学零件的精度与质量，应注意以下因素：

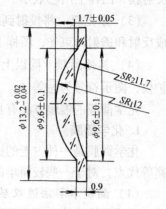

图 6-63　塑料透镜零件图

（1）模具的质量是注射成形技术的关键　型芯（或型腔）的材料要兼顾硬度、抗腐蚀性和可加工性，常选用高强度不锈钢并进行热处理，使其硬度达到 HRC50 以上。也可采用在不锈钢基体上镀非电解镍层，这样可使用数控单点金刚石车削的方法使表面精确成形。型芯（或型腔）的面形精度要求为 1～2 光圈（0.6～0.3μm），表面粗糙度 Ra≤0.01μm。同时要有高精度的合模导向装置，以消除偏心。

（2）选择和控制合适的模具温度　模具温度主要影响面型精度及透明度。由于模具通常是多腔的，如何保证各型腔的温度均匀一致，是设计模具时必须考虑的。要力求做到同一型腔中各点温度均匀，故应考虑多点测温控温。

（3）采用改进后的注射压缩工艺　为了使透镜在注射成形后其面型与型芯（或型腔）一致，必须保证熔料充模后型腔内有一定的压力，以抵消熔料冷却收缩后产生的负压。采用普通注射成形法时，型腔内的压力是通过注射浇注系统局部施加的，故很难明显减少内应力和压力梯度对透镜质量造成的影响。而改进后的注射压缩工艺是当模腔内注射充填的树脂因冷却而体积收缩时，根据收缩量从外部强制施压使整个模腔尺寸缩小。这种注射压缩工艺可以明显提高透镜的成形质量。

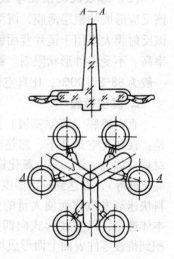

图 6-64　塑件分布图

图 6-64 所示为一次性相机用物镜（每模 6 件）刚出模后的塑件分布图。

6.5.3　光学零件的镀膜工艺

当光线经过未经任何处理的光学零件表面时，将会有百分之几的光线反射。如果在光学零件的表面镀上一层或者多层薄膜，根据所镀膜层的不同，将实现增透、反射、分光、滤光、偏振等功能。常用的光学镀膜有：

（1）减反射膜（增透膜）　可增加光线的光谱透射比、减小光谱反射比。在图样上用符号⊕表示。

（2）反射膜　可使指定波段的光线在膜层上大部分或接近全部反射，即可增大光谱反射比。镀在光学零件前表面的称外反射膜，图样上用⋁表示；镀在光学零件后表面的称内反射膜，图样上用Ⓐ表示。

（3）**分光膜**　将投射到膜层的光束按照一定比例的发光强度、光谱分布或偏振要求分成反射和透射两束光，图样上用Ⓨ表示。

（4）**其他薄膜**　除以上外，还有滤光膜，图示符号为⊖；偏振膜，图示符号为⊕；保护模，图示符号为⊜等。

光学薄膜的镀膜方法有真空镀膜、化学镀膜、溅射镀膜等方法。

1. 化学镀膜

化学镀膜是一种古老的镀膜方法，但由于具有设备简单、成本低廉、工艺方便、生产率高等优点，对于一些较简单的光学薄膜，仍然使用。

（1）**酯类水解法镀双层（$TiO_2 + SiO_2$）增透膜**　该方法的原理是在离心镀膜机上将硅或钛的酯类溶液滴在高速旋转（$2000 \sim 8000 r/min$）的光学零件表面上，经水解后得到正钛酸或正硅酸，脱水后在零件表面淀积出 TiO_2 和 SiO_2 薄膜。镀好膜后在 $50 \sim 70℃$ 烘箱中保温 $15 \sim 20 min$，以提高膜层牢固度。该法镀制的增透膜垂直光谱反射比可达到不大于 1%。该方法还可镀三层增透膜，可使光谱反射比在可见光范围内降低到 $0.8\% \sim 0.3\%$。

（2）**溶液沉淀法化学镀银**　该法的原理即是大家熟知的化学中的"银镜反应"，通过该反应形成的银层薄膜，沉淀在光学零件表面形成反射膜（不镀膜的表面预先涂蜡保护）。该反射膜大多用于镜片背面镀银，镀银后再电镀铜保护并涂保护漆。该方法设备简单、生产率高、不受零件形状限制。镀后银层厚度一般为 $0.15 \sim 0.30 \mu m$。该法的缺点是光谱反射比一般为 $88\% \sim 90\%$，比真空镀膜的光谱反射比低。

2. 真空镀膜

真空镀膜（真空蒸镀）的基本原理是：在高真空条件下，加热金属或介质材料（如金、银、铝、氟化镁、硫化锌、氧化硅等），在达到一定温度时，上述材料快速蒸发汽化而使大量的蒸发分子从本体逸出，以直线形式向四周辐射，淀积到待镀零件表面上而形成均匀的薄膜。这种镀膜方法制取的薄膜具有质量好、生产率高、适用范围广等优点。

光学薄膜多数是用真空镀膜法制造的。为了获得优质薄膜，在工艺上应注意以下几点：①薄膜材料的选择；②基底的质量与清洁；③淀积参数的选择；④膜层均匀性及其厚度控制。

（1）**真空镀膜设备**　用于真空镀膜的设备称为真空镀膜机。真空镀膜机由以下部分组成：抽气系统、真空镀膜室、膜层厚度控制装置、电气系统。

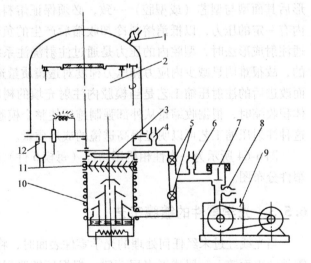

图 6-65　真空镀膜机抽气系统简图

1—针形阀　2—真空室　3—高真空阀　4—充气阀
5—低真空阀　6—热电偶真空管　7—电磁阀　8—机
械泵充气阀　9—真空机械泵　10—油扩散泵　11—冷
阱　12—热电离真空管

选择在真空中进行镀膜的原因是蒸发物在真空中达到饱和汽化的温度会大大降低。在真空中蒸发还可以减少蒸发物与空气的化学反应，因此容易控制薄膜的化学成分；可以减少蒸发物分子间的相互碰撞，减小空气中灰尘、杂质的污染，提高薄膜的纯度和物理性能。图6-65所示为真空镀膜机抽气系统简图，由低真空的机械泵和高真空的油扩散泵分级抽取真空。

（2）**真空镀膜工艺**　根据膜层的不同和使用参数的不同，必须选用合适的蒸镀方法。薄膜种类繁多，采用的膜料和蒸镀方法也各有不同，但是真空镀膜的基本工艺是一致的。其基本工艺过程如图6-66所示。

图 6-66　真空镀膜的基本工艺流程图

生产中常采用的蒸镀方法有以下几种：

1）电阻加热蒸镀法。将低电压（10～50V）的大电流（100～500A）通过丝状或舟状蒸发器（用高熔点金属钨、钼、钽、石墨等制成）时，由于蒸发器自身的电阻，蒸发器将发热而产生高温，将盛放在蒸发器中的膜层原料加热至汽化点而蒸发，淀积到零件表面而形成镀膜层。这种蒸镀技术的优点是简单、方便、经济，是广泛使用的一种蒸镀方法，适用于镀粉末或块状材料，如氟化镁、一氧化硅、硫化锌等。但此法要求被蒸镀的膜层原料的熔点必须低于蒸发器的熔点。

2）电子束加热蒸镀法。将电子枪阴极加热后就产生热电子发射，如图6-67所示。在高压电场下，电子被加速并聚焦，形成很细的密集电子束，轰击膜料表面，获得很高的温度，从而使膜料汽化。该方法能蒸发一些高熔点的膜料，如钨、二氧化硅、三氧化二铝等。

3）等离子体辅助镀膜技术。对介质薄膜的特性及微观结构的研究表明，传统真空蒸镀由于成膜分子的能量较低，其制备的光学薄膜具有典型的柱状疏松结构。为了进一步提高光学薄膜质量，近十几年发展了等离子体辅助镀膜技术。它是在普通真空蒸镀装置中加装等离子体源构成的，如图6-68所示。

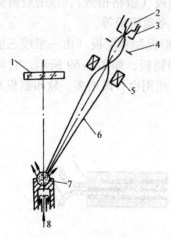

图 6-67　直型电子枪
1—基板　2—灯丝　3—阴极　4—阳极
5—电子束聚焦装置　6—电子束　7—蒸
发材料　8—冷却水

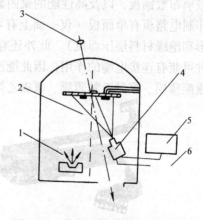

图 6-68　等离子体辅助镀膜示意图
1—蒸镀材料　2—等离子区　3—观测系统
光源　4—等离子体源　5—电源　6—等
离子源气体入口

　　在蒸镀的同时，等离子体从等离子体源的喷嘴冲出，在等离子体源与被镀基片间形成等离子区。离子与蒸镀的成膜粒子相互碰撞，改善了成膜过程中粒子的能量状态，从而提高了所成膜层的光学和力学性能。同原来的真空蒸镀技术相比，等离子辅助镀膜技术既提高了薄膜的填充密度和附着力，又保持了真空蒸镀技术能够方便、迅速的制备各种薄膜的优点，可用来制备各种高质量要求的光学膜层。

　　4）激光蒸镀法。用激光作为蒸发源，高能量的激光束通过蒸发室窗口对蒸发材料进行无接触加热，从而使膜料迅速熔化，实现镀膜的目的。目前常用的激光器有二氧化碳激光器和高功率固体激光器等。随着高能量激光器技术的发展，激光镀膜技术将会得到更广泛的应用。

6.6　电子组装技术

　　随着电子技术和计算机技术的飞速发展，仪器仪表也正在迅速向着数字化、自动化、智能化的方向发展，仪器仪表中电子部件和系统的应用也越来越普遍。目前，电子组装已成为仪器仪表制造中的一个不可缺少的组成部分。近几十年来，随着现代电子技术的飞速发展，电子组装技术本身也经历了一次次的革命，并成为了促进电子系统微型化和集成化的支柱技术之一。

6.6.1　印制电路板

　　印制电路板简称 PCB（Printed Circuit Board），是一种在覆铜箔绝缘基板上用印刷、蚀刻、镀金属等手段制造出导电图形和元器件安装孔，构成电气互联，并给电子元器件提供机械支持的互连基板。

1. 印制电路板的种类

　　印制电路板的基板品种很多，常用的品种有：将玻璃纤维布浸以树脂粘合剂制成的环氧玻璃纤维敷铜板，以绝缘纸和树脂制成的环氧纸质敷铜板（价格稍低），以酚醛树脂制成的酚醛玻璃布敷铜板，以及高性能的聚四氟乙烯玻璃纤维布敷铜板等。

　　印制电路板有单面板（仅一面上有导电图形）、双面板和多层板（由三层或三层以上导电图形和绝缘材料层压而成）。此外还有软（挠性）印制板，如图6-69所示，它可弯曲使用，并可兼有连接电缆的作用，因此能连接移动部件，使用也日渐增多。软印制板基片的材料为聚酯薄膜、聚酰亚胺薄膜、氟碳乙烯薄膜等。

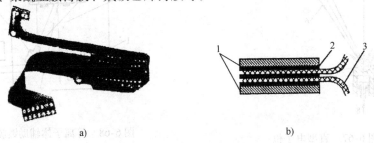

a)　　　　　　　　　　　　　　　b)

图6-69　挠性印制板示意图

a）挠性印制板　b）刚-挠性组合印制板

1—刚性印制板　2—胶接层　3—挠性印制板

2. 印制电路的结构和制造工艺

采用印制法在基板上制成的导电图形称作印制电路，其结构要素主要有焊盘、孔、印制导线等。

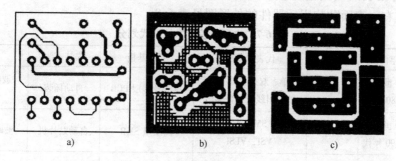

图 6-70 印制板上的焊盘形状

a) 圆形焊盘 b) 岛形焊盘 c) 方形焊盘

（1）焊盘 焊盘的作用是用来焊接元器件，其形状有圆形、岛形、方形、椭圆、多边形等，如图 6-70 所示。

（2）各种功能孔 印制电路上的孔有引线孔、过孔、安装孔及定位孔等。引线孔内将焊装元件管脚引线，它兼有电气连接和机械固定双重作用。而过孔的作用仅为实现不同层间电气连接。在印制电路制造过程中通过将铜沉积在孔壁上，实现不同层间的电气连接，称为金属化孔，如图 6-71 所示。

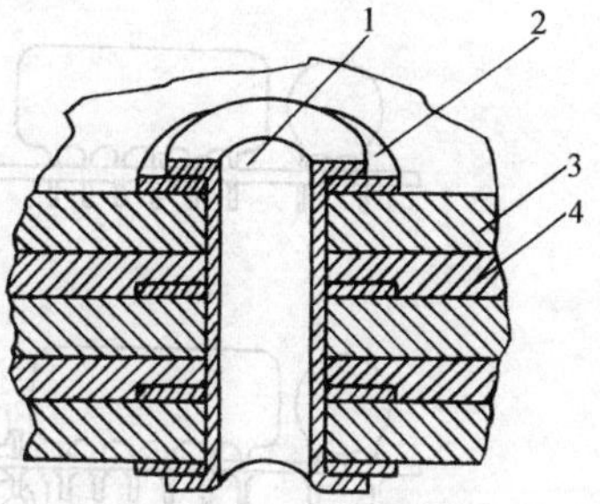

常用的双面印制板生产工艺流程如图 6-72 所示。

图 6-71 多层板金属化孔连接示意图

1—金属化孔 2—年轮 3—基板 4—半固化片

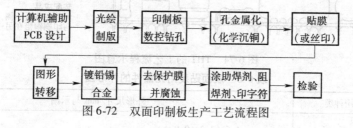

图 6-72 双面印制板生产工艺流程图

6.6.2 电子组装技术

1. THT 及 SMT

电子组装技术是现代发展最快的制造技术之一。迄今为止其技术的发展可分为五代，第一代、第二代分别以电子管和晶体管为代表，具体的时代划分见表 6-7。

其中，通孔插装技术 THT（Through-hole Mounting Technology）以双列直插式封装（DIP）为代表。图 6-73 所示是插装元器件时引线弯脚的示例图。

通孔插装技术 THT 的工艺流程示意图

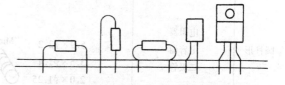

图 6-73 印制板上元器件引线弯脚示例图

如图 6-74 所示。

　　而表面组（贴）装技术 SMT（Surface Mounting Technology）是将表面贴装元器件直接贴焊到印制电路板表面或其他基板表面，SMT 使用片式元器件，其体积只有传统元器件的 1/3～1/10 左右。表面贴装用元器件的外形图见表 6-8。

表 6-7　电子组装技术的时代划分

技术发展	年代	技术缩写	代表元器件	安装基板	安装方法	焊接技术
第三代	20 世纪 70～80 年代	THT	单、双列直插 IC，轴向引线元器件编带	单面及多层 PCB	自动插装	波峰焊，浸焊，手工焊
第四代	20 世纪 80～90 年代	SMT	SMC，SMD 片式封装 VSI，VLSI	高质量 SMB	自动贴片机	波峰焊，再流焊
第五代	20 世纪 90 年代	MPT	VLSIC、ULSIC	陶瓷硅片	自动安装	倒装焊，特种焊

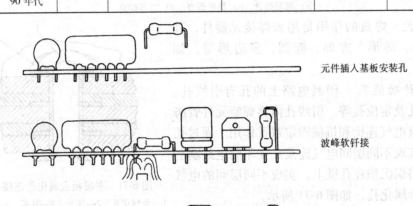

元件插入基板安装孔

波峰软钎接

装配成品
元件在基板一侧，焊点
与印刷铜箔在另一侧

图 6-74　THT 的工艺流程示意图

表 6-8　表面贴装用元器件的外形图

外形	适用种类	外形尺寸/mm 与示图
矩片形	电阻器 电容器 电感器	4.5×3.2×0.8　3.2×1.6×0.6　2.0×1.25×0.5　1.6×0.8×0.4　1.0×0.5×0.3　CHIP　CHIP　电阻器　电容器、电感器
圆柱形	电阻器 电容器 二极管	5.9×φ2.2　3.5×φ1.4　2.0×φ1.25　Minimelf　Maximelf　SOD-80

（续）

外形	适用种类	外形尺寸/mm 与示图			
模块形	三极管 塑封电感器 钽电解电容器	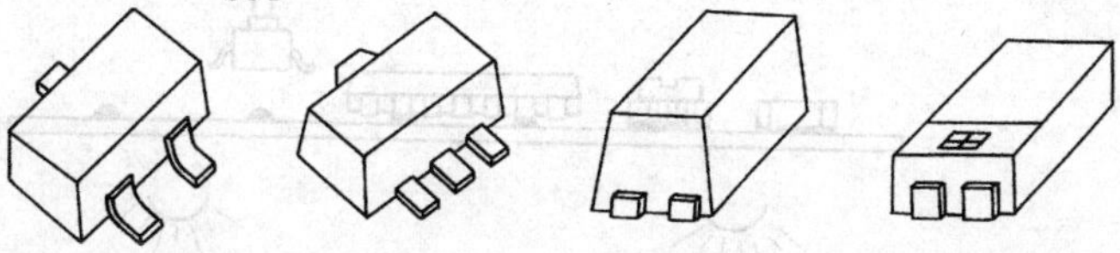 **SOT** 三极管 SOT-23 3.0×2.8×1.2 2.0×1.25×0.6	三极管 SOT-89 4.5×4.0×1.5	**CHIP** 塑封电感器 4.5×3.2×3.2 3.2×2.5×2.2	钽电解电容器 6.0×3.2×2.5 4.7×2.6×2.1
异体形	铝电解电容器 微调电容器 半可变电阻器 陶瓷谐振器	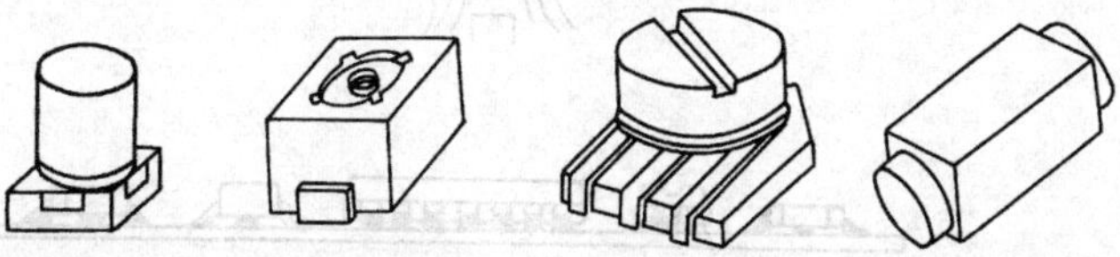 铝电解电容器 6.6×6.6×6.0 4.3×4.3×6.0	微调电容器 4.5×4.0×2.0	半可变电阻器 4.5×3.8×2.4	陶瓷谐振器 6.8×2.6×2.4
扁平形 封装	集成电路 复合元件	SO　VSQ 引线中心间距:1.27 引线数:8~28	Flatpack 引线中心间距:1.27 引线数:44~168	PLCC IC 复合元件、集成电路	LCOC QFP　　Micropack 引线中心间距:0.8 0.63 0.5 0.3 引线数:100~300

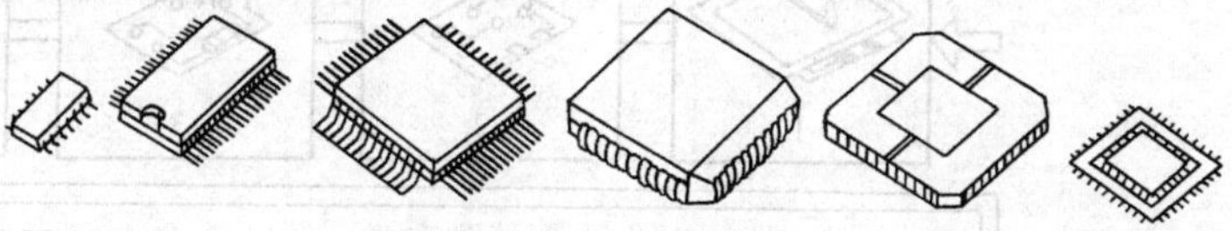

目前计算机、数字电路等电子产品中已普遍采用表面组装技术 SMT 以及 SMT 与 THT 的混装技术。同时，第五代微组装技术 MPT（Microelectronics Packaging Technology，又称 MAT）也日益成熟，它实质上是高密度立体组装技术，目前主要应用于军用电子产品。

SMT 以及 SMT 与 THT 混装工艺流程示意图如图 6-75、图 6-76 所示。

与 THT 相比，SMT 的优点是：

1）体积小，集成度高，可以直接装在 PCB 的两面。相邻电极之间的距离比传统的双列直插式集成电路的引线间距 2.54mm 小很多，目前间距最小的只有 0.3mm。由于分布电容、电感小，所以频率特性好，噪声低。

2）低成本，高可靠性，更适合自动化大规模生产。

2. 电子组装中的焊接技术

电子元器件与印制电路板之间是通过焊接工艺来形成牢固的电气连接与机械连接的。焊

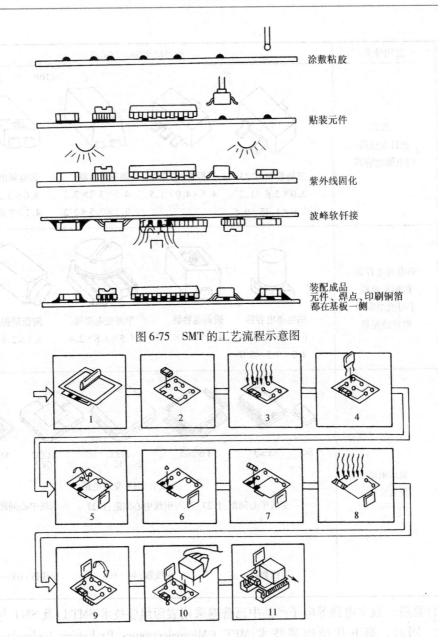

图 6-75　SMT 的工艺流程示意图

图 6-76　SMT 与 THT 混装工艺流程示意图
1—软钎焊膏丝网印刷　2—SMD 安装　3—再流焊钎接　4—带引线元件安装　5—翻转　6—加粘合剂
7—SMD 安装　8—固化粘结剂　9—翻转　10—手工安装余下器件　11—波峰软钎接

接时须使用钎料和助焊剂。钎料是指易熔的金属及其合金，常使用锡铅合金。助焊剂有松香类及复合助焊剂等。常用的焊接方法有：

（1）手工锡钎焊　在科研中或维修电子线路时常使用手工锡钎焊。图 6-77 所示为手工锡钎焊时的操作步骤（五步法）示意图。

（2）浸焊　浸焊是将安装好的印制板浸入熔化状态的钎料液中，一次完成印制板上的焊接。不需连接的部分通过在印制板上涂阻焊剂来实现。目前，小批量生产仍在使用。图 6-78 所示是热浸软钎焊方式的示意图。

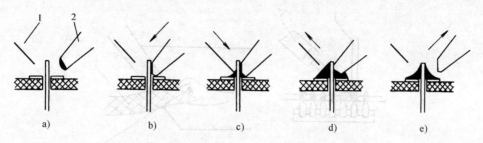

图 6-77　手工锡焊的操作步骤（五步法）示意图

a）准备　b）加热　c）加焊锡　d）去焊锡　e）去烙铁

1—焊锡　2—烙铁

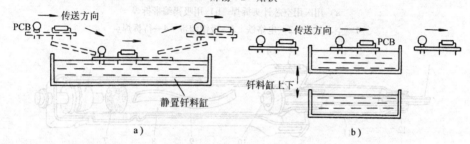

图 6-78　热浸软钎焊示意图

a）钎料缸不动，PCB 浸下　b）钎料缸上下运动，热浸 PCB

（3）波峰焊　波峰焊是适用于工业生产的自动化焊接系统。其原理是：让组装体与熔化钎料的波峰接触，形成连接焊点。图 6-79 所示是单波峰软钎焊方式的示意图。

（4）再流焊　再流焊目前主要用于表面组装技术中片状元件的焊接。这种焊接技术是预先在 PCB 上的焊盘上施放适量适当形式的糊状焊膏，用它将元器件粘在印制板上，然后利用外部热源使钎料熔化而再次流动，以达到焊接的目的。按照加热方法的不同，再流焊分为红外线辐射再流焊、热风对流加热再流焊、气相加热再流焊、激光加热再流焊等。再流焊受到的热冲击小、焊接效率高、质量好，正逐渐成为电子组装焊接技术的主流。

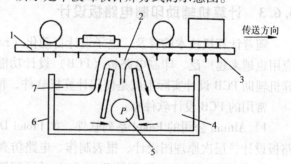

图 6-79　单波峰软钎焊示意图

1—PCB 组件　2—波峰　3—钎焊好的接头　4—熔融钎料　5—钎料泵　6—钎料缸　7—防氧化油层

3. 电子组装的再加工方法

在印制电路板的安装、贴装生产线后，一般都有一个再加工站，它的任务是对经检验不合格的产品进行返修，这一工作称为再加工（Rework）。再加工与日后电子产品的维修工作中，元件拆卸的无损除锡技术都显得十分重要。图 6-80a 所示为利用空芯针头，图 6-80b 所示为利用吸锡编带进行手工除锡的示意图。

图 6-81 所示为无损除锡专用吸锡器的结构图。生产车间还常采用热液重熔、热气重熔等方法来进行无损拆卸。

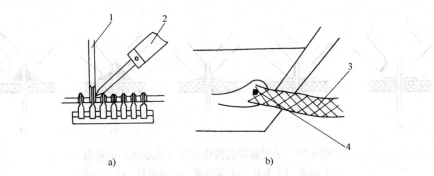

图 6-80　手工除锡示意图

a）用医用空芯针头拆焊　b）用吸锡编带拆焊

1—空芯针头　2—电烙铁　3—吸锡编带　4—待拆焊点

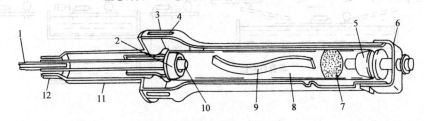

图 6-81　吸锡器结构图

1—吸锡尖　2—前封　3—手柄　4—散热孔　5—后封　6—档盖　7—过滤毡
8—残锡收集腔　9—S 形折流板　10—吸锡管　11—加热器　12—定位螺栓

6.6.3　计算机辅助印制电路板设计

随着计算机技术的普及，电子设计自动化（Electronic Design Automation，EDA）软件的应用也越来越广泛。印制电路板（PCB）设计功能是 EDA 软件中相当重要的功能之一。计算机辅助 PCB 设计实际上就是使用计算机软件，帮助设计者实现印制电路板设计的自动化。

常用的 PCB 设计软件有：

1）Altium 公司的 Protel 系列软件。如 Protel DXP，该系列软件具有原理图设计、PCB 电路板设计、层次原理图设计、报表制作、电路仿真以及逻辑器件设计等众多功能。

2）Mentor Graphics 公司的 Powerlogic（原理图输入工具）和 PowerPCB（印制板设计工具）软件，以及升级版本 PADS Logic 和 PADSLayout 等。

3）Cadence 公司的 PCB 设计软件，如 PSD、SPB 及 OrCAD 等。

4）其他 PCB 设计软件，如 TANGO、SMARTWORK 等。

PCB 设计的一般工作流程是：

（1）准备原理线路图　绘制原理电路图是电路板设计的先期准备工作，并且计算机要用原理图来生成相应的网络表文件，以便在设计 PCB 时调用此网络表文件。当然也可以不进行原理图的绘制，而直接进入 PCB 设计系统，用手工直接输入生成网络表文件。

（2）规划电路板　在绘制电路板之前，我们要对电路板有一个初步的规划。例如，电路板采用多大的尺寸，采用几层电路板（单面板还是双面板等），各元件采用何种封装形式以及初步的安装位置等。

（3）导入网络表文件和元件封装　网络表文件是联系电路原理图和印刷电路板的桥

梁，导入网络表文件即是将原理图信息传输到 PCB 中来。元件的封装就是元件在电路板上的对应外形。对于每个装入的元件，必须有相应的外形封装，才能顺利进行下面的布局、布线等操作。

（4）自动布局及手工调整　原理图网络表文件输入后，所有的元件摆放是随机的，因此须把元件摆放在 PCB 上合适的位置处，可以自动布局，也可以手工布局。自动布局有时效果并不理想，往往没有手工布局准确合理，此时可用手工对元件位置进行局部调整。

（5）布线　根据网络表文件提供的信息，至此可开始进行自动布线。目前，新软件的自动布线功能都相当强大，自动布线的成功率很高。也可采用手工-自动-手工的方式，即先将一些重要的网络手工布线后，再进行自动布线，最后用手工调整，进行修补工作。布线完成后，可通过设计软件中的检查功能，对布线后的印制板进行设计检查。

（6）文件保存及输出　完成电路板的布线后，将完成的线路图存盘保存，然后利用打印机或绘图仪输出布线图。也可将存盘文件交电路板制造厂，直接制作印刷电路板。

计算机辅助印制电路板设计是一种普遍适用的电路设计方法，但针对仪器电路的一些特殊需要，有时还要对其进行手工调整，以满足性能、精度、可靠性和抗干扰的要求。调整主要包括元器件在印制板上的布局、印制板上布线和印制导线的可靠性等。下面是调整的原则。

1. 印制板元器件的布局原则

印制电路板上元器件布局的好坏，直接影响系统和整机性能，考虑的基本原则是：

1）应考虑元器件的性质，设计它们的位置，如电感元件的位置应与相邻印制导线成较大角度交叉，以防电磁干扰。当放大器中有桥式等对称电路时，尽可能将元器件对称布置，其对称部分的分布参数尽可能一致。

2）应考虑元器件之间的电位梯度，设计它们的间距，以防止飞弧和打火。

3）元器件应尽量按电路图顺序成直线排列，并力求电路安排紧凑、密集，以缩短引线，对高频宽带电路尤为重要。多级放大器的各级最好能作成直线排列，输出与输入级相距较远，从而减少输出与输入的级间耦合。增益太高时，还要采用多级分板布置结构。

4）应尽量将一个完整电路安置在一块印制电路板的一个板面上。如果电路复杂或有屏蔽等要求而需分几块时，则应使每个完整的独立功能的电路安置于同一板面上，如输入板、输出板、存储板、CPU 板、电源板等。这样，走线方便，安装调试及维修更换也容易。母子板的结构则是将主电路布置在母板上，子板上布置功能扩展或某些标准电路。主辅板结构是将主要电路布置在主板上，将笨重的元器件安置在辅板上，辅板还同时担负着连线的功能。大而重的元器件应安放在利于印制电路板固定支架附近，以提高装配板的固有频率和增加防振能力。电源变压器通常单独布置并加屏蔽。

5）印制板的散热可选用厚度大的印制线，以利于导热和自然对流散热。发热元器件应放在利于散热的位置或单独放置，以利散热并减少对其他元器件的影响，如将电源的调整管安置在机壳上。应减少元器件引线脚与印制线间的热阻。当元器件的发热密度过大、单靠元器件本身和引线腿不足以充分散热时，可采用散热网、汇流条、散热管等措施，以增加元器件的热传导，并在元器件、散热材料和散热器之间涂抹导热膏。对于安装密度较高、采用了上述措施后还不能充分散热时，应采用导热性能好的印制板，如金属基底印制板和陶瓷基底如高铝陶瓷、氧化被陶瓷、冻石陶瓷等印制板。

2. 印制电路板的布线原则

1) 通常将公共地线布置在印制电路板的边缘，地线至边缘留有适当的距离（一般不小于板厚），除了引线的一边外，其余几边通常布有地线。紧靠地线布置电源线及相应的滤波电路，这样可以减少电源线耦合引起的干扰，并有利于接地。各单元的地线一般应自成回路，而又有公共的接地点，这样可以避免地电流引起的干扰。另外，地线一般不制成全封闭的环形，以免形成一个线圈在磁场作用下产生电磁干扰。

2) 电路通常按单元布置在印制电路板的中部。微机的数据线、地址线及控制线很多，一般分别平行分组排列，尽可能做到平直、整齐和美观。

3) 双面印制电路板信号引线不要与其他引线（包括反面引线）长距离相互平行，以减小导线间的寄生耦合，最好垂直或大角度地交叉。

4) 需要经常测试的地方，应当设置一些单独的测试点，以便于调试和维修。

3. 印制导线的可靠性设计

印制导线的设计，主要是合理地确定它的厚度、宽度、间距、路程及图形。

印制导线的厚度主要取决于覆铜箔的厚度。为了减少线间干扰，一般情况下薄一些更好，但也不能太薄，太薄容易引起擦伤和刻蚀，造成开路失效。印制导线的厚度要均匀，否则通过电流时容易在薄处形成发热区，造成导线与基板粘结强度变差。

印制导线的宽度决定了印制导线的载流容量和印制导线与基板的附着力，宽度太小，附着力小，擦伤及潮湿都会引起印制导线脱离基板。印制导线的宽度必须适用于电流的传导，不能引起超过容许的温升和压降。印制导线允许的载流量主要取决于导线的温升，一般情况下，印制导线的工作温度不宜超过85℃，否则容易引起导线脱离基板。根据环境温度就可算得允许温升，也就可以得出允许载流量。通常 0.5mm、1mm 和 1.5mm 线宽的印制导线，在温升为40℃时，允许载流量分别为 1.5A、2.3A 与 3A 左右。

印制导线的间距，主要取决于导线间的分布电容的影响，导线间距小于1mm 时，分布电容急剧增加，因此希望导线间距不要小于1mm。

印制导线的图形设计也是很重要的，一般不应有急剧的弯曲和尖角，否则容易因电应力集中而引起电弧、电晕而产生干扰。要尽可能地避免导线分支，分支处应圆滑，其半径不小于2cm。如果板面上有较大面积的铜箔，应镂空成栅条状，导线宽度过宽时，可分成二、三支平行走线，这样在使用波峰焊接时，能保证加热均匀，焊接牢固，也可防止铜箔的翘曲和剥落。

6.7　表面覆盖与装饰

在零件的基本形状和结构形成之后，常常还要通过不同的工艺对零件和仪器的表面进行处理和装饰。其功能是：装饰仪器和零件的外观，使其美观大方，并可通过造型及美化等措施，明显地显现出仪器的商标、型号、操作标志等；此外，还可以起到防止腐蚀等保护作用；同时还可提高零件的质量，如提高耐磨性、减磨性能、硬度、耐热性、导电率、电绝缘性等。

表面技术主要是通过以下两个途径来达到上述的各种功能：

（1）表面涂层技术　即在表面施加各种覆盖层，如电镀、化学镀、涂装、气相沉积、热浸镀、热喷涂、电刷镀等。此外，还有其他形式的覆盖层，如转化膜层等。

（2）**表面改性技术** 包括喷丸强化、离子束与激光表面改性技术等。

6.7.1 电镀与化学镀

电镀是通过电解方法，在金属、非金属基体上获得金属或合金沉积层的过程。当镀层金属比被保护的基体金属电位低时，称阳极性镀层；比基体金属电位高时，称阴极性镀层，这时镀层仅起机械保护作用，而不能使基体金属不受化学腐蚀。电镀可分为单金属电镀、合金电镀和复合电镀。

化学镀是指在无外电流的状态下，借助合适的还原剂，使镀液中的金属离子还原为金属并沉积到零件表面上形成镀层的过程。化学镀技术具有悠久的历史。近年来，该工艺由于在多方面取得了突破性的进展，其独特的工艺性能和优良的镀层特性，使其重新成为引人瞩目的镀覆方法。

仪器仪表中常用的电镀和化学镀种类如下。

1. 铬镀层及其组合镀层

铬外观美观，在大气中能长久不变色，硬度高、耐磨性好，且摩擦系数较低。单金属铬镀层主要是直接利用铬的高硬度来提高零件的寿命，如用于各种测量卡、量规和各种类型的轴上，一般厚度较厚，通常为 $5 \sim 80\mu m$。组合铬镀层中以铜-镍-铬镀层应用最为广泛，其防护性能优良且光亮美观，广泛用于仪器、仪表、航空、日用品等场合。此外，黑铬镀层（铬金属 $55\% \sim 80\%$，其余是铬氧化物、氢等）主要用作降低反光性能的防护-装饰性镀层，如航空仪表、光学仪器等。

2. 镀锌

锌镀层对钢铁件为阳极镀层，具有良好的保护作用。镀锌层经钝化后，耐蚀性可提高 $6 \sim 8$ 倍，所以镀锌后一般必须进行钝化处理。镀锌具有成本低、工艺简单、耐蚀性好、耐贮存等优点，同时锌在地球上的蕴藏量较丰富，因此镀锌层被广泛用于仪器仪表、机械、电子、轻工等领域，是应用最为广泛的镀层之一，约占总电镀量的 60% 以上。镀锌层的防护能力随镀层加厚而增强。通常镀层分为三级，一级镀层厚度 $25\mu m$ 以上，主要用于军工行业；二级镀层厚度为 $15 \sim 20\mu m$，用于机械、轻工；三级镀层厚度为 $8 \sim 10\mu m$，在仪器仪表、电子等行业应用普遍。镀锌层也可用于涂装的底层，但镀锌层不宜作摩擦零件的镀层。

3. 镀镍

镍是银白色金属，具有铁磁性，通常在其表面存在一层钝化膜，因而具有较高的化学稳定性。一般情况下镍常作为多层镀层的底层或中间层。铜制品上镀镍防腐较为理想。黑镍镀层主要成分是镍（$40\% \sim 60\%$）、锌、硫和碳等。黑镍镀层的防护能力不高，常作为光学仪器内部防杂散光镀层。

4. 镀镉

镉金属层对碱和稀硫酸的化学稳定性好。镉镀层主要用于直接受海水或海洋性大气作用及在 $70℃$ 以上热水条件中使用的仪器零件。钝化处理后可提高化学稳定性。镉盐有毒，不能用于食具。

5. 化学镀镍磷合金及其复合镀

化学镀镍磷合金及其复合镀是表面工程学中近年来得到迅速发展的技术之一。化学镀镍使用次亚磷酸盐作为还原剂，镀层中一般会有 $4\% \sim 12\%$ 的磷，其镀层结晶细致、孔隙率低、硬度高、磁性好，具有较好的耐磨性和抗腐蚀性，目前广泛用于精密仪器、航空航天、电子、核能、汽车、轻工等领域，一般作为功能性镀层，如提高耐磨性和表面润滑性能等。铝基体表面经化学镀镍，可获得可钎焊的表面。铝质雷达波导管镀以 $25\mu m$ 的化学镀镍层可防止地面和海上腐蚀。三元 $Ni-W-P$ 镀层具有良好的耐蚀性，可以作为人工器官的保护层。复合镀 $Ni-P-PTFE$ （聚四氟乙烯）镀层摩擦系数很小，已应用在光盘光学读取头的轴系中。目前，化学镀镍的数量每年以 $10\% \sim 15\%$ 的速度增长，在我国已占到化学镀市场的 90% 。

6. 化学镀铜

化学镀铜主要用于非金属材料的金属化处理，同时在电子工业中有着非常重要的应用，如用于多层印制电路板层间电路连接孔的金属化。另外，在电子设备的塑料外壳上化学镀铜后再化学镀镍，被公认为是最有效的屏蔽方式之一。

6.7.2 化学与电化学转化膜

转化膜技术是通过化学或电化学方法，使金属表面形成稳定的化合物膜层的技术。其形成方法是：使某种金属工件浸渍于某种特定的处理溶液中，通过化学或电化学反应，在金属表面上形成一层附着力良好、难溶的化合物膜层。这些膜层，或者能保护基体金属不受水和其他腐蚀介质的影响，或者能提高有机涂层的附着性和耐老化性，或者能赋予表面其他所需功能。

仪器仪表中常用的转化膜工艺有以下几种。

1. 铝及铝合金的电化学氧化、化学氧化

电化学氧化习惯称为阳极氧化，因加工中铝质零件是作为阳极置于电解池中的。氧化后，在工件表面形成一层结合力很强的极硬氧化膜层。该氧化膜层可使铝件的耐蚀性及耐磨性大幅度提高。并且，阳极氧化膜是最理想的着色载体，经着色后可获得不同颜色的装饰外观。该膜层也可作为油漆等有机涂层的底层。

使用化学氧化的方法也能获得氧化膜层，但膜层比电化学氧化膜要薄（ $0.5 \sim 1\mu m$ ），耐蚀性和耐摩擦性也都不如电化学膜。在光学仪器零件中，常将氧化膜染黑，起消杂散光的作用。

2. 钢铁的化学氧化

将钢铁件放入一定温度的碱性苛性钠、硝酸钠或亚硝酸钠溶液中处理，使零件表面生成 $0.6 \sim 0.8\mu m$ 的致密而牢固的 Fe_3O_4 氧化膜，称作钢铁的化学氧化。根据制件的材料成分和氧化处理工艺的不同，可获得亮蓝色至黑色的氧化膜，故这种方法又称为发蓝处理或煮黑，但这类氧化膜的防护性能不很高。

3. 磷化

把金属放入含有锰、铁、锌的磷酸盐溶液中进行化学处理，使金属表面生成一层难溶于水的磷酸盐保护膜的方法，叫做金属的磷酸盐处理，简称磷化。磷化膜可在很多金属表面形成，而以钢铁处理应用最广，层厚约 $5 \sim 20\mu m$ ，为微孔结构，与基体结合牢固，具有良好的吸附性、润滑性、耐蚀性。高温磷化法从磷酸锰溶液中得到的磷化膜有较高的防护性。但磷化膜一般只有配合其他处理，特别是作为有机涂层（漆层或喷塑层）基底时才非常有利，通过这种配合处理，其防护性有时大于金属镀层。磷化处理设备简单，成本低，生产效率高，被广泛用于仪器零件制造、航空航天等领域中。

4. 钝化

把零件放入含有添加剂的铬酸或铬酸盐溶液中，通过化学或电化学方法，可以在金属表面生成三价铬和六价铬组成的铬酸盐膜，这种方法叫做金属的铬酸盐处理，常称为钝化。钝化主要用于镀锌层、镀镉层的后处理，如镀锌层一般必须进行钝化处理。钝化也可以用于生成其他金属如铝、铜、镁、锡及其合金的表面防护膜层。

6.7.3　涂装技术

将有机涂料涂覆于零件表面并使之成膜的过程称之为涂装。常用的涂层材料有油漆、塑料、橡胶衬层等。

1. 油漆涂层

油漆覆盖层是在工件表面涂上一层或数层清漆或色漆，然后可用一定的加热方法烘干。油漆涂层的作用是防腐蚀，并起美观装饰作用。

油漆涂层常用于以下情况：①不承受很大的作用力或滑动摩擦的表面；②不要求准确尺寸公差及配合的表面；③不承受200℃以上温度的零件。

按涂层的用途可分为：保护装饰性涂漆、消光性涂漆、绝缘性涂漆三种。

仪器仪表中常用的油漆类涂料有：

（1）氨基醇酸烘漆　其干燥温度低，光泽和丰满度好，具有良好的耐化学药品性，耐磨且绝缘好，是目前使用最广的工业用漆。

（2）环氧树脂涂料　这类涂料漆膜坚韧耐久，附着力强，耐化学药品及耐水性强，绝缘性好，可作底漆使用。

（3）丙烯酸树脂涂料　这大类涂料有高光泽，耐紫外线辐射，可长期保持色泽，耐化学药品性好，广泛应用于仪器仪表的涂装。

（4）聚氨基甲酸酯（聚氨酯）涂料　这大类涂料成膜后坚硬耐磨，附着力好，光亮，耐油、耐化学品、防腐性能特好，适用于军工及湿热地带使用的仪器仪表，但价格较贵。

涂漆的方法分为刷漆、浸漆和喷漆法，其中喷漆法较好。

涂装时一般要涂装多层漆并先涂底漆，这时在选择和使用涂料时应注意涂料的配套原则，即注意涂装基材与涂料间，以及各层涂料之间的适应性。例如，各种金属表面所用底漆应视金属种类而定，钢铁表面的底漆可选铁红或红丹防锈底漆；而非铁金属特别是铝表面绝对不能选红丹防锈底漆，否则不但不能保护反而会发生电化学腐蚀，这时应选锌黄防锈底漆。

以铝质仪表标度盘的油漆涂层为例，其具体工艺过程是：零件阳极氧化处理后，先喷一道环氧锌黄底漆，接着喷一道氨基醇酸烘漆，最后喷一道氨基清烘漆，罩光，烘烤。

2. 塑料涂层

塑料有很好的物理性能和化学稳定性，还有一定的强度和承受冲击的能力，外观美观，因此可作为兼具金属防腐蚀和装饰作用的涂层。自20世纪80年代以来，塑料涂层已发展成为新型的主流涂料之一。

按塑料涂制的工艺方法，可分为塑料薄膜涂层和塑料粉末涂层。

（1）塑料薄膜涂层　用层压法将塑料薄膜粘结在基体材料上，制成塑料薄膜层压制品。

选用的粘结剂应能把基体和塑料薄膜牢固地粘结在一起，而不影响塑料薄膜的性能。在塑料膜层上可以压制出各种图案、花纹等，起到了装饰作用。

（2）塑料粉末涂层　塑料粉末涂料是以合成树脂为主要成膜物质的涂料，再加入颜料及固化剂等，经研磨成细粉，通过特定的工艺涂覆于制品的表面，具有很强的防护性。粉末涂料的涂覆方法有两类：粉末熔融涂覆法，以及静电粉末流涂法。

1）粉末熔融涂覆法。常使用流态床来进行粉末涂覆，其原理如图6-82所示。

将粉末涂料装入具有微孔隔板的容器中，从孔板的下方通入干燥的空气，使粉末在容器中浮起构成悬浮的流动状态（因此称为流态床）。涂覆时，将金属零件预热到粉末涂料熔融以上的温度，再吊挂在支架上浸入槽中，飘浮在工件周围的粉末与物体接触时受热软化并粘结在工件的表面，经一定时间以后，工件表面就会涂附着一层均匀的涂料膜，取出工件，冷却后成膜。

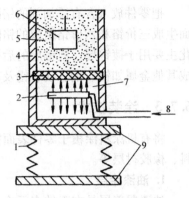

图6-82　流态床粉末涂覆原理图

1—弹簧　2—风管　3—微孔隔板 4—粉槽　5—粉末　6—工件　7—气 室　8—压缩空气　9—振动板

2）静电粉末流涂法。是采用静电喷枪来实现的，如图6-83所示。

喷枪头部带负高压电，工件接正电极并接地。喷枪头部有尖锐的边沿，带负高压电时，由于电晕放电，在其附近产生了密集的电荷。粉末由枪头喷射出时便捕集了一定的电荷，形成了带负电的涂料粒子，在静电引力的作用下，被吸引到带正电的工件上。由于塑料粉末是绝缘的，它所带的负电荷除紧靠工件表面的部分接地被放电吸附上外，其余的粉末聚积起来，负电荷也越积累越多，导致"同性相斥"的作用力增大，带负电荷的粉末再继续喷出时，受到排斥力将更大，最终将使工件不再上粉。这样，粉层达到一定厚度之后，便不会继续加厚。这种自行控制粉层厚度的机理，在对形状复杂的工件进

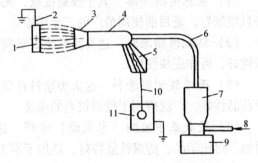

图6-83　静电粉末流涂法原理图

1—工件　2—工件接地装置　3—喷嘴 及电晕电极　4—枪身　5—枪柄　6—输 粉管　7—供粉器　8—压缩空气入口 9—贮粉箱　10—高压电缆　11—高压静 电发生器

行流涂时，有其独特的优点，即可使各部分的粉层厚度均匀。流涂后经加热，使粉末熔融，在工件表面便形成一层光泽而均匀的涂层，达到了保护和装饰的目的。

6.7.4　气相沉积技术

气相沉积（Vapor Deposition）技术是最近30年来迅速发展的一门表面新技术。气相沉积可定义为：通过化学反应或热蒸发等物理过程，使沉积材料汽化并在基体（工件）表面形成固体膜层的方法。沉积层也称为涂层或覆层。沉积过程中，若沉积物粒子来源于化学反

应，则称为化学气相沉积（CVD）；否则称为物理气相沉积（PVD）。

1. 化学气相沉积技术

化学气相沉积（CVD），是把一种或几种含有构成薄膜元素的化合物或单质气体，通入放置有零件的反应室，借助气相作用或在零件基体上的化学反应，生成所希望的膜层。使化学反应激活的方法包括加热、高频电压、激光、X射线、等离子体、电子碰撞和催化等。它可以方便地控制薄膜组成，制备各种单质、化合物、氧化物和氮化物甚至一些全新结构的膜层。目前，应用CVD工艺几乎可以制备任何金属或非金属元素及其化合物。例如，化学气相沉积技术可生成TiC、TiN、Ti（C，N）、Cr_7C_3、金刚石及类金刚石等高性能膜层。其中，TiN膜层具有很高的硬度，可达1800~2500HV，相当于80~85HRC；有优良的减磨性能和良好的耐蚀性能，可耐浓盐酸、硝酸等；同时带有装饰性的黄金般的光泽，被称作钛金。TiC涂层具有类似的硬度和耐磨性。化学气相沉积技术可使硬质合金刀具的寿命提高1~5倍，冷作模具的寿命可提高几倍至几十倍。用CVD工艺在陀螺轴承上沉积TiC，可降低摩擦系数并增强耐磨性。图6-84所示是TiC涂层CVD过程示意图。混合后的气体CH_4、$TiCl_4$、H_2（作为载气）由混合室6进入反应室8，由高频源11激活化学反应，在工件10的表面发生化学气相沉积，生成TiC膜层。

2. 物理气相沉积技术

物理气相沉积技术（PVD），主要靠物理方法，如热蒸发、阴极溅射、低压气体放电等，在真空中使粒子沉积在零件表面上形成膜层。光学真空镀膜在广义上即属于物理气相沉积技术。物理气相沉积技术不仅可以沉积合金膜、金属膜，还可以沉积各种各样的化合物、陶瓷、半导体膜等。这些膜层已经在各个领域得到广泛应用。例如，多弧离子镀可在高速钢、硬质合金刀具表面沉积TiN涂层，该涂层也适用于模具和精密齿轮类零件。

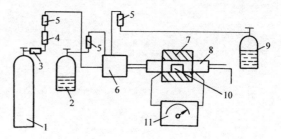

图6-84 TiC涂层CVD过程示意图
1—氢 2—$TiCl_4$ 3—催化剂 4—干燥器 5—流量计
6—混合室 7—感应炉 8—反应室 9—甲烷 10—工件
11—高频源

物理气相沉积和化学气相沉积的区别之一是工艺温度的高低不同，如TiN镀层，CVD法的工艺温度超过高速钢的回火温度，因此镀后必须进行真空热处理恢复硬度，而PVD工艺温度在回火温度以下。此外，CVD镀层往往比PVD镀层厚一些，如TiN镀层，CVD镀层厚约$7.5\mu m$，而PVD镀层通常不到$2.5\mu m$。同时，PVD镀层的表面粗糙度值比CVD镀层低，有良好的金属光泽，故其在装饰性镀膜方面应用广泛。

习题与思考题

6-1 仪器仪表制造中，熔模铸造和压力铸造这两种精密铸造方法各自的适用范围是什么？

6-2 热精密锻造、温精密锻造、冷精密锻造各有什么特点？这三种工艺各自能达到的尺寸精度是什么？

6-3 冷挤压工艺适合于成形哪一类形状的零件？

6-4 为什么精密冲裁工艺可获得普通冲裁工艺无法获得的100%的光滑剪切面？

6-5 设计塑料注塑件时，在结构工艺性上应注意哪些问题？

6-6 陶瓷零件的精密加工一般采用何种工艺方法？为什么？

6-7 铝制零件与铝制零件之间除采用机械连接的办法外，还可以采用哪些连接方法？

6-8 装配生产线上需将某光电接受元件现场用仪器调整好位置后，立即用胶粘结固定，请问应选用何种类型的胶粘剂？能否选用改性丙烯酸树脂快速固化胶粘剂，为什么？

6-9 单片玻璃透镜（球面）的加工工艺过程有哪些步骤？

6-10 科研工作中，已知某电路的电路原理图，需设计制作一块电路板（应焊接完毕），请问一般的工作步骤是什么？

6-11 仪器仪表中广泛使用的铝制零件常用的表面防护及表面装饰方法有哪些？

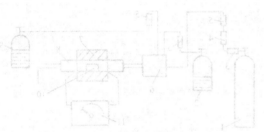

图6-8 低压化学CVD工艺原理图

第7章 制造自动化技术

7.1 制造自动化技术概论

7.1.1 制造自动化技术基本概念

制造自动化是人类在长期的生产活动中不断追求的主要目标，是先进制造技术中的重要组成部分，也是当今制造工程领域中涉及面广、研究十分活跃的技术。

"自动化（Automation）"是美国人 D. S. Harder 于 1936 年提出的，他认为在生产过程中，机器之间的零件转移不用人去搬运就是"自动化"。制造自动化的概念是一个动态发展过程，在很长一段时间内，人们对制造自动化概念理解为用机器（包括计算机）代替人的体力劳动或脑力劳动。这是比较狭窄的理解。随着制造技术、控制技术、计算机技术、信息技术和管理技术的发展，制造自动化已远远突破了传统的概念，具有更加宽广和深刻的内涵。

制造自动化的研究目标是在制造过程的所有环节采用自动化技术，实现制造全过程的自动化。制造自动化的研究任务包括：制造过程的产品设计、制造规划和组织管理、制造过程质量控制与协调优化等的自动化，以使产品制造过程实现高效、优质、低耗、及时和洁净的目标。制造自动化的广义内涵至少包括以下几个方面：

1）在形式方面，制造自动化有三个方面的含义，即代替人的体力劳动；代替或辅助人的脑力劳动；制造系统中人、机器及整个系统的协调、管理、控制和优化。

2）在功能方面，制造自动化的功能目标是多方面的，该体系可用 TQCS 功能目标模型描述。TQCS 模型中，T、Q、C、S 是相互关联的，它们构成了一个制造自动化功能目标的有机体系。其中 T、Q、C、S 的含义如下：

T 表示时间(Time)，是指采用自动化技术，缩短产品制造周期，使产品上市快，提高生产率。

Q 表示质量(Quality)，是指采用自动化技术，提高和保证产品质量。

C 表示成本(Cost)，是指采用自动化技术有效地降低成本，提高经济效益。

S 表示服务(Service)，是指利用自动化技术，更好地做好市场服务工作，也能通过替代或减轻制造人员的体力和脑力劳动，直接为制造人员服务。

3）在范围方面，制造自动化不仅涉及具体生产制造过程，而且涉及产品生命周期的所有过程。

制造自动化代表着先进制造技术的水平，促使制造业逐渐由劳动密集型产业转变为技术密集型和知识密集型产业，是制造业发展的重要标志。制造自动化技术也体现了一个国家的科技水平。采用制造自动化技术可以有效改善劳动条件，显著提高生产率，提高产品质量，降低制造成本，提高经济效益，有利于产品更新，提高劳动者的素质，带动相关技术发展，有效缩短生产周期，大大提高企业的市场竞争能力。

制造自动化的发展将以其柔性化、集成化、敏捷化、智能化、全球化的特征来满足市场快速变化的要求。我国制造自动化的发展是以立足国情、瞄准世界先进水平、提高竞争力为前提，采用人机结合的适度自动化技术，将自动化程度较高的设备（如数控机床、工业机器人）和自动化程度较低的设备有效地组织起来，在此基础上，实现以人为中心，以计算机为重要工具，具有柔性化、智能化、集成化、快速响应和快速重组的制造自动化系统。显然，制造自动化技术也是我国必须大力发展的重要先进制造技术。

7.1.2　制造自动化技术发展现状

制造自动化的发展经历了一个漫长的发展过程。回顾历史，可将制造自动化的发展历程分为刚性自动化、柔性自动化和综合自动化三个发展阶段。

（1）刚性自动化　主要表现在半自动和自动机床、组合机床、组合机床自动线的出现，解决了单一品种大批量生产的自动化问题。其主要特点是生产效率高、加工品种单一。这个阶段于 20 世纪 50 年代达到了顶峰。

（2）柔性自动化　为满足多品种、小批量及单件生产自动化的需要，出现了一系列柔性制造自动化技术，如数控技术（NC）、计算机数控（CNC）、柔性制造单元（FMC）和柔性制造系统（FMS）等。

（3）综合自动化　随着计算机及其应用技术的迅速发展，各项单元自动化技术的逐渐成熟，为充分利用资源，发挥综合效益，自 20 世纪 80 年代以来以计算机为中心的综合自动化得到了发展，如计算机集成制造系统（CIMS）、并行工程（CE）、精益生产（LP）、敏捷制造（AM）等模式得到了发展和应用。

目前，发达国家的制造自动化技术已经达到相当水平，产品设计普遍采用 CAD、CAE和计算机仿真等手段，企业管理也已采用了科学的规范化管理方法和手段，在加工技术方面也已实现了底层自动化，包括广泛地采用加工中心（或数控技术）、自动导引小车和机器人技术等。为了进一步提高制造技术的自动化水平，近年来，他们主要从制造系统自动化方面寻找出路，提出了一系列新的制造系统概念，如计算机集成制造系统、并行工程、虚拟制造、敏捷制造和智能制造等。

我国制造业自动化的水平与发达国家相比还非常低，大约落后 20 年左右。近 10 年来，虽然我国大力推广应用计算机集成制造系统（CIMS）技术，但主要限于计算机辅助设计（CAD）和管理信息系统，因此底层（车间层）基础自动化还十分薄弱，数控机床由于编程复杂，还没有真正发挥作用；加工中心无论是保有量还是利用率，都更低；可编程序控制器的使用并不普及，工业机器人的应用还很有限。因此，做好基础自动化的工作仍是我国制造业一项十分紧迫而艰巨的任务。我们在看到国际上制造业发展趋势的同时，还要立足于我国的实际情况，扎扎实实地把基础自动化的工作搞上去，才能在稳步前进的基础上开展制造业自动化系统的研究与应用。

7.1.3　制造自动化技术结构体系

制造业自动化的技术结构体系有以下两个方面。

1. 制造技术的自动化

它包括产品设计自动化、企业管理自动化、加工过程自动化和质量控制过程自动化。产品设计自动化，包括计算机辅助设计（CAD）、计算机辅助工艺规程设计（CAPP）、计

算机辅助产品工程(CAE)、计算机产品数据管理(PDM)、计算机辅助制造(CAM)等;

企业管理自动化,包括制造资源计划(MRPⅡ)、企业资源计划(ERP)等;

加工过程自动化,包括各种计算机控制技术,如现场总线、计算机数控(CNC)、群控(DNC)、机器人技术、柔性生产系统(FMS)、各种自动生产线、自动存储和运输设备、自动检测和监控设备等。

质量控制过程自动化,包括各种自动检测方法、手段和设备,计算机的质量统计分析方法,远程维修与服务等。

2. 制造系统的自动化

研究和提出自动化的生产模式,如计算机集成制造系统(CIMS)、精益生产(LP)、敏捷制造(AM)、并行工程(CE)、绿色制造、智能制造等。它们的突出特点是采用信息技术,实现产品全生命周期中的信息集成,人、技术和管理三者的有效集成。

7.1.4　制造自动化中的关键技术

广义地讲,自动化制造系统是由一定范围的被加工对象、一定柔性和自动化水平的各种装备和高素质的人员组成的一个有机整体。自动化制造系统具有五个典型组成部分:一定范围的被加工对象;具有一定技术水平和决策能力的人;信息流及其控制系统;能量流及其控制系统;物料流及物料处理系统。

制造自动化技术涉及的学科范围很宽,主要学科领域有:系统工程学、设计与制造科学、信息科学、计算机科学、人机工程学、自动控制理论、运筹学、管理科学、质量控制工程、工业工程、电气工程和技术经济学等,其核心是制造科学和技术。

制造自动化中的关键技术主要有以下一些方面:

(1) 制造自动化系统开放式智能体系结构　目标是使制造系统具备自组织和并行作用的能力,充分利用分布式计算机技术、网络技术等,使制造自动化向柔性化、集成化、智能化和全球化方向发展。该技术研究集中在①分布式、协同处理的制造自动化体系结构;②以人为中心的自动化制造系统;③基于因特网的制造自动化系统。

(2) 制造自动化系统的优化理论与调度方法　制造系统是一类离散事件动态系统,其物流、信息流以及各种资源的规则、调度和控制等有独特的要求。对这类系统的更精确的描述、分析和控制,需要在离散事件动态系统理论方面进一步突破。同时,由于实现各种先进的制造哲理和管理策略,如精益生产、敏捷制造等,作为先进制造模式赖以实现的基础之一,生产组织与过程优化中决策调度的成功与否对上述目标的实现有着最为直接的影响。

(3) 面向制造自动化的虚拟制造技术　虚拟制造关键技术的研究可分为四个层次,即虚拟制造哲理研究层、虚拟制造技术层、虚拟制造原型系统层、虚拟制造集成开发平台层。

(4) CAD/CAPP/CAM 一体化技术　主要的研究内容有:满足并行设计要求面向产品的整个生命周期 CAD 系统;CAD/CAM 集成系统产品模型的可转换性和产品信息编码系统;智能化 CAD 系统及虚拟现实技术。此外,还有 CAPP 技术的研究,包括基于并行工程的CAPP 技术、基于 PDM 的 CAD/CAPP/CAM 集成系统和面向 CIMS/CAPP 的集成开发平台等。

(5) 面向制造自动化的数控技术　数控技术是自动化技术的基础及关键单元技术,又是精密、高效、高可靠性加工的技术支撑,它正朝着集成化和实用化方向发展。对数控技术的研究重点是:开放性结构系统的发展,采用新元件、新工艺;不断改善和扩展以高精、高速、高效为代表的功能，改善伺服技术和通信技术，研制开发超精数控系统等。

（6）柔性制造技术和智能制造技术　柔性制造系统的理论和技术所涉及的领域很广，主要包括：生产调度理论与算法的研究；计算机通信及数据库技术的研究；计算机仿真技术的研究；生产组织及控制模式理论和技术的研究；制造资源控制管理理论和技术的研究等。

智能制造技术是指在制造系统及制造过程的各个环节通过计算机实现人类专家制造智能活动（分析、判断、推理、构想、决策等）的各种制造技术的总称，它是人工智能技术与制造技术的有机结合。其研究内容有个体"智能化"水平、系统的自组织能力、分布协同求解、制造智能的集成、人机智能的柔性交互与协同等。

（7）机器人化制造技术　机器人是一种高度柔性化的自动化设备，未来的典型制造工厂将是计算机网络控制的包含多个机器人加工单元的分布式自主制造系统。工业机器人（IR）、智能加工中心（IMC）、自动导引小车（AGV）均被视为"智能机器"，这些智能机器依据不同的要求有机地组成机器人化制造单元，实现多元化产品生产。

（8）先进制造智能传感与检测　未来的检测系统必须与制造自动化、智能化、柔性化及集成化相适应，是一通用型模型化、集成化、智能化的自适应调整功能的多传感器、多参数、多模型综合决策系统，其研究主要包括智能传感器、动态检测技术、在线检测技术、多传感器检测网络及通信技术、多传感器信息融合技术等。

7.1.5　计算机辅助工艺规程设计（CAPP）

1. 概述

计算机辅助工艺规程设计（Computer – Aided Process Planning，简称CAPP）是指计算机辅助的零件制造工艺规程的设计，包括：①制订工艺路线，即确定加工顺序和选择加工方法。②进行详细的工序设计，如决定工序尺寸，解算工艺尺寸链，选择刀、夹、量具和机床，确定切削参数，计算工时定额和费用等。③输出完整的工艺文件，如工艺过程卡（包括工序简图）、数控代码等。

应用CAPP技术的工艺特点是：①减少工艺设计费用，降低成本。有些研制单位采用CAPP系统后，工艺设计劳动量减少20%～40%，工艺设计费用减少20%～50%，总成本降低4%～10%。②缩短工艺过程设计的周期，提高产品质量和工艺过程的一致性。③有利于推行工艺过程标准化、最优化，提高工艺设计质量。

CAPP还有以下的优点：减少工艺文件的抄写工作；消除人为的计算错误；消除逻辑和说明上的疏忽，因为软件具有判断功能；能够从中央数据库中立即获得最新的信息；信息具有一致性，所有用户都使用同一数据库；对设计修改、生产计划变更或车间要求能快速响应；所编工艺规程更加详细和完整；更有效地使用工艺装备，并减少它们的种类。

2. 编程的基本原理和方法

根据产品图样进行人工编制工艺规程是通过人的智能（识图、经验、记忆）去完成的。而要研制实现工艺设计自动化的软件系统，必须研究如何将图样信息代码化，将工艺人员的经验和技能系统化、理论化、代码化。目前研制的许多CAPP系统，如图7-1所示，按其工作原理大体可以分成下述三种类型：

（1）检索式CAPP系统　检索式CAPP系统实际上是工艺规程的技术档案管理系统。它事先把现行的零件加工工艺规程按零件图号或零件的成组编码号存储在计算机中，在编制新零件的工艺规程时，先按号检索出现有的零件工艺规程，有不需作任何修改就直接调用的，也可稍加修改后使用。当检索不到可用的工艺时，则必须另行编制，并通过键盘输入计算机存储起来。这类 CAPP 系统功能最弱，生成工艺规程的自动决策能力也差，但最易建立，简单实用。对于现行工艺规程较稳定的工厂，可建立这种系统。

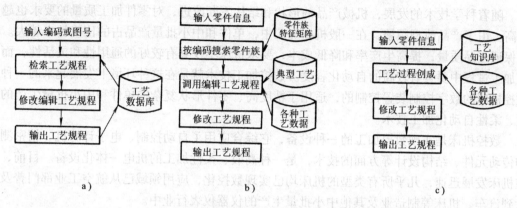

图 7-1　三类 CAPP 系统工作过程的原理图

a）检索式　b）派生式　c）创成式

（2）派生式 CAPP 系统　它是按成组技术原理实现工艺设计自动化的。其基本工作原理是按零件结构和工艺的相似性，将零件分类编码并按零件组编制出标准工艺文件，存入计算机的存储设备和数据库中。当编制某工件的工艺规程时，首先将工件进行编码并将它划分到一定的零件组中，输入该零件的成组编码，就可以调用相应零件组的标准工艺规程；然后，再自动搜索零件的型面和尺寸数据，确定需要的工序和工步，并进行切削参数的计算；最后输出零件的工艺规程。产生的工艺规程可存入计算机内供检索用。它可以通过系统提供的人机交互界面进行各种修改（包括插入、删除和更改），使工艺人员有干预和最终决策的能力。

对于回转类零件，将加工零件族中所有零件的各种型面特征方便地合成复合零件（或称主样件），编制出复合零件的典型工艺；而对于非回转类零件，由于形状和结构复杂，常难于为零件加工族做出一个复合零件。但是，可以从加工族中挑选出一个结构最复杂、加工型面特征最多、加工精度要求最高，因而加工工艺路线较长的零件作为基本件，制订出加工该零件的优化工艺路线，再把族中其他零件特有的工序或工步合乎逻辑地添加进去，形成该零件族的典型工艺过程。

（3）创成式 CAPP 系统　创成式 CAPP 系统的工作原理与派生式不同，在系统中没有预先存入典型工艺过程。它根据输入的零件信息，通过逻辑推理、公式和算法等，作出工艺决策而自动地"创成"一个新的优化的工艺过程。

一个较复杂的零件由许多型面组成，每一种型面可用多种加工工艺方法完成，而且它们之间的加工顺序又有着许多组合方案，还需综合考虑材料和热处理等影响因素。所以，创成式 CAPP 系统要求计算机有较大的存储容量和计算能力。

目前开发的创成式 CAPP 系统，实际上只针对某一类零件，并采用以派生式方法，首先生成零件的典型加工顺序，然后再根据输入的零件信息，采用逻辑决策方法，生成加工该零件的工序内容，最后编辑生成所需要的工艺规程。

目前，CAPP 主要应用在零件的机械加工方面，但已向其他工艺领域扩展，如热处理、锻造、冲压和装配等，应用前景十分广阔。

7.2　数控加工技术

随着科学技术的发展，机械产品的形状和结构不断改进，对零件加工质量的要求也越来越高。由于产品改型频繁，在一般机械加工中，单件和中小批量产品占的比重越来越大。为了保证产品质量，提高生产率和降低成本，要求机床不仅具有较好的通用性和灵活性，而且在加工过程中要具有较高的自动化程度。数控加工技术就是在这种环境下发展起来的一种由数控机床的数字控制装置控制的，适用于精度高、零件形状复杂的单件和中小批量生产的高效、柔性自动化加工技术。

数控机床是实现数控加工的一种设备，它综合应用了自动控制、电子计算机、精密测量和传动元件、结构设计等方面的技术，是一种高效、柔性加工的机电一体化设备。目前，数控机床发展迅速，几乎所有类型的机床均已实现数控化，应用领域已从航空工业部门普及扩大到汽车、机床等制造业及其他中小批量生产的仪器仪表行业中。

7.2.1　数控机床的组成与分类

数控机床是指用记录在媒体上的数字信息经数控装置对机床实施控制，使它自动执行规定的加工过程的机床。

1. 数控机床的组成

数控机床通常由控制媒体、数控装置、伺服系统和机床本体四部分组成，如图 7-2 所示。

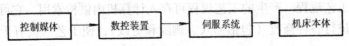

图 7-2　数控机床的组成

（1）控制媒体　控制媒体是将人的操作意图转达给数控机床的一个中间媒体，它载有加工一个零件所必需的全部信息。常用的控制媒体有穿孔带、磁带、磁盘等可以存储指令信息的载体。简短的数控加工程序，可通过数控操作面板上的键盘直接输进数控装置，这种方法叫手工输入法（MDI）。

（2）数控装置　数控装置接收控制媒体送来的信息，加以变换和处理后转换成脉冲信号，用于控制机床动作。

（3）伺服系统　它是机床数控系统的执行部分，将数控装置发出的脉冲信号转变为机床部件的运动，使工作台或刀架精确定位或按预期轨迹做严格的相对运动，从而加工出符合图样要求的零件。

数控加工过程都是围绕信息的交换进行的，加工过程如图 7-3 所示。操作者首先按照加工图样使之转变为制造工艺的内容，在熟悉加工工艺的基础上编制加工程序，用规定的代码和程序格式把人的意志转变为数控机床能接受的信息；再把信息记录在控制媒体（如穿孔带、磁带或磁盘之类的信息输入介质）上，使之成为控制机床的指令。数控装置对输入的信息进行处理之后，向机床各坐标轴的伺服系统发出指令脉冲，驱动机床相应的运动部件，

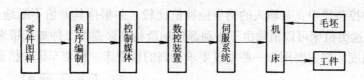

图 7-3　数控机床加工零件的过程

并控制变速、换刀和开停机床等其他动作，自动地加工出符合图样要求的工件。

2. 数控机床的分类

（1）按运动轨迹分类

1）点位控制。如图 7-4 所示，只要求控制刀具从一个点移动到另一个点时定位准确，刀具移动过程中不加工，如数控钻床、数控坐标镗床、数控冲床等。

2）点位直线控制。如图 7-5 所示，除控制点的定位准确外，还要保证被控制的两个坐标点间移动的直线性，且能实现平行于坐标轴的直线切削加工，如简易数控车床、简易数控镗铣床等。

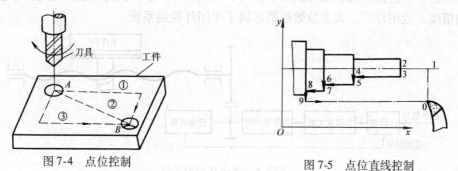

图 7-4　点位控制　　　　　　　　图 7-5　点位直线控制

3）轮廓控制。它的特点是能够对两个或两个以上的坐标轴同时进行连续控制，除了控制机床移动部件的起点与终点坐标外，还必须控制整个加工过程中的进给路线和速度、刀具运动轨迹，确定被加工零件的表面形状，因此机床各坐标轴运动必须保持协调一致，如图 7-6 所示。这种控制方式可进行平面轮廓曲线和立体轮廓型面的加工，如数控铣床。

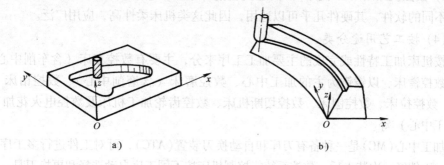

a)　　　　　　　　　　　　　　　b)

图 7-6　轮廓控制

a）平面轮廓曲线　b）立体轮廓型面

（2）按控制方式分类

1）开环控制系统。它是指不带反馈装置的控制系统，不检测移动部件的实际位移量，也不能进行误差校正。这类机床结构简单，成本低，精度低，是一种经济型数控机床。

2）闭环控制系统。在机床工作台（或床鞍）上装有位移检测反馈装置，可将测量的实际位移反馈到数控装置中，与输入的指令位移值比较，并根据其差值不断地进行误差修正，如图 7-7 所示。这类机床可以消除由于传动部件制造精度误差给工件加工带来的影响，可获得很高的加工精度。它主要用于一些精度要求很高的镗铣床、精密车床、精密铣床等。

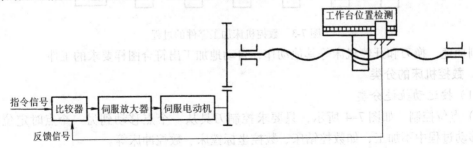

图 7-7　全闭环数控系统

3) 半闭环控制系统。位移检测反馈装置从工作台移到了电动机端头或丝杠端头，系统的闭环回路中不包括丝杠、螺母副及工作台，如图 7-8 所示，因此可获得稳定的数控特性及较高的精度，应用较广。大多数数控机床属于半闭环控制系统。

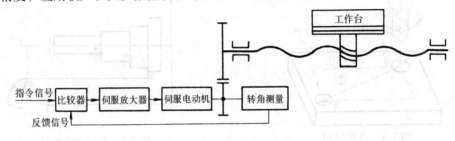

图 7-8　半闭环控制系统

（3）按数控装置类型分类

1）硬件式数控机床（NC 机床）。早期的数控装置全部由硬件组成，其功能和灵活性差。

2）数控机床（CNC 机床）。其主要功能几乎全由软件实现，对不同的数控机床，只需编制不同的软件，其硬件几乎可以通用，因此这类机床柔性高，应用广泛。

（4）按工艺用途分类

按机床加工特性或完成的主要加工工序来分，主要有数控车床（含车削中心）、数控铣床、数控镗床、以镗铣为主的加工中心、数控磨床（含磨削中心）、数控钻床（含钻削中心）、数控拉床、数控刨床、数控切断机床、数控齿轮加工机床及数控电火花加工机床（含电加工中心）等。

加工中心（MC）是一种备有刀库和自动换刀装置（ATC），可对工件进行多工序加工的数控机床。工件经一次装夹后，数控系统能控制机床按不同工序自动选择和更换刀具；自动改变机床主轴转速、进给量和刀具相对工件的运动轨迹及其他辅助功能；依次完成工件几个面上多工序的加工。这样，减少了工件装夹、测量和机床调整时间，缩短了工件存放、搬运时间，提高了生产率及机床的利用率，是数控机床的重要发展方向。图 7-9 所示为 JCS-018 型立式加工中心的布局。其外形类似立式铣床，床身 1 上有滑座 2，作横向运动（y 轴方向）；工作台 3 在滑座上作纵向运动（x 轴方向）。床身后部有框式立柱 5。主轴箱 9 在立柱导轨上作垂直升降运动

（z 轴方向）。在立柱的后部是数控装置 6，左前部装有刀库 7 和自动换刀机械手 8，左下方安置有润滑装置 4。刀库中装有 16 把刀具，可以完成各种孔加工和铣削加工。机床各工作状态显示在面板上。数控操作面板 10 悬挂在操作者右前方，以便于操作。

加工中心通常以主轴在加工时的空间位置分为卧式、立式和万能加工中心。

3. 数控机床的特点

（1）加工精度高且质量稳定　由于数控机床本身制造精度高，又是按照预定程序自动加工，避免了人为操作误差，使同批零件一致性好，产品质量稳定。

（2）生产效率高　由于能在一次装夹中加工出零件的多个部位，省去了许多中间工序（如划线等），一般只需进行首件检验，大大缩短了生产准备时间，故生产率高。

（3）自动化程度高　除手工装夹毛坯外，全部加工过程都由机床自动完成，减轻了操作者的劳动强度，改善了劳动条件。

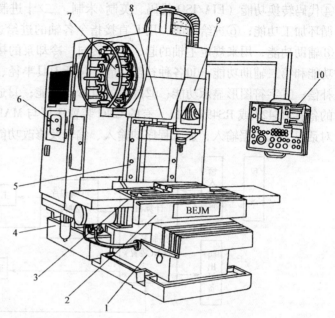

图 7-9　JCS-018 型立式加工中心

1—床身　2—滑座　3—工作台　4—润滑装置
5—框式立柱　6—数控装置　7—刀库　8—自动换刀机械手
9—主轴箱　10—操作面板

（4）适应性强　当加工对象改变时，只需重新编制数控程序，更换新的数控介质，一般不需重新设计工装，即可实现对零件的加工，大大缩短了产品研制周期。

（5）便于实现生产管理的现代化。

但数控机床造价高，技术复杂，维修困难，要求管理及操作人员水平较高。

7.2.2　计算机数字控制（CNC）装置

随着半导体技术、计算机技术的发展，微处理器和微型计算机功能增强，价格下降，数字控制装置已经发展成为计算机数字控制（Computer Numerical Control）装置，即所谓的 CNC 装置，它由软件来实现部分或全部控制功能。CNC 系统由程序、输入输出设备、计算机数字控制装置、可编程序控制器（PLC）、主轴控制单元及速度控制单元等部分组成，如图 7-10 所示。在 CNC 系统中，可编程序控制器是一种数字运算电子系统，以微处理器为基础的通用型自动控制装置，专为在工业环境下应用而设计。它采用可编程序的存储器，在其内部存储执行逻辑运算、顺序控制、定时、计数和算术运算等特定功能的用户操作指令，并通过数字式、模拟式的输入和输出，控制各种类型的机构运动，完成其生产过程。

1. CNC 系统功能原理

（1）CNC 系统的主要功能　数控系统的核心是 CNC 装置，其主要功能有：①控制功能，包括控制轴和同时控制轴数，多坐标控制（多轴联动）；②准备功能（G 功能），用来指令机床动作方式的功能（基本移动、程序暂停、平面选择、坐标设定、刀具补偿、基准点返回、固定循环等指令）；③插补功能，实现直线、圆弧、抛物线等多种函数的插补；④代码转换功能（EIA/ISO 代码、英制/米制、二/十进制、绝对值/增量值转换等）；⑤固定循环加工功能；⑥进给功能，用 F 直接指令各轴的进给速度；⑦主轴功能，指定主轴转速；⑧辅助功能，用来规定主轴的起、停、转向，冷却泵的接通和断开、刀库的起停等；⑨刀具功能和第二辅助功能；⑩各种补偿功能，包括刀具半径、刀具长度、传动间隙、螺距误差的补偿；⑪字符图形显示功能；⑫故障的自诊断功能；⑬通信功能，常具有 RS232C 接口，有的备有 RS422 或 RS499 接口，有的 CNC 装置还可与 MAP（制造自动化协议）相连；⑭人机对话，手动数据输入，加工程序的输入、编辑及修改功能。

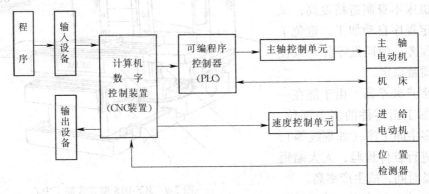

图 7-10　计算机数字控制（CNC）系统框图

（2）CNC 装置的工作过程　CNC 装置的工作是在硬件支持下，执行软件的全过程，其主要过程是：

1）输入。将控制数据输入 CNC 装置，启动数控系统运行后，控制系统从零件程序存储区逐段读出数控语言程序，进行译码及预处理，生成供插补程序和机床各控制程序需要的内部形式的信息表。

2）译码。其主要工作是把程序段中的各数据依据其前面的文字地址送到相应的译码缓冲存储区中，并同时完成对程序段的语法检查，发现语法错误立即报警。

3）数据预处理即刀具补偿、进给速度处理等。预处理包括刀具长度补偿、半径补偿计算（包括绝对值和增量值）、象限及进给方向判断、进给速度换算和机床辅助功能判断，以最直接、最方便形式的数据送入工作寄存器，提供给插补运算。

4）插补运算。它是为了控制加工运动轨迹所必需的一种运算。插补的任务就是在一条已知起点和终点的曲线上进行"数据点的密化"，保证在一定精度范围内计算出一段直线或圆弧的一系列中间点的坐标值，并逐次以增量坐标值或脉冲序列形式输出，使伺服电动机以一定速度移动，控制刀具按预定的轨迹加工。

5）输出环节。实现对机床的位置伺服控制和 M、S、T 等辅助功能的强电控制，从而达到起动机床主轴、改变主轴速度、换刀和控制加工进给运动等整个数控加工自动化目的。

此外，还有输入输出处理、显示、诊断等环节。

2. CNC 系统的特点

CNC 系统与传统的 NC 系统相比，具有以下一些特点：系统灵活可变，易于变化和扩展，通用性强；易于实现多功能、高复杂程度的控制；系统可靠性高；维修方便；CNC 系统可以具有网络通信功能。

7.2.3　数控机床的位置检测装置

1. 数控系统位置测量方式的分类

（1）直接测量和间接测量　测量传感器所测量的指标就是所要求的指标，如直线型传感器测量直线位移，回转型传感器测量角位移，则该测量方式为直接测量。直接测量装置的传感器有光栅、码盘等。

若回转型传感器测量的角位移只是中间量，由它再推算出与之对应的工作台的直线位移，那么该测量方式为间接测量。间接测量装置的传感器有码盘、旋转变压器等。

（2）增量式测量和绝对式测量　增量式测量的特点是只测量位移增量，即工作台每移动一个基本长度单位，测量装置便发出一个测量信号，此信号通常以脉冲形式发出。增量式测量装置的传感器有光栅和增量式光电码盘等。

绝对式测量的特点是被测的任一点的位置都由一个固定的零点算起，每一测量点都有一个对应的测量值，常以数据形式表示。绝对式测量装置的传感器有绝对式光电码盘等。

（3）接触式测量和非接触式测量　典型接触式测量装置的传感器有接触式码盘等。非接触式测量装置的传感器有双频激光干涉仪、光电式码盘等。

（4）数字式测量和模拟式测量　在数字式测量工作方式下，测量装置以量化后的数字形式表示被测的量。数字式测量的特点是测量装置简单，信号抗干扰能力强，且便于显示处理。数字式测量装置的传感器有光电式码盘、接触式码盘、光栅等。在模拟式测量工作方式下，被测的量用连续的变量检测，如用电压、相位的变化来表示。模拟式测量装置的传感器有旋转变压器等。

2. 常用的位置测量装置

（1）旋转编码器　它是一种角位移传感器，分为光电式、接触式和电磁式三种，其中光电式旋转编码器是闭环控制系统中最常用的位置传感器。

旋转编码器可分为增量式编码器和绝对式编码器两种。图 7-11 所示为光电式增量编码器测量系统原理图，它由光源 5、聚光镜 6、光电码盘 4、光电码盘狭缝 3、光栏板 7、光敏元件 8 和信号处理电路组成。当光电码盘 4 随工作轴 1 一起转动时，光源通过聚光镜，透过光电码盘和光栏板形成忽明忽暗的光信号，光敏元件把光信号转换成电信号，然后通过信号处理电路的整形、放大、分频、计数、译码后输出或显示。为了测量旋转方向，光栏板的两个狭缝距离应为 $m \pm (\tau/4)$（τ 为码盘两个狭缝之间的距离，即节距，m 为任意整数）。这样，两个光敏元件的输出信号就相差了 $\pi/2$ 相位，将输出信号送入鉴相电路，即可判断码盘的旋转方向。

光电式增量编码器的测量精度取决于它所能分辨的最小角度 α（分辨角或分辨率），而这与码盘圆周内所分狭缝的条数有关，则有

$$\alpha = 360°/狭缝数$$

由于光电式增量编码器每转过一个分辨角就发出一个脉冲信号，因此根据脉冲数目可得出工作轴的回转角度，由传动比换算出直线位移距离；根据脉冲频率可得工作轴的转速；根据光栏板上两个狭缝中信号的相位先后，可判断光电码盘的正、反转。例如，松下公司的

MSMA022A1C 伺服电动机为小型小惯量交流伺服电动机，配置了每转 2500 个脉冲的光电式增量编码器。

（2）光栅尺测量系统　光栅尺测量系统原理如图 7-12 所示，它由光源 1、透镜 2、标尺光栅 3、指示光栅 4、光敏元件 5 和信号处理电路组成。信号处理电路又包括放大、整形和鉴相倍频功能。通常情况下，除标尺光栅与工作台装在一起随工作台移动外，光源、透镜、指示光栅、光敏元件和信号处理电路均装在一个壳体内，做成一个单独部件固定在机床上。这个部件称为光栅读头，其作用是将莫尔条纹的信号转换成所需的电脉冲信号。当标尺光栅随工作台一起移动时，光源通过聚光镜后，透过标尺光栅和指示光栅形成忽明忽暗的莫尔条纹（光信号）；光敏元件把光信号转换成电信号，然后通过信号处理电路的放大、整形、鉴相倍频后输出或显示。为了测量转向，至少要放置两个光敏元件，两者相距 1/4 莫尔条纹节距，这样当莫尔条纹移动时，会得到两路信号相位相差 π/2 的波形；将输出信号送入鉴向电路，即可判断移动方向。

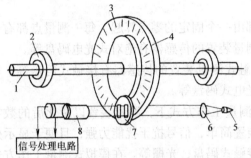

图 7-11　光电式增量编码器测量系统原理图
1—工作轴　2—轴承　3—光电码盘狭缝　4—光电码盘　5—光源　6—聚光镜　7—光栏板　8—光敏元件

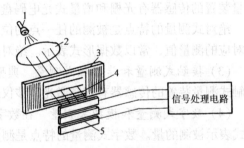

图 7-12　光栅尺测量系统
1—光源　2—透镜　3—标尺光栅
4—指示光栅　5—光敏元件

为了提高光栅的分辨率，通常还用 4 倍频的方法细分。所谓 4 倍频细分，就是将莫尔条纹原来的每个脉冲信号变为在 0、π/2、π、3π/2 时都有脉冲输出，从而使精度提高 4 倍。若光栅栅距为 0.01mm，则工作台每移动 0.0025mm，系统就会送出一个脉冲，即分辨率为 0.0025mm。由此可见，光栅尺测量系统的分辨率不仅取决于光栅尺的栅距，而且取决于鉴相倍频的倍数 n，即

$$分辨率 = 栅距/n$$

3. 数控系统位置测量装置的应用

如前所述，数控系统按有无测量装置分为开环数控系统和闭环数控系统，而闭环数控系统根据测量装置中采样点的位置不同又可分为半闭环、全闭环两种。

7.2.4　数控加工程序编制

程序编制就是从分析零件图样到制成控制媒体的过程。

1. 数控加工程序编制的一般步骤

图 7-13 所示为数控机床程序编制的一般过程。

（1）分析零件图样和工艺处理　对零件图样进行分析，以明确加工内容及要求，确定加工方案、选择合适的数控机床、设计夹具、选择刀具、确定合理进给线及选择合理的切削

用量等。

（2）数学处理　在完成工艺处理后，再根据零件的几何尺寸、加工路线，计算刀具中心运动轨迹，以获得刀位数据。

（3）编写零件加工程序单，制作控制媒体及程序检验　在完成上述工作的基础上，编写零件加工程序单。编程人员使用数控系统的程序指令，按规定的程序格式，逐段编写零件加工程序单。程序编好后，需制作控制媒体。程序单和所制作的控制媒体必须经过校验和试切检查后，才能用于正式加工。

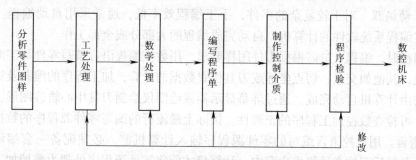

图 7-13　数控机床程序编制的一般过程

2. 数控加工程序编制的方法

数控加工程序编制的方法有两种：手工编程和自动编程。

（1）手工编程　数控加工程序编制各个阶段的工作由人工来完成的称为手工编程。

为了设计、制造、维修和使用的方便，在输入代码、坐标系统、加工指令、辅助功能及程序格式等方面逐渐形成了两种国际通用标准，即国际标准化组织 ISO 标准和美国电子工业协会 EIA 标准。我国正式使用《数控机床穿孔带程序段格式中的准备功能 G 和辅助功能 M 的代码》标准。但由于各类机床使用的代码、指令含义不一定完全相同，编程人员须按照数控机床使用手册的具体规定进行程序编制。

1）常用程序编制指令。它包括：

准备功能指令（G 指令）从 G00 到 G99 共有 100 种。G 指令的作用是指定数控机床的运动方式，为数控系统的插补运算做好准备。所以，程序段中 G 指令一般位于坐标字指令的前面。常用的 G 指令见附表 1（JB/T3208—1999 准备功能 G 代码）。

辅助功能指令（M 指令）从 M00 到 M99 共 100 种。M 指令是用于机床加工操作时的工艺性指令。常用的 M 指令见附表 2（JB/T 3208—1999 辅助功能 M 代码）。

2）零件加工程序结构与格式。一个完整的加工程序由若干程序段组成，而程序段是由一个或若干个字组成，每个字又是由字母和数字、数据组成，每个字母、数字符号称为字符。程序开头写有程序号（程序编号），结束时写有程序结束指令（CR、LF 或 ＊、…等）。

程序段的格式是一个程序段中字母、字符、数据的表现形式，不同数控系统往往有不同的程序格式。目前，国内外广泛采用字地址可变程序段格式，即

$$N \triangle G \triangle X \pm \triangle \cdots Y \pm \triangle \cdots Z \pm \triangle \cdots (I \triangle J \triangle K \triangle) \quad F \triangle S \triangle T \triangle M \triangle CR$$

式中　N——程序段的顺序号，常由 N 和几位数字表示；

　　　　G——准备功能字指令；

X、Y、Z——位移信息，表示沿坐标轴平移；

I、J、K——位移信息，常用来表示圆弧的圆心坐标；

　F——进给功能指令，规定切削的进给速度；

　S——主轴转速功能指令，指定主轴转速；

　T——刀具功能指令，指定加工所用刀具号；

　M——辅助功能指令；

CR——程序段结束；

△——表示几位数字、整数或者小数。

（2）自动编程　对于较复杂的零件，手工编程效率低，通常采用自动编程。自动编程是利用装有编程系统软件的计算机，自动完成编程的大部分或全部工作。

自动编程时，编程人员需根据零件图样要求，用数控编程语言编写零件加工源程序，并输入计算机，其他如交点、切点坐标或刀具位置数据的计算，加工程序的编制及穿孔带的制作等工作均由计算机自动完成。通过屏幕显示器或绘图仪绘制刀具中心轨迹图形，仿真模拟机床加工，可检查数控加工程序的正确性。国际上最流行的编写零件源程序的数控语言是美国的 APT 语言。用数控语言编写的零件源程序输入计算机前，必须配备一套编译程序，即数控软件，开机后存放在计算机内存中，计算机才能将零件源程序处理为数控加工程序。自动编程可减轻编程人员的劳动强度，缩短编程时间，提高编程精度，减少差错，从而提高数控机床的加工效率。

目前，广泛采用的自动编程系统是图形交互式自动编程系统。该系统是在计算机上交互式地建立被加工零件的几何图形信息（二维或三维几何模型），然后在计算机屏幕上指定被加工部位，并根据工艺分析输入相应的工艺参数与进给方式，计算机便能编制出数控加工程序，并在计算机屏幕上显示出刀具的加工轨迹，以及加工过程的动态模拟等。这种编程方式的主要特点是形象、直观、灵活简便、易于查错，也易于编程人员所掌握。它一出现便被国内外先进的 CAD/CAM 软件普遍采用，迅速得到广泛应用。

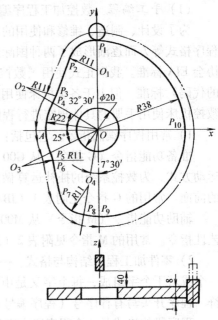

7.2.5　数控加工编程实例分析

图 7-14 所示为一凸轮零件的数控铣削加工实例。其数控加工程序编制过程如下：

1) 分析零件图样、确定加工路线和工艺参数、进行工艺处理。选用 $\phi15mm$ 立铣刀，主轴转速为 985r/min，对刀点选在 $\phi20mm$ 孔的中心，并以该孔定位装夹。铣刀下端面距零件底面48mm，有1mm超越量。在具有圆弧、直线插补功能的数据铣床上进行加工，进给路线见图中箭头所示。

图 7-14　凸轮零件的数控
铣削加工实例

2) 数学处理。该零件由两段直线和六段圆弧组成。P_1 为切入点，按铣刀进给路线划分加工区段：P_1P_2、P_2P_3、P_3P_4、P_4A、AP_5、P_5P_6、P_6P_7、P_7P_8、P_8P_9、P_9P_{10}、$P_{10}P_1$（对超

越象限的圆弧予以分割）。

　　计算零件图形中各相邻几何元素相交或相切的基点坐标（$P_1 \sim P_{10}$）及圆心坐标（$O_1 \sim O_4$）。按增量系统要求，算出直线终点相对于起点的坐标增量，圆弧起点和终点相对于圆心的坐标增量，将坐标增量转换成脉冲数（该数控系统的脉冲当量为 0.01mm／脉冲）。

　　3）编写程序单。按程序格式编写的凸轮零件铣削加工程序单见表 7-1。程序编制好后还应验算数据是否正确。

表 7-1　凸轮零件数控铣削加工程序单

N	G	I	J	K	X	Y	Z	F	M	CR	备　注
N001	G01 G17 G41					Y +3800		F_0		CR	O→P_1
N002	G19 G40						Z −4900			CR	Z 向快速进给
N003							Z −4900	F_1		CR	Z 向切入
N004	G03 G17 G37 G42		J1100		X −1013	Y +430		F_2		CR	P_1→P_2
N005	G01				X −758	Y −1787				CR	P_2→P_3
N006	G02	I1013	J430		X +928	Y −591				CR	P_3→P_4
N007	G03	I1856	J1182		X −2200					CR	P_4→A
N008		I2200			X −1994	Y −930				CR	A→P_5
N009	G02	I997	J456		X +1060	Y +294				CR	P_5→P_6
N010	G01				X +519	Y −1871				CR	P_6→P_7
N011	G03	I1060	J294		X −144	Y −1091				CR	P_7→P_8
N012		I496	J3767			Y −3800				CR	P_8→P_9
N013			J3800		X +3800					CR	P_9→P_{10}
N014		I3800				Y +3800				CR	P_{10}→P_1
N015	G01 G19						Z +4900	F_0		CR	快速抬刀
N016	G17 G41					Y −3800				CR	回原点
N017									M02	CR	程序停止

注：X—直线的终点相对于起点的 X 向坐标值或圆弧终点相对其圆心的 X 向坐标值；

　　　Y—直线的终点相对于起点的 Y 向坐标值或圆弧终点相对其圆心的 Y 向坐标值；

　　　I—圆弧起点相对其圆心的 X 向坐标值；

　　　J—圆弧起点相对其圆心的 Y 向坐标值；

　　　K—圆弧起点相对其圆心的 Z 向坐标值。

7.3　柔性制造系统（FMS）

7.3.1　柔性制造系统的基本概念

1. 柔性制造系统的产生和特点

　　柔性制造系统（Flexible Manufacturing System，FMS）可以定义为："是一种能迅速响应市场需求而相应调整生产品种的制造技术；柔性制造系统是由若干台数控设备、物料运储装置和计算机控制系统组成的，并能根据制造任务和生产品种变化而迅速进行调整的自动化制造系统"。由于 FMS 是一项工程应用技术，它的内部组成根据使用目的而异，客观上也难以有一个统一的模式。直观地看，如图 7-15 所示，FMS 的基本组成与特征是：

1）系统由计算机控制和管理。

2）系统采用了 NC 控制为主的多台加工设备和其他生产设备。

3）系统中的加工设备和生产设备通过物料输送装置连接。

FMS 有两个主要特点，即柔性和自动化。FMS 与传统的单一品种自动生产线（相对而言，可称之为刚性自动生产线，如由机械式、液压式自动机床或组合机床

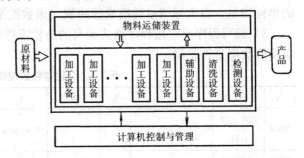

图 7-15　FMS 的基本组成与特征

等构成的自动生产线）的不同之处主要在于它具有柔性。有关专家认为，一个理想的 FMS 应具备 8 种柔性：

（1）设备柔性　指系统中的加工设备具有适应加工对象变化的能力。其衡量指标是当加工对象的类、族、品种变化时，加工设备所需刀、夹、辅具的准备和更换时间；硬、软件的交换与调整时间；加工程序的准备与调校时间等。

（2）工艺柔性　指系统能以多种方法加工某一族工件的能力。工艺柔性也称加工柔性或混流柔性，其衡量指标是系统不采用成批生产方式而同时加工的工件品种数。

（3）产品柔性　也称反应柔性，指系统能够经济而迅速地转换到生产一族新产品的能力。衡量产品柔性的指标是系统从加工一族工件转向加工另一族工件时所需的时间。

（4）工序柔性　指系统改变每种工件加工工序先后顺序的能力。其衡量指标是系统以实时方式进行工艺决策和现场调度的水平。

（5）运行柔性　指系统处理其局部故障，并维持继续生产原定工件族的能力。其衡量指标是系统发生故障时生产率的下降程度或处理故障所需的时间。

（6）批量柔性　指系统在成本核算上能适应不同批量的能力。其衡量指标是系统保持经济效益的最小运行批量。

（7）扩展柔性　指系统能根据生产需要方便地模块化进行组建和扩展的能力。其衡量指标是系统可扩展的规模大小和难易程度。

（8）生产柔性　指系统适应生产对象变换的范围和综合能力。其衡量指标是前述 7 项柔性的总和。

2. 柔性制造系统的级别和适用范围

自 FMS 问世以来，各国加强了柔性自动化的研究开发，加速了柔性制造技术和相应软、硬件的商品化进程和推广应用。与此同时，不同时期、不同国家或企业、不同需求，出现了不同规模、不同称谓的柔性自动化制造设备或设备群。本书为清晰起见，参考有关资料，从机械加工的角度出发，将各种名称的柔性自动化制造设备或设备群（或称广义的 FMS），按其加工设备的规模、投资强度和用途划分为五个级别。它们是：

（1）柔性制造模块（FMM）　一台扩展了许多自动化功能（如托盘交换器、托盘库或料

库、刀库、上下料机械手等）的数控加工设备。它是最小规模的柔性制造设备，相当于功能齐全的加工中心、车削中心或磨削中心等。

（2）柔性制造单元（FMC） 包括 2~3 台数控加工设备或 FMM，它们之间由小规模的工件自动输送装置进行连接，并由计算机对它们进行生产控制和管理。

（3）柔性制造系统（FMS） 包括 4 台或更多的数控加工设备、FMM 或 FMC，是规模更大的 FMC 或由 FMC 为子系统构成的系统。FMS 的控制、管理功能也比 FMC 强，对数据管理与通信网络的要求较高。

（4）柔性制造生产线（FML） 其规模与 FMS 相同或更大，但加工设备在采用通用数控机床的同时，更多地采用数控组合机床（数控专用机床、可换主轴箱机床、模块化多动力头数控机床等），所以这种柔性制造生产线也被称为柔性自动线（FTL）。其工件输送路线多为单线固定，特点是柔性较低、专用性较强、生产率较高、生产量较大，相当于数控化的自动生产线，一般用于少品种、中大批量生产。因此，可以说 FML 相当于专用 FMS。

（5）柔性制造工厂（FMF） FMF 以 FMS 为子系统构成，柔性制造由 FMS 扩大到全厂范围，并通过计算机系统的有机联系，实现全厂范围内生产管理过程、设计过程、制造过程和物料运储过程的全盘自动化，即实现自动化工厂（FA）的目标。

FMS 虽然是一种较新的有很大发展前景的生产系统，但它并不是万能的。它是在兼顾了数控机床灵活性好和刚性自动生产线效率高这两点的基础上逐步发展起来的，原则上与单机加工和刚性自动生产线有着不同的适用范围，如图 7-16 所示。如果用 FMS 加工单件，则其柔性比不上单机加工，且设备资源得不到充分利用；如果用 FMS 大批量加工单一品种，则其效率比不上刚性自动生产线。我们讨论的 FMS 优越性是以多品种、中小批量生产和快速市场响应为前提的。

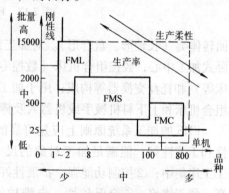

图 7-16 FMS 的适用范围

7.3.2 柔性制造系统的基本结构

典型的 FMS 一般由三个子系统组成，即加工系统、物流系统和控制与管理系统，各子系统的组成框图及功能特征如图 7-17 所示。三个子系统的有机结合，构成了一个制造系统的能量流（通过制造工艺改变工件的形状和尺寸）、物料流（主要指工件流和刀具流）和信息流（制造过程的信息和数据处理）。

加工系统在 FMS 中好像人的手脚，是实际完成改变物性任务的执行系统。加工系统主要由数控机床、加工中心等加工设备（有的还带有工件清洗、在线检测等辅助与检测设备）构成，系统中的加工设备在工件、刀具和控制三个方面都具有可与其他子系统相连接的标准接口。从柔性制造系统的各项柔性含义中可知，加工系统的性能直接影响着 FMS 的性能，且加工系统在 FMS 中又是耗资最多的部分，因此恰当地选用加工系统是 FMS 成功与否的关键。加工系统中的主要设备是实际执行切削等加工、把工件从原材料转变为产品的机床。

1. 加工系统的配置与要求

目前金属切削 FMS 的加工对象主要有两类工件：棱柱体类（包括箱体形、平板形）和

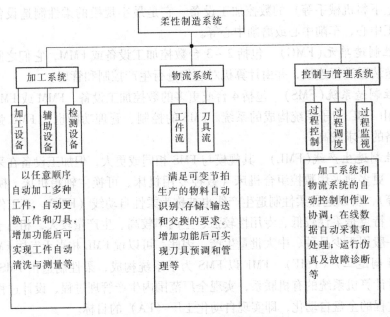

图 7-17　FMS 的组成框图及功能特征

回转体类（长轴形、盘套形）。对加工系统而言，通常用于加工棱柱体类工件的 FMS 由立、卧式加工中心，数控组合机床（数控专用机床、可换主轴箱机床、模块化多动力头数控机床等）和托盘交换器等构成；用于加工回转体类工件的 FMS 由数控车床、车削中心、数控组合机床和上下料机械手或机器人及棒料输送装置等构成。

　　FMS 的加工系统原则上应是可靠的、自动化的、高效的、易控制的，其实用性、匹配性和工艺性好，能满足加工对象的尺寸范围、精度、材质等要求。因此在选用时应考虑：①工序集中；②控制功能强、扩展性好；③高刚度、高精度、高速度；④操作性好、可靠性高、便于维修；⑤自保护性、自维护性好；⑥对环境的适应性与保护性好；⑦使用经济性好。

2. 加工系统中常用加工设备介绍

　　（1）加工中心　主要特点是工序集中和自动化程度高，可减少工件装夹次数，避免工件多次定位所产生的累积误差，节省辅助时间，实现高质、高效加工。

　　（2）车削中心　它是在数控车床的基础上为扩大其工艺范围而逐步发展起来的。其主要特征是：带刀库和自动换刀装置；带动力回转刀具；联动轴数大于 2。由于有这些特征，车削中心在一次装夹下除能完成车削加工外，还能完成钻削、攻螺纹、铣削等加工。车削中心的工件交换装置多采用机械手或行走式机器人。

　　（3）数控组合机床　它是指数控专用机床、可换主轴箱数控机床、模块化多动力头数控机床等加工设备。这类机床是介于加工中心和组合机床之间的中间机型，兼有加工中心的柔性和组合机床的高生产率的特点，适用于中大批量制造的柔性生产线。

3. 加工系统中的刀具与夹具

　　FMS 的加工系统要完成它的加工任务，必须配备相应的刀具、夹具和辅具。一般而言，一台加工中心要能充分发挥它的功能，所需刀、夹、辅具的价格近于或高于加工中心本身的价格。据国外资料统计，一台加工中心一年在刀具上消耗的资金约为购买一台新加工中心费用的 2/3。因此在选择加工设备时，就应充分考虑刀、夹、辅具问题。

7.3.3 柔性制造系统的物流系统

物流是 FMS 中物料流动的总称。在 FMS 中流动的物料主要有工件、刀具、夹具、切屑及切削液。物流系统是从 FMS 的进口到出口，实现对这些物料自动识别、存储、分配、输送、交换和管理功能的系统。因为工件和刀具的流动问题最为突出，通常认为 FMS 的物流系统由工件流系统和刀具流系统两大部分组成。刀具流系统和工件流系统的很多技术和设备在其原理和功能上基本相似，因此，将不对物料的具体内容加以区别。物流系统主要由输送装置、物料装卸与交换装置、存储装置等组成。

1. 物流系统的输送装置

FMS 物流系统对输送装置的要求是：①通用性好；②能快速地、经济地变更运行轨迹；③扩展性好；④灵活性好；⑤可靠性高；⑥定位精度高，定位速度快。

输送装置依照 FMS 控制与管理系统的指令，将 FMS 内的物料从某一指定点送往另一指定点。输送装置在 FMS 中的工作路径有三种常见方式，即直线运行、环状运行和网线运行。FMS 中常见的输送装置如下：

（1）输送带 输送带结构简单，输送量大，多为单向运行，受刚性生产线的影响，在早期的 FMS 中用得较多。输送带分为动力型和无动力型；从结构方式上有辊式、链式、带式之分；从空间位置和输送物料的方式上又有台式和悬挂式之分。

（2）自动小车 自动小车分为有轨和无轨两种。所谓有轨，是指有地面或空间的机械式导向轨道。地面有轨小车结构牢固，承载力大，造价低廉，技术成熟，可靠性好，定位精度高。高架有轨小车（空间导轨）相对于地面有轨小车，车间利用率高，结构紧凑，速度高，有利于把人和输送装置的活动范围分开，安全性好，但承载力小。有轨小车由于需要机械式导轨，其系统的变更性、扩展性和灵活性不够理想。

无轨小车是一种利用微机控制的，能按照一定的程序自动沿规定的引导路径行驶，并具有停车选择装置、安全保护装置以及各种移载装置的输送小车。因为它没有固定式机械轨道，相对于有轨小车而被称为无轨小车，也叫自动导引小车（AGV）。无轨小车由于其控制性能好，使 FMS 很容易按其需要改变作业计划，灵活地调度小车的运行，在各种 FMS 中得到了广泛应用。

2. 物流系统的物料装卸与交换装置

物流系统中的物料装卸与交换装置负责 FMS 中物料在不同设备之间或不同工位之间的交换或装卸。常见的装卸与交换装置有箱体类零件的托盘交换器、加工中心的换刀机械手、自动仓库的堆垛机、输送系统与工件装卸站的装卸设备等。

3. 物流系统的物料存储装置

目前用于 FMS 的物料存储装置基本上有以下四种：①立体仓库（在计算机的控制和管理下，采用堆垛机等自动存取物料的高层料架）；②水平回转型自动料架；③垂直回转型自动料架；④缓冲料架。

立体仓库也称为自动化仓库系统（AS/RS），由库房、堆垛机、控制计算机和物料识别装置等组成。立体仓库具有自动化程度高；料位额定存放重量大，常为 1 ~ 3t，大的可到几十吨；料位空间尺寸大；料位总数量没有严格的限制因素，可根据实际需求扩展；占地面积小等优点，在 FMS 中得到了广泛应用。

7.3.4 柔性制造系统的信息流

要保证 FMS 的各种设备装置与物料流能自动协调工作，并具有充分的柔性，能迅速响应系统内外部的变化，及时调整系统的运行状态，关键就是要准确地规划信息流，使各个子系统之间的信息有效、合理地流动，从而保证系统的计划、管理、控制和监视功能有条不紊地运行。

FMS 的信息网络可以分为五层，自上而下为计划层、管理层、单元层、设备控制层和动作执行层。就数据量而言，从上到下的需求是逐级减少的；但就数据传送时间要求而言，是从以分计逐级缩短到以毫秒计。

归纳起来，FMS 中共有三种不同类型的数据：基本数据、控制数据和状态数据。

1）基本数据。包括 FMS 有关配置的原始参数和物料的基本数据，如加工设备的类型、编号、规格及数量等。这些数据是在构建 FMS 时建立的，并随着 FMS 的使用和扩展而不断修改和补充。

2）控制数据。包括有关 FMS 的加工任务和有关工艺数据，如加工对象、批量、期限等组织控制数据，工艺规程及设备控制程序等工艺控制数据。这些数据是运行 FMS 时建立的。

3）状态数据。包括 FMS 的资源利用与系统工作状态数据，如加工设备和运储设备的运行时间、停机时间、故障记录、刀夹具使用状态、刀夹具的地址、刀具使用时间和磨损、破损状况等设备状态数据。这些数据主要是在 FMS 的运行过程中采集的。

在 FMS 的运行过程中，上述数据主要以三种形式相互联系，即数据联系、决策联系和组织联系。

1）数据联系。当不同功能模块或不同任务需要同一种数据或者有相同的数据关系时，产生数据联系。

2）决策联系。当各功能模块对各自问题的决策相互有影响时，产生决策联系。

3）组织联系。FMS 在运行过程中，需要具有实时动态性和灵活性的组织联系来实现不同传送时间。

从信息集成的观点来说，FMS 就是在计算机的管理下，通过数据联系、决策联系和组织联系，把制造过程的信息流连成一个有反馈信息的调节回路，从而实现自动控制过程的优化。FMS 管理与控制信息流程，是由加工作业计划、加工准备、过程控制与系统监控等功能模块组成，如图 7-18 所示。

7.3.5 柔性制造技术的实例分析

图 7-19 所示为美国 White – SundStrand 公司设计的 FMS 布局图。该系统于 1983 年安装，用于加工 40 种大型变速箱的壳体及盖板。

该系统包括 8 台加工中心和 1 台检验设备，其中 4 台是主轴头倾斜式加工中心，另 4 台为卧式加工中心。全部加工中心配备了托盘交换装置和 90 个刀位的自动换刀装置。测量机用于测量零件特征并检验制造精度。此外，还有 15 个装卸站，供装卸人员把零件装上夹具或卸下。装卸人员还可利用冷却喷液管对托盘和夹具、零件进行简单的冲洗，以冲除切屑。

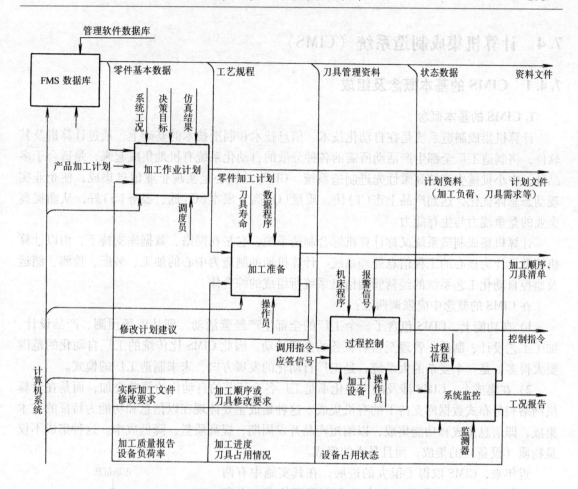

图 7-18　FMS 的管理和控制信息流程

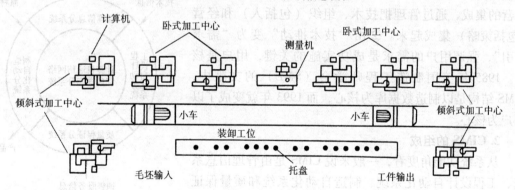

图 7-19　White-SundStrand 公司设计的 FMS

所有热处理、涂装、去毛刺等工序都在线外进行。

物料传送系统由两辆双向直线导轨的带托盘交换装置的小车和 19 套夹具托盘组合件组成，小车两端有伸出的事故制动杆。装卸站后面设有放毛坯铸件和成品铸件的货架。主计算机装在 FMS 值班办公楼上，距生产线约 15m。该计算机与值班长控制运转的独立计算机交换信息。这两台计算机均可与每台机床（包括检验装置）旁的计算机交换信息。

7.4 计算机集成制造系统（CIMS）

7.4.1 CIMS 的基本概念及组成

1. CIMS 的基本概念

计算机集成制造系统是在自动化技术、信息技术和制造技术的基础上，通过计算机及其软件，将制造工厂全部生产活动所需的各种分散的自动化系统有机地集成起来，是适合于多品种、中小批量生产的高柔性先进制造系统。CIMS 的核心是实现企业信息集成，使企业实现动态总体优化，达到产品上市(T)快、质量(Q)高、成本(C)低、服务(S)好，从而提高企业的竞争能力与生存能力。

计算机集成制造系统又称计算机综合制造系统，它是在网络、数据库支持下，由以计算机辅助设计为核心的工程信息处理系统、计算机辅助制造为中心的加工、装配、检测、储运及监控自动化工艺系统的经营管理信息系统所组成的综合体。

在 CIMS 的概念中应强调两点：

1）在功能上，CIMS 包含了一个工厂的全部生产经营活动，即从市场预测、产品设计、加工工艺设计、制造、管理至售后服务的全部活动。因此 CIMS 比传统的工厂自动化的范围要大得多，是一个复杂的大系统，是工厂自动化的发展方向，未来制造工厂的模式。

2）在集成上，CIMS 涉及的自动化不是工厂各个环节的自动化的简单叠加，而是在计算机网络和分布式数据库支持下的有机集成。这种集成主要体现在以信息和功能为特征的技术集成，即信息集成和功能集成，以缩短产品开发周期，提高质量，降低成本。这种集成不仅是物质（设备）的集成，而且是人的集成。

近年来，CIMS 取得了很大的进展，在其实施中有两个重要的变化：①由强调技术支撑变为强调技术、人和经营的集成，通过管理把技术、组织（包括人）和经营（包括策略）集成起来。②由"技术推动"变为"需求牵引"，强调用户的需求是成功实施的关键，用户是核心。1985 年美国制造工程师学会（SME）的文献中，CIMS 结构是以制造数据库为核心，而 1993 年就变成了以用户为核心。

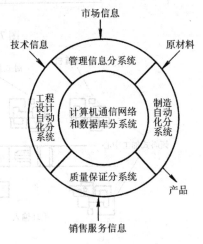

图 7-20 CIMS 的组成框图

2. CIMS 的组成

从系统功能角度看，一般来说 CIMS 是由管理信息系统、工程设计自动化系统、制造自动化系统和质量保证系统这 4 个功能分系统以及计算机通信网络和数据库系统这 2 个支撑分系统组成，图 7-20 表示了 6 个分系统以及与外部的信息联系。

（1）管理信息系统 管理信息系统以 MRP II 为核心，从制造资源出发，考虑了企业进行经营决策的战略层、中短期生产计划编制的战术层以及车间作业计划与生产活动控制的操作层，其功能覆盖了市场销售、物料供应、各级生产计划与控制、财务管理、成本、库存和技术管理等部分的活动，是以经营生产计划、主生产计划、车间调度与控制为主体，形成闭环的一体化生产经营与管理信息系统。它在 CIMS 中是神经中枢，指挥与控制着各个部分有条不紊地工作。

（2）工程设计自动化系统　工程设计自动化系统是在产品开发过程中引入的计算机技术，包括产品的概念设计、工程与结构分析、详细设计、工艺设计与数控编程，通常划分为 CAD、CAPP、CAM 三大部分，其目的是使产品开发活动更高效、更优质、更自动地进行。

CAD 系统主要包括计算机绘图、有限元分析、计算机造型及图像显示、优化设计、动态分析与仿真、生成物料单（BOM）等功能。CAPP 系统完成将原材料加工成产品所需的一系列加工动作和资源的描述。CAM 系统完成刀具路径的规划、刀位文件的生成、刀具轨迹仿真以及 NC 代码的生成。工程设计系统在 CIMS 中是主要信息源，为管理信息系统和制造自动化系统提供 BOM 表和工艺规程等信息。

（3）制造自动化系统　制造自动化系统是在计算机的控制与调度下，按照 NC 代码将一个毛坯加工成合格的零件，再装配成部件以至产品，并将制造现场信息实时地反馈到相应部门。制造自动化系统要生成作业计划、进行优化调度控制，生成工件、刀具、夹具需求计划，进行系统状态监控和故障诊断处理，以及完成数据采集及评估等。制造自动化系统是 CIMS 中信息流和物料流的结合点，是 CIMS 最终产生经济效益的聚集地，可以由数控机床、加工中心、清洗机、测量机、运输小车、立体仓库、多级分布式控制计算机等设备及相应支持软件组成，其目的是使产品制造活动优化，周期短，成本低，柔性高。

（4）质量保证系统　质量保证系统主要是采集、存储、评价与处理存在于设计、制造过程中与质量有关的大量数据，从而获得一系列控制环，并用这些控制环有效促进质量的提高，以实现产品的高质量、低成本，提高企业的竞争力。它包括质量决策、质量检测与数据采集、质量评价、控制与跟踪等功能。

（5）计算机通信网络　它是支持 CIMS 各个分系统的开放型网络通信系统。采用国际标准和工业标准规定的网络协议，可以实现异种机互联、异构局部网络及多种网络的互联。计算机通信网络系统以分布为手段，满足各应用分系统对网络支持服务的不同需求，支持资源共享、分布处理、分布数据库、分层递阶和实时控制。

（6）数据库系统　它是支持 CIMS 各系统并覆盖企业全部信息的数据库系统。它在逻辑上是统一的，在物理上可以是分布的，以实现企业数据共享和信息集成。

计算机集成制造系统的集成结构有多方面的含意。

（1）功能集成　指在产品设计、工程分析、工艺设计、制造生产等方面的集成。

（2）信息集成　指在工程信息、管理信息、质量管理等方面的集成，并通过信息集成实现从设计到加工的无图样自动化生产。

（3）物流集成　指从毛坯到成品的制造过程中，各个组成环节的集成，如贮存、运输、加工、监测、清洗、检测、装配以及刀、夹、量具工艺装备等的集成，通常称为底层的集成。

（4）人机集成　强调了"人的集成"的重要性及人、技术和管理的集成，提出了"人的集成制造"和"人机集成制造"等概念，代表了今后集成制造的发展方向。

7.4.2　CIMS 的体系结构

CIMS 是为获取制造型企业最佳的整体效益而设计和建造的系统，为保证系统目标的实现，需要一套方法、工具及适合的参考模型。CIMS 体系结构的研究，其目的就是通过 CIMS 各组成部分及其相互间的关系，提出一套标准的、实用的系统参考模型，包括建模机理、方法和工具，用以指导 CIMS 的设计、实施和运行。因此，世界各国比较重视对 CIMS 体系结构的研究，其中由欧共体 ESPRE 计划中的 AMICE 专题所提出的 CIMS/OSA 体系结构具有一定的代表性。CIMS/OSA 是一个开放式的体系结构，它为制造业 CIMS 提供了一种参考模型，已作为对 CIMS 进行规划、设计、实施和运行的系统工具。

欧共体 CIMS/OSA 体系结构的基本思想是：将复杂的 CIMS 系统的设计实施过程，沿结构方向、建模方向和视图方向分别作为通用程度维、生命周期维和视图维三维坐标，对应于从一般到特殊、推导求解和逐步生成的三个过程，以形成 CIMS 开放式体系结构的总体框架。图 7-21 所示的结构模型，被称为 CIMS/OSA 立方体。

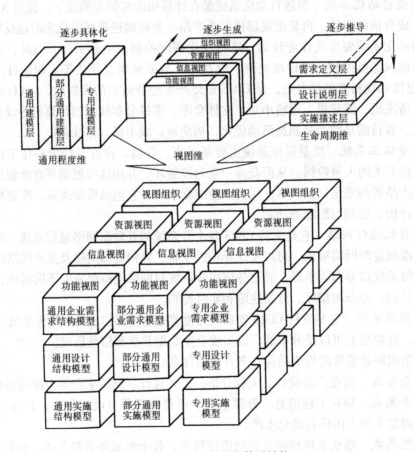

图 7-21　CIMS/OSA 的体系结构

（1）CIMS/OSA 的结构层次　在 CIMS/OSA 的结构框架中，通用程度维包含有三个不同的结构层次，即通用层、部分通用层和专用层，其中的通用层和部分通用层组成了制造企业 CIMS /OSA 结构层次的参考结构。

通用层包含各种 CIMS/OSA 的结构模块，包括组件、约束规划、服务功能和协议等系统的基本构成，包含各种企业的共同需求和处理方法。部分通用层有一整套适用于各类制造企业（如机械制造、航空、电子等）的部分通用模型，包括按照工业类型、不同行业、企业规模等不同分类的各类典型结构，是建立企业专用模型的工具。专用层的专用结构是在参考结构（由通用层和部分通用层组成）的基础上根据特定企业运行需求而选定和建立的系统和结构。专用层仅适用于一个特定企业，一个企业只能通过一种专用结构来描述。企业在部分通用层的帮助下，从通用层选择自己需要的部分，组成自己的 CIMS。从通用层到专用层的构成是一个逐步抽取或具体化的过程。

（2）CIMS/OSA 的建模层次 CIMS/OSA 的生命周期维用于说明 CIMS 生命周期的不同阶段，它包含需求定义、设计说明和实施描述三个不同的建模层次。

需求定义层是按照用户的准则描述一个企业的需求定义模型；设计说明层是根据企业经营业务的需求和系统的有限能力，对用户的需求进行重构和优化；实施描述层是在设计说明层的基础上，对企业生产活动的实际过程及系统的物理元件进行描述。物理元件包括制造技术元件和信息技术元件两类。制造技术元件是转换、运输、储存和检验原材料、零部件和产品所需要的元件；信息技术元件是用于转换、输送、储存和检验企业各项活动的有关数据文件。

（3）CIMS/OSA 的视图层 CIMS/OSA 的视图层用于描述企业 CIMS 的不同方面，有功能视图、信息视图、资源视图和组织视图。功能视图用来获取企业用户对 CIMS 内部运行过程的需求，反映系统的基本活动规律，指导用户确定和选用相应的功能模块；信息视图用来帮助企业用户确定其信息需求，建立基本的信息关系和确定数据库的结构；资源视图帮助企业用户确定其资源、需求，建立优化的资源结构；组织视图用于确定 CIMS 内部的多级多维职责体系，建立 CIMS 的多级组织结构，从而可以改善企业的决策过程并提高企业的适应性和柔性。

由此可以看出，CIMS/OSA 是一种可供任何企业使用、可描述系统生命周期的各个阶段，包括企业各方面要求的通用完备的体系结构。

7.4.3 CIMS 的现状及发展趋势

当今世界各国的高新技术发展水平已成为衡量一个国家综合国力及其国际地位的主要标志。经过十多年的艰苦努力，CIMS 技术在我国的研究和应用取得了显著的进展：在全国数百个制造型企业不同程度地实施了国家级 CIMS 示范工程，开发了若干具有自主版权且已初步形成商品的软件产品，建立了 CIMS 工程技术研究中心及一批实验网点和培训中心。实践证明，CIMS 技术的实施，增强了企业的竞争能力，对我国制造业现代化的发展进程起到了积极的推动和促进作用。

随着 CIMS 技术的发展，CIM 的概念和内涵也在发生着变化。"十五"国家 863/ CIMS 主题已用现代集成制造系统替代了原来的计算机集成制造系统，其研究对象和作用范围均有较大的变化。"十五"国家 863/ CIMS 主题的五个研究专题是：①行业/区域现代集成制造系统；②数字化设计与制造；③过程自动化系统；④企业管理与电子商务系统；⑤现代集成制造系统平台。

7.4.4 CIMS 的生产管理模式

1. 精益生产（Lean Production，LP）

（1）精益生产（LP）的定义 精益生产（LP）是美国麻省理工大学（MIT）在 20 世纪 90

年代提出的新概念。实际上，精益生产的实践在日本汽车行业中开始，到现在已有半个世纪的时间。精益生产是通过系统结构、人员组织、运行方式和市场供求等方面的变革，使生产系统能很快适应用户需求不断变化，并能使生产过程中一切无用、多余的东西被精简，最终达到包括市场供销在内的生产各方面最好的结果。

(2) 精益生产的特征 精益生产的主要特征为：对外以用户为"上帝"，对内以"人"为中心，在组织结构上以"精简"为手段，在工作方法上采用团队工作和并行设计，在供货方式上采用准时生产制 (Just In Time, JIT) 方式，在最终目标方面为"零缺陷"。

1) 以用户为"上帝"。产品面向用户，与用户保持密切联系，将用户纳入产品开发过程，以多变的产品、尽可能短的交货期来满足用户的要求，真正体现用户是"上帝"的精神。不仅要向用户提供周到的服务，而且要洞悉用户的思想和要求，才能生产出适销对路的产品。产品的适销性、适宜的价格、优良的质量、快的交货速度、优质的服务是面向用户的基本内容。

2) 以"人"为中心。人是企业一切活动的主体，应以人为中心，大力推行独立自主的小组化工作方式。充分发挥一线职工的积极性和创造性，使他们积极为改进产品的质量献计献策，使一线工人真正成为"零缺陷"生产的主力军。

3) 以"精简"为手段。在组织机构方面实行精简化，去掉一切多余的环节和人员，实现纵向减少层次，横向打破部门壁垒，将层次细分工，管理模式转化为分布式平行网络的管理结构。在生产过程中，采用先进的柔性加工设备，减少非直接生产工人的数量，使每个工人都真正对产品实现增值。精益不仅仅是减少生产过程的复杂性，还包括在减少产品复杂性的同时，提供多样化的产品。

4) 团队工作和并行设计。精益生产强调以团队工作的方式进行产品的并行设计。团队工作是指由企业各部门专业人员组成的多功能设计组，对产品的开发和生产具有很强的指导和集成能力。综合工作组全面负责一个产品型号的开发和生产，包括产品设计、工艺设计、编制预算、材料购置、生产准备及投产等工作，并根据实际情况调整原有的设计和计划。综合工作组是企业集成各方面人才的一种组织形式。

5) JIT 供货方式。JIT 供货方式可以保证最小的库存和最少的在制品数。为了实现这种供货方式，应与供货商建立起良好的合作关系，相互信任，相互支持，利益共享。

6) 零缺陷工作目标。精益生产所追求的目标不是"尽可能好一些"，而是"零缺陷"，即最低的成本、最好的质量、无废品、零库存与产品的多样性。当然，这样的境界只是一种理想境界，但应无止境地去追求这一目标，才会使企业永远保持进步，永远走在他人的前头。

2. 敏捷制造（Agile Manufacturing, AM）

(1) 敏捷制造(AM)的概念 敏捷制造(AM)被称为 21 世纪美国制造业战略，是美国为恢复其在世界制造业的领导地位而于 1991 年提出的一种生产方式。它将利用人的智能和信息技术，通过多方面的协作，改变企业沿用的复杂的多层递阶管理结构来改变传统的大批量生产。其实质是在先进柔性生产技术的基础上，通过企业内部的多功能项目组与企业外部的项目组——虚拟公司，这种多变的动态组织结构把全球范围内的各种资源（包括人的资源）集成在一起，实现技术、管理和人的集成，从而能在整个产品生命周期中最大限度地满足用户需求，提高企业的竞争能力。

敏捷制造的目标是快速响应市场的变化，在尽可能短的时间内向市场提供适销对路的环保型产品。敏捷制造强调将柔性的、先进的、实用的制造技术，熟练掌握生产技能的、高素质的劳动者以及企业之间和企业内部灵活的管理三者有机地集成起来，实现总体最佳化，对千变万化的市场做出快速响应。敏捷制造企业包含了许多新思想、新概念：可重构的和不断改变的生产系统；以信息为主、与批量无关的制造系统；充分发挥人的作用；权力下放，精简机构；建立虚拟公司；采用并行工程等。

（2）敏捷制造的特征

1）全新的企业合作关系——虚拟公司或虚拟企业。敏捷制造通过"虚拟公司"实现。虚拟公司是一种为了抓住和利用迅速变化的市场机遇，通过信息技术联系起来的临时性网络组织。当市场机遇出现时，通过计算机网络，在全球范围内，选取最优的制造资源组成联盟或称虚拟公司，通过网络、数据库等技术的支撑来协调设计、制造、装配、销售活动。网络中的各成员企业充分信任与合作，发挥各自的核心优势，共享技术，分担费用，以求获得更大的收益。一旦市场机遇逝去，该虚拟公司立即解体。通过虚拟公司的运作，可迅速有效地集成为满足某个特定市场机遇所需的全部资源（分散在不同地域且归属于不同的产权主体），从而对市场变化作出积极响应。

2）大范围的通信基础结构。在信息交换和通信联系方面，必须有一个能将正确的信息在正确的时间送给正确的人的"准时信息系统"，作为灵活的管理系统的基础。

3）柔性的、模块化的产品设计方法。

4）高度柔性的、模块化的、可伸缩的生产制造系统。这种柔性生产系统往往规模有限，但成本与批量无关，在同一系统内可生产出的产品品种是无限的。

5）有知识、有技术的人是企业成功的关键因素。在敏捷企业中，认为解决问题靠的是人，不是单纯的技术。敏捷制造系统的能力将不是受限制于设备，而只受限制于劳动者的想象力、创造性和技能。

6）基于任务的组织与管理。敏捷制造企业的基层单位则是"多学科群体"的项目组，是以任务为中心的一种动态组合。敏捷制造企业强调权力分散，把职权下放到项目组，提倡"基于统观全局的管理"模式。

敏捷制造的应用前景是诱人的，但真正的实施面临两个难于解决的困难：①国家范围的工业制造信息网络的建立，需要大量投资；②怎样才能做到企业之间（企业内部的人与人之间）的充分信任与合作。因此，严格意义上的敏捷制造的实现尚有一段很长的路要走，对发展中国家更是如此。

3. 并行工程（Concurrent Engineering，CE）

（1）串行生产模式分析　长期以来，制造业中产品的开发过程大都沿用从设计到制造的串行生产模式，即"需求分析→概念设计→详细设计→过程设计→加工制造→试验检测→设计修改"的流程。该生产模式中各个工作环节彼此分离，仅从本环节的需要和优化出发，彼此间缺乏沟通，很少也很难考虑相关环节的需求，因此在设计的早期无法全面地考虑整个产品生命周期中的各种因素，如可制造性、结构工艺性等。在制造的后期才能发现所制造的产品存在很多缺陷，这必然要求对设计进行修改，构成了从概念设计到设计修改的大循环，造成设计改动量大、成本高，产品开发周期长，质量不易保证。

在目前竞争激烈、产品更新换代快的市场条件下，这种方法的缺陷已严重威胁企业的发展。为解决上述问题，仅通过改进产品的生产过程所取得的效果甚微，只有改进产品的开发过程才是最佳方案。

（2）并行工程（CE）的涵义 并行工程（CE）是针对传统的产品串行开发过程而提出的一个概念、一种哲理和方法。并行工程是集成地、并行地设计产品及其相关的各种过程的系统方法，该方法要求产品开发人员在设计一开始就考虑整个生命周期中，从概念形成到产品报废处理的所有因素，包括质量、成本、进度计划和用户要求。使产品开发的各个阶段既有一定的时序又能并行，同时采用由上、下游的各种因素共同决策产品开发各阶段工作的方式，使产品开发的早期就能及时发现产品开发全过程中的问题，从而缩短了产品开发周期，提高了产品质量，降低了成本，增强了企业的竞争能力。并行工程强调在集成环境下的并行工作，它是CIMS的进一步发展方向。

（3）并行工程的特点

1）强调团队工作精神和工作方式。为了实现并行工程系统，首先要实现设计人员的集成，它是CE系统正常运转的首要条件，需要组织一个包括与产品开发全过程有关的各部门的工作技术人员的多功能小组，小组成员在设计阶段协同工作，设计产品的同时设计有关过程。

2）强调设计过程的并行性和面向工程的设计。并行工程有两方面的含义，其一是设计过程中通过专家把关同时考虑产品寿命循环的各个方面；其二是在设计阶段就可同时进行工艺（包括加工工艺、装配工艺和检验工艺）过程设计，并对工艺设计的结果进行计算机仿真，直至用快速原型法生产出产品的样件。

3）强调设计过程的系统性。设计、制造、管理等过程不再是一个个相互独立的单元，而是将它们纳入一个系统来考虑。

4）强调设计过程的快速"短"反馈。CE强调对设计结果及时进行审查，并及时反馈给设计人员。这样可以缩短设计时间，还可以将"错误"消灭在"萌芽"状态。

并行工程作为先进制造技术的发展方向，日益受到各国工业界和学术界的高度重视。经过近十年的发展，并行工程的方法和技术逐渐在国外的航空、计算机、汽车、电子等行业获得成功应用，取得了显著的效益。我国863/CIMS主题把并行工程列为重要的研究课题之一。我国一些有条件的企业也对并行工程提出了明确的需求。

7.5 快速原型制造技术（RPM）

7.5.1 快速原型制造技术的基本概念

快速原型制造技术（Rapid Prototyping Manufacturing，RPM）是由CAD模型直接驱动的快速制造任意复杂形状三维实体的技术总称。它的特征是：①可以制造任意复杂的三维几何实体；②CAD模型直接驱动；③成形设备无需专用夹具或工具；④成形过程中无人干预或较少干预。

快速原型制造技术采用离散/堆积成形的原理，其过程是：先由三维CAD软件设计出所需要零件的计算机三维曲面或实体模型（亦称电子模型），然后根据工艺要求，将其按一定厚度进行分层，把原来的三维电子模型变成二维平面信息（截面信息），即离散的过程；再将分层后的数据进行一定的处理，加入加工参数，产生数控代码，在微机控制下，数控系统以平面加工方式有序地连续加工出每个薄层，并使它们自动粘结而成形，这就是材料堆积的过程。

随着 RPM 技术的发展和人们对该项技术认识的深入，它的内涵也在逐步扩大。目前快速原型制造技术包括一切由 CAD 直接驱动的成形过程，而主要的技术特征即是成形的快捷性。对于材料的转移形式可以是自由添加、去除以及添加和去除结合等形式。

7.5.2　快速原型制造系统

1. 快速原型制造工艺

RPM 技术的具体工艺不下 30 余种，根据采用材料及对材料处理方式的区别，可归纳为5 类方法。

（1）选择性液体固化　选择性液体固化的原理是：将激光聚集到液态光固化材料（如光固化树脂）表面，令其有规律地固化，由点到线到面，完成一个层面的建造，而后升降移动一个层片厚度的距离，重新覆盖一层液态材料，再建造一个层面，由此层层叠加成为一个三维实体。该方法的典型实现工艺有立体光刻（Stereo Lithography，SL，如图 7-22 所示）、实体磨固化（Solid Ground Curing，SGC）、激光光刻（Light Sculpting，LS）。总的来说，它们都以选择性固化液体树脂为特征。

（2）选择性层片粘结　选择性层片粘结采用激光或刀具对箔材进行切割。首先切割出工艺边框和原型的边缘轮廓线，然后将不属于原型的材料切割成网格状。通过升降平台的移动和箔材的送给可以切割出新的层片并将其与先前的层片粘结在一起，这样层层叠加后得到下一个块状物，最后将不属于原型的材料小块剥除，就获得所需的三维实体。层片添加的典型工艺是分层实体制造（Laminated Object Manufacturing，LOM），如图 7-23 所示。这里所说的箔材可以是涂覆纸（涂有粘结剂覆层的纸）、涂覆陶瓷箔、金属箔或其他材质基的箔材。

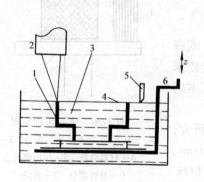

图 7-22　SL 工艺原理图

1—成形零件　2—紫外激光器　3—光敏树脂
4—液面　5—刮平器　6—升降台

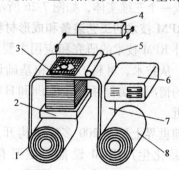

图 7-23　LOM 工艺原理图

1—收料轴　2—升降台　3—加工平面
4—CO_2 激光器　5—热压辊　6—控制
计算机　7—料带　8—供料轴

（3）选择性粉末熔结/粘结　选择性粉末熔结/粘结是对于由粉末铺成的较高密实度和平整度的层面，有选择地直接或间接地将粉末熔化或粘结，形成一个层面，铺粉压实，再熔结或粘结成另一个层面并与原层面熔结或粘结，如此层层叠加成为一个三维实体。所谓直接熔结，是将粉末直接熔化而连接；间接熔结是指仅熔化粉末表面的粘结涂层，以达到互相粘结的目的。粘结则是指将粉末采用粘结剂粘结。其典型工艺有选择性激光烧结（Selective

Laser Sintering，SLS）如图7-24所示，以及三维印刷（3D Printing，3DP）等。无木模铸型（Patternless Casting Mold，PCM）工艺也属于这类方法。这里的粉末材料主要有蜡、聚碳酸酯、水洗砂等非金属粉以及金属粉如铁、钴、铬以及它们的合金。

（4）挤压成形 挤压成形是指将热熔性材料（ABS、尼龙或蜡）通过加热器熔化，挤压喷出并堆积一个层面，然后将第二个层面用同样的方法建造出来，并与前一个层面熔结在一起，如此层层堆积而获得一个三维实体。采用熔融挤压成形的典型工艺为熔融沉积成形（Fused Deposition Modeling，FDM），如图7-25所示。

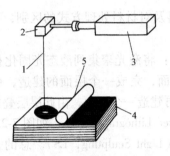

图7-24 SLS工艺原理图

1—激光束 2—扫描镜 3—激光器
4—粉末 5—平整滚筒

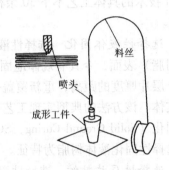

图7-25 熔融挤压成形原理

（5）喷墨印刷 喷墨印刷（Ink-Jet Printing，IJP）是指将固体材料熔融，采用喷墨打印原理（气泡法和晶体振荡法）将其有序地喷出，一个层面又一个层面地堆积建造而形成一个三维实体，如图7-26所示。

2. RPM技术的工艺装备和成形材料

国外RPM技术的研究和应用主要集中在美国、欧洲和日本。从技术、材料、应用和基础设施等方面比较来看，总的情况是美国领先于欧洲和日本，欧洲和日本的水平相近。

目前世界上已有200多家机构开展了RPM的研究，能够商品化生产RPM设备的主要有美国3D systems、Helisys、DTM Corp、日本C－MET、D－MEC、德国EOS、以色列Cubital。据统计到1988年全世界已有4300余台

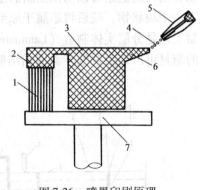

图7-26 喷墨印刷原理

1—支撑 2—"不联通"部分 3—零件
4—材料微粒 5—压电喷射头
6—悬臂部分 7—升降台

RPM成形设备。我国研究RPM技术的有西安交通大学、华中理工大学、北京隆源自动成形系统有限公司和清华大学等单位，已经成功研制出SLA、LOM、SLS、PCM和LOM＋FDM集成工艺的快速成形设备。我国研制的RPM技术在功能、加工精度等方面已经接近或者赶上了国外的先进水平。

成形材料是RPM技术发展的关键环节，它影响原型的成形速度、精度和物理、化学性能，直接影响到原型的二次应用和用户对成形工艺设备的选择。在国外，新工艺的出现往往与新材料的应用有关。RPM现在所应用的成形材料已经较为丰富，见表7-2。

表 7-2 RPM 成形材料的应用类型

材料名称	光固化树脂	蜡粉、尼龙粉、覆膜陶瓷粉等	钢粉、覆膜钢粉等	覆膜纸、覆膜塑料、覆膜陶瓷箔、覆膜金属箔等	蜡丝、ABS 丝等
材料形态	液 态	非金属	金 属	固态片材	固态丝材
		固态粉末			

7.5.3 快速原型制造的软件系统

快速原型制造的软件系统是指从 CAD 造型软件直至驱动数控加工所用软件的总称。在该系统中使用的软件有两大类：一类是图形设计和数据采集、处理软件；另一类是数控制造软件，是为专门的数控系统和制造工艺开发的控制程序。

一般而言，快速原型制造技术主要有以下工艺过程：首先由 CAD 软件生成曲面或者实体模型，或由反求工程得到的图形数据生成 CAD 模型；然后将 CAD 模型转化成表面三角形模型（即 STL 文件格式），利用分层软件，将 STL 文件格式生成连续的平面层信息；利用平面信息驱动平面扫描工作台及工艺参数，利用三维信息驱动高度方向的工艺参数，从而保证比较合适的连续方式和材料强度。

CAD 软件是快速原型制造技术的重要组成部分，要设计、创建实体模型，就必须有 CAD 软件。其主要作用是设计出待加工原型的计算机模型，并对模型进行表面三角形处理，供下一步使用。三维 CAD 软件是指具有三维实体及曲面造型功能的 CAD 软件系统，较著名的有 Pro/Engineer、Unigraphy、CATIA V5、Solid Works、CAXA 三维实体设计等。目前，大多数三维 CAD 软件都具有 STL 格式的数据输入输出功能，可以满足快速原型制造生成 CAD 模型的要求。

快速原型制造的软件系统的另一部分一般是由设备制造商提供的专用的软件系统。它根据 CAD 软件提供的待加工原型的计算机模型，考虑成形工艺要求和成形设备条件进行工艺过程处理，该处理过程包括模型分割、加工取向、支撑设计、分层、合并和检验等。处理以后的 CAD 模型称为工艺模型。当计算机模型超过工作台尺寸而无法一次成形时，可将其分为若干个模型，这就是模型分割。确定原型在成形机工作台上的方位的过程称为加工取向。由于成形工艺的需要而在工作台与原型之间或原型框架内部增加结构和材料称为支撑设计。用一系列平行于 $X-Y$ 坐标面的平面截取经过 STL 转换的三维实体模型，获取各层几何信息的过程叫分层；分层将三维问题降低为二维问题，它是堆积成形的基础。将处理后的工艺模型合并成一个制造模型，使之在同一工作台上同时成形的过程称为合并。根据原型的制造模型，设定加工工艺参数，运用软件系统的 CAM 功能便可以自动生成控制成形机运动的数控代码。加工工艺参数包括激光的光强、光照时间、光斑大小和扫描时间等。此外，该系统还有模型编辑、加工过程仿真等功能。

7.5.4 快速原型制造技术的应用

RPM 的应用主要在以下几方面：

1. RPM 的应用领域

RPM 在国民经济极为广阔的领域得到了应用，并且还在向新的领域发展，如图 7-27 所示。

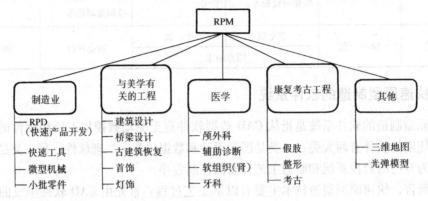

图 7-27 RPM 应用总图

2. 产品设计中的应用——快速产品开发 RPD

RPM 在 RPD 方面的应用总图如图 7-28 所示。

RPM 在产品开发中的关键作用和重要意义是很明显的，它不受复杂形状的任何限制，可迅速地将显示于计算机屏幕上的设计变为可进一步评估的实物。根据原形可对设计的正确性、造型合理性、可装配和干涉性进行具体的检验。对形状较复杂而贵重的零件（如模具），如直接依据 CAD 模型不经原型阶段就进行加工制造，这种简化的做法风险极大，往往需要多次反复才能成功，不仅延误开发的进度，而且往往需花费更多的资金。通过原型的检验可将此种风险减到最低的限度。

一般来说，采用 RPM 快速产品开发技术可减少产品 30% ~ 70% 开发成本，减少 50% 开发时间。如开发光学照相机机体，采用 RPM 技术仅需 3 ~ 5 天（从 CAD 建模到原型制作），花费 5000 马克；而用传统的方法则至少需一个月，花费 3 万马克。此外，RPM 技术在模具快速制造方面也发挥着重要的作用。

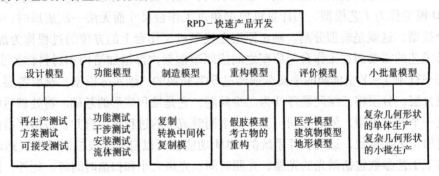

图 7-28 RPM 在 RPD 方面的应用总图

习题与思考题

7-1 什么是制造自动化技术？制造自动化技术的结构体系是什么？

7-2 什么是计算机辅助工艺规程设计（CAPP）？计算机辅助工艺规程设计有哪几种类型？

7-3　按运动轨迹分类，数控机床有哪几种类型？

7-4　什么是开环、半闭环、全闭环数控系统？

7-5　数控机床有哪些特点？什么是加工中心、车削中心？

7-6　什么是计算机数字控制（CNC）系统？与传统 NC 系统相比，CNC 系统有哪些特点？

7-7　试简述 CNC 装置的工作过程。

7-8　常用的数控机床位置检测装置有哪些？试说明光栅尺测量系统的工作原理。

7-9　数控加工程序编制的一般步骤是什么？什么是手工编程和自动编程？

7-10　什么是柔性制造系统（FMS）？其主要特征是什么？

7-11　柔性制造系统由哪几个子系统组成？它们的主要作用是什么？

7-12　什么是计算机集成制造系统（CIMS）？CIMS 由哪几个部分组成？各部分的主要功能是什么？

7-13　什么是 CIMS 的体系结构？它包括哪些主要内容？

7-14　什么是精益生产？其主要特征是什么？

7-15　敏捷制造的基本思想是什么？

7-16　试比较并行工程和串行生产模式的不同之处。

7-17　什么是快速原型制造技术？其特征是什么？

7-18　快速原型制造工艺有哪些主要的类型？

7-19　快速原型制造技术的主要应用领域有哪些？

第8章 装配与调整

8.1 装配的生产与组织形式

8.1.1 装配工艺规程

1. 装配的基本概念

一台仪器由许多零件和部件组成。根据规定的技术要求，将若干个零件结合成部件或将若干个零件和部件结合成产品（总成）的过程，称为装配。前者称为部件装配，后者称为总装配。

仪器的装配是仪器制造过程的最后一个阶段，经过装配，使仪器实现要求的功能，保证一定的使用精度。装配是对仪器设计及零件加工质量的总检验。装配工艺的作用就是根据装配精度的要求，合理确定零件的公差，使之容易加工并寻求经济而又方便的装配方法。

仪器装配要根据不同生产类型，采用不同的装配组织形式、装配方法、工艺过程和工艺装备等。例如，大批量生产主要采用互换法装配，工艺过程划分细，工艺文件齐全，工序间保持高度的均衡性和严格的节奏性，并广泛采用专用高效工艺装备，操作均在流水和自动装配线上进行。单件生产的装配方法以修配法和调整法为主，互换件的比例较少，工艺上常采用工序集中的方式，灵活性较大，工艺文件简单，多使用通用设备和通用的工、夹、量具。这种装配工作的手工操作比重大，效率低。

2. 装配工艺规程的制订

（1）制订原则和原始资料　在制订仪器装配工艺规程时，要尽可能减少钳工装配工作量，以提高效率，缩短周期；尽量减少车间的生产面积。

制订装配工艺规程，必须具有下列原始资料：

1）产品的总装图和部件装配图。产品的装配图应清楚地表示出所有零件的相互连接情况，重要零部件联系尺寸，零件的配合性质及精度，装配的技术要求，零件的明细栏及零件和产品的重量等。

2）产品验收的技术条件。规定了产品主要技术性能的检验及试验的内容和方法，也是制订装配工艺规程的主要依据。

3）产品的生产纲领。

4）现有生产条件。

（2）制订装配工艺规程的方法　制订装配工艺规程大致可分为三个阶段：

1）产品结构分析。包括"尺寸分析"和"工艺分析"。前者是指装配尺寸链的分析和计算；后者是指结构工艺性、零件的毛坯制造和机械加工及装配工艺性分析等。

2）划分装配单元。对于结构复杂的仪器，为了保证装配质量和提高装配效率，应根据产品结构的特点，从工艺角度将其分解为可以单独进行装配的"装配单元"。

"装配单元"可以分为零件、部件和仪器。零件是组成仪器的基本元件。一般零件都是预先装成部件才进入总装；部件是指几个零件的组合；仪器是由上述全部装配单元结合而成的整体。

装配单元的划分便于制订各个单元的技术规范和装配工艺规程，利于累积装配技术经验。此外，同一等级的装配单元在进入总装之前互不相关，故可同时独立地进行装配，实行平行作业。这样就可以缩短装配周期，又便于制订装配作业计划和布置装配车间。

3）确定装配顺序。划分装配单元后，就可以确定它们的装配顺序。在确定产品和各级装配单元的装配顺序时，首先要选择装配的基准件。基准件可以选一个零件，也可以选组件或部件。基准件首先进入装配，然后根据装配结构的具体情况，按照先下后上、先内后外、先难后易、先精密后一般、先重后轻的规律确定其他零件或装配单元的装配顺序。基础件安放时要保持水平及本身的刚度，要防止因重力或紧固变形而影响总装精度。

除此之外，在装配过程中，还应该注意下列工作的安排：

① 零件或装配单元进入装配以前，检验它们是否满足各项技术要求，并注意倒角、毛刺、清洗、干燥等工作是否进行，工作表面有无划痕。不能使不合格品进入装配。

② 在装配过程中和装配完成后，对仪器或部件根据质量要求安排检验工序。对于某些仪器还包括试运转和试验等工作，诸如零部件的连接是否准确，预加载荷是否恰当，运动部分的接触情况及间隙大小是否调整得当等。这一系列工作都会影响仪器的质量，故必须给以足够的注意。

（3）编写装配工艺文件　装配工艺过程卡片和装配工序卡片是装配工艺的主要文件，装配工艺流程图是装配工艺的辅助文件。在单件小批生产时，一般只编写装配工艺过程卡片，并利用装配工艺流程图代替装配工序卡片。

装配工艺过程卡片列有工序的顺序和名称，而且用文字表述每一个工序所包括的装配顺序、装配方法、安装形式及装配后应该达到的精度和技术要求，还应表示出各工序所使用的设备和工艺装备以及它们所需使用的辅助材料。

装配工序卡片是在装配工艺过程卡片基础上为每一个工序制订的，标明了工序号、工序名称、使用设备、执行车间和工段外，还要说明该工序每个工步的名称、操作内容、精度和技术要求、使用的辅助材料及工艺装备等。在卡片的空白处应绘制装配简图或装配单元系统图。

装配工艺流程图可以直观地表示出单元的划分和装配顺序，如图 8-1 所示，每一个装配单元都用长方格表示。绘制装配工艺流程图时，先画出一条横线，在横线左端画出代表基准件的长方格，在横线右端画出代表部件（见图 8-1a）或仪器（见图 8-1b）的长方格；然后

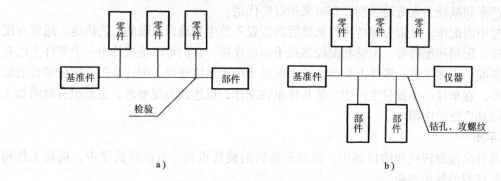

图 8-1　装配工艺流程图

a）部件装配图　b）仪器装配图

按装配顺序从左向右，将代表直接装到产品上的零件、组件或部件的长方格从水平线引出，零件画在横线上面，部件画在下面。在装配过程中，有一些工艺说明，如焊接、配钻、攻螺纹、铰孔及检验等，可加注在流程图上。

当实际产品包含的零件和装配单元较多时，不便集中画成一张总图，故在实际应用时，可分别绘制各级单元的流程图和一张总装流程图。

8.1.2 一般装配工作

仪器的装配工作包括组装、调整、试验、检验、包装等项内容。

组装是将零件集合成组件或部件，最后集合成仪器的工艺过程。组装是通过各种手段保证产品质量的过程。常见的组装工作包括下面几项内容。

1. 清洗

在仪器的装配过程中，零部件的清洗对保证产品的装配质量和延长产品的使用寿命均有重要的意义，特别是对于轴承、导轨、密封件、精密偶件、光学件以及有特殊清洗要求的零件就更为重要。

清洗的目的是去除零件表面或部件中的油污及杂质。清洗的方法有擦洗、浸洗、喷洗和超声波清洗等；常用的清洗液有煤油、汽油、酒精、碱液及各种化学清洗剂等。需要注意，经过清洗的零件应具有一定的防锈能力。

2. 连接

在装配过程中零件连接的方式有可拆卸和不可拆卸两种。

可拆卸连接的特点是：相互连接的零件在拆卸时不被损坏，且拆卸后还能重新装在一起。常见的可拆卸连接有螺纹联接、键联接和销钉联接等，其中以螺纹联接应用最广。

不可拆卸连接的特点是：相互连接的零件不可拆卸；若拆卸，会损坏某些零件。常见的不可拆卸连接有：过盈连接、焊接、铆接、翻口、镶嵌、胶合等。

3. 装配加工

这里特指的是装配过程中的加工，如刮削、配作等。

刮削工艺的特点是：切削量小，产生的热量小，变形小。因此，它可以提高零件表面的尺寸精度和形状精度，改善表面的接触刚度。此外，刮削得到的装饰性刀花可美化仪器的外观。仪器的导轨面、密封的结合面、滑动轴承的配合面等都常用刮削方法加工和配作。为了提高生产率和减轻工人劳动强度，有时采用以磨代刮。

装配中的配作，是指为保持机构调整后的位置不发生变动而采取的工艺措施。通常有配钻、配铰、配刮和配磨等。配钻和配铰多用于固定连接，它们是以连接件中一个零件上已有的孔为基准，去加工另一零件上相应的孔。配钻多用于螺纹联接，配铰多用于定位销孔的加工。此外，在单件、小批量生产中，某几件单独配作，以达到装配要求，也是很有效的加工方法，得到广泛的应用。

4. 平衡

在具有高速旋转机构的仪器中，经过平衡后的旋转机构，可以降低噪声，提高工作精度，延长仪器的使用寿命。

平衡有静平衡和动平衡两种。对于盘状零件，其厚度与直径之比小于1:10，支承距离足够大，并经常在800r/min以下工作时，一般采用静平衡法。如果旋转体是一个较长的圆柱体，或由几个轮盘所组成的系统，单凭静平衡就不够了，还要在运转中测定其不平衡。

　　静平衡的校正，通常把被校正的工件放在两根水平刀口上进行，如图 8-2 所示，或放在两根滚柱上进行。动平衡的校正通常在专用的动平衡机上进行。

　　对于旋转体内的不平衡质量，可用螺纹、铆接、补焊、胶接等方法加配或减少质量来达到平衡。有些零部件也可用改变平衡块在平衡槽中的位置和数量的方法来达到平衡。图 8-3 所示为仪器中的指针结构简图，它是用几种方法组合来调整平衡的。调平衡时，首先将活动部分的指针位于水平位置，转动平衡锤，使指针和平衡锤处于平衡状态；然后使活动部分的指针位于垂直位置，在指针架两侧伸出的端头上加焊锡，使其达到平衡后，在平衡锤附近滴上石蜡或虫胶胶固平衡锤。再重复上述过程校验指针的平衡。

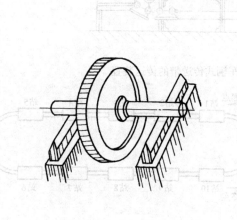

图 8-2　静平衡

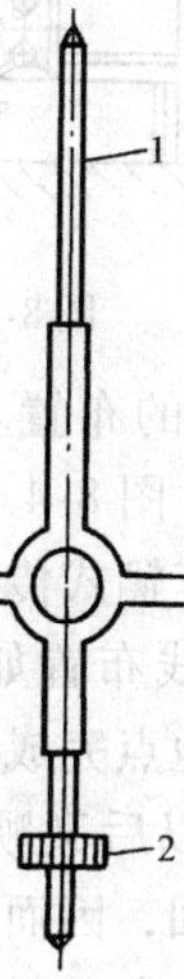

图 8-3　指针结构简图
1—指针　2—平衡锤

8.1.3　装配的组织形式

　　仪器装配工艺方案的制订与装配的组织形式有关。装配组织形式的选择，主要取决于产品的结构特点（尺寸和重量）、精度要求和生产批量。装配主要组织形式有非流水装配和流水装配，非流水装配都用于固定式装配，而流水装配则有固定式装配及移动式装配两种。

1. 非流水装配

　　非流水装配分为两种，一种是整个装配自零件到产品，由一组工人来完成，工人在技术上不作分工，因而对工人的技术水平要求较高，由于零件的修配量大，装配周期较长，这种方法只适用于单件生产；另一种是把装配过程分细，一部分工人事先把零件装配成组件或部件，再由另一部分工人把组件或部件等装配成整台仪器。这样分工，工人易于积累经验，生产周期也短些，适用于中小批生产。

2. 流水装配

　　流水装配就是把装配过程分成个别的工序，而每道工序有它自己的工作地点，由固定的工人在一定时间内完成，按流水作业进行装配。

　　（1）移动式流水装配　在一定的运输设备上对移动的对象进行流水装配。装配对象的移动是由滚道、手推车、有轨车、传送带、回转装配台等实现的。它的特点是把整个装配工艺过程分为简单的工序，每道工序操作简单，装配工时不长，且各工序、工时彼此相等或成简单的倍数。每道工序在一定的工作地点由一定的工人来完成。

1）装配对象的移动。可分为两种，一种是连续移动，一种是周期移动。连续移动是运送装配对象的装置，按一定的速度连续地移动，运输的时间和装配的时间重合。但由于装配工作是在产品移动的情况下进行的，因而不适宜装配比较精密的仪器。周期移动是运送装置间歇移动，仪器装配时，装配对象处在静止状态，待完成一定装配工作后，传送带移动一定距离。这种方法的优点是，装配工作是在静止状态下进行的，故适合装配比较精密仪器；但由于运输时间和装配时间不重合，生产率较低。

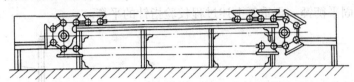

图8-4　直线式垂直封闭布置的车辆式传送带的传送装置

2）传送装置的布置。可分为直线式和环状式两种。图8-4所示为直线式垂直封闭布置的车辆式传送带的传送装置。环状式生产线布置如图8-5所示，车辆经过各工作地点完成各工序后又返回最初的位置，以后又顺次进行装配，这时没有空车返回，因而利用率高；其缺点是环形内的生产面积不便利用。

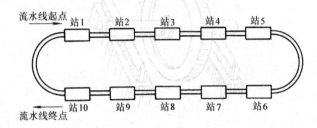

图8-5　环状式生产线布置

如果装配对象不大，所需装配地点也不多，则可采用回转工作台进行装配，如图8-6所示。这种方法可以节省很多面积。回转工作台可以连续回转，也可周期回转。

3）工序同期化。流水装配的特点就是各工序的装配工时相等或成简单的倍数，这样，整个流水线的工作才能协调。但实际往往不能达到这个要求，这时就要采取一系列措施来达到各道工序同期的目的。

工序同期化有几下方法：

1）首先可以考虑增加该工序的工人人数，但每个工作地点的工人不能太多，否则反而影响工作。

2）对薄弱工序可以采用专用的夹具、工具，或事先把该工序的零件装配成组件。

3）另外一种办法是采用平行流水作业，即在个别工时过长的工序设立平行工作地点以满足节奏的要求。

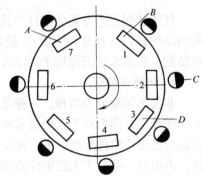

图8-6　装配转台
A—装配终了位置　B—装配起始位置
C—工人　D—装配对象

（2）固定式流水装配　产品装配是在不动的装配工作台上进行的，装配过程中产品位置不变，装配所需零部件都汇集在工作地点附近。这种方式适用于机体质量大或刚度较差的仪器仪表，随意移动会影响其装配精度。

其工作方法是，将全部装配过程依照每组工人完成操作时间相同的原则，分成若干工序。仪器放在不动的工作台上，每组工人完成了自己所应完成的操作之后，转至另一工作台重复这一操作，然后转至第三个工作台，以此类推。

固定式装配线的特点是成品的全部装配过程所占工作台数量应等于装配过程的工序数目。

8.2 结构工艺性

8.2.1 结构工艺性指标

结构工艺性是指产品在一定生产规模、满足使用特性的前提下，采用低成本、高效率的工艺过程来制造时，对零件与产品结构的设计要求。

1）结构形成系数 K_j 值越小，基本件数量相对多，设计越合理。

$$K_j = (N_b + N_c + N_d)/N_a$$

式中 N_a——基本件数量，决定产品基本功能；

N_b——补充件数量，对基本件的基本功能起增强作用；

N_c——紧固件数量，起连接作用；

N_d——辅助件数量，支撑和覆盖基本件。

2）产品零件重复系数 K_e 值小，表明同类零件的数目多，便于生产。

$$K_e = N_s/N_0$$

式中 N_s——零件的品种数；

N_0——零件总数。

3）标准化程度系数 N_B 值大，表示标准件多，可以采用高效批量生产的外购件，既降低了成本又缩短了生产周期。

$$K_B = N_B/N_0$$

式中 N_B——产品中标准件件数。

4）结构继承性系数 N_f 值大，表示该产品承袭了较多的已生产过的零件，减少了生产准备工作。

$$K_z = N_f/(N_0 - N_B)$$

式中 N_f——已生产过的零件数。

5）材料利用系数 K_m 值大，表明金属切除量少，工艺性好。

$$K_m = Q_j/Q_m$$

式中 Q_j——各零件的总净重；

Q_m——各零件总毛重。

6）产品可划分为装配单元数量系数 K_p 值大，表示产品部件数多，可同时分散在各车间或各工段并行生产与组装；K_p 值大也表示每一部件中的零件相对较少，便于装配维修。

$$K_p = N_p/N_0$$

式中 N_p——产品可划分装配单元数。

7）零件加工精度系数（平均公差等级系数）K_v

$$K_v = \sum N_i i/N_0$$

式中　i——各个公差等级系数；

　　　N_i——各公差等级的零件数。

8）零件工艺的复杂程度系数。按加工条件和特点来判断零件工艺的复杂程度，划分为五级，即

简单零件数 N_I：为型材制造件，不切削加工。

回转表面零件数 N_{II}：在车床，内、外圆磨床上加工。

平面零件数 N_{III}：在铣、刨、插和平面磨床上加工。

特殊零件数 N_{IV}：在专用机床或专用夹具上加工。

复杂零件数 N_V：工件形状复杂，需用压力铸造、热模铸造或模具压制的方法来加工。

把第四组零件数 N_{IV} 作基础，与其他组数比较来衡量其工艺性的优劣。例如，当 N_I/N_{IV} 比值增大，并且产量较大时，容易组织高生产率工艺生产；当 N_{III}/N_{IV} 比值增大时，说明工艺性差，因为平面加工生产率低。

9）产品装配复杂程度系数，包括：

外购件数量指标：$K_w = (N_D + N_B)/N_0$

研配件数量指标：$K_n = N_n/N_0$

式中　N_D——一般外购件数；

　　　N_n——需研配、刮研件数。

K_w 值大，表明外购件多，加工量相对减少；反之，K_n 增大，手工修研量多，工艺性差。

8.2.2　零件结构工艺性分析

（1）零件的几何形状分析　零件的几何形状虽然不同，但都是由各单一表面组合而成的。常见几何形状有平面、柱面、锥面、球面、棱面等，异形表面有螺旋面、渐开线、摆线、阿基米德螺线面、椭圆和椭球面、抛物面和双曲线面以及复杂立体曲线面等。对于复杂零件，应分析各表面相互位置关系，建立立体形象，随后选择加工方法，安排加工顺序。例如，套筒零件加工可在车床上用三爪自定心卡盘装夹车外圆、镗孔，而薄壁套筒则应制备专用夹具，内、外圆反复加工，方能保证同轴度及防止变形。所以，工件的结构形状对工艺影响很大。

（2）产品的精度分析　产品精度由零件精度和装配精度来保证。零件精度是指尺寸精度、形位精度、表面粗糙度，有些零件还规定物理量、化学量参数方面的技术要求等。零件精度及表面粗糙度的要求对加工方法的选择影响很大。

对多表面构成的零件，设计工艺时，应首先保证技术要求高的主要表面（如齿形、轴颈等）的加工。装配精度要求特别高时，可按实际尺寸选配，位置精度要求特别高时，装配后采用组合加工、修配、调整方法来保证。

（3）零件材料选择的原则　在满足性能的条件下应便于采购，容易加工，不随意使用贵重稀缺材料。零件材料对毛坯类型、精加工方案的拟订都有影响。钢材、耐热合金、硬质合金等可用磨削和研磨作为精加工手段；铸铁、铜合金、铝合金的终加工一般采用精车、精铣和精镗等加工方法；玻璃采用磨削和研磨加工；硅晶体采用刻蚀加工等。

（4）零件结构工艺性的组成要素　表 8-1 列出了零件结构工艺性定性分析实例。

1）各表面的形状设计应便于加工、测量，见表中 1~7。

2）结构设计应有利于提高加工生产率，减少加工工作量，见表中 8 ~ 10。

3）结构设计应有利于提高加工自动化，见表中 11。

4）制订的各项技术要求应合理，过高的指标会使工艺过程复杂化，增加成本。

表 8-1　零件结构工艺性定性分析实例

序号	A. 结构工艺性不好	B. 结构工艺性好	说　明
1			在结构 A 中，件 2 上的凹槽 a 不便于加工和测量；B 中将凹槽 a 改在件 1 上
2			加工结构 A 上的孔时，钻头容易引偏，应改成结构 B
3			加工结构 A 上的孔时，钻孔过深，加工时间长，孔易偏斜，钻头易损耗，应改为结构 B，孔的一端留空刀间隙
4			箱体类零件的外表面比内表面容易加工，应以外部连接表面代替内部连接表面，将结构 A 改成结构 B
5			结构 A 的加工面不便引进刀具，改成结构 B

（续）

序号	A. 结构工艺性不好	B. 结构工艺性好	说　明
6	$Ra0.8$	$Ra0.8$	结构 B 有退刀槽，保证了加工的可能性，减少刀具（砂轮）的磨损
7	$Ra\,6.3$	$Ra\,6.3$	加工表面与非加工表面之间要留有台阶，便于退刀，如结构 B
8			键槽的尺寸、方位相同，则可在一个工位中加工出全部键槽，以提高生产率，如结构 B；结构 A 要分两个工位完成
9			结构 A 的三个凸台表面要分几次走刀完成；结构 B 的三个凸台表面，可在一次走刀中加工完毕，提高了生产率
10			结构 B 底面的加工劳动量较小，且有利于装夹平稳、可靠
11	$2l$　l　l_1	$2l$　l　l	加工表面长度相等或成倍数，直径尺寸沿一个方向递减，便于布置刀具，可在多刀半自动车床上加工，如结构 B

8.2.3　仪器的结构工艺性分析

仪器的结构工艺性是指仪器结构符合加工与装配工艺上要求的程度。

一台结构工艺性好的仪器，在装配过程中不用或少用手工刮研、攻螺纹等补充加工；不用复杂和特殊的工艺装备；不必采用专门的工艺措施；仪器能划分成装配单元，而且装配、调整、运输方便，花费较少的工作量就能顺利地装配成仪器。

表 8-2 列出了仪器结构工艺性定性分析实例。

（1）安装定位要合理、可靠　如表中 1 所示，活塞杆在气缸盖上的安装情况，零部件上应有稳固的导向基准面；表中 2 所示为两工件的连接，配合件间不要超定位。

（2）安装拆卸方便　如表中 3 所示，滚动轴承在轴上安装的结构，零件间的配合面不宜过大、过长；表中 4 所示为螺纹联接的结构，应有足够的装卸空间；表中 5 所示滚动轴承的安装应易于拆换；表中 6 所示为销钉的联接机构，便于拆卸。

（3）减少装配时的机械加工量　如表中 7 所示，应改为外紧固结构，8 所示为尾座结构。装配时的机械加工不但会延长装配周期，而且加工后残留在仪器中的切屑可能加速零件的磨损，降低仪器的寿命。

（4）选择合适的装配精度 如表中 9 所示，90°和 60°仪器顶尖结构

$$AB = BC/\sin 45°$$

$$A_1 B_1 = B_1 C_1 / \sin 30°$$

如果两种顶尖间隙相等，也就是 $BC = B_1 C_1$，则

$$A_1 B_1 = \sqrt{2} AB$$

因此，用 60°锥角顶尖作仪器支承时，容易调整到装配精度要求。

表 8-2 仪器结构工艺性定性分析实例

序号	A. 结构工艺性不好	B. 结构工艺性好	说　　明
1		基准面	结构 A 由于螺纹联接面之间有间隙，难以保证气缸盖上的孔与缸体孔面的同轴度；结构 B 设置了基准面，装配时就容易得到所需的同轴度
2		间隙 $\Delta > 0$	结构 A 的一个方向上有两个结合面，超定位，零件的相互位置就不容易确定；结构 B 留有间隙，减少了一个配合面，更合理
3			结构 A 的一个轴承移动距离太长，要连续施加轴向力才能推靠到轴肩；结构 B 非配合段轴颈变小，对装配有利
4		$\Delta' > \Delta$	结构 A 没有足够的操作空间，无法放入扳手和螺钉；结构 B 有足够的空间容纳扳手装卸螺钉
5			结构 A 滚动轴承装入后，难以拆换；结构 B 易于拆换

（续）

序号	A. 结构工艺性不好	B. 结构工艺性好	说　明
6	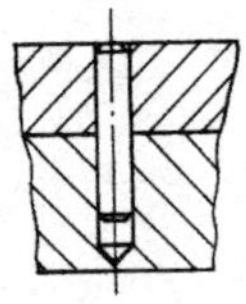	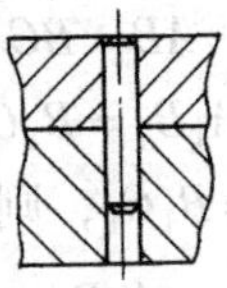	结构 A 销钉装入后，难以拆换；结构 B 易于拆换
7	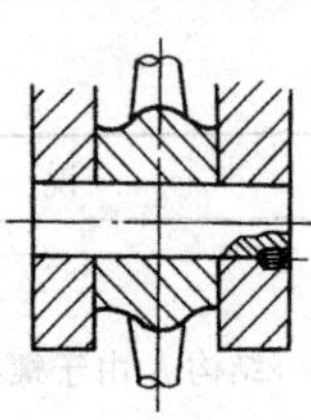	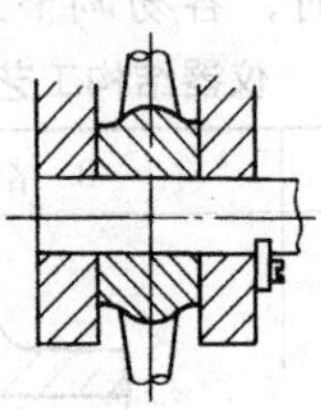	结构 A 装配时要打孔；结构 B 略为增加了一些零件的加工，大大地减少了装配时的劳动量
8	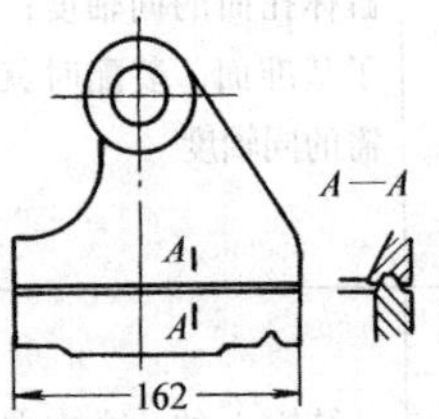	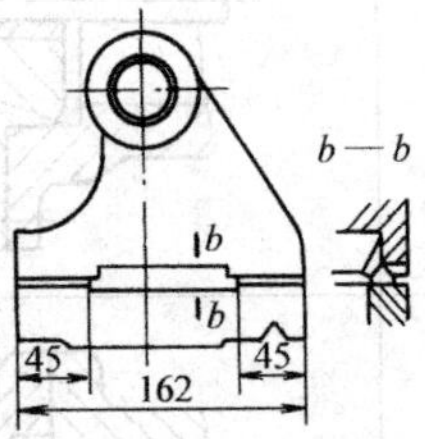	结构 A 的鱼尾座体与底板之间的接触为整体平面；结构 B 为部分接触，减少了装配时的刮研量，提高了接触质量
9	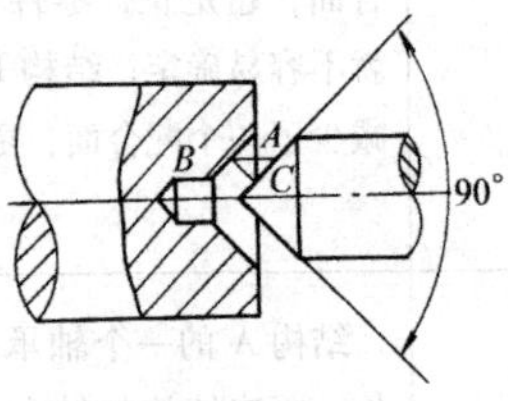	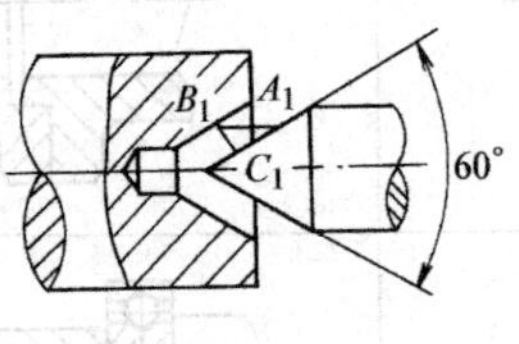	结构 A 锥角90°的顶尖移动量小于结构 B；用结构 B 做仪器支承时，容易调整到装配精度要求

8.3　尺寸链

8.3.1　尺寸链的组成

1. 尺寸链的基本概念

零件、部件的单个尺寸或相互位置称为原始尺寸，由两个或多个原始尺寸间接形成的尺寸称为合成尺寸，合成尺寸是由原始尺寸决定的。

对一台仪器而言，合成尺寸是装配尺寸。如图 8-7 所示，孔直径尺寸 A_1、轴直径尺寸 A_2 为原始尺寸，轴与孔装配后形成的间隙（或过盈）A_0 是合成尺寸。图 8-8 所示主尺量爪的垂直度 α_1、尺框量爪的垂直度 α_2 表示相互位置的原始尺寸，装配后自然形成的两量爪工作面之间的平行度 α_0 是合成尺寸。

对一个零件来讲，合成尺寸是加工过程中自然形成的尺寸。如图 8-9 所示的阶梯轴件，依次加工轴向尺寸 A_1、A_2 及 A_3，则在加工时未予直接保证的合成尺寸 A_0 随之而确定。

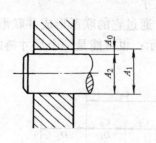

图 8-7　轴孔配合

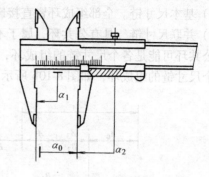

图 8-8　卡尺

由上述几例可见，由尺寸构成的尺寸环 – 尺寸链可以用来研究原始尺寸与合成尺寸之间的关系，包括误差或公差之间的关系。

2. 尺寸链的定义与组成

在仪器装配或零件加工过程中，由原始尺寸与合成尺寸相互连接形成封闭的尺寸组，称为尺寸链。尺寸链中的每一个尺寸称为环。环又可分为封闭环与组成环。

（1）封闭环　在零件加工或仪器装配后间接形成的合成尺寸，如图 8-7 中的 A_0、图 8-8 中的 α_0、图 8-9 中的 A_0。在尺寸链中，封闭环是组成环的函数。

（2）组成环　加工或装配时直接影响封闭环精度的各原始

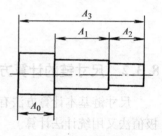

图 8-9　阶梯轴

尺寸，如图 8-7 中的 A_1、A_2，图 8-8 中的 α_1、α_2，图 8-9 中 A_1、A_2、A_3。

组成环可分为增环和减环，某一组成环尺寸的增大，使封闭环尺寸随之增大，该组成环称为增环，以 A_z 表示，如图 8-7 中的 A_1、图 8-8 中的 α_2、图 8-9 中的 A_3；某一组成环尺寸的增大，使封闭环尺寸减小，该组成环称为减环，以 A_j 表示，如图 8-7 中的 A_2，图 8-8 中的 α_1、图 8-9 中的 A_1、A_2。

尺寸链有两个主要的功能：①公差分配，即从保证产品装配精度出发，规定有关零部件的公差。②公差控制，即从已知零部件的公差，来核算产品预定的装配精度。它们分别利用尺寸链原理解决正、反两方面的问题。

3. 尺寸链的分类

（1）按尺寸链的应用场合分类

1）装配尺寸链。全部组成环为不同零件设计尺寸所形成的，如图 8-7、图 8-8 所示。

2）工艺尺寸链。全部组成环为同一零件工艺尺寸所形成的，如图 8-9 所示。

（2）按尺寸链中各环的几何特性分类

1）长度尺寸链。全部环为长度尺寸的尺寸链，如图 8-7、图 8-9 所示。

2）角度尺寸链。全部环为角度的尺寸链，如图 8-8 所示。

长度尺寸链可以是直线的、平面的或空间的；而角度尺寸链则只有平面和空间的。平面尺寸链和空间尺寸链可以用投影法将各环尺寸投影到同一方位上，变成直线尺寸链，再进行计算。因此直线尺寸链是计算尺寸链的基础。

（3）按尺寸链间的相互联系形态分类

1）基本尺寸链。全部组成环皆直接影响封闭环的尺寸。

2）并联尺寸链。具有公共环，属于不同的尺寸链，通过它的联系形成并联形式的尺寸链。公共环可能是各个尺寸链的组成环，如图 8-10a 所示；也可能是一个尺寸链的封闭环，另一个尺寸链的组成环，如图 8-10b 所示。

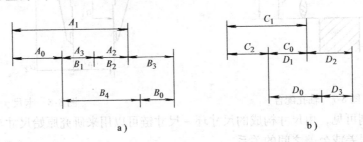

图 8-10　并联尺寸

a）公共环为组成环　b）公共环为封闭环

8.3.2　尺寸链的计算方法

尺寸链基本计算方法有极值法和统计法。工艺尺寸链多用极值法计算，装配尺寸链既用极值法又用统计法计算。

1. 极值法

极值法是指各组成环同时出现极大值或极小值时，封闭环尺寸与各组成环尺寸间的关系。虽然同时出现极值尺寸的情况不多，但在计算上比较简单。

（1）封闭环的基本尺寸　封闭环的基本尺寸 A_0 等于所有增环的基本尺寸之和减去所有减环的基本尺寸之和，即

$$A_0 = \sum_{z=1}^{m} A_z - \sum_{j=m+1}^{n} A_j \tag{8-1}$$

式中　n——组成环数；

A_z——增环，共 m 环；

A_j——减环，共 $n-m$ 环。

（2）封闭环的公差　封闭环的公差等于各组成环公差之和，即

$$T_0 = \sum_{z=1}^{m} T_z + \sum_{j=m+1}^{n} T_j = \sum_{i=1}^{n} T_i \tag{8-2}$$

（3）封闭环的上、下偏差

1）封闭环的上偏差等于所有增环上偏差之和减去所有减环下偏差之和，即

$$ES_0 = A_{0\max} - A_0 = \sum_{z=1}^{m} ES_z - \sum_{j=m+1}^{n} EI_j \tag{8-3}$$

式中　ES_z——各增环上偏差；

EI_j——各减环下偏差。

2）封闭环的下偏差等于所有增环下偏差之和减去所有减环上偏差之和，即

$$EI_0 = A_{0\min} - A_0 = \sum_{z=1}^{m} EI_z - \sum_{j=m+1}^{n} ES_j \tag{8-4}$$

式中　EI_z——各增环下偏差；

　　　　ES_j——各减环上偏差。

【例 8-1】 图 8-9 所示阶梯轴，已知加工尺寸 $A_1 = 15^{+0.09}_{-0.09}$ mm，$A_2 = 10^{\ 0}_{-0.15}$ mm，$A_3 = 35^{\ 0}_{-0.25}$ mm。求 A_0 的极限尺寸。

　　解　（1）画尺寸链图，找出封闭环 A_0。

　　（2）找出增环 A_3，减环 A_1、A_2。

　　（3）求封闭环的基本尺寸：$A_0 = A_3 - (A_1 + A_2) = 35 - (15 + 10) = 10$ mm。

　　（4）求封闭环的公差：$T_0 = T_1 + T_2 + T_3 = 0.58$ mm。

　　（5）求封闭环上、下偏差：$ES_0 = ES_3 - (EI_1 + EI_2) = 0.24$ mm，$EI_0 = EI_3 - (ES_1 + ES_2) = 0.34$ mm。

则封闭环尺寸可表达为 $A_0 = 10^{+0.24}_{-0.34}$ mm。

2. 统计法

用极值法计算尺寸链，直观、简单、方便，但它是以尺寸链各环的极限值为计算条件的，条件苛刻，计算结果与实际加工、装配情况差异较大，而且环数越多，相差值就越大。用统计法可以克服这一缺点，条件比极值法合理，计算更接近于实际加工、装配的情况。但是，由于计算较复杂，在应用上受到了一定限制。统计法计算对任何分布形式都适宜，只要求各组成环之间互相独立。

（1）封闭环公差 T_{0S} 的计算　它是用已知零、部件的公差，来核算产品预定的装配精度

$$T_{0S} = \frac{1}{K_0} \sqrt{\sum_{i=1}^{m} \xi_i^2 K_i^2 T_i^2} \tag{8-5}$$

式中　K_0、K_i——分别表示封闭环和各组成环的相对分布系数，它表征尺寸分布的分散性，正态分布时，$K = 1$；

　　　　T_i——组成环的公差；

　　　　ξ_i——传递系数，表示各组成环对封闭环影响的大小。

一般的尺寸链中，各组成环的尺寸分布域相差不大，且都接近于正态分布。此时，封闭环的分布曲线总是趋于正态分布，式（8-5）中，$K_0 = 1$；实际计算中，对各组成环尺寸设一个共同的相对分布系数 K，代替式（8-5）中的 K_i。K 的取值在 1.1 ~ 1.7 范围内，得到封闭环当量公差 T_{0E}

$$T_{0E} = K \sqrt{\sum_{i=1}^{m} \xi_i^2 T_i^2} \tag{8-6}$$

当各组成环在其公差带内按正态分布时，计算的封闭环公差值最小。

（2）组成环平均公差 T_{av} 的计算　它是已知封闭环的尺寸和公差，求各组成环的尺寸和公差，目的是将封闭环公差合理地分配给各个组成环。它多用于结构设计和制订装配工艺，即根据仪器的使用要求，确定各零件尺寸的公差和允许偏差。

组成环的平均公差 T_{av} 是按构成尺寸链的各组成环公差相等的原则来计算的，即

$$T_1 = T_2 = \cdots = T_m = T_{av} \tag{8-7}$$

将式(8-7)代入式(8-5)，得到组成环的统计公差

$$T_{av} = \frac{K_0 T_0}{\sqrt{\sum_{i=1}^{m} \xi_i^2 K_i^2}} \qquad (8-8)$$

将式(8-7)代入式(8-6)，得到组成环的当量公差

$$T_{av.E} = \frac{T_0}{K \sqrt{\sum_{i=1}^{m} \xi_i^2}} \qquad (8-9)$$

组成环平均公差的计算与封闭环公差计算的应用条件完全一样。在 $K_0 = 1$、$K_i = 1$ 时，计算的组成环平均公差值最大。

3. 装配尺寸链计算参数

（1）常见分布曲线及其特征值　由于影响加工精度的因素不同，其作用程度及性质也不同，零件的尺寸可能构成不同的分布规律。最常见的几种分布曲线见表 8-3。

表 8-3　常见分布曲线及其特征值

分布特征	分布曲线	域分布 T_i	相对标准偏差 λ_i	相对分布系数 K_i	相对不对称系数 e_i
正态分布	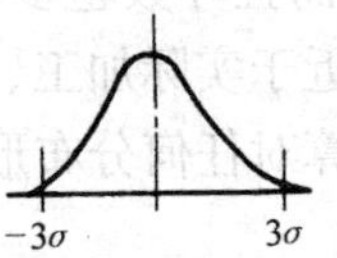	6σ	$1/3$	1	0
三角分布	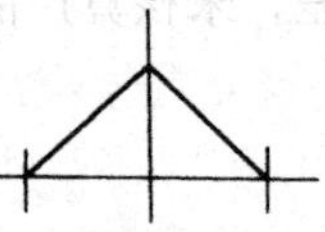	$2\sqrt{6}\sigma$	$\dfrac{1}{\sqrt{6}}$	1.22	0
均匀分布	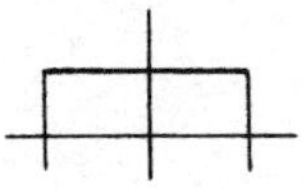	$2\sqrt{3}\sigma$	$\dfrac{1}{\sqrt{3}}$	1.73	0
瑞利分布	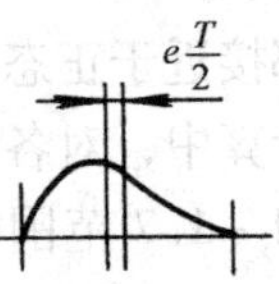	$\dfrac{1}{0.19}\sigma$	$1/2.63$	1.14	-0.28
偏态分布 外尺寸	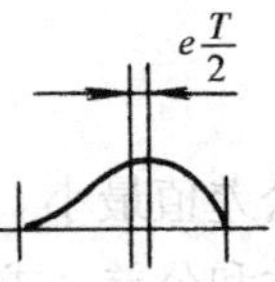	5.12σ	$1/2.56$	1.17	0.26
偏态分布 内尺寸	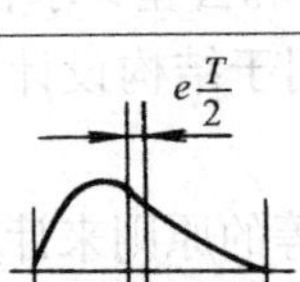				-0.26

表 8-3 中，相对分布系数 K_i 是表征各种尺寸分布曲线不同分散性的系数。它是各种曲线与正态分布曲线进行比较得到的，$K_i = \lambda_i / \lambda$。

λ_i 是曲线的相对标准偏差，其值等于标准偏差 σ_i 与二分之一分布域之比，$\lambda_i = \sigma_i / (T_i/2)$。

相对不对称系数 e_i 表征曲线本身不对称程度。当分布曲线的平均偏差 $\overline{X}$ 与中间偏差 Δ（分布域中点）相等（重合）时，$e_i = 0$；否则，$e_i \neq 0$，如图 8-11 所示。

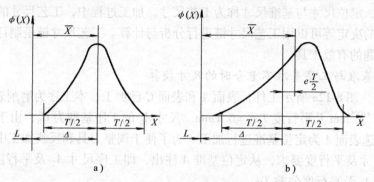

图 8-11　对称与不对称分布情况

a）对称分布　b）不对称分布

（2）传递系数 ξ_i　一般情况下，各组成环公差将以传递系数 ξ_i 为比值传递到封闭环公差上。$|\xi_i|$ 越大，传递的影响也越大。进行公差设计计算时，对各组成环公差的分配，可以视需要和可能，对 $|\xi_i|$ 数值较大的组成环给以较严的公差，而对 $|\xi_i|$ 数值较小的组成环，则可相应放大其公差。有关系式

$$T_0 = \sum_{i=1}^{m} |\xi_i| T_i$$

式中　T_0——封闭环公差；

　　　T_i——组成环公差。

增环时 ξ_i 取正值，减环时 ξ_i 取负值。

1）对于封闭环中间偏差的影响。当 $m \geq 5$，且封闭环为正态（对称）分布，各组成环均为对称分布时，也就是 $e_i = 0$，如图 8-11 所示，有

$$\Delta_0 = \sum_{i=1}^{m} \xi_i \Delta_i \tag{8-10}$$

2）对于封闭环极值公差 T_{0L} 的影响

$$T_{0L} = \sum_{i=1}^{m} |\xi_i| T_i \tag{8-11}$$

对于直线尺寸链，其增环的传递系数 ξ_i 为 +1，而减环的传递系数 ξ_i 为 -1。故 $|\xi_i| = 1$ 则式（8-11）可以简化为

$$T_{0L} = \sum_{i=1}^{m} T_i \tag{8-12}$$

由式（8-12）可以看出，在计算直线尺寸链的封闭环公差时，不需要反映增、减环的特

点，因为增、减环的公差对封闭环公差的影响是一致的。

对于平面尺寸链，因其组成环既有直线尺寸，又有角度尺寸，其传递系数 $|\xi_i|$ 并不相等，故必须按式(8-11)分别计算组成环公差对封闭环公差的影响。

8.3.3 尺寸链的应用

1. 工艺尺寸链的应用

工序尺寸、定位尺寸与基准尺寸称为工艺尺寸。加工过程中，工艺尺寸的换算、工序尺寸及余量大小的决定等可以用工艺尺寸链进行分析与计算。工艺尺寸链是制订工艺规程，解决生产实际问题的有效工具。

(1) 定位基准与工序基准不重合时的尺寸换算

【例8-2】 图8-12a所示工件，表面 A 和表面 C 已加工，本工序为磨削表面 B，要求保证尺寸 $A_0 = 25^{+0.25}_{0}\text{mm}$ 及平行度 $T\alpha_0 = 0.1\text{mm}$。尺寸 A_0 的工序基准为 C_0，由于表面 C 不宜作定位基准，故选表面 A 为定位基准进行加工。为了便于调整刀具和反映加工中的问题，将表面 B 的工序尺寸及平行度要求，从定位基准 A 注出，即工序尺寸 A_2 及平行度公差 $T\alpha_2$。试确定工序尺寸 A_2 及平行度公差 $T\alpha_2$。

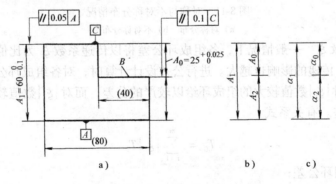

图8-12 基准换算计算
a) 工序图 b) 尺寸链 c) 角度尺寸链

解 在采用调整法加工 B 面时，直接控制工序尺寸 A_2 和平行度 α_2，而原工序尺寸 A_0 及平行度公差 $T\alpha_0$，则是通过控制尺寸 A_1 和 A_2、平行度公差 $T\alpha_1$ 和 $T\alpha_2$ 间接保证的。因此尺寸链中，A_0 为封闭环，A_1 和 A_2 为组成环，如图8-12b所示，其中 A_1 为增环、A_2 为减环；由平行度（相当于0°或180°的角度）构成的角度尺寸链中，α_1 和 α_2 为组成环，α_0 为封闭环，如图8-12c所示，其中 α_1 为增环、α_2 为减环。

根据已知条件：$A_1 = 60^{0}_{-0.1}\text{mm}$，$A_0 = 25^{+0.25}_{0}\text{mm}$，由式(8-1)、式(8-3)和式(8-4)可求出

$$A_2 = A_1 - A_0 = 60\text{mm} - 25\text{mm} = 35\text{mm}$$

$$ES_2 = EI_1 - EI_0 = -0.10\text{mm} - 0 = -0.1\text{mm}$$

$$EI_2 = ES_1 - ES_0 = 0 - 0.25\text{mm} = -0.25\text{mm}$$

则新工序尺寸 $A_2 = 35^{-0.1}_{-0.25}\text{mm} = 34.9^{0}_{-0.15}\text{mm}$

根据已知条件 $T\alpha_1 = 0.05\text{mm}$，$T\alpha_0 = 0.1\text{mm}$，由式(8-2)可求出平行度 α_2 的公差

$$T\alpha_2 = T\alpha_0 - T\alpha_1 = 0.1\text{mm} - 0.05\text{mm} = 0.05\text{mm}$$

(2) 工序间尺寸和公差的计算

【例 8-3】　图 8-13a 所示为加工一带键槽的内孔，其工序 1 为镗内孔 $\phi 39.6^{+0.1}_{0}$ mm；工序 2 为插键槽，工序尺寸 A_2；工序 3 为磨内孔。要求加工保证内孔直径 $\phi 40^{+0.05}_{0}$ mm 和键槽深度 $43.6^{+0.34}_{0}$ mm，求工序尺寸 A_2。

解　由于 A_1、A_2、A_3 都是加工中直接得到的尺寸，仅 A_4 间接得到，故 A_1、A_2、A_3 为组成环，A_4 为封闭环，如图 8-13b 所示。

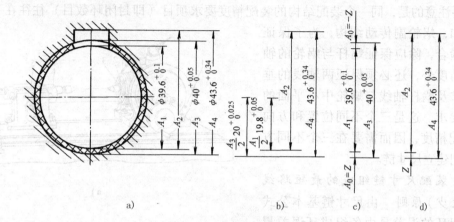

图 8-13　工序间尺寸计算
a) 工序图　b) 整体尺寸链　c) 分尺寸链一　d) 分尺寸链二

根据加工路线，将 $\phi 39.6^{+0.1}_{0}$ mm 和 $\phi 40^{+0.05}_{0}$ mm 按半径处理，则可画出四环工艺尺寸链，解出

$$A_2 = 43.4^{+0.315}_{+0.05} \text{ mm} = 43.45^{+0.265}_{0} \text{ mm}$$

也可以用两个尺寸链来解。设置一个公共环 Z，在第一个尺寸链中 Z 为封闭环，如图 8-13c 所示；在第二个尺寸链中 Z 为组成环，A_4 为封闭环，如图 8-13d 所示。计算结果相同。

工艺尺寸链还可以应用于孔系坐标尺寸换算。在仪器仪表的底板或壳体上往往有许多轴承孔。这些轴承孔的位置在零件图上常常用中心距连锁尺寸来规定，如图 8-14 所示的三个轴承孔 1、2、3，各孔中心距的连锁尺寸为 $a + T\alpha$、$b + T\alpha$。为了便于加工（如在坐标镗床上）需要将孔中心距连锁尺寸换算为坐标尺寸（改用 OX、OY 为工艺基准）。

2. 装配尺寸链的应用

（1）装配尺寸链的建立　要准确查明装配尺寸链的组成环，首先应明确封闭环。一般的方法是，对于每一封闭环项目，通过装配关系的分析，取封闭环两端的两个零件为起点，沿着装配精度要求的位置方向，以装配基准面为联系的线索，分别查明装配关系中包

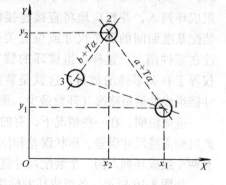

图 8-14　孔系加工基准换算

括了哪些影响装配精度要求的有关零件，直到找到同一个基准零件，甚至是同一个基准表面为止。这样，所有有关零件上直接连接两个装配基准面间的位置尺寸或关系，便是装配尺寸链的全部组成环。也可从封闭环的一端开始，依次查至另一端；或从共同的基准面和零件开始，分别查至封闭环的两端。不管用哪一种方法，关键在于整个尺寸链系统要正确地封闭。

以光学分度头主轴体锥孔轴心线与尾座轴心线对底板安装表面等高度为例，查明装配尺寸链的组成。图 8-15a 所示为光学分度头外观图，图 8-15b 所示为影响等高度误差 A_0 的尺寸链。组成环包括：主轴壳体孔中心线至安装基面的距离 A_1，主轴轴承内、外圆的同轴度误差 e_1，尾座体孔轴线至安装基面的距离 A_2，顶尖套内、外圆同轴度误差 e_2 及底板的平面度误差 e_3。

需要注意的是，同一个装配结构的装配精度要求项目（即封闭环数目）往往在一个以上。例如，蜗轮副传动结构，为了保证其正常啮合，除应保证蜗杆与蜗轮的轴线距离精度外，还必须保证两轴线的垂直度要求及蜗杆轴线与蜗轮中心平面的对称度要求。这是三个不同位置和方向上的装配精度，因而需要在三个不同方向上分别建立尺寸链。

（2）装配尺寸链组成的最短路线（环数最少）原则　由尺寸链基本公式知，封闭环的误差是由各组成环误差累积而得到的。在一定装配精度要求的条件下，装配尺寸链中组成环数目越少，则分配到各组成环的公差就越大，于是各零件的加工就越容易。为达到这一要求，进行产品结构设计时，在满足产品功能要求的条件下，应尽可能使影响封闭环精度的零件数目减至最少。

在结构确定以后，组成装配尺寸链时，一般应使每一个有关零件仅以一个组成环列入，并相应地将直接连接两个装配基准面间的那个尺寸或位置关系标注在零件图上。这样，组成环的数目就仅等于有关零件的数目。这就是装配尺寸链组成的最短路线（环数最少）原则。

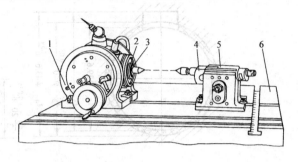

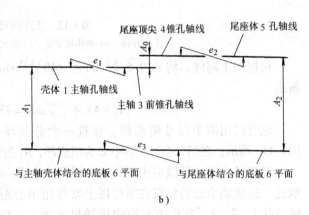

图 8-15　光学分度头尺寸链
a）光学分度头外观图　b）高度尺寸链
1—主轴壳体　2—主轴轴承　3—主轴　4—尾座顶尖
5—尾座体　6—底板

应该说明，在一些情况下，有的零件的尺寸和形状、位置误差同时对封闭环产生影响。此时则需将尺寸误差、形状误差和位置误差分别作为组成环列入尺寸链中，即一个零件可能有两个组成环列入同一个装配尺寸链中。

如图 8-16 所示，各组成环的标注方法体现了最短路线原则。相反，如将图 8-16 中的传动轴局部结构标注成图 8-17 所示的形式，则传动轴参与到尺寸链中组成的环数目是两个（A_1、A_2），显然不符合上述原则。

图 8-18a 所示是变速箱部件装配简图。为保证两啮合齿轮轴心线平行度的要求，应在部件装配上，分别控制齿轮 3 的轴心线对变速箱 1 的装配结合平面的垂直度，及齿轮 2 的轴心线对变速箱 1 的装配结合平面的垂直度。因此，就标注变速箱体零件图相应技术条件来说，

应直接标出两孔连心线 III-III 对 B 面的垂直度要求，而不应标注 II-II 孔连心线与 III-III 孔连心线的平行度及 II-II 孔连心线对 B 面的垂直度要求，如图 8-18b 所示。因为这将有两个尺寸参加尺寸链的计算，不符合最短路线原则。

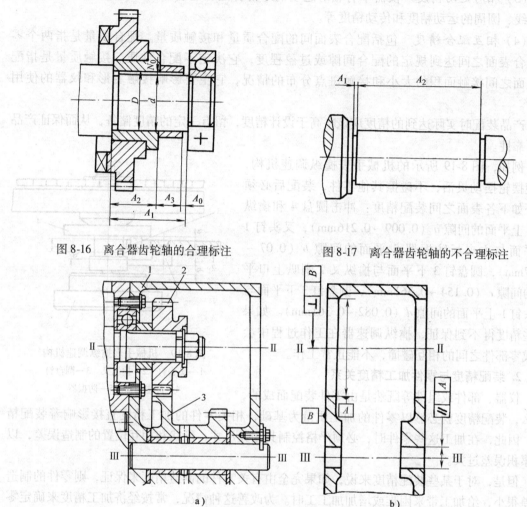

图 8-16　离合器齿轮轴的合理标注　　　　　图 8-17　离合器齿轮轴的不合理标注

图 8-18　变速箱装配简图

a) 变速箱部件装配简图　b) 变速箱体零件图

8.4　装配方法

8.4.1　装配精度

1. 装配精度要求

仪器的装配精度是为了保证它的良好工作性能而规定的，正确地规定仪器、部件或组件等的装配精度，是产品设计的一个重要环节。它既影响仪器的质量，又影响仪器制造的经济性，因为它是确定零件精度和制订装配工艺规程的一个重要依据。

仪器的装配精度一般包括下面几方面：

（1）距离精度　相关零部件表面间的距离尺寸精度，如一台仪器上两个轴之间的中心距等。

（2）相互位置精度 相关零部件表面间的相互位置精度，如平行度、垂直度等。

（3）相对运动精度 仪器中有相对运动的零部件间在运动方向和相对速度上的精度，有直线、圆周的运动精度和传动精度等。

（4）相互配合精度 包括配合表面间的配合质量和接触质量。配合质量是指两个零件配合表面之间达到规定的配合间隙或过盈程度，它决定了配合性质。接触质量是指配合表面之间接触面积的大小和接触斑点分布的情况，它主要影响接触变形和仪器的使用寿命。

产品装配时实际达到的精度应该略高于设计精度，留有一定的精度储备，从而保证产品的可靠性。

例如，图 8-19 所示的机械手表擒纵调速机构，为使摆轮摆动灵活，不碰擦其他零件，装配后必须保证如下各表面之间装配精度：冲击圆盘 4 和擒纵叉 2 上平面的间隙 a（0.009～0.216mm），叉头钉 1 下平面与主夹板防振器 5 平面的间隙 b（0.07～0.27mm），圆盘钉 3 下平面与擒纵叉 2 喇叭上口平面的间隙 c（0.154～0.361mm），圆盘钉 3 下平面与叉头钉 1 上平面的间隙 d（0.082～0.361mm）。如果这些精度得不到保证，擒纵调速器在工作过程中会造成零部件之间的相互碰撞，不能正常工作。

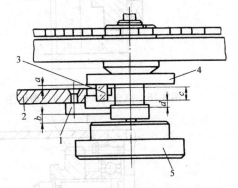

图 8-19　机械手表擒纵调速机构
1—叉头钉　2—擒纵叉　3—圆盘钉
4—冲击圆盘　5—防振器

2. 装配精度与零件加工精度关系

仪器、部件或组件等既然是由零件装配而成的，那么，装配精度就必然以零件的加工质量为基础，相关零件的加工精度直接影响着装配精度。因此，在加工这些零件时，必须严格控制其相关尺寸、形状和相互位置的制造误差，以防累积误差过大。

但是，对于某些装配精度来说，如果完全由有关零件的制造精度来保证，则零件的制造公差很小，给加工带来困难或增加加工工时。为改善这种情况，常按经济加工精度来确定零件的技术要求，装配时，采取一定的保证装配精度的装配方法。这样虽增加了装配的劳动量，但从整台产品制造来说，仍然是经济可行的。

可见，合理地保证装配精度，必须对仪器的结构设计、零件的加工、仪器的装配和检验等过程进行全面分析和综合考虑。其中，装配方法的选择是重要的组成部分。按产品设计要求、结构特征、公差大小与生产条件，可以采用不同的装配工艺方法达到产品装配精度要求。通常有互换法、分组法、修配法与调整法。

8.4.2　互换装配法

1. 完全互换装配法

在全部产品中，装配时各组成环不需挑选或改变其大小和位置，装入后即能达到封闭环的公差要求，称为完全互换装配法。该方法采用极值公差公式计算。

【例 8-4】 图 8-20 所示为变速箱传动轴局部装配简图及轴向尺寸链图。双联齿轮在轴上是空套的，要求隔套 4、双联齿轮 3、垫圈 2 及弹簧挡圈 1 装在主轴 5 上后，能保证齿轮在轴上转动自由，按工作条件，要求轴向间隙的极限值为 0.12 ~ 0.30mm。试按完全互换法进行公差设计计算。

已知 封闭环极限偏差：$ES_0 = 0.30$mm，$EI_0 = 0.12$mm

封闭环中间偏差：$\Delta_0 = (0.30 + 0.12)$ mm$/2 = 0.21$mm

封闭环公差：$T_0 = 0.30$mm $- 0.12$mm $= 0.18$mm

各组成环基本尺寸：$A_1 = 115$mm，$A_2 = 8.5$mm，$A_3 = 95$mm，$A_4 = 9$mm，$A_5 = 2.5$mm

各组成环传递系数：$\xi_1 = +1$，$\xi_2 = -1$，$\xi_3 = -1$，$\xi_4 = -1$，$\xi_5 = -1$

组成环 A_5 是标准件：$A_5 = 2.5_{-0.03}^{\ 0}$mm

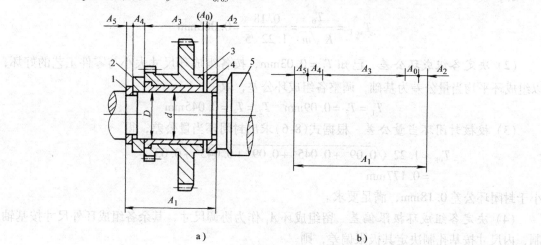

图 8-20 变速箱传动轴完全互换装配

a) 变速箱传动轴局部装配简图 b) 轴向尺寸链图

1—弹簧挡圈 2—垫圈 3—双联齿轮 4—隔套 5—主轴

解 （1）决定各组成环平均极值公差，即

$$T_{av.L} = T_0/m = 0.18\text{mm}/5 = 0.036\text{mm}$$

（2）决定各组成环公差 按各组成环基本尺寸大小与零件工艺性好坏，以平均公差数值为基础，调整各组成环公差。取 $T_1 = T_3 = 0.05$mm，$T_2 = T_4 = 0.025$mm。

（3）决定各组成环极限偏差 取 A_1 作为协调尺寸，其余各组成环，属外尺寸的按基轴制，属内尺寸的按基孔制决定其极限偏差，则

$$A_2 = 8.5_{-0.025}^{\ 0}\text{mm} \quad A_3 = 95_{-0.05}^{\ 0}\text{mm} \quad A_4 = 9_{-0.025}^{\ 0}\text{mm} \quad A_5 = 2.5_{-0.03}^{\ 0}\text{mm}$$

各组成环相应中间偏差为

$$\Delta_2 = -0.0125\text{mm} \quad \Delta_3 = -0.025\text{mm} \quad \Delta_4 = -0.0125\text{mm} \quad \Delta_5 = -0.015\text{mm}$$

（4）根据式(8-10)计算组成环 A_1 的中间偏差

$$\Delta_1 = \Delta_0 + \Delta_2 + \Delta_3 + \Delta_4 + \Delta_5 = 0.145\text{mm}$$

（5）决定组成环 A_1 的极限偏差，即

$$ES_1 = \Delta_1 + T_1/2 = 0.145\text{mm} + 0.05\text{mm}/2 = 0.17\text{mm}$$

$$EI_1 = \Delta_1 - T_1/2 = 0.145\text{mm} - 0.05\text{mm}/2 = 0.12\text{mm}$$

（6）得协调尺寸 A_1 的具体尺寸为

$$A_1 = 115^{+0.17}_{+0.12}\text{mm}$$

2. 大数互换装配法

在绝大多数产品中，装配时各组成环不需挑选或改变其大小或位置，装入后即能达到封闭环的公差要求。该方法采用统计公差公式计算。

采用大数互换法时，应有适当的工艺措施，排除个别产品超出公差范围或极限偏差的情况。

【例8-5】 仍以图8-20为例，说明按大数互换法进行公差设计计算的步骤。已知条件与［例8-4］相同。

解 （1）决定各组成环平均当量公差 根据式(8-9)，并取 $k = 1.22$，得

$$T_{\text{av. E}} = \frac{T_0}{K\sqrt{m}} = \frac{0.18}{1.22\sqrt{5}} = 0.066\text{mm}$$

（2）决定各组成环公差 已知 $T_5 = 0.03\text{mm}$，按各组成环尺寸大小与零件工艺的好坏，以组成环平均当量公差为基础，调整各组成环公差，取

$$T_1 = T_3 = 0.09\text{mm} \quad T_2 = T_4 = 0.045\text{mm}$$

（3）校核封闭环当量公差 根据式(8-6)求出封闭环当量公差，得

$$T_{0E} = 1.22\sqrt{0.09^2 + 0.045^2 + 0.09^2 + 0.045^2 + 0.03^2}$$
$$= 0.177\text{mm}$$

小于封闭环公差 0.18mm，满足要求。

（4）决定各组成环极限偏差 留组成环 A_1 作为协调尺寸，其余各组成环外尺寸按基轴制，内尺寸按基孔制决定其极限偏差，则

$$A_2 = 8.5^{\ 0}_{-0.045}\text{mm} \quad A_3 = 95^{\ 0}_{-0.09}\text{mm} \quad A_4 = 9^{\ 0}_{-0.045}\text{mm} \quad A_5 = 2.5^{\ 0}_{-0.03}\text{mm}$$

各组成环相应中间偏差为

$$\Delta_2 = -0.0225\text{mm} \quad \Delta_3 = -0.045\text{mm} \quad \Delta_4 = -0.0225\text{mm} \quad \Delta_5 = -0.015\text{mm}$$

（5）计算组成环 A_1 的中间偏差 根据式(8-10)计算得

$$\Delta_1 = \Delta_0 + \Delta_2 + \Delta_3 + \Delta_4 + \Delta_5 = 0.105\text{mm}$$

（6）决定组成环 A_1 的极限偏差

$$ES_1 = \Delta_1 + T_1/2 = 0.105\text{mm} + 0.09\text{mm}/2 = 0.15\text{mm}$$
$$EI_1 = \Delta_1 - T_1/2 = 0.105\text{mm} - 0.09\text{mm}/2 = 0.06\text{mm}$$

（7）得协调尺寸 A_1 的具体尺寸

$$A_1 = 115^{+0.15}_{+0.06}\text{mm}$$

8.4.3 分组装配法

在设计产品时，有时会遇到装配尺寸链环数不多，但封闭环要求很高的情况，如滚动轴承内、外环与滚珠（滚柱）的装配。如按完全互换法来处理，组成环的公差就会很小，给组成环的零件的加工带来困难，而利用分组法可较好地解决这一矛盾。

分组装配法将各组成环按其实际尺寸大小分为若干组，各对应组进行装配，同组零件具有互换性。该方法通常采用极值公差公式计算。

分组法是在设计时将按完全互换的尺寸链解法所确定的各环公差放大几倍，使其能按经

济精度加工，再把各零件放大后的公差带等分成几组（也就是将各零件按尺寸的大小分成几组），然后按对应组把零件装配在一起，它能保证封闭环所要求的配合精度和配合性质。分组以后，同一组的零件可以互换，每一组内零件尺寸的公差很小，因而能达到很高的装配精度。

如轴、孔配合，设轴的公差为 T_z，孔的公差为 T_k，并令 $T_z = T_k = T$。如果为间隙配合，其最大、最小间隙分别为 S_{max}、S_{min}。现按分组法，把轴、孔公差均放大 n 倍，这时轴与孔的公差为

$$T' = nT \quad n = T'/T$$

零件加工完毕后，再将轴与孔的尺寸分为 n 组，每组公差仍为

$$T = T'/n$$

取第 l 组来看，其最大、最小间隙为

$$S_{lmax} = \left[S_{max} + (k-1)T_k - (k-1)T_z \right] = S_{max}$$

$$S_{lmin} = \left[S_{min} + (k-1)T_k - (k-1)T_z \right] = S_{min}$$

可见，无论是哪一组，其配合精度和配合性质均未改变。

分组法只适用于精度要求很高、环数少的尺寸链（一般相关零件只有两三个），以及大批、大量生产中。

【例 8-6】　图 8-21a 所示为某厂生产的滚珠轴承装配图。装配后要求径向游隙为 0.004 ~ 0.016mm，配合公差 $T_0 = 0.012$mm。影响该项精度的因素有：轴承外座圈内滚道直径 A_1，轴承内座圈外滚道直径 A_2，滚珠直径 A_3。装配尺寸链如图 8-21b 所示。按完全互换法确定的组成环公差应为

$$A_1 = 35.894 \pm 0.002 \text{mm}$$

$$A_2 = 21.606 \pm 0.002 \text{mm}$$

$$A_3 = 7.139 \pm 0.001 \text{mm}$$

方能满足封闭环 $A_0 = 0.01 \pm 0.006$mm（径向游隙为 0.004 ~ 0.016mm）的要求。

由于 A_1、A_2 的公差（$T_1 = T_2 = 0.004$mm）要求得太严，制造很不经济，生产率也低，因此采用分组互换法。将 A_1、A_2 的公差各放大 12 倍，即

$$T_1' = T_2' = 0.004 \times 12 = 0.048 \text{mm}$$

使 A_1、A_2 的制造尺寸确定为

$$A_1' = 35.894 \pm 0.024 \text{mm}$$

$$A_2' = 21.606 \pm 0.024 \text{mm}$$

与 A_1、A_2 相比，加工就不困难了。而滚珠的最后精加工是研磨，完全能满足 0.002mm 的精度要求，不需要扩大公差。

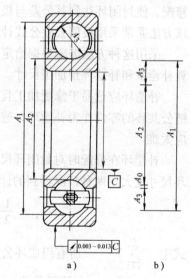

图 8-21　轴承分组装配
a）轴承装配图　b）装配尺寸链

加工后的内、外座圈用精密量具测量，并按尺寸大小分成十二组。大尺寸的外座圈配大尺寸的内座圈，小尺寸的外座圈配小尺寸的内座圈，表 8-4 表示了具体分组情况。从表中可以看出，同一组内、外座圈和滚珠相配，可以完全互换，并能保证要求的配合游隙。

表 8-4 滚动轴承分组尺寸 （单位：mm）

组别	标志颜色	外座圈尺寸 A_1	内座圈尺寸 A_2	滚珠尺寸 A_3	配合情况	
					最大游隙 A_{0max}	最小游隙 A_{0min}
1	蓝	$\phi 35.894^{+0.024}_{+0.020}$	$\phi 21.606^{+0.024}_{+0.020}$	$\phi 7.139 \pm 0.001$		
2	红	$\phi 35.894^{+0.020}_{+0.016}$	$\phi 21.606^{+0.020}_{+0.016}$	$\phi 7.139 \pm 0.001$		
3	白	$\phi 35.894^{+0.016}_{+0.012}$	$\phi 21.606^{+0.016}_{+0.012}$	$\phi 7.139 \pm 0.001$	0.016	0.004
$\vdots$	$\vdots$	$\vdots$	$\vdots$	$\vdots$		
11	紫	$\phi 35.894^{-0.016}_{-0.020}$	$\phi 21.606^{-0.016}_{-0.020}$	$\phi 7.139 \pm 0.001$		
12	黄	$\phi 35.894^{-0.020}_{-0.024}$	$\phi 21.606^{-0.020}_{-0.024}$	$\phi 7.139 \pm 0.001$		

8.4.4 修配装配法

有些装配尺寸链封闭环精度要求很高，如果按互换法进行计算，有可能分配给各组成环的公差数值很小，给零件的制造带来困难。此时，可以采用修配法解决。

用修配装配法装配时，各组成环尺寸均按给定的生产条件下的经济加工精度制造，由于封闭环的极值公差超出封闭环公差，装配时，必须对尺寸链中某一零件的相关尺寸进行加工修配，使封闭环达到其公差与极限偏差要求。要进行修配的组成环称补偿环（或修配环）。该方法通常采用极值公差公式计算。这种方法适用于成批和单件生产。

采用这种方法需要根据给定的结构，首先选取补偿环，其次决定各组成环公差，最后计算补偿量和补偿环预加工尺寸。

补偿环应选易于修配加工且拆装容易的零件，如垫圈、垫块，压板等，不能选并联尺寸链公共环的零件作为补偿环，避免互相产生影响。组成环的公差不宜确定得太大，加工也不应太难。

补偿环在修配时对封闭环尺寸大小变化的影响有两种情况：①封闭环尺寸变小；②封闭环尺寸变大。两种情况得到的计算补偿量 F 及计算补偿环附加尺寸 h_k 的公式一样，即

$$h_k = \frac{1}{2}\left(\sum_{i=1}^{m} T_i - T_0\right) = \frac{1}{2}(T_{0L} - T_0) = \frac{1}{2}F \tag{8-13}$$

式中 $\sum_{i=1}^{m} T_i$ ——所有组成环公差之和；

T_0 ——封闭环公差；

F ——补偿环的最大补偿量。

【例 8-7】 下面按修配法对图 8-20 及所给条件进行公差设计计算。

解 （1）确定补偿环 由图可以看出，垫圈 2（A_4）装卸方便，加工容易，又不是标准件，故选它为补偿环。

（2）决定各组成环公差及偏差 各组成环给予较宽的公差

$$T_1 = T_3 = 0.22\text{mm} \quad T_2 = 0.09\text{mm} \quad T_4 = 0.036\text{mm} \quad T_5 = 0.03\text{mm}$$

组成环外尺寸按基轴制，内尺寸按基孔制决定其极限偏差

$$A_1 = 115^{+0.22}_{0}\text{mm} \quad A_2 = 8.5^{0}_{-0.09}\text{mm} \quad A_3 = 95^{0}_{-0.22}\text{mm} \quad A_5 = 2.5^{0}_{-0.03}\text{mm}$$

各组成环相应的中间偏差为

$$\Delta_1 = +0.11\text{mm} \quad \Delta_2 = -0.045\text{mm} \quad \Delta_3 = -0.11\text{mm} \quad \Delta_5 = -0.015\text{mm}$$

（3）计算封闭环极值公差　根据式(8-11)计算，得

$$T_{0L} = \sum_{i=1}^{m} |\xi_i| T_i = 0.22\text{mm} + 0.09\text{mm} + 0.22\text{mm} + 0.036\text{mm} + 0.03\text{mm} = 0.596\text{mm}$$

（4）计算补偿环 A_4 的补偿量 F　根据式(8-13)计算，得

$$F = T_{0L} - T_0 = 0.596\text{mm} - 0.18\text{mm} = 0.416\text{mm}$$

（5）计算补偿环 A_4 的中间偏差　根据式(8-10)计算，得

$$\Delta_4 = \Delta_1 - \Delta_2 - \Delta_3 - \Delta_5 - \Delta_0$$

$$= 0.11\text{mm} - (-0.045)\text{mm} - (-0.11)\text{mm} - (-0.015)\text{mm} - 0.21\text{mm}$$

$$= 0.07\text{mm}$$

（6）决定补偿环尺寸　补偿环预加工基本尺寸 A_{4y}

$$A_{4y} = A_4 + \Delta_4 - T_4/2 + h_k = 9\text{mm} + 0.07\text{mm} - 0.036\text{mm}/2 + 0.416\text{mm}/2 = 9.26\text{mm}$$

最后得补偿环预加工尺寸为

$$A_4 = 9.26^{+0.036}_{0}\text{mm}$$

8.4.5　调整装配法

调整装配法即装配时用调整的方法改变补偿环的实际尺寸或位置，使封闭环达到其公差与极限偏差的要求。一般以调整螺栓、斜块、挡环、垫片或轴孔连接中的间隙等作为补偿环。该方法通常采用极值公差公式计算。

调整法的实质与修配法相同，也是扩大组成环的公差，使各组成环按经济加工精度制造，而装配时用调整补偿环的方法来达到规定的装配精度要求。因此在设计仪器时，就应在结构上有所考虑，使调整工作能顺利进行。

1. 固定调整法

固定调整法就是在尺寸链中加入一个（或几个）调整件作为补偿环，该零件称为补偿件。补偿件是尺寸按等差级数制成的一组专用零件，根据装配的需要，选用其中某一级别的零件来作补偿，从而保证所需要的装配精度。

补偿件同样应该是结构简单，便于拆装和加工的零件，通常使用的有垫圈、垫片、轴套等。补偿件也应当尽量避免选用并联尺寸链的公共环，以免对其他尺寸链有影响。

当以 A_S 表示一个装配尺寸链中未放入补偿环 A_k 以前的"空位尺寸"时，根据增环和减环的极限尺寸不同的组合，可得到 $A_{S\max}$ 及 $A_{S\min}$ 两个极限的空位尺寸，其变动范围 T_S 等于除了补偿环以外的各组成环（环数为 m - 1）公差的累积值，即

$$T_S = \sum_{i=1}^{m-1} T_i \tag{8-14}$$

在装配时，随着除补偿环外的各组成环的变化，"空位"尺寸 A_S 的实测值处于一个变动范围。此时，补偿环 A_k（其公差为 T_k）的尺寸级别也应该进行配套选择，进行补偿，使

封闭环实际尺寸 A_0 处于 $A_{0max} \sim A_{0min}$ 的范围内，以保证装配精度的要求，如图 8-22 所示。

每级补偿件所能补偿的"空位"尺寸的变动范围即为补偿能力 S。如果调整中，尺寸能够控制得绝对准确，即 $T_k = 0$，其补偿能力应是封闭环所允许的变动范围，即

$$S = T_0 = T_{0max} - T_{0min}$$

实际上，补偿件本身具有公差 T_k，使补偿范围缩小，故实际补偿能力为

$$S = T_0 - T_k \qquad (8\text{-}15)$$

S 也是相邻级别的调整中基本尺寸的差值，称为级差。

显然，补偿环分级组数 Z 应为

$$Z = T_s / (T_0 - T_k)$$

由式（8-14）、式（8-15）得

$$
\begin{aligned}
Z &= \frac{\sum\limits_{i=1}^{m-1} T_i - T_0 + T_0}{T_0 - T_k} \\
&= \frac{\left(\sum\limits_{i=1}^{m} T_i - T_0 \right) + (T_0 - T_k)}{T_0 - T_k} \\
&= \frac{F}{S} + 1 \qquad (8\text{-}16)
\end{aligned}
$$

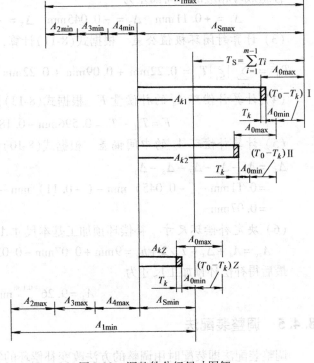

图 8-22　调整件分级尺寸图解

可见，组成环的公差越大，调整件分级组数越多，尤其是补偿环的公差对其影响更大。因此，组数不宜分得太多，以避免给生产组织工作带来困难，故零件的公差不宜取得太大，尤其是补偿环的公差必须严格控制。

在实际计算中，分级组数一般不是整数，需要向大的方向圆整。这样做，意味着实际的补偿能力大于需要的补偿能力。此时，可将有关组成环公差和补偿环公差适当调整，使之接近整数或成为整数。

调整件各组尺寸的确定，可以通过组成环的偏差值求出补偿环尺寸，再根据补偿环组数 Z 求得，当 Z 为奇数时，求出的补偿环尺寸是中间的一组尺寸；Z 为偶数时，应以求出的补偿尺寸为对称中心，安排各组尺寸。

【例 8-8】　下面按固定调整法对图 8-20 及所给条件进行公差设计计算。

解　（1）与修配法举例的计算顺序完全相同，得各组成环尺寸

$$A_1 = 115^{+0.22}_{0}\,mm \qquad A_2 = 8.5^{\,0}_{-0.09}\,mm \qquad A_3 = 95^{\,0}_{-0.22}\,mm \qquad A_5 = 2.5^{\,0}_{-0.03}\,mm$$

补偿环的补偿量　　　　　　　　$F = 0.416mm$

补偿环的中间偏差　　　　　　　$\Delta_4 = 0.07mm$

（2）计算补偿环尺寸

$$A_{4min} = A_4 + \Delta_4 - T_4/2 = 9mm + 0.07mm - 0.036mm/2 = 9.052mm$$

得补偿环尺寸

$$A_4 = 9.052^{+0.036}_{\ 0}\,\text{mm}$$

（3）决定级差　根据式(8-15)，得级差

$$S = T_0 - T_4 = 0.18\text{mm} - 0.036\text{mm} = 0.144\text{mm}$$

（4）决定补偿环 A_4 的组数　根据式(8-16)，得补偿环组数

$$Z = (F/S) + 1 = (0.416/0.144) + 1 = 3.89$$

取 $Z = 4$。

（5）决定补偿环各组尺寸　本例中 $Z = 4$，应该以补偿环 $A_4 = 9.052^{+0.036}_{\ 0}\,\text{mm}$ 为对称中心，安排 A_4 各组尺寸，即

$$[9.052 - (0.144 + 0.072)]^{+0.036}_{\ 0}\,\text{mm} \qquad [9.052 - 0.072]^{+0.036}_{\ 0}\,\text{mm}$$

$$[9.052 + 0.072]^{+0.036}_{\ 0}\,\text{mm} \qquad [9.052 + (0.144 + 0.072)]^{+0.036}_{\ 0}\,\text{mm}$$

最后得 A_4　　$9^{-0.128}_{-0.164}\,\text{mm}$　　$9^{+0.016}_{-0.02}\,\text{mm}$　　$9^{+0.016}_{+0.124}\,\text{mm}$　　$9^{-0.128}_{+0.268}\,\text{mm}$

2. 可动调整法

可动调整法就是在尺寸链中选定一个（或几个）零件为补偿环，用改变调整件位置来调整所累积的封闭环误差。从而保证装配精度要求。

设计可动调整件时，其最大调整量必须考虑到最大的补偿数值。同时，还要考虑仪器在使用过程中由于零件的磨损，温度的变化等，使组成环尺寸发生改变时，所需要的补偿量。

采用可动调整法，在调整过程中因为不需要拆卸零件，所以比较方便，并可随时调整由于磨损、受热变形或弹性变形等原因所引起的误差。采用可动调整法需要增加调整件，并要增大机构的体积，而且装配精度在一定程度上依赖于工人的技术水平，因此不便于组织流水生产。

（1）间隙的调整

1）径向间隙的调整。在要求很高，且生产批量较大的配合机构中，为了提高生产率，往往依靠调整调节机构来消除间隙，以便获得很高的配合精度。常见的几种如图8-23所示，图a所示是利用切口螺母进行调整的。调整时，通过拧紧或松开螺母，改变螺母的中径，从而达到调整螺杆螺母副配合间隙的目的。图b所示是利用弹性收缩螺套机构进行调整。调整时，逐步拧紧，切忌一次拧紧。如果要求很高，可辅以对研法提高精度。

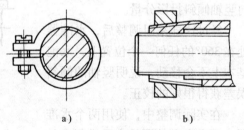

图8-23　径向间隙调整机构

a）切口螺母进行调整　b）弹性收缩螺套调整

2）轴向间隙的调整。图8-24所示是利用双螺母调整螺旋传动机构的轴向间隙。它是利用两个螺母互相分开或靠拢，使它们在轴向产生位移，从而消除轴向间隙。调整时，应边调整边旋转螺杆，直至感觉到无间隙和旋转舒适为止。图8-25所示是利用螺钉调整轴向间隙。为了减少摩擦，这种轴的端面常常设计成球形或内锥加装钢球。

（2）位置精度的调整

1）单因素的调整。单因素的调整主要考虑一个因素的优选，最常用的是对分法，也称来回试调法。应用这种方法，不必经过多次比较，只要做一次试验（或者测量）就可以判断试验点的取代是偏低，还是偏高。在机械校正中多用对分法。

例如，一根竖轴倾斜误差（垂直度）的调整，如图 8-26 所示，初步装配的竖轴，倾斜误差的方向往往是任意的、无规则的。如果在 360°方向一点一点地进行测量调整，其工作量是极其繁重的。如果通过理想的轴线，作两个互相垂直的平面（一个为 0°~180°方向，另一个为 90°~270°方向），让实际竖轴在这两个平面内的投影分量达到要求的数值，便可完满解决问题。这种方法既简便，又快速。

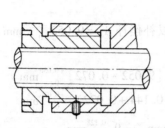

图 8-24 利用双螺母调整轴向间隙

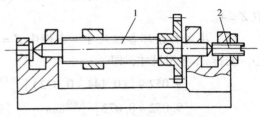

图 8-25 利用螺钉调整轴向间隙
1—螺杆 2—调节螺钉

如果先调整在 0°~180°方向平面内的投影分量，方法如下：在轴的顶端安放一个水准器 3，调节水准器的调节螺钉 4，使水准器的水泡 2 居中，如图 8-26a 所示；绕轴旋转 180°，根据水泡的偏移方向 A 和偏移量 S 即可判断竖轴的倾斜方向和倾斜分量，如图 8-26b 所示；调节水准器的调节螺钉 4，使水泡 2 向相反方向移动一半（S/2）的距离，调节竖轴的安平螺钉 5，使水准器的水泡居中，再使水准器绕竖轴旋转回到原来的位置。重复上述调节步骤多次，可以获得很高的调整精度。

将水准器绕竖轴旋转 90°，按上述方法，即可调整 90°~270°方向竖轴倾斜投影分量。

经过这样来回调整后，水准器处在 360°的任何一个位置上，水泡基本上不会移动，说明竖轴的倾斜误差获得很好的校正。

在实际调整中，使用两个水准器，两个方向的调整交叉进行，效果会更好。

2）多因素的调整。为实现仪器中的某项性能，其影响因素不止一个。在需要调整的诸因素中，它们可能是彼此独立的，也可能是彼此有联系的。常会发生在调整一个因素的过程中，导致一个或多个因素发生变化。因此，在调整时，要安排出合理的调整顺序。

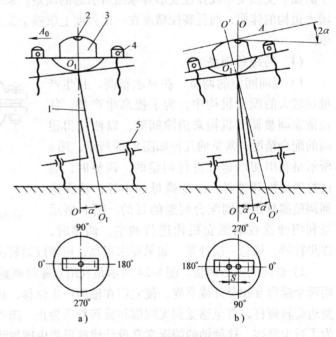

图 8-26 竖轴垂直度调节示意图
a）第一次调整 b）旋转 180°后第二次调整
1—竖轴 2—水泡 3—水准器 4—调节螺钉 5—安平螺钉

在机械调整中多采用因素轮换法。首先对第一个因素优选，将其余因素固定下来，在第一个因素处于最优点上时，对第二个因素进行优选，其余因素仍固定不动，以此类推，将逐个因素优选好，并固定在各自的最优点上。若结果仍不满意，那么用上述方法再做第二轮优选，直到满意为止。由于每次优选都是从最优点出发，再找新的最优点，直至完成整个优选要求，又可称为"逐渐迫近法"。

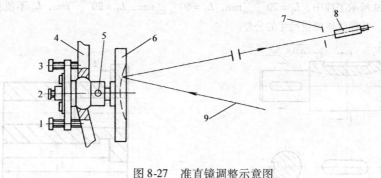

图 8-27　准直镜调整示意图

1、2、3—镜座固定螺钉　4—准直镜机座　5—准直镜固定螺钉
6—准直镜　7—出射狭缝　8—读数显微镜　9—入射光谱线

如图 8-27 所示的准直镜机构中，光路调整就是采用这种方法进行的。机构中准直镜起两个作用，既要把光谱线会聚在出射狭缝上，又要求狭缝上处处发光强度均匀。由于准直镜本身具有制造误差，而且准直镜初步装配后，光轴方向是任意的，因此必须调整光轴方向和准直镜焦距两个因素。调整时，在出射狭缝处安装读数显微镜 8 进行监视。

根据调整时采用的监视方法，选用先调整准直镜光轴方向较为合理和简便。在调整光轴方向后，利用读数显微镜，根据光谱线像的宽度变化及像质变化来调整焦距是比较方便的。如果先调焦距，再校正光轴方向，此时焦距还将发生变化，会造成返工，降低工作效率。

调整方法是，首先预紧螺钉 1、2、3，将准直镜至狭缝的距离按焦距初步固定下来。调整准直镜光轴方向，一般先将螺钉 1 和 3 固定，调节螺钉 2 观察光谱线是否出现在狭缝处，当在读数显微镜中观察到光谱线以后，微调螺钉 2，使光谱处在狭缝中间。然后调节螺钉 1 或 3，在上下方向使光谱线充满整个狭缝，至发光强度较均匀为止。若调节螺钉 2 时，在读数显微镜中观察不到光谱线，则把 2 先固定不动，调节一下螺钉 1 或 3，然后再调螺钉 2，直到在读数显微镜中观察到光谱线为止。

调整准直镜焦距时，松开镜座的固定螺钉 5，前后移动准直镜的位置，直到显微镜中出现清晰的光谱像为止，然后旋紧镜座的固定螺钉。

如果发现在调整焦距的过程中，光谱线不处在狭缝的中央，应该重复上述的调整方法，直至满足要求为止。

习题与思考题

8-1　制定装配工艺规程需要知道哪些原始资料？经过哪几个阶段制定？

8-2　何谓装配单元？为什么要把仪器划分成许多独立装配单元？零件、组件或部件和仪器在装配中的含义是什么？

8-3　确定装配顺序的一般方法有哪些？

8-4　在仪器的组装装配工作中包括哪些主要内容？

8-5　装配生产的组织形式有哪几种？各适用于什么情况？

8-6　移动式流水装配中，工序同期化的概念是什么？可以采用哪些措施实现工序同期化？

8-7 试分析图 8-28 所示零件有哪些结构工艺性问题，并提出正确的改进意见。

8-8 机械结构的装配工艺性包括哪些主要内容？试举例说明。

8-9 尺寸链的两个主要功能是什么？说明尺寸链中的组成环、封闭环的含义。

8-10 在图 8-29 所示工件中，$L_1 = 70^{-0.025}_{-0.050}$ mm，$L_2 = 60^{0}_{-0.025}$ mm，$L_3 = 20^{+0.15}_{0}$ mm，L_3 不便直接测量，试重新给出测量尺寸，并标注该测量尺寸的公差。

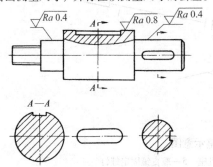

图 8-28 习题 8-7 图　　　　图 8-29 习题 8-10 图

8-11 在查找装配尺寸链组成环时，一般方法是什么？

8-12 装配尺寸链最短原则的意义是什么？

8-13 装配精度一般包括哪些内容？装配精度与零件的加工精度有何区别和关系？

8-14 保证装配精度的方法有哪几种？各适用于什么装配场合？

以下各计算题若无特殊说明，各参与装配的零件加工尺寸均为正态分布，且分布中心与公差带中心重合。

8-15 现有一轴、孔配合，配合间隙要求为 $0.04 \sim 0.26$mm，已知轴的尺寸为 $\phi 50^{0}_{-0.10}$mm，孔的尺寸为 $\phi 50^{+0.20}_{0}$ mm。若用完全互换法进行装配，能否保证装配精度要求？用大数互换法装配能否保证装配精度要求？

8-16 设有一轴、孔配合，若轴的尺寸为 $\phi 80^{0}_{-0.10}$ mm，孔的尺寸为 $\phi 80^{+0.20}_{0}$ mm，试用完全互换法和大数互换法装配，分别计算其封闭环基本尺寸、公差和分布位置。

8-17 在车床尾座套筒装配图中，各组成环零件的尺寸如图 8-30 所示，若分别按完全互换法和大数互换法装配，试分别计算装配后螺母在顶尖套筒内的端面圆跳动量。

8-18 现有一活塞部件，其各组成零件有关尺寸如图 8-31 所示，试分别按极值公差公式和统计公差公式计算活塞行程的极限尺寸。

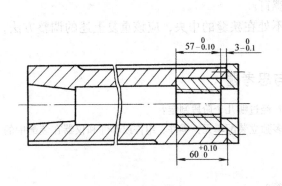

图 8-30 习题 8-17 图　　　　图 8-31 习题 8-18 图

8-19 减速机中某轴上零件的尺寸为 $A_1 = 40$mm，$A_2 = 36$mm，$A_3 = 4$mm，要求装配后齿轮轴向间隙 A_0

$= 0^{+0.25}_{+0.10} \text{mm}$，结构如图 8-32 所示。试用极值法和统计法分别确定 A_1、A_2、A_3 的公差及其分布位置。

8-20 如图 8-33 所示轴类部件，为保证弹性挡圈顺利装入，要求保持轴向间隙 $A_0 = 0^{+0.41}_{+0.05} \text{mm}$。已知各组成环的基本尺寸 $A_1 = 32.5 \text{mm}$，$A_2 = 35 \text{mm}$，$A_3 = 2.5 \text{mm}$，试用极值法和统计法分别确定各组成零件的上、下偏差。

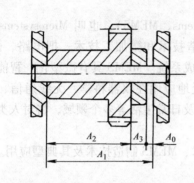

图 8-32 习题 8-19 图

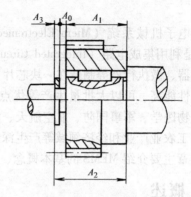

图 8-33 习题 8-20 图

8-21 图 8-34 所示为车床溜板与床身导轨装配图，为保证溜板在床身导轨上准确移动，装配技术要求规定，其配合间隙为 0.1~0.3mm。试用修配法确定各零件有关尺寸及其公差。

8-22 图 8-35 所示为传动轴装配图。现采用调整法装配，以右端垫圈为调整环 A_k，装配精度要求 $A_0 = 0.05~0.20 \text{mm}$（双联齿轮的端面圆跳动量）。试采用固定调整法确定各组成零件的尺寸公差，并计算加入调整垫片的组数及各组垫片的尺寸和公差。

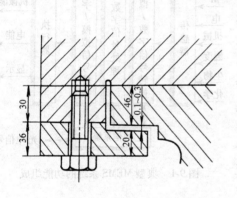

图 8-34 习题 8-21 图

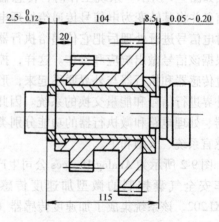

图 8-35 习题 8-22 图

第9章 微电子机械系统（MEMS）制造技术

微电子机械系统（Micro Electromechanical Systems，MEMS），也叫 Microsystems（微系统），是利用集成电路（Integrated Circuit，IC）制造技术和微加工技术，把电路、微结构、微传感器、微执行器等制造在一块芯片上的微型集成系统。MEMS 具有微型化、智能化、成本低、性能高、可以大批量生产等优点，已经广泛地应用在仪器科学、无线通信、能源环境、生物医学、军事国防、航空航天、汽车制造以及日常生活等多个领域，将对人类的科学技术、工农业产业和经济领域等产生深远的影响。

本章主要介绍 MEMS 的基本概念、IC 制造技术、MEMS 制造技术及其典型应用。

9.1 概述

9.1.1 MEMS 的概念

MEMS 是尺寸在微米到毫米量级的集成系统。典型的 MEMS 集成了微机械结构、传感器、执行器和控制电路，可以实现测量、信息处理和执行功能，构成一个智能系统，其功能组成如图 9-1 所示。系统工作时，传感器感知外界信息并将其转变为电信号传递给处理电路，后者对电信号进行处理后把它传递给执行器，执行器根据该信号做出响应和操作。这样，控制电路通过传感器和执行器与外界联系起来，形成一个与外界进行信号和能量交换的系统。因此，微传感器、处理电路和微执行器的功能分别类似于人的感官系统、大脑和手。

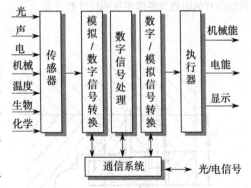

图 9-1 典型 MEMS 系统的功能组成

图 9-2 所示为 Analog Devices 公司生产的用于汽车安全气囊控制的微型加速度传感器系统 ADXL202。该系统集成了加速度传感器（芯片中间部分）和信号处理 IC。加速度传感器是由一个可动梳和两个静止梳组成的梳状电容，当有加速度作用时，可动梳与静止梳之间距离发生变化，引起二者间叉指电容的变化，通过测量电容，可以得到加速度信号。传感器把测量的加速度信号传递给信号处理 IC，当加速度超过设定的阈值时，输出控制信号启动安全气囊。可见，该传感器系统具有测量、信号处理、输出电信号驱动安全气囊等功能。

以 MEMS 为基础的微型传感器和微型测量仪器近年来得到了迅猛的发展，并广泛应用于各个领域。这不仅是因为 MEMS 的微型化、智能化、成本低等特点，还由于 MEMS 具有传统测量仪器无法实现的功能或无法达到的性能。

目前，MEMS 已经不仅局限于系统的概念。根据不同的场合，MEMS 既可以指微电子机械系统这种"产品"，也可以指设计这种"产品"的方法学和加工它的手段。

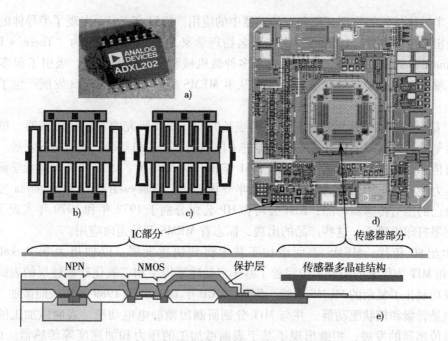

图 9-2　ADXL202 微型加速度传感器示意图

a）传感器外形照片　b）加速度敏感结构静止状态　c）加速度敏感结构测量状态
d）内部芯片照片　e）芯片结构剖面示意图

9.1.2　MEMS 的特点

MEMS 的设计、制造以及应用涉及众多的学科领域，系统复杂多样。一般说来，它们具有以下一些共同的特点：

（1）尺寸结构微小　MEMS 的尺寸一般在微米到毫米量级。例如，用 MEMS 技术制造的微电动机，直径仅有 100μm 左右；而原子力显微镜探针、单分子操作器件等尺寸仅在微米甚至更小的量级。随着技术的发展，近年来出现了纳机电系统的概念（Nano Electromechanical System，NEMS），使 MEMS 进入到纳米量级。尽管 MEMS 器件的绝对尺寸很小，但一般说来其相对尺寸误差和间隙却比较大。

（2）多能量交换系统　根据工作原理和应用领域不同，MEMS 涉及机械、电、热、光、磁、化学、生物等多种能量系统。例如，压力和加速度传感器是将机械能转换为电能进行测量；打印机喷头将电能转换为机械能进行工作；生物 MEMS（BioMEMS）可以将化学和生物反应能量转换为电能或机械能。

（3）基于 IC 技术和微加工技术制造　MEMS 是控制电路和微型机械结构的集成系统，二者分别需要使用 IC 技术和微加工技术制造，这使得 MEMS 能够大批量生产、成本低、能够把 IC 和微机械结构集成。IC 制造技术包括光刻技术、薄膜技术、刻蚀技术等；微加工技术包括表面加工、体加工、键合等。这是目前制造 MEMS 的主要方法，也是本章主要涉及的内容。

9.1.3　MEMS 的产生与发展

MEMS 是在 20 世纪 50 年代随着 IC 制造技术的发展而发展起来的，这个时期的主要研究内容是半导体材料的物理现象和在传感器中的应用。1954 年 Smith 发现了半导体的压阻效应并制造出硅应变器件。1959 年，美国著名物理学家 Feynman 发表题为"There's Plenty of Room at the Bottom"的演讲，首次提出了多种微机械和微器件的设想，吸引了很多后来对 MEMS 领域有着杰出贡献的研究人员开始从事 MEMS 的研究，对 MEMS 发展产生了巨大的影响。

20 世纪 60 年代和 70 年代是 MEMS 的成长时期，主要研究内容包括传感器、单晶硅的各向异性刻蚀，以及阳极键合技术等，促进了体微加工工艺和复杂三维结构的发展。世界首个硅压力传感器和加速度传感器分别于 1961 年和 1970 年问世，1977 年斯坦福大学研制出首个电容压力传感器。70 年代末，美国国家半导体公司、Honeywell 公司和 Motorola 公司分别推出了自己的压力传感器产品；IBM 公司和 HP 公司分别于 1977 年和 1979 年实现了 MEMS 技术的喷墨打印机喷头。这些产品的出现，标志着 MEMS 开始走向应用。

20 世纪 80 年代，MEMS 表面微加工技术得到快速发展。以加州大学 Berkeley 分校（UCB）和 MIT 为代表的研究单位完善了基于多晶硅结构层和二氧化硅牺牲层的表面微加工技术，成功制作了复杂的 MEMS 系统。例如，UCB 于 1984 年和 1989 年用表面微加工工艺分别制作出悬臂梁和梳状驱动器，并与 MIT 分别研制出微静电电动机。表面微加工的发展也促进了微传感器的发展，相继出现了基于表面微加工的压力和加速度等传感器。1982 年，Petersen 发表了一篇题为"Silicon as a Mechanical Material"的论文，详细给出了硅的力学性能和刻蚀数据，促进了硅成为 MEMS 领域的主流材料。80 年代中期，在德国诞生了 LIGA 加工技术，能够制造更加复杂的三维结构。1989 年，UCB 的 Howe 提出了 MEMS 这个术语。80 年代后期，包括材料、制造工艺、设计方法学、传感器等多个领域在内的 MEMS 的研究全面展开。

从 20 世纪 90 年代开始，MEMS 进入高速发展时期，世界各国对 MEMS 研究投入了大量的资金，对 MEMS 相关原理、材料、加工、设计、仿真以及集成等方向的研究更加深入，MEMS 在国防、生物医学、汽车、通信、航空航天、测量等领域的应用研究全面开始，并有大量 MEMS 产品推向市场。1993 年 AD 公司推出表面工艺制造的微型加速度传感器 ADXL50，1996 年德州仪器公司推出了数字微镜阵列。为了降低 MEMS 的制造成本，1993 年美国出现了为 MEMS 提供加工支持的 MUMPS（Multi-User MEMS Processes Service），有力地推动了 MEMS 研究在大学和科研机构的广泛开展。

进入 21 世纪，MEMS 的研究热点包括纳米器件、生物医学、光学、能源、海量数据存储、无线通信、军事国防等领域，使与之相关的纳米科学、生物化学分析仪器、微流体理论、生物兼容材料等学科迅速发展起来。目前这些领域的研究方兴未艾。

9.1.4 MEMS 的材料、设计与制造

1. 材料

硅是 MEMS 主要使用的材料。一方面因为 MEMS 是随着 IC 的发展而发展起来的，而 IC 领域的主要材料是硅；另一方面硅具有以下一些突出优点：

1) 硅具有优秀的电学特性，其电阻率可以从 $0.5\Omega/cm$（掺杂，导体）到 $230000\Omega/cm$（本征，绝缘体），能够满足大多数情况下对电子器件的要求。

2) 硅具有优良的力学性能和敏感特性，能够满足微传感器和微结构对材料力学特性的

要求。硅近似于理想弹性，其屈服强度是钢的 3 倍，弹性模量与钢相当，而密度仅为钢的三分之一，强度重量比超过了几乎所有常用工程材料。另外，硅具有压阻等敏感效应，对多种物理和化学量有敏感性。表 9-1 给出了几种常用材料性能的比较。

表 9-1　几种常用材料性能

材料	屈服强度 /GPa	努氏硬度 /（kg/mm²）	弹性模量 /GPa	密度 /（kg/m³）	线膨胀系数 /（10^{-6}/℃）
金刚石	53	7000	1035	3500	1.0
碳化硅	21	2480	450	3200	4.2
氮化硅	14	3486	323	3100	0.8
硅	7	850	190（111）	2300	2.8
钢	2.1	660	208	7800	17.3
铝	1.7	130	70	2700	25

3）硅在地球上储量丰富，提纯技术成熟，材料成本相对低廉。同时，硅的加工方法较多，能够制造复杂的结构。

4）由于 IC 主要使用硅作为材料，因此利用硅作为 MEMS 材料的一个重要优点是 MEMS 可以利用 IC 设计和制造中已经积累的丰富的知识，并可以很方便地与 IC 集成，形成复杂的微系统。

图 9-3a 所示是单晶体硅的正方体晶体结构示意图。图中每个圆点代表一个硅原子，每个原子与另外四个原子形成共价键连接。晶面常用密勒指数表示，即晶面与三个坐标轴交点倒数的最小整数倍，如图 9-3b 中 *ACH* 晶面为（111），*ABFE* 晶面为（010），*BCGF* 表示为（100），*ACGE* 晶面表示为（110）。晶面族表示一系列位置对等的晶面，如 *ABFE* 和 *BCGF* 是 {100} 族晶面。晶面的法向向量定义为晶向，如 *DA* 为 [100]，*DF* 为 [111]，*AH* 为 [101]。同样，<100> 也表示一系列方向相同的晶向。图 9-3c 所示依次为硅加工中常用的三个晶面（111）、（100）和（110）的原子分布图。

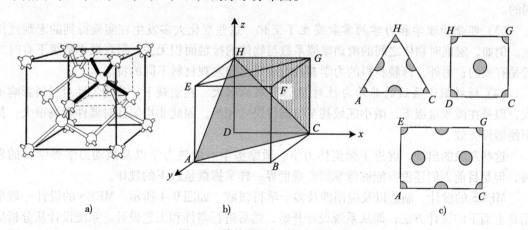

a）　　　　　　　　　　　　b）　　　　　　　　　　　　c）

图 9-3　单晶硅正方形晶包示意图

a）晶包和共价键连接　b）晶面与晶向　c）晶面中的原子分布

纯净的硅称为本征硅，是不导电的。硅经过掺杂以后表现出一定的导电特性，成为半导体或者导体。掺杂是在硅中注入一定浓度的砷（As）、磷（P）或者硼（B）原子。这些原子进入硅的晶格以后会取代硅原子的位置，与四个相邻最近的硅原子形成共价键。如果注入砷或磷，由于它们本身带有 5 个价电子，而与硅形成共价键只需要 4 个价电子，因此会有一个价电子游离在原子以外，形成可以导电的自由电子。这种由带有负电的电子参加导电的硅称为 N 型硅。同理，当掺杂的原子为硼时（3 个价电子），会在晶格中出现一个可以导电的带正电空穴，这种硅称为 P 型硅。

MEMS 所使用的材料复杂多样，除硅及其化合物以外，还广泛使用金属、高分子、陶瓷等多种材料。这些材料具有各自的优点和局限性，可以应用在不同领域。MEMS 材料的发展大体可分为三个方向：

（1）提高现有材料的性能或改进材料的制备与刻蚀技术　例如，改进 Si_3C_4、金刚石等高温传感器材料的制备和加工工艺；改进压电陶瓷薄膜的制备工艺等。

（2）研究 MEMS 尺度下材料表现的新特点　例如，薄膜材料的力学性能和电学性能与宏观材料不同，并且随着薄膜厚度或制备方式发生变化。

（3）新材料在 MEMS 中的应用　随着 MEMS 的不断发展和应用领域不断拓宽，新材料不断涌现，如生物兼容材料、高分子材料等。

2. 设计

MEMS 涉及多个学科领域，工作原理复杂多样，因此设计者往往需要掌握多学科的背景知识。由于 MEMS 器件的尺寸已经达到微米量级，此时宏观物理学原理仍旧适用，但有很多与宏观物理学不同之处：

（1）影响物体运动的主要因素与宏观时不同　有些宏观状态下忽略的因素跃升为 MEMS 范畴内的主要因素，如宏观静电引力很小，可以忽略，但在微米量级下静电引力却上升为影响物体运动的主要因素；再如微米量级下液体表面积与体积比从宏观结构的 1m 增加到 10^6m，流体出现滑流、层流、毛细等现象，有时还需要考虑流体的可压缩性。

（2）微结构器件不完全是宏观结构的按比例缩小　例如，微型电动机是利用静电力或者压电力驱动，不仅结构与传统电动机不同，其工作原理与传统电磁力驱动的电动机也是不同的。

（3）部分物理学和力学的常数发生了变化　这些变化大多发生在实验得到的宏观规律上。例如，宏观时物体之间的滑动摩擦系数与物体的接触面积无关，但在微小量级下有时二者是有关的；另外，薄膜材料的力学参数也表现出与宏观材料不同的特点。

（4）材料微小区域的非均匀性对 MEMS 影响很大　在宏观下，非均匀性对材料影响不大，但是在微米量级下，微小区域甚至与器件尺寸相当，因此非均匀性对器件影响很大，甚至使器件失效。

这些现象的出现，促进了微流体力学、微摩擦学、微热力学以及微动力学等学科的发展，但是目前人们还没有能够像掌握宏观世界一样掌握微量级下的规律。

MEMS 的设计、制造以及应用涉及多个学科领域，如图 9-4 所示。MEMS 的设计一般采用自上而下的设计方法，即从系统设计开始，然后进行器件和工艺设计。系统设计从分析应用和性能指标开始，设计能够实现性能指标的结构和器件，经过模拟后进行工艺和版图设计，制造完成后，再进行测试；经过多次重复这一过程，达到满意的结果。图 9-5 所示为 MEMS 的设计和制造过程。从图中可以看出，MEMS 的设计工作包含四部分内容：系统、结构设计，模型设计，版图设计和工艺设计。由于 MEMS 的复杂性和多样性，设计制造等各个环节还没有发展成熟,没有固定的设计方法。同时,MEMS 设计还没有高层次系统级的综合工具可以利用。

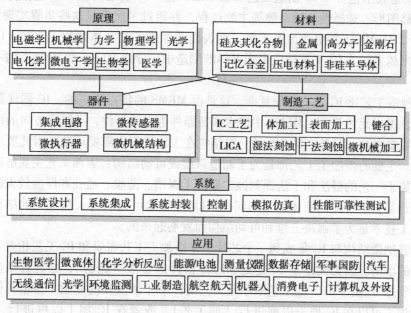

图 9-4 MEMS 组成和相关研究方向

目前,MEMS 设计很大程度上受限于制造工艺,对不同的器件和设计,所使用的 MEMS 工艺差别很大,即使最普通的 MEMS 器件也需要设计一个合适的加工工艺才能实现。这使得掌握 MEMS 制造工艺对设计非常重要。显然,一个从制造中分离并独立于制造工艺的设计接口可以提高设计的灵活性和效率,并且使高层次、系统级的集成容易实现。这个接口要能够使设计者知道自己设计的最终加工结果,以便更好地帮助设计者完成设计。

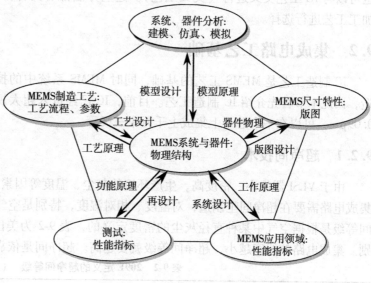

图 9-5 MEMS 的设计和制造过程

3. MEMS 制造概述

MEMS 的制造方法和传统机械制造完全不同。机械制造依靠刀具和工件的相对运动实现切削得到分立的零件,再根据装配关系将零件装配在一起,即零件加工和装配是串联过程。MEMS 是利用化学和物理方法在硅片上多次重复光刻、淀积和刻蚀等过程形成微机械结构。MEMS 没有独立的装配过程,在加工各个微结构的同时装配也已完成,即零件加工和装配是并联过程。

MEMS 制造技术包含了 IC 制造工艺和微加工工艺。IC 制造的主要工艺过程包括淀积薄膜、光刻转移图形、选择性刻蚀薄膜等主要过程，并通过多次重复这些步骤实现复杂的 IC。除 IC 工艺外，MEMS 还利用微加工工艺，如表面微加工工艺、体微加工工艺、LIGA 技术、键合等。越来越多的非 IC 工艺被应用到 MEMS 制造中，导致 MEMS 和 IC 加工的不同不断加剧。

MEMS 制造工艺比 IC 工艺更加复杂，这是由 MEMS 的特点决定的。IC 器件是静止的二维平面器件，组成元件单一；MEMS 中绝大多数器件为三维器件，沿厚度方向的尺寸是决定器件性能的重要参数。另外，MEMS 的三维结构在工作过程中需要运动，因此要求这些结构为悬空结构。主要的微加工工艺都是为了制造三维或可动结构：表面工艺主要解决悬空的可动结构；体加工工艺的湿法和干法深刻蚀主要加工深槽、薄膜、通孔和厚度较大的三维或可动结构；键合是为了解决内腔体加工的问题；LIGA 技术可以制造大深宽比的结构。因此可以说，微加工技术是为了解决三维和可动结构而发展起来的。

为了能够把微结构与 IC 集成到一个芯片上，微加工工艺需要和 IC 工艺相兼容。这是一件比较困难的事情。因为无论是 IC 还是 MEMS 器件都非常"脆弱"，并且有很多工艺互相影响。如何安排 IC 及 MEMS 的工艺顺序是工艺设计中非常重要的问题。根据具体采用工艺的不同，微加工可以在 IC 加工以前进行（前工艺），或者在 IC 加工以后进行（后工艺），也可以与 IC 工艺交叉进行（交叉工艺）。这些方法都有其各自的优缺点，需要根据具体微加工工艺进行选择。

9.2 集成电路工艺基础

IC 制造工艺是 MEMS 工艺的基础，同时 MEMS 系统中的控制电路需要使用 IC 技术制造，因此本节首先介绍 IC 制造工艺。目前，IC 已经进入超大规模水平（VLSI），最小线宽 $0.09\mu m$，可以在一个芯片上集成上千万个三极管。

9.2.1 超净间技术

由于 VLSI 器件小、密度高，生产环境的灰尘、温度等因素对成品率有严重影响。因此，集成电路需要在超净间里制造，对温度、相对湿度，特别是空气中灰尘进行严格控制。超净间等级是根据空气中某种直径灰尘的密度定义的，表 9-2 为美国标准 209E 定义的超净间级别。集成电路的线宽越小，超净间等级就要越高。超净间是依靠持续的空气更新实现的。根

表 9-2　209E 定义的超净间等级　（单位：每立方英尺灰尘个数）

等级	$\geqslant0.1\mu m$	$\geqslant0.2\mu m$	$\geqslant0.3\mu m$	$\geqslant0.5\mu m$	$\geqslant5\mu m$
1	35	7.5	3	1	未定义
10	350	75	30	10	未定义
100	未定义	750	300	100	未定义
1000	未定义	未定义	未定义	1000	7
10000	未定义	未定义	未定义	10000	70
100000	未定义	未定义	未定义	100000	700

据209E标准，一个$100m^2$的100级超净间，每小时需要更新高达$1.8×10^5 m^3$经过多级过滤和温湿度调节后的新鲜空气。因此，超净间的建设和使用是非常昂贵的。

由于人体皮屑和灰尘等原因，超净间内的工作人员必须穿戴超净间专用服装，以防止人体对超净间的污染。超净间中有些设备比较"脏"（如齿轮、发动机等），这些设备放置在与超净间隔离的过渡区域，而仅把操作面板和进出料口留在超净间内。

9.2.2 集成电路制造的基本过程

IC由三极管和金属连线组成，因此IC的制造过程就是制造三极管并用金属连线将它们连接起来，这是通过多次重复薄膜淀积、光刻图形、表面改性（淀积、注入、扩散等）以及刻蚀和清洗等基本工艺过程实现的，如图9-6所示。

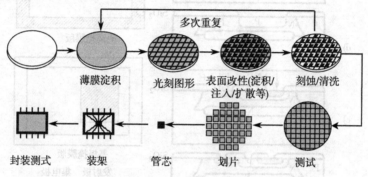

图9-6 IC制造的基本流程

图9-7所示为双极型IC制造过程的主要步骤。首先在P型硅衬底淀积SiO_2薄膜作为注入的阻挡层，使用第一块掩膜版光刻，刻蚀SiO_2薄膜，开出注入窗口，并进行砷注入，见图9-7a；注入完毕后去除SiO_2，外延N型单晶硅，形成与衬底晶体结构相同的单晶硅层，见图9-7b；生长SiO_2薄膜作为隔离区注入的阻挡层，使用第二块掩膜版光刻并刻蚀SiO_2，开出隔离区注入窗口，进行P型注入及扩散，形成相邻三极管的隔离区，见图9-7c；同样的过程，用第三块掩膜版，光刻并刻蚀出基区注入窗口，进行P型注入形成三极管的基区，见图9-7d；淀积SiO_2层作为发射区和集电区注入的阻挡层，用第四块掩膜版光刻并刻蚀SiO_2层形成发射区和集电区注入窗口，并进行N+注入形成三极管的发射区和集电区，见图9-7e；淀积SiO_2层作为电极连线之间的隔离，光刻并刻蚀SiO_2形成基极、发射极和集电极引线窗口，见图9-7f；淀积并刻蚀铝，形成三极管之间的连接，金属化后完成整个过程，见图9-7g。

IC制造时并行制造多个三极管。图9-7仅是主要步骤的原理性说明，实际制造过程要复杂得多。另外，不同类型的集成电路，如金属氧化物半导体（MOS）和双极型集成电路，它们的制造过程差别很大。

本节后面的内容集中介绍IC的基本工艺，包括光刻、薄膜淀积、离子注入、刻蚀等，利用这些工艺的组合，可以制造复杂的集成电路。

9.2.3 光刻技术

光刻是一种图形复制技术，是利用光源选择性照射光刻胶层使其化学性质发生改变，然后显影去除相应的光刻胶得到所需图形的过程。光刻得到的图形一般作为后续工艺的掩膜，进一步对光刻暴露的位置进行选择性刻蚀、注入或者淀积等。

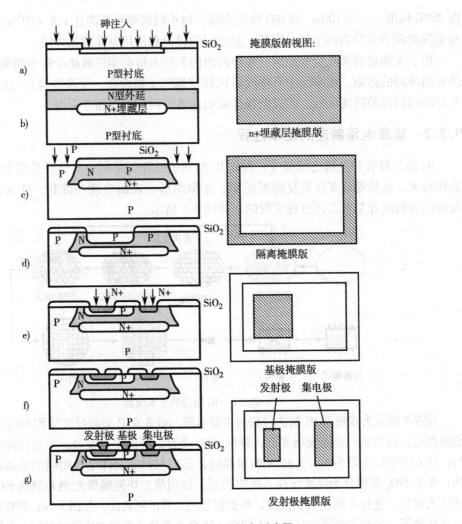

图 9-7　双极型 IC 制造过程的主要步骤

a) 埋藏层注入　b) N 型外延　c) 隔离区注入　d) 基区注入
e) 发射区和集电区注入　f) 引线窗口　g) 引线互连

1. 光刻的基本过程

曝光常用的光源是波长在 200～450nm 的紫外光，以及多种比紫外光波长更短的波束，如准分子激光束、电子束、离子束等。目前，IC 制造使用的光源是波长为 248nm、193nm 和 157nm 的远紫外准分子激光束，最高分辨率可以达到 90nm。

光刻的主要步骤包括：

1）匀胶。硅片真空吸附在离心式匀胶机上高速旋转，把滴在硅片表面的光刻胶涂覆均匀。

2）前烘。加热蒸发光刻胶部分溶剂。

3）对准和曝光。将掩膜版与硅片对准标记进行套准，对光刻胶曝光使部分发生结构改变，转移需要的图形。

4）显影。把硅片放在显影液中溶解化学结构发生改变的部分。

5）后烘。加热硅片使光刻胶中的溶剂进一步蒸发并使光刻胶更加稳定，提高掩膜效果。

光刻以前一般还要对硅片进行粘附性处理，让硅片暴露在六甲基二硅胺烷（HMDS）蒸气中，增加硅片与光刻胶的粘附强度。光刻胶在完成掩膜等功能后需要去除，可以使用加热的丙酮清洗或用氧等离子体烧蚀去除。

光刻胶也叫光致刻蚀剂，是由高分子聚合物、增感剂、溶剂以及其他添加剂组成的混合物，在一定波长的光照射下结构发生改变。光刻胶分为正胶和负胶，正胶经过光照的部分高分子材料发生裂解，在显影液中溶解，而未照射的部分凝固；负胶经过光照的部分发生交联，在显影液中不溶解，未照射部分溶解。因此同样的掩膜版，用正胶得到的光刻图形与负胶刚好相反，如图 9-8 所示。负胶感光速度高、粘附性好、抗蚀能力强，成本低，但分辨率较低。正胶分辨率高，但是粘附性差，成本高。

光刻一般采用掩膜版进行图形转移。掩膜版在制造好以前是覆盖有铬薄膜的

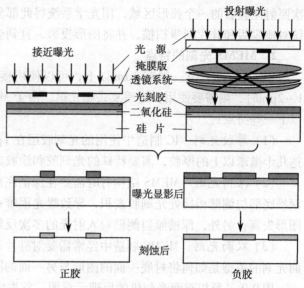

图 9-8　光刻原理示意图

石英板。制造掩膜版可以使用光学图形发生器或者电子束光刻机。光学图形发生器带有可以开闭的光闸，能够对微小的矩形区域进行曝光。计算机根据图形文件的内容，控制光闸对带有光刻胶的掩膜版的某一矩形区域曝光，然后掩膜版移动到下一需要曝光的位置，光闸重复曝光过程，直到整个掩膜版上需要曝光的位置全部完成。显影后去除暴露的铬薄膜和光刻胶，就形成了由透明（石英板）和不透明（覆盖有铬）区域组成的图形。光学图形发生器的优点是制版速度较快，但是对于复杂曲线需要多次使用矩形来近似，导致图形边缘类似锯齿。电子束曝光时，掩膜版上覆盖有一层可以被电子束照射裂解的高分子层，在计算机的控制下一边扫描掩膜版一边开闭电子枪对掩膜版进行照射。常用的高分子层是聚甲基异丁烯酸酯，它类似于正光刻胶，即受到电子束照射的部分经过显影后被去除，然后刻蚀暴露的铬、清洗光刻胶，得到掩膜版。电子束制版不受图形复杂程度的限制，但是制版速度较慢。

曝光可分为投影式曝光和投射式曝光。投影式曝光是将掩膜版图形按照原尺寸直接曝光到光刻胶层。投影式曝光又分为接触式和接近式。接触式曝光是在掩膜版上作用一定的压力使其接触到光刻胶层，能够提高分辨率，但是直接接触造成掩膜版损伤和污染；接近式是使掩膜版与光刻胶层有一个微小的距离，它没有损伤和污染的问题，但是分辨率下降。根据衍射原理，为了提高分辨率，应该减小掩膜版和光刻胶层的距离、光波长和光刻胶厚度。光刻胶厚度对分辨率有很大影响，厚度越厚，分辨率就越低。

接近式和接触式曝光要求掩膜版的尺寸与硅片相同，同时掩膜版上的图形尺寸和位置也必须与实际情况完全一样，这使掩膜版的制造非常困难。为了提高分辨率，目前 IC 制造广泛使用的是投射式步进重复曝光机，它利用光学系统把掩膜版上的图形缩小到 1/5 或者 1/10 投射到光刻胶层对一个单元曝光（1~1.5cm，一般是一个芯片），然后硅片移动到下一个曝光位置，重复该过程对整个硅片进行步进式曝光。对于 10 倍步进曝光机，芯片上 0.3μm 的图形对应掩膜版的图形为 3μm，降低了掩膜版制造的要求。另外，套准是对每个芯片单独

进行的，由于芯片尺寸远小于硅片，因此大大降低了对套准精度的要求。步进重复曝光机的缺点是设备昂贵，并且对于尺寸超过 1.5cm 的 MEMS 结构无法使用。接触式投射曝光机每次照射掩膜版的一个弧形区域，用光学系统将此部分图形以 1:1 投射到硅片上，然后曝光系统对掩膜版和硅片同步扫描，并将图形投影，直到全部曝光完成。

2. MEMS 光刻的特点

MEMS 结构尺寸一般在 $2\mu m$ 以上，可以使用接近式和接触式曝光机。当图形尺寸小于 $1 \sim 2\mu m$ 时，则需要使用步进重复式曝光机。由于 MEMS 包含三维结构，因此 MEMS 光刻有以下一些特点：

（1）厚胶光刻　IC 制造中使用的光刻胶层在 $1\mu m$ 左右，而 MEMS 制造中有时使用厚度达几十微米以上的厚胶，需要特殊的光刻胶和涂胶方法，如喷涂或电镀光刻胶。

（2）深槽光刻　MEMS 结构有时需要在深槽底部光刻，其主要难点在于离心式甩胶造成深槽底部与侧壁相接处光刻胶淤积，导致曝光困难；掩膜版与光刻胶层距离增加，造成曝光图形失真；另外，深槽倾斜侧壁对入射光的多次反射，形成"鬼影"，严重影响光刻效果。

（3）双面光刻　MEMS 制造中经常需要对硅片双面都进行加工，需要进行双面光刻。双面光刻的关键是如何将衬底一面的图形与另一面的图形对准。

图 9-9 是照相双面光刻机的原理示意图。首先将光刻掩膜版装入光刻机，用显微镜和照相机将掩膜版上的对准标记照相存储并显示到显示屏上，锁定掩膜版的位置，见图 9-9a；将硅片插入掩膜版与显微镜之间，用显微镜将硅片表面的对准标记也显示到屏幕上，见图 9-9b 所示；由于掩膜版的位置是固定的，通过平移和旋转硅片，可将掩膜版的对准标记与硅片表面的标记套准，见图 9-9c。这样就实现了将硅片背面的图形与硅片正面对准。另一种双面光刻是通过复杂的激光系统将掩膜版和硅片的对准标记实时显示在计算机屏幕上，这种系统复杂，但是对准精度较高。

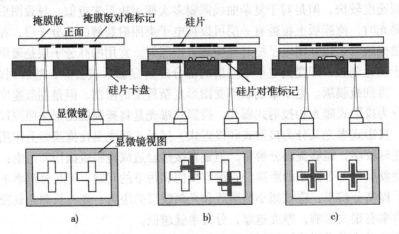

图 9-9　照相双面光刻机的原理示意图

a）掩膜版对准，记录对准标记　b）插入硅片进行调整对准标记　c）掩膜板与硅片对准

9.2.4　薄膜淀积

薄膜淀积通过化学或者物理方法把厚度为几个纳米到几个微米的薄膜沉积在衬底表面，是 IC 和 MEMS 制造中非常重要的工艺。化学方法包括化学气相沉积、外延、热氧化等，这

些方法利用气体之间或者气体与衬底材料之间的化学反应进行固体沉积，通常有副产物产生；物理方法包括蒸镀和溅射，是利用物理过程使被淀积材料直接沉积到衬底表面形成薄膜，不包含化学反应。

1. 化学气相沉积（CVD）

CVD 是一种高温化学反应过程，把反应气体通入放有硅片的真空室内，在高温下使气体之间或者气体与硅片之间产生化学反应，把固态产物沉积在衬底表面。CVD 可以淀积多种材料，如多晶硅、二氧化硅、氮化硅、铜、钨、钛等，可以得到比较好的台阶覆盖率和均匀性。CVD 淀积薄膜的性质变化较大，与所采用的化学反应有直接关系，同时也与衬底温度、气体流量与纯度、反应室形状、温度和流量的均匀程度等多种因素有关。

按照反应室压力可以将 CVD 分成常压（APCVD）、低压（LPCVD）和等离子体增强（PECVD）。APCVD 和 LPCVD 得到的薄膜层质量较好，缺点是淀积速度低和淀积温度高（一般在 600℃ 以上）。PECVD 可以在较低的温度下进行（小于 400℃），这主要是由于等离子体提供分子反应能量。PECVD 薄膜质量不如其他 CVD 好，一次只能对硅片的单面进行淀积，而 LPCVD 可以同时淀积硅片的双面。PECVD 主要用来淀积 Si_3N_4 和 SiO_2。图 9-10 所示为热壁 LPCVD 管式炉示意图。

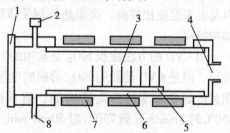

图 9-10　热壁 LPCVD 管式炉示意图
1—装卸门　2—压力传感器　3—硅片
4—真空泵/排气孔　5—石英舟　6—石
英腔　7—三温区加热炉　8—进气口

（1）多晶硅薄膜　多晶硅在 IC 中作为栅电极、电阻等，在 MEMS 表面加工中作为结构层和牺牲层材料。LPCVD 热解硅烷 SiH_4 生成硅和氢气，在硅衬底表面淀积多晶硅薄膜，其化学反应过程是

$$SiH_4 \rightarrow Si + 2H_2$$

LPCVD 淀积的温度在 575℃ 以下时淀积得到无定形硅，625℃ 以上为柱状晶粒结构的多晶硅。淀积速度随着温度升高而增加，625℃ 时为 10nm/min 左右。CVD 多晶硅淀积厚度从几十纳米到几个微米，可以得到满意的台阶覆盖性，类似图 9-11a 所示的情况。多晶硅薄膜的应力很大（几百兆帕），会使

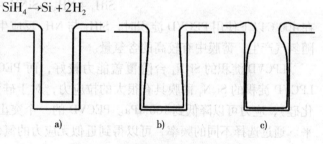

a)　　　　　　b)　　　　　　c)

图 9-11　薄膜淀积时台阶覆盖情况
a) 覆盖性好　b) 覆盖性一般　c) 覆盖性差

多晶硅结构层在释放后卷曲。为了减小应力，可以在 900℃ 或者更高温度进行退火。PECVD 也可以淀积无定形结构的多晶硅。

淀积后的多晶硅可以进行氧化和掺杂，在淀积多晶硅的同时也可以进行掺杂。淀积时通入带有掺杂源物质的气体，例如砷化氢（AsH_3）和磷化氢（PH_3），可以分别提供 N 型掺杂的砷和磷，乙硼烷（B_2H_6）可以提供 P 型掺杂的硼。

（2）二氧化硅薄膜　二氧化硅 SiO_2 是另一种在 IC 和 MEMS 中都非常重要的薄膜材料。淀积 SiO_2 的方法包括：①在 APCVD 和 LPCVD 中用硅烷（SiH_4）和氧气在 500℃ 以下反应。②在 PECVD 中使用硅烷和二氧化氮在氩气等离子体下反应，并且可以通过通入 PH_3 和 B_2H_6

实现磷和硼的掺杂，即

$$SiH_4 + O_2 \rightarrow SiO_2 + 2H_2$$

$$SiH_4 + 4N_2O \rightarrow SiO_2 + 4N_2 + 2H_2O$$

非掺杂低温 SiO_2（小于 $450℃$，简称 LTO）薄膜结构为无定形硅，是金属化电极很好的保护材料。掺杂磷的 SiO_2 薄膜被称为磷硅玻璃（PSG），同时掺杂磷和硼被称为硼磷硅玻璃（BPSG），可作为牺牲层材料。CVD 的优点是淀积温度低，但是 LPCVD 和 PECVD 的台阶覆盖能力一般，如图 9-11b 所示；而 APCVD 台阶覆盖性比较差，如图 9-11c 所示。高温退火时 PSG 和 BPSG 表现出流动特性，可以增强台阶的覆盖性。SiO_2 也可以用 LPCVD 在 $650 \sim 750℃$ 热解四乙氧基硅烷 $[Si(OC_2H_5)_4]$ 淀积（TEOS），具有很好的均匀性和台阶覆盖性，但是由于温度比较高，高温热处理使薄膜密度增加、厚度减小，被称为致密化，但不能改变结构特征。

用 CVD 的方法淀积 SiO_2 是常用的方法，特别是金属层之间的绝缘和表面微加工中的牺牲层，但是 CVD 淀积的 SiO_2 薄膜的电学特性不如热生长的好，并表现为压应力。SiO_2 的淀积速度随着温度的升高而增加，通常淀积 LTO 的速率为 $150nm/min$，TEOS 的速率则从 $650℃$ 时 $5nm/min$ 到 $750℃$ 时 $50nm/min$。通常 CVD 淀积的 SiO_2 有 $100 \sim 300MPa$ 的压应力。

（3）氮化硅薄膜 Si_3N_4 薄膜在 IC 中常用作隔离水汽和钠离子的保护层，在 MEMS 中作为湿法刻蚀的掩膜材料或者结构材料。化学定量比的 Si_3N_4（$Si:N = 3:4$）的淀积方法包括：①在 APCVD 中 $700 \sim 900℃$ 时通入硅烷（SiH_4）与氨气（NH_3）。②在 LPCVD 中，$700 \sim 800℃$ 时通入二氯硅烷（$SiCl_2H_2$）与氨气（NH_3）。③在 PECVD 中，通入硅烷（SiH_4）和氨气 NH_3 在氩气等离子体下反应，即

$$3SiH_4 + 4NH_3 \rightarrow Si_3N_4 + 12H_2$$

$$3SiCl_2H_2 + 4NH_3 \rightarrow Si_3N_4 + 6HCl + 12H_2$$

$$SiH_4 + NH_3 \rightarrow SiNH + 3H_2$$

在 $400℃$ 以下使用 PECVD 淀积时，SiH_4 与 NH_3 反应生成非定量比的 Si_xN_y。由于反应过程伴随氢气产生，薄膜中有较高的含氢量。

LPCVD 淀积的 Si_3N_4 台阶覆盖能力较好，而 PECVD 的台阶覆盖能力一般。APCVD 和 LPCVD 淀积的 Si_3N_4 薄膜具有很大的拉应力，对于硅含量高于化学定量比的 Si_xN_y（富硅氮化硅），应力可以降低到 $100MPa$。PECVD 的一个突出优点在于可以控制淀积薄膜的应力水平。通过选择不同的频率，可以得到近似无应力的氮化硅薄膜。

2. 外延

外延是在晶体衬底上生长一层晶体薄膜的技术，可以得到与衬底晶格类型相同的薄膜。外延时衬底作为种子层使用，在单晶衬底上外延可以得到同样的单晶材料，并可以得到不同的掺杂类型和掺杂浓度，如外延硅和砷化镓。在多晶衬底上外延所得到的外延层是多晶的，如 SiO_2 层外延。如果衬底材料与外延层相同，被称为同质外延，否则被称为异质外延。

大部分外延使用 CVD 技术，其中最重要的是气相外延。气相外延对反应容器内的外延晶片衬底加热到熔点的 50% 以上，通入含有硅的反应气体使其分解，如四氯化硅（$SiCl_4$）、SiH_4（硅烷）、二氯硅烷（SiH_2Cl_2）、三氯硅烷（$SiHCl_3$）等气体，使硅原子在衬底表面沿原有晶向生长。最常用的 $SiCl_4$ 的反应原理是

$$SiCl_4 + 2H_2 \rightarrow Si + 4HCl$$

外延的生长速度快，一般可达 $0.2 \sim 1.5\mu m/min$，与所使用的气体及外延温度有关。外延层的厚度一般为 $1 \sim 20\mu m$，甚至可达 $100\mu m$。在反应炉内同时通入含有掺杂元素的气体可以实现掺杂，如 AsH_3 和 PH_3 可以进行 N 型掺杂，B_2H_6 可以进行 P 型掺杂。

外延可以在另外一种晶体上生长单晶硅，如在绝缘体上硅外延硅（SOI），或者在蓝宝石（Al_2O_3）上外延硅（SOS）。由于异质外延时外延层材料晶格参数与衬底不同，会造成较大的应力，限制了外延厚度（一般在 $1\mu m$ 左右）。

3. 热氧化

热氧化是重要的 SiO_2 淀积技术，可以得到满意的 SiO_2 质量。实际上单晶硅非常容易氧化，即使在室温下很快就会形成一层 20nm 左右厚的天然 SiO_2 薄膜，由于这层膜的钝化作用，不能再继续形成更厚的 SiO_2。在 $800 \sim 1150℃$ 的高温下，氧扩散透过 SiO_2 层，与硅发生反应生成 SiO_2。扩散的氧与硅衬底发生反应时消耗衬底的硅，这是热氧化与 CVD 的不同之处。每生成一个单位厚度的 SiO_2，需要消耗 0.46 个单位厚度的硅，如图 9-12 所示。这一点对于计算结构厚度非常重要。与 CVD 淀积的 SiO_2 薄膜相比，热氧化薄膜致密、质量好，而且台阶覆盖能力好，缺点是淀积温度高。

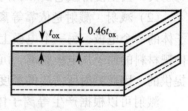

图 9-12　热氧化二氧化硅厚度

热氧化所使用的反应炉与 CVD 的反应炉基本相同，可以通入纯氧气进行干氧氧化或者通入水蒸气进行湿氧氧化。二者的反应方程式分别为

$$Si_{(固体)} + O_2 \rightarrow SiO_{2(固体)}$$

$$Si_{(固体)} + 2H_2O \rightarrow SiO_{2(固体)} + 2H_2$$

干氧氧化是在 $900 \sim 1100℃$ 的反应炉内直接通入氧气和氮气的混合气体。湿氧氧化可以将氮气通过加热的去离子水，使它携带水蒸气进入反应炉；或者将氧气、氮气和氢气的混合气体通入反应炉，称为热解反应法。干氧氧化温度高，速度慢，薄膜致密、质量好；湿氧氧化温度低、速度快，但是薄膜质量差，这是由于水蒸气使氧化层疏松，容易被其他物质扩散。

SiO_2 的生长速度与硅的晶向、掺杂、氧气伴随气体的比例，以及温度、压力等有关系。由于氧必须扩散经过 SiO_2 层才能与硅反应，随着 SiO_2 越来越厚，氧扩散速度迅速下降，氧化速度变得非常缓慢。在 100nm 以上时，SiO_2 生长所需时间随厚度呈抛物线递增。因此 SiO_2 薄膜的厚度很难达到 $2\mu m$ 以上。

热氧化 SiO_2 可以作为绝缘层、刻蚀掩膜、牺牲层、结构层或者 Si_3N_4 的衬底使用。由于 SiO_2 晶格大于硅晶格，并且热膨胀系数大于硅的热膨胀系数，使 SiO_2 层受到压应力的作用。SiO_2 拉应力的大小取决于 SiO_2 的厚度，可以达到几百兆帕。单面生长的 SiO_2 超过 $1\mu m$ 时会引起硅片变形。另外，这种压应力也会导致生有 SiO_2 的自由薄膜和悬臂梁弯曲变形。

4. 物理气相淀积（PVD）

PVD 是利用外界能量把被淀积靶材料从固体变为气态，并再变成固态沉积在硅片衬底的过程。与 CVD 淀积伴随化学反应不同，PVD 过程只有物质相态的改变而没有化学反应过程。PVD 可以淀积多种金属和非金属，成本低、稳定性好，但是薄膜质量不如 CVD 得到的膜。多数 PVD 淀积薄膜的台阶覆盖情况类似于图 9-11b。

（1）蒸镀　蒸镀可以淀积包括难熔金属在内的多种材料，如铝、硅、钛、金、铂、铬，以及玻璃、SiO_2 材料。电阻加热方法简单，但是容易引起污染。电子束加热可以避免污染，但是设备复杂，需要冷却系统和防止电子轰击靶材料时引起的 X 射线，同时硅表面晶格也可能因为淀积被破坏。由于金属相变的特点，有些金属只能使用特定的加热方法。蒸镀速度可以达到 50 ~ 500nm/min。

蒸镀具有较强的方向性，即大部分被镀材料粒子是沿着一定的方向淀积到衬底上面的。因此，衬底上台阶、槽等结构的深处会因为结构侧壁的阻挡而无法淀积，导致覆盖均匀性比较差，通过旋转硅片可以减轻这种现象。蒸镀薄膜表现为较高的拉应力，金属熔点越高，应力越大，甚至使薄膜卷曲和剥离。增加衬底的温度可以部分降低应力。

（2）溅射　溅射是依靠等离子体提供的能量实现的。靶材料在真空室中构成产生等离子体的一个电极，另一个电极上放置硅片。离子被电场加速以很高的能量撞击靶材料表面，使靶材料的原子从电极脱离，沉积在衬底表面。原子离开靶所需的能量是通过离子的动能提供的，因此溅射所需要的温度比较低。

溅射可以根据产生等离子体的方式分为三种：直流辉光放电溅射、平板射频溅射以及磁控溅射。直流辉光放电用直流电场产生并加速等离子体；平板射频溅射用射频电场产生并加速等离子体，如图 9-13 所示。这两种方法对溅射绝缘材料效果很好，如玻璃和陶瓷。磁控溅射是在靶前面产生附加的磁场，通过增加等离子体的密度来增加淀积速度和均匀性。对于铝，溅射速率可以达到 1μm/min。

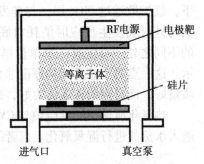

图 9-13　溅射原理示意图

由于溅射使用的靶比较大，因此均匀性和台阶覆盖性要远好于蒸镀。薄膜一般存在残余应力，当溅射压力在 0.1 ~ 1Pa 时，薄膜应力为压应力；当压力在 1 ~ 10Pa 时，薄膜应力为拉应力。由于压应力到拉应力的过渡区域很小，难以找到零应力的压力点。对硅衬底适当加温，特别是低熔点材料，如铝，可以降低残余应力。溅射可以在很低的温度下（小于150℃）淀积薄膜金属材料（铝、钛、铂、铬、铜等）、无定形硅以及绝缘体玻璃和压电陶瓷。

9.2.5　离子注入

离子注入是一种掺杂技术，是将掺杂原子蒸发变成离子，在电场作用下加速轰击并进入衬底的过程。离子进入衬底晶格后与硅原子碰撞损失能量，最后停止在一定深度。由于碰撞是随机的，因此掺杂深度也是随机分布的，符合三维高斯概率分布。掺杂平均深度由注入离子能量决定，一般将离子加速到 1k ~ 1MeV，对应的平均注入深度为 10nm ~ 10μm。注入剂量与离子束产生的电流大小有关，因此通过控制离子束电流可以决定注入剂量。

注入过程中，离子和一系列的衬底原子发生碰撞，由于离子能量很高，碰撞传递的能量很容易使衬底原子离开原有位置，造成二次发射。这种现象重复下去，使一个注入离子引起多个衬底原子运动，直到大量运动原子平均能量太小而无法再激发更多原子时才停止下来。因此，当注入很多离子后，衬底晶格结构变成混乱状态，导致缺陷。对注入后的衬底进行900℃退火处理，可以修复晶格缺陷，并使注入离子替代衬底原子。为了减小退火过程中高温引起的注入离子扩散，可以采用快速退火，即在很短的时间内将温度升高到 900 ~ 1000℃进行退火。由于退火时间短，注入离子扩散的时间很短，对注入深度影响不大。

9.2.6　刻蚀

刻蚀是指选择性去除部分薄膜或者体材料的加工工艺。IC 制造中经常刻蚀薄膜，不需要刻蚀衬底；MEMS 制造中除刻蚀薄膜外，还要经常刻蚀单晶硅衬底。刻蚀可以分为湿法和干法，湿法是利用溶液与被刻蚀材料发生化学反应进行刻蚀；干法利用等离子体进行刻蚀。

干法刻蚀是利用等离子体中离子轰击的物理效应和活性反应物的化学效应进行刻蚀。在一定的真空下弱电离气体得到的等离子包含电子、离子、中性反应基团与气体。等离子体能够刻蚀的原因包括两个方面：一是由电场加速的离子对被加工表面轰击所产生的物理刻蚀；二是化学性质活跃的中性基团产生的反应离子刻蚀（RIE），并生成挥发物质。如果没有等离子体，产生同样的化学反应需要 $10^3 \sim 10^4$℃的高温。

物理刻蚀时，高能离子入射到衬底表面并把能量转移给衬底原子，使衬底原子脱离共价键的束缚离开衬底表面。物理刻蚀可以分为离子刻蚀和离子束刻蚀，前者如图 9-14 所示。离子刻蚀时产生等离子体的电场同时负责对离子进行加速，被刻蚀硅片放置在产生等离子体的电极上。离子束刻蚀时硅片不在等离子体产生的区域内，等离子体由一个电场产生，由另一个电场对离子加速形成离子束，并引导离子束到被刻蚀硅片。离子束刻蚀的好处在于可以独立控制离子的产生和加速。加速电场越强、刻蚀腔内压力越小，离子能量就越高，物理刻蚀速度越快，刻蚀方向性也越好；但是由于轰击的物理作用是没有选择性的，掩膜和衬底同时被刻蚀，离子能量越高，选择比越低。物理刻蚀容易在凸起结构边缘形成尖槽等形状，并且轰击过程会造成晶格损坏等缺陷。

RIE 是干法刻蚀中重要的方法，其反应过程的基本原理如图 9-15 所示。刻蚀硅常用氟、氯等卤素化合物气体，刻蚀光刻胶等有机物常用氧气。RIE 刻蚀速度比较快，同时不产生物理刻蚀中的尖槽等现象，对掩膜材料也有较高的选择比。

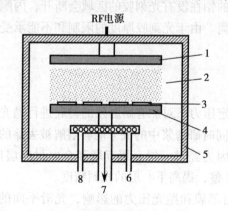

图 9-14　等离子刻蚀设备示意图
1—上电极　2—等离子体　3—硅片　4—下电极
5—腔体　6—排气口　7—真空泵　8—进气口

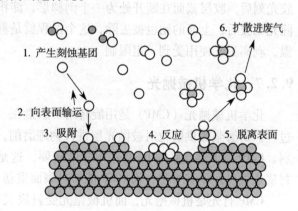

图 9-15　化学反应刻蚀原理示意图

实际上，刻蚀是物理化学作用的结合。由于离子的数量是中性基团的 $10^{-6} \sim 10^{-4}$，因此化学刻蚀占主导地位。物理刻蚀的速度比较慢，一般每分钟几十纳米，是 RIE 刻蚀速度的 $1/10 \sim 1/100$。离子对化学刻蚀有很大的促进作用，能够促使衬底表面活性增强而加速化学反应速度，轰击清除表面反应沉淀物而加快反应活性物质的接触，并且提供反应所需的部分能量。

刻蚀可以是一种或者几种气体的组合。不同气体组合可以提供多种功能，在刻蚀气体中添加氧化剂，如氧气，可以增加刻蚀成分的浓度、抑制聚合物薄膜的产生；添加阻挡层形成剂可以促进侧壁阻挡层的形成，提高选择比等。表9-3给出了常用材料的干法和湿法刻蚀的方法。刻蚀硅使用氯等离子体可以进行垂直刻蚀，但是刻蚀速度非常慢。为了提高刻蚀速度，近年来发展了氟等离子体刻蚀技术。虽然氟等离子体刻蚀是各向同性的，但是通过形成阻挡层的办法，可以进行各向异性刻蚀。

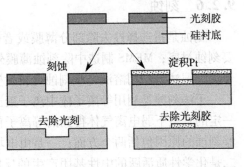

图9-16　剥离与刻蚀过程

表9-3　常用材料的刻蚀

薄膜材料	湿法刻蚀	湿法速度/(nm/min)	干法刻蚀	干法速度/(nm/min)
多晶硅	TMAH/KOH	1000 ~ 1400	SF_6	1000
二氧化硅	$HF/HF + NH_4F$	20 ~ 2000/100 ~ 500	$CHF_3 + O_2/CHF_3 + CF_4$	50 ~ 150
氮化硅	H_3PO_4	5	$SF_6/CHF_3 + CF_4$	150 ~ 250/100 ~ 150
碳化硅			$SF_6 + O_2$	300 ~ 600
铝	$H_3PO_4 + HNO_3 + 醋酸/HF$	660/5	$Cl_2 + SiCl_4/CHCl_3 + BCl_3$	100 ~ 150/200 ~ 600
钛	$HF + H_2O_2$	880	SF_6	100 ~ 150
有机薄膜	$H_2SO_4 + H_2O_2/丙酮$	1000/4000	O_2	35 ~ 3500

对于难以刻蚀的金属，MEMS常用剥离形成图形。图9-16所示为剥离与刻蚀过程。正胶光刻后，胶层截面在断开处为一个倒梯形，淀积的铂在没有光刻胶的区域会断开，丙酮去除光刻胶后，上面的铂也被去除，这个过程就是剥离。由于光刻胶厚度的限制和不能承受高温，剥离工艺使用受到一定限制。

9.2.7　化学机械抛光

化学机械抛光（CMP）是用旋转的研磨盘在一定压力下对加有研磨浆的衬底进行抛光的过程。研磨浆提供磨粒对被抛光层进行物理磨削，同时研磨浆中的成分能够溶解被去除的材料。CMP在多层互联的IC制造中非常重要，这是因为经过一层金属互联和介电材料层后，衬底表面已经不够平整，而CMP能够对表面重新平整，提高下一层的光刻精度。

CMP首先是机械抛光，而机械抛光受衬底表面形貌和抛光压力的影响，光滑平面的抛光速度比带有凸起平面的抛光速度要慢得多，因此CMP的速率和被抛光层的图形有很大关系。当被抛光平面图形分布不均匀时，CMP效果不够理想。为了解决这个问题，可以在没有图形的区域设置工艺图形，这些图形不作为功能器件使用，而仅为CMP提供工艺保证。

CMP在MEMS领域的应用也在日益扩大。CMP平面化牺牲层可以防止结构层在牺牲层的凹陷处产生尖角。CMP可以用作键合前的平面化，这是因为键合对表面粗糙度值要求非常小。另外，CMP可以对硅片进行整体减薄，这对实现某些MEMS结构是非常有用的。除此以外，在MEMS与IC集成的后IC工艺中，CMP可以平整化带有IC的硅衬底，以保证光刻精度。

9.3　体微加工技术

MEMS 制造不仅依赖于 IC 工艺，更依赖于微加工技术。图 9-17 所示为电容式微型硅传声器（俗称麦克风）结构示意图。多晶硅结构的波纹膜片与硅衬底刻蚀的背板分别构成电容的极板，当声音以压强方式作用在波纹膜片上时，膜片的变形改变了电容，通过测量电容可以得到声音信号。由于背板电极和膜片结构复杂，无法用 IC 工艺制造。因此，从本节开始，我们介绍硅的体微加工技术和表面微加工技术，它们分别是加工背板电极和膜片所使用的方法。

体微加工技术是指沿着硅片厚度方向对硅片进行刻蚀的工艺，包括湿法刻蚀和干法刻蚀，是实现三维结构的重要方法。当刻蚀速度在各个方向都相同时，刻蚀为各向同性；否则为各向异性，即刻蚀速度和形状与晶向有关，如图 9-18 所示。为了获得需要的结构，刻蚀只在硅片的局部区域进行，非刻蚀区域必须淀积阻挡层保护，并对其进行选择性刻蚀，使需要进行刻蚀的硅片区域暴露出来。

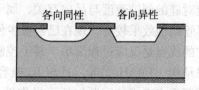

图 9-17　电容式微型硅传声器结构示意图　　　图 9-18　各向同性与各向异性刻蚀

9.3.1　湿法刻蚀

湿法刻蚀是一种化学加工方法，它利用刻蚀溶液与被刻蚀材料发生化学反应实现刻蚀。刻蚀只需要刻蚀溶液及添加剂、反应容器、控温装置和搅拌装置，是实现三维结构最简单的方法。常用刻蚀硅的溶液包括 $HF + HNO_3$、KOH、TMAH（四甲基氢氧化铵）和 EDP（乙二胺、临苯二酚和水的混合溶液），其中第一种为酸性溶液，刻蚀为各向同性；后三种溶液是碱性溶液，刻蚀为各向异性。

1. 各向同性刻蚀

常用的各向同性刻蚀溶液是氢氟酸（HF）、硝酸（HNO_3）和乙醇（CH_3COOH）的混合液（HNA）。HNO_3 是强氧化剂，可以将硅氧化；HF 水解提供氟离子（F^-）将二氧化硅变为可溶性化合物 H_2SiF_6 完成刻蚀过程。乙醇可以阻止硝酸分解，使溶液更稳定。水可以替代乙醇，但溶液中硝酸易分解，导致溶液失效。

刻蚀的速度依赖于溶液中三种成分的比例，并且和硅的掺杂有关。图 9-19 给出了二倍刻蚀速度与成分配比的三相图。从某一个点出发画三条与边平行的直线，交点就是对应这个刻蚀速度的三种组分的配比；相反，知道三种组分的含量，可以得到对应的刻蚀速度。图中的实线和虚线分别是用水和乙醇的刻蚀速度。由图可见，相同比例时水稀释的刻蚀速度快。HNA 的刻蚀速度越快，刻蚀表面越粗糙；但是在高 HF 或者高 HNO_3 比例的区域，即使刻蚀速度比较慢，表面也比较粗糙。HNA 的刻蚀速度随着掺杂浓度的下降而下降，当掺杂浓度小于 $10^7/cm^3$ 时，刻蚀速度只有重掺杂时的 1/150。搅拌可以加快刻蚀速度，并使各向同性更加均匀。综合考虑刻蚀速度与表面质量，常用的配比是氢氟酸: 硝酸: 乙醇 = 5: 10: 16。

氮化硅、热生长二氧化硅以及金在 HNA 中的刻蚀速度非常慢，可以作为阻挡层使用。铝的刻蚀速度很快，不能作为掩膜或者金属化材料使用。

各向同性刻蚀会引起阻挡层下面的硅发生横向刻蚀，使刻蚀尺寸与掩膜尺寸不同。各向同性刻蚀多用来去除表面损伤、圆滑（各向异性刻蚀）尖角以减小应力、干法或者各向异性刻蚀后光洁表面，以及在表面微加工中释放悬浮结构，刻蚀平面、薄膜或者结构减薄等。

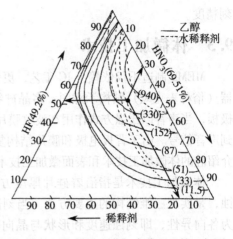

图 9-19　二倍刻蚀速度与成分配比的三相图
（HF 和 HNO$_3$ 自身的浓度分别是 50% 和 70%）

2. 各向异性刻蚀

碱金属的氢氧化物溶液、EDP 以及 TMAH 等碱性溶液对硅的刻蚀速度与晶向有关，属于各向异性刻蚀。EDP 有剧毒并容易造成呼吸道过敏，尽管刻蚀效果较好，现在已经极少使用。碱金属的氢氧化物中研究最多的是 KOH 水溶液，它的优点是反应过程简单、易于控制、成本低，可以获得比较光滑的刻蚀表面以及规则的三维结构。TMAH 无毒，且与 IC 兼容，但刻蚀速度较 KOH 刻蚀稍慢。在各向异性刻蚀中，需要重点考虑的问题包括可操作性、溶液毒性、刻蚀速度、刻蚀底面的粗糙度、IC 兼容性、刻蚀停止方式、掩膜方法及选择比等。

碱性溶液刻蚀的原理是，硅和氢氧根离子反应被氧化生成络合物 $Si(OH)_2^{2+}$；同时水被还原成氢气和 OH$^-$，OH$^-$ 进一步和络合物 $Si(OH_2)_2^{2+}$ 反应生成可溶性络合物 $SiO_2(OH)_2^{2-}$。

（1）刻蚀溶液及特性　KOH 刻蚀的速度与晶向、KOH 温度、浓度以及搅拌条件等有关。刻蚀液的温度对刻蚀速度有明显的影响。随着温度的增加，刻蚀速度将呈指数规律增长，但是温度高于 80℃ 以后容易造成刻蚀表面粗糙。KOH 浓度对刻蚀速度的影响要稍微复杂一些。当 KOH 浓度比较低时（10% ~ 20%，质量分数，下同），刻蚀速度随着 KOH 浓度的增加而增加，并在 22% 时出现最大值；随着溶液浓度的进一步增加，刻蚀速度逐渐下降，如图 9-20 所示。使用低浓度溶液能够得到较高的刻蚀速度，但是刻蚀表面比较粗糙，并生成不溶性产物影响刻蚀，所以很少使用 20% 以下的 KOH。常用的刻蚀条件是 80℃ 和 33% 质量分数的 KOH，此时硅在（100）晶向的刻蚀速度约为 1.4μm/min。

KOH 刻蚀会产生大量的氢气气泡，它们停留在刻蚀表面会导致刻蚀速度不均匀、表面粗糙，甚至阻止刻蚀的进行，因此刻蚀过程中必须对溶液进行搅拌。常见的搅拌工具包括磁力搅拌棒、机械搅拌轮、超声搅拌等，它们可以降低表面粗糙度值，并提高刻蚀均匀性和速度。

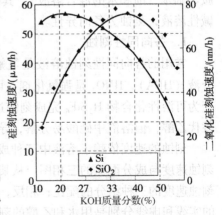

图 9-20　刻蚀速度与浓度的关系

KOH 各向异性刻蚀时间长、温度高、溶液腐蚀性强，所以可以作为阻挡层的材料比较少。常用的阻挡层是热氧化生长的 SiO_2 及 LPCVD 的 Si_3N_4。SiO_2 在 80℃和 33% 质量分数的 KOH 中的刻蚀速度约为 $8 \sim 10nm/min$，与硅刻蚀速度的选择比约为 1:150。由于热氧化 SiO_2 厚度一般不超过 $2\mu m$，因此 SiO_2 保护时硅的最大刻蚀深度不超过 $200\mu m$。LPCVD 生长的 SiO_2 的掩膜效果与热生长的效果基本相同。LPCVD 生长 Si_3N_4 在 KOH 中的刻蚀速度约为 $0.1nm/min$，与硅的选择比可达 1:10000，是 KOH 长时间刻蚀的最佳保护层。PECVD 生长的 Si_3N_4 有很多针孔，因此保护效果不如 LPCVD 的好，但是 PECVD 可以在较低温度下（<400℃）淀积 Si_3N_4。KOH 刻蚀过程是：淀积 Si_3N_4 保护层并在 Si_3N_4 上匀胶和光刻，利用光刻胶作为 Si_3N_4 的保护层在等离子体中刻蚀 Si_3N_4 窗口（刻蚀 Si_3N_4 的等离子体刻蚀光刻胶很慢），去除光刻胶后进行 KOH 刻蚀，完毕后去除 Si_3N_4。

KOH 刻蚀的缺点是溶液中的 K^+ 离子会造成 IC 污染，同时 KOH 刻蚀金属连线铝。目前还没有一种掩膜材料，能够在 IC 表面较好地淀积、干净地去除、不损坏 IC 器件，并能够抵抗高温 KOH 的腐蚀。因此，KOH 刻蚀带有 IC 器件的硅片是非常困难的。当 KOH 刻蚀与 IC 分别位于硅片的两面时，可用下面方法保护 IC：

1）使用特制的卡具保护带有 IC 的一面，仅在 KOH 中露出需要刻蚀的一面，缺点是需要特制卡具，装夹复杂，容易泄漏和损坏硅片。

2）使用有机物保护 IC，或者把 IC 面和一个（111）晶片对粘起来保护电路，缺点是有机物去除比较困难，容易损坏器件。

TMAH 不含危害电路的碱金属离子，对铝腐蚀较轻，在溶液中溶解硅粉可以进一步降低铝的刻蚀速度，目前应用越来越多。在 90℃、22% 浓度下对（110）和（100）晶向的刻蚀速度达到 $1.4\mu m/min$ 和 $1\mu m/min$，（100）晶面对（111）晶面的刻蚀速度比为 $12 \sim 50$。二氧化硅和氮化硅在 TMAH 中的刻蚀速度为 $0.05 \sim 0.25nm/min$，作为保护层有很高的选择比。TMAH 的缺点是成本比 KOH 高，挥发性较强，易分解，使用温度不能太高。刻蚀一般使用 22% 浓度的 TMAH，浓度太低容易导致表面粗糙，浓度太高时刻蚀速度和对（111）面的选择比较低。典型的配比是 250ml 25% 的 TMAH，375ml 去离子水和 22g 硅。

（2）刻蚀结构与晶向的关系　刻蚀速度对晶向的依赖关系决定了刻蚀结构也和晶向有关。硅的不同晶向在 KOH 中的刻蚀速度不同，常见的低指数面如（100）、（110）、（111）晶面在 KOH 中的刻蚀速度依次为：（110）＞（100）＞（111）。图 9-21 所示为 KOH（质量分数 50%，78℃）刻蚀（100）和（110）硅片时不同晶向的刻蚀速度。从图中可以看出，KOH 对（111）面的刻蚀最慢，是（100）面刻蚀速度的 1/400。因此，垂直（111）晶面被刻蚀的极少，大多数情况下可以忽略不计，即认为（111）晶面是阻挡面，刻蚀遇到（111）面就停止

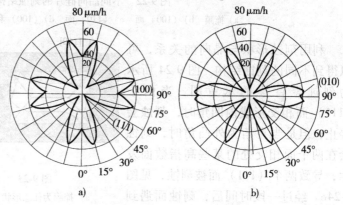

图 9-21　KOH 刻蚀速度与晶向的关系
a）（100）面　b）（110）面

下来。在 KOH 中加入异丙醇（IPA）可以进一步增加（100）和（111）面的刻蚀选择比。

因为（100）晶片和（110）晶片中（111）晶面和表面的夹角不同，因此刻蚀结构也不同。（100）硅片的（111）面和表面（100）面夹角为 54.74°，而（110）硅片中的夹角分别为 90°和 125.26°。因此，（100）面的刻蚀结构是由四个与表面呈 54.74°夹角的（111）面围成的，而（110）面的刻蚀结构是由两个与表面呈 90°的垂直（111）面和另外两个与表面呈 125.26°的倾斜（111）面围成的，如图 9-22 所示。在（100）硅片上，（111）面与表面相交的线是［110］方向，因此阻挡层窗口应该与［110］方向平行，否则实际刻蚀结果与阻挡层图形不一致。如果硅片足够厚并且刻蚀时间足够长，无论掩膜为什么形状，最后的刻蚀结果都是由四个（111）面围成的锥体，这些（111）面与表面的交线与掩膜图形的最外端相切，如图 9-23 所示。同样，当掩膜图形的边与（100）硅片上［110］方向不平行时，最后刻蚀结果是四个包围掩膜最外端的（111）面组成的锥体。

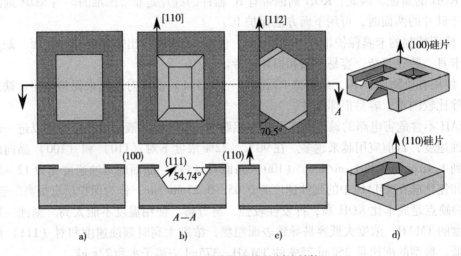

图 9-22　不同晶向硅片的刻蚀结构

a）掩膜　b）（100）面　c）（110）面　d）（100）和（110）立体图

利用刻蚀形状与晶向的关系，可以得到不同的刻蚀结构。图 9-24 所示为刻蚀悬臂梁的示意图。当两个（111）面相交形成内凹角时，刻蚀会停止；但是当夹角为外凸角时，刻蚀会在两个面相交处的某些高指数面发生，导致两个（111）面被刻蚀，见图 9-24c。经过一段时间后，刻蚀面遇到了悬臂梁根部的（111）面，于是刻蚀

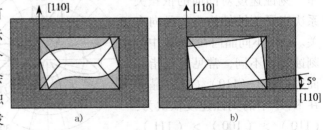

图 9-23　（100）硅片上刻蚀结果

a）掩膜为任意形状　b）掩膜边与［110］晶向不平行

（白色为掩膜窗口，浅色为最终刻蚀结果）

停止，阻挡层下面的硅被刻蚀，阻挡层结构就成为悬臂梁。

（3）刻蚀停止　刻蚀要在得到了需要的薄膜厚度时停止。刻蚀停止技术包括电化学停止、浓硼停止、阻挡层停止等自动停止，以及时间-测量等被动停止方法。

电化学停止是利用加有正电压的硅被氧化来阻止刻蚀的进行。在 P 型硅表面注入或者外

延 N 型薄膜，形成 PN 结。如图
9-25 所示，将 N 型区接电源正极，
把硅片放入接电源负极的刻蚀溶
液中。开始时反向偏置的 PN 结阻
止钝化电流的产生，P 型硅衬底
被刻蚀；当刻蚀液到达 N 型薄膜
时 PN 结消失，N 型薄膜产生钝化

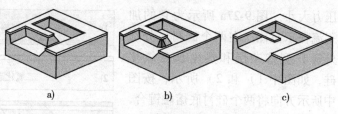

图 9-24　刻蚀悬臂梁的示意图
a)（111）面刻蚀结果　b) 凸角处开始刻蚀　c) 悬臂梁形成

电流，于是 N 型薄膜被迅速钝化，刻蚀停止。这种方法可以精确控制薄膜厚度，但是需要
在 P 型硅上形成 PN 结，并需要逐片引出电极，工艺较复杂。

浓硼停止是在单晶硅中掺杂浓度超过 $2 \times 10^{19}/cm$ 的硼原子，刻蚀液与掺杂表面相遇时
生成钝化层而使刻蚀停止，可以得到厚度等于掺杂深度的硅结构。这种方法不需要引入偏
压，工艺简单，但是高浓度硼原子使硅原子失配严重，硅内应力很高，影响结构的力学性
能。另外，浓硼区域无法设置压阻器件，并且掺杂后刻蚀选择比下降，这些影响了它的应用
范围。

阻挡层停止是利用硅表面淀积的氮化硅等薄膜阻止刻蚀，
当刻蚀液到达氮化硅薄膜时，刻蚀停止，得到氮化硅薄膜结构。
由于氮化硅薄膜内应力较大，因此解决薄膜淀积时的内应力是
这种方法的关键。

人工停止法是在单晶硅片上制作对应刻蚀进程的判据图形，
当对应刻蚀终点的判据图形出现时，人为停止刻蚀。该方法工
艺简单，但主观性强、重复性差、刻蚀不均匀时误差较大，另
外硅片上的通孔给后续工艺带来困难。

时间-测量停止法是通过测量刻蚀深度来决定是否停止刻
蚀，通过刻蚀期间的多次测量得到刻蚀速度，并以此计算尚需
刻蚀的时间。该方法简单易行，但是薄膜厚度较小时误差较大，
并且由于硅片原始厚度的分散性，导致刻蚀到最后时需要分片刻蚀。

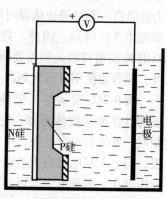

图 9-25　电化学自停止装置

3.　各向异性刻蚀的应用

湿法刻蚀是最早开发的微加工技术，也是最常用的刻蚀技术。图 9-26a 所示为微型压阻
式压力传感器。压力引起膜片变形，导致压阻的电阻值改变，通过电桥测量电阻的改变得到

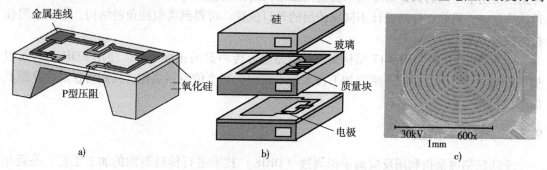

图 9-26　利用体微加工技术实现的 MEMS
a) 微型压阻式压力传感器　b) 微型电容加速度传感器　c) 微型电容传声器

压力大小。图 9-27a 所示为它的加工流程示意图。在两个硅衬底分别外延 P 型掺杂层和热生长二氧化硅，如图中 1）和 2）所示；按图中所示方向将两个硅衬底熔融键合，在背面淀积氮化硅作为保护层，用 KOH 刻蚀正面，除掺杂层外将被全部去除，如图中 3）所示；光刻并刻蚀 P 型层得到压阻，如图中 4）所示；淀积金，光刻并刻蚀金得到压阻间的连线，如图中 5）所示；背面淀积氮化硅掩膜，光刻并刻蚀开出 KOH 刻蚀窗口，如图中 6）所示；KOH 刻蚀硅衬底，形成承载压力的薄膜，刻蚀停止依靠时间控制，如图中 7）所示。因此，硅片背面 KOH 掩膜窗口的光刻需要与正面对准，即需要使用双面光刻。

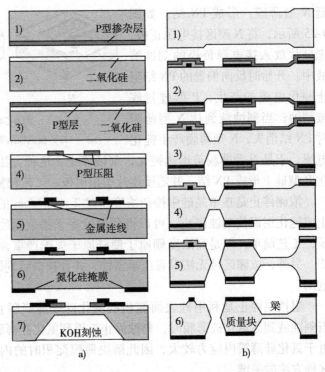

图 9-27　体微加工器件加工流程示意图
a）微型压阻压力传感器　b）微型电容加速度传感器

图 9-26b 所示是三层硅键合而成的电容加速度传感器。它上下层相同，各带有一个电极，中间层带有 KOH 刻蚀的悬臂质量块，质量块上下表面分别带有电极，与上下层电极构成差动电容。在加速度作用下，悬臂质量块发生位移，使电容极板间距发生变化，测量电容即可得到加速度。图 9-27b 所示为中间层的加工流程示意图。首先将硅衬底用 KOH 刻蚀为图中 1）所示的结构；再在衬底正反面分别淀积并刻蚀三层 KOH 刻蚀保护层，形成图中 2）所示的结构，需要使用到双面光刻；使用 KOH 刻蚀环绕质量块的空心区域，刻蚀到一定深度后停止，得到图中 3）的结构；去掉第一层剩余的保护层，露出悬臂梁区域，如图中 4）所示；继续在 KOH 中刻蚀，到达一定深度停止，得到图中 5）所示结构；去除第二层剩余的保护层，继续使用 KOH 刻蚀，直到悬臂梁厚度到达需要的尺寸。这种刻蚀使用了不同的保护层厚度来实现刻蚀结构的深度差，每次刻蚀停止时的深度是由结构设计决定的。另外，仔细设计不同保护层的开口位置，可得到类似圆角的结构，以减小脆性材料的应力集中。

图 9-26c 所示是与图 9-17 结构类似的微型电容传声器的正面照片。使用 KOH 刻蚀可以加工电极背板，但是目前介绍的加工技术尚不能加工整个传声器结构，我们将在后面介绍其加工过程。

9.3.2　干法深刻蚀

干法深刻蚀是指利用反应离子深刻蚀（DRIE）技术进行体硅刻蚀的加工工艺，是近年来发展的深刻蚀技术。DRIE 刻蚀速度达 $2 \sim 20 \mu m/min$，是一般湿法刻蚀的 $2 \sim 15$ 倍；刻蚀结构的深宽比大于 50 甚至更高，基本不受晶向的影响，可以刻蚀任意形状和垂直结构；被刻蚀材料与阻挡材料的刻蚀选择比高，保护容易；自动化程度高、环境清洁、操作安全、IC 兼容性好。目前，DRIE 已成为 MEMS 主要的深刻蚀方法。

DRIE 可以分为两种：由德国罗伯特-博世公司发明的时分多用法和日本日立公司发明的低温刻蚀法。这两种方法都是利用氟（F）基化合物 SF_6 产生的等离子体进行刻蚀，F 等离子体的刻蚀速度快，对环境污染小，但是刻蚀却是各向同性的，单靠 F 等离子体无法实现深刻蚀；二者的不同点在于把各向同性刻蚀变成各向异性刻蚀的方法。

1. 时分多用法

（1）深刻蚀原理和设备　时分多用法各向异性刻蚀的基本原理是轮流通入刻蚀气体 SF_6 和保护气体 C_4F_8。通入 SF_6 产生等离子体，提供刻蚀所需要的氟中性基团 F^* 和加速离子，对硅进行各向同性刻蚀，产生 SiF_4 挥发性物质，如图 9-28b 所示；刻蚀进行一段时间后停止 SF_6 气体，改为通入 C_4F_8，环状 C_4F_8 在高密度等离子体的作用下生成类似特富龙的保护层淀积在所有刻蚀表面，防止硅被 F^* 刻蚀，如图 9-28c 所示；下一个刻蚀循环停止 C_4F_8，继续通入 SF_6，槽底部的保护层会在加速离子轰击的物理作用下被去除，而侧壁的保护层由于离子的方向性而去除缓慢，如图 9-28d 所示；底部保护层消失后，F^* 继续对底部的硅进行各向同性刻蚀，而侧壁由于保护层的作用不再进行刻蚀，如图 9-28e 所示。于是深刻蚀依靠刻蚀-保护的多次循环得以实现。图 9-29 给出了刻蚀和保护过程的反应示意图。

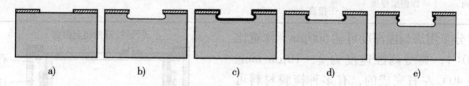

图 9-28　时分多用法各向异性刻蚀原理

a）掩膜窗口　b）各向同性刻蚀　c）保护层淀积　d）离子刻蚀保护层　e）各向同性刻蚀

时分多用法刻蚀需要产生 SF_6 和 C_4F_8 的等离子体，同时需要对离子进行加速轰击底部，因此需要射频（RF）源提供能量产生高密度等离子体和平板 RF 源给离子加速提供能量。前者使用电感耦合等离子体（ICP）发生设备，后者使用电容耦合（CCP）装置。图 9-30 所示为时分多用法刻蚀设备示意图，RF 感应电源环绕在石英或铝质的圆形刻蚀腔体外面，由射频 RF（13.56MHz）源产生高密度等离子体。硅片安装在由氦气冷却的温控电极上，通过 CCP 施加 RF 偏置电压，加速离子向硅片表面运动。温控电极

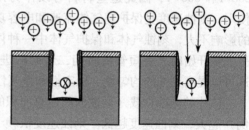

图 9-29　刻蚀和保护形成示意图

+—离子　X—CF_2（形成保护层）　Y—F^*（刻蚀）

保持相对较低和稳定的温度，有利于提高光刻胶掩膜效果和提高刻蚀均匀性。时分多用法刻蚀设备需要高效的快速进气切换装置，以便能够在短时间内切换刻蚀和保护气体。

（2）特点　深刻蚀的特点包括刻蚀速度、刻蚀选择比、各向异性以及刻蚀均匀性，影响这些特点的主要因素包括气体流量、电感功率、电容功率、气压、负载面积等。刻蚀是由物理溅射和离子增强化学反应引起的，其中后者贡献最大，决定了刻蚀速度。表 9-4 为时分多用法刻蚀参数对刻蚀特性的影响。由于影响刻蚀的因素复杂，各个工艺参数的变化会引起性能向不同方向变化，因此在实际使用中应该通过预刻蚀来优化选择工艺参数。

表 9-4 时分多用法刻蚀参数对刻蚀特性的影响

工艺参数	直接影响参数	对刻蚀性能的影响
反应腔压力	影响驻留时间、刻蚀 F 原子和 F*、离子能量	增加压力：开始增加了 F 和 F* 的密度，刻蚀速度增加，压力达到一定程度使离子轰击能量下降，刻蚀速度下降，掩膜刻蚀速度下降，选择比提高；保护层厚度增加，各向异性增强，当压力增加到一定水平，离子散射增强，导致侧壁保护层刻蚀，各向异性减弱；等离子体扩散率下降，刻蚀均匀性下降，RIE-lag 增加
刻蚀气体流速	反应产物输运及驻留时间	流速增加：驻留时间减少，反应物和产物输运加快，刻蚀速度增加；等离子体的扩散率和均匀性下降，导致刻蚀均匀性下降；RIE-lag 增加，当流速增加到一定程度后 RIE-lag 下降；各向异性变差
电感功率	等离子体密度	电感功率增加：等离子体密度增加，刻蚀速度增加；宽刻蚀槽内离子增加比窄槽增加快，导致 RIE-lag 显著增加；低压时刻蚀均匀性稍微下降，高压时稍微提高；对选择比几乎没有影响
电容功率	离子能量	电容功率增加：离子轰击能量和方向性增加，刻蚀各向异性增加；但是掩膜刻蚀加快，选择比下降；底部保护层的刻蚀加快，整体刻蚀速度上升；低流速时刻蚀速度取决于反应生成物输运速度，增加功率影响不明显
刻蚀时间	刻蚀总量	刻蚀时间增加：平均刻蚀速度大，但是侧壁起伏增加
保护时间	保护层厚度	保护时间增加：保护层厚度增加，刻蚀速度下降，但各向异性提高，选择比提高

时分多用法刻蚀深度可达 $500\mu m$、深宽比大于 $50:1$，典型刻蚀速度为 $2\sim10\mu m/min$。刻蚀在 40℃ 左右完成的，有多种掩膜材料可以选择。通常情况下，硅与光刻胶、SiO_2 和 Si_3N_4 掩膜刻蚀速度之比可以达到 $75:1$、$200:1$ 和 $800:1$，因此这些材料可以作为掩膜使用。刻蚀速度受保护期气体流速和电容功率的影响不大，刻蚀气体和保护气体中一种停止另一种开始时，有短暂的时间二者同时进气，这可以提高刻蚀的均匀性、稳定性和重复性。

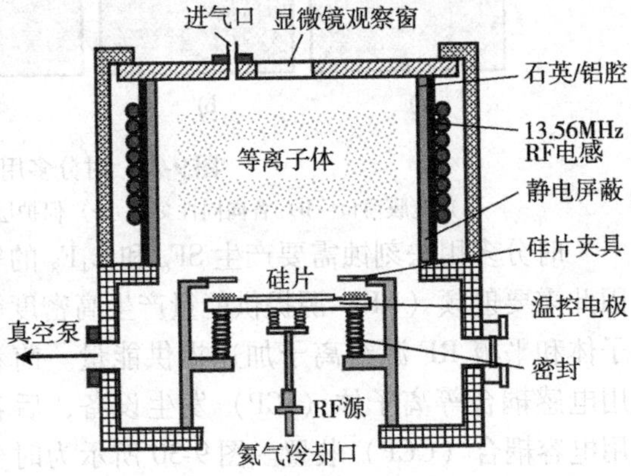

硅片的刻蚀负载（刻蚀面积占总面积的比例）越大，刻蚀速度越低。刻蚀速度依赖于刻蚀结构的深宽比，深宽比增加刻蚀速度下降（RIE-lag 现象），如图 9-31 所示。不同结构的刻蚀速度不同，即使同一个结构刻蚀速度也随

图 9-30 时分多用法刻蚀设备结构示意图

（进气口 显微镜观察窗 石英/铝腔 等离子体 13.56MHz RF电感 静电屏蔽 硅片夹具 温控电极 硅片 密封 真空泵 RF源 氦气冷却口）

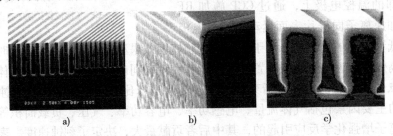

a)　　　　　　b)　　　　　　c)

图 9-31 时分多用法深刻蚀的缺点
a) RIE-lag　b) 不光滑侧壁　c) 横向凹槽

着深度的增加逐渐降低。由于各向异性刻蚀是多次各向同性刻蚀叠加而成的，因此深刻蚀结构的侧壁不光滑，类似贝壳表面的起伏结构。这种起伏一般在 50~500nm 之间，不能用于对侧壁粗糙度要求很高的领域，但是能够满足绝大多数使用要求。由于深刻蚀底部对离子的反射作用，有时会在刻蚀结构底部出现横向凹槽。由于电感线圈内电磁场分布的特点，靠近线圈边缘的等离子密度比线圈中部大，因此硅片边缘刻蚀速度快，中间速度慢，存在 5%~15% 的刻蚀不均匀性。

2. 低温刻蚀法

（1）深刻蚀原理和设备　低温刻蚀法也是利用 SF_6 产生的等离子体进行刻蚀的，与时分多用法不同的是在通入 SF_6 刻蚀的同时通入氧气，氧气产生的等离子体在刻蚀结构内壁形成 10~20nm 厚的 SiO_xF_y 阻挡层。由于离子在加速电场作用下以很高的能量轰击底部，底部的阻挡层被不断去除，而内壁阻挡层则由于离子的方向性被去除很慢，于是在底部 F^* 对硅的刻蚀可以持续进行，从而实现各向异性刻蚀，如图 9-32 所示。低温有助于阻挡层的形成，并能够降低 F^* 与阻挡层反应的化学活性，使内壁阻挡层被刻蚀缓慢。低温法与时分多用法的区别是保护气体不同，并且不再分别通入刻蚀和保护气体，而是二者同时通入，因此保护和刻蚀是同时进行的。F^* 对掩膜材料的刻蚀是对温度敏感的化学过程，低温可以显著降低掩膜的刻蚀速度。低温会对有机材料产生影响，如裂纹，特别是对厚光刻胶尤其严重。

由于刻蚀和保护是同时进行的，因此阻挡层产生、底部阻挡层去除和硅刻蚀是一个精细的平衡过程，任何改变这个平衡的因素都会导致刻蚀形状和性能的改变。如果阻挡层生成因素占主导地位，刻蚀剖面会形成倒梯形，并有可能导致刻蚀停止；如果刻蚀占主导地位，横向刻蚀将加重。

低温刻蚀设备的基本结构与时分多用法的设备类似，不同之处在于低温刻蚀需要液氮冷却平台，使温度降低到 -110℃ 以下。低温平台利用氦气多点喷射硅片背面，以达到好的热传导

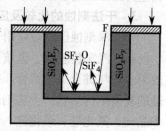

图 9-32　低温法刻蚀原理

效果，同时高效的装夹机构也有利于热传导和精确的温度控制。由于刻蚀对氧气流量非常敏感，甚至于腔体被侵蚀所产生的微量氧都会影响刻蚀，因此需要能够对氧气进气量进行精确、低流量控制的设备。低温刻蚀不需要轮流通入气体，因此不需要快速切换进气装置。

（2）特点　影响刻蚀性能的主要工艺参数包括 SF_6 流量、氧气流量、电感功率、平板电容功率等。刻蚀气体 SF_6 的流量越大刻蚀速度越快，刻蚀结构的截面形状呈现倒梯形，直到变为纯 SF_6 刻蚀时的各向同性刻蚀。SF_6 对速度的影响还取决于电感功率，在小流量和小功率的情况下刻蚀速度会达到一个饱和值。氧气流量是控制刻蚀形状的重要参数。随着氧气流量的增加，阻挡层的厚度增加，横向刻蚀变慢，刻蚀形状从正梯形向倒梯形过渡。电感功率影响等离子体密度，因此功率越大，刻蚀速度越快。电容的作用与时分多用法中电容的作用相同，影响趋势也相同。刻蚀温度一般不低于 -130℃，否则会引起 SF_6 的沉积，并且在某些情况下出现速度与晶向有关的现象。一般情况下，刻蚀温度只作细微调整刻蚀形状使用。图 9-33 给出了不同刻蚀参数对低温刻蚀结构形状的影响。图 9-34 所示为低温深刻蚀结构，低温刻蚀内壁光滑，掩膜选择比高，也会出现时分多用法中的 RIE-lag 现象。

由于腔体腐蚀、自然氧化物等杂质沉积在刻蚀结构底部，在一定工艺条件下这些杂质成为低温刻蚀的掩膜，阻碍硅的刻蚀，形成刺状未被刻蚀的硅。由于从上面看上去呈现黑色，

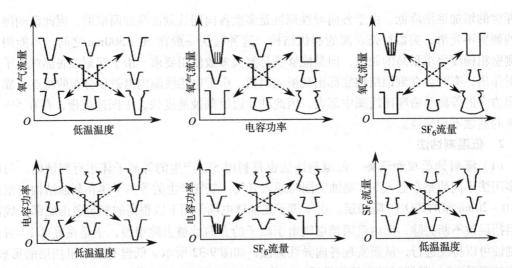

图9-33　不同刻蚀参数对低温刻蚀结构形状的影响

这种现象被称为"黑硅"。"黑硅"只在接近垂直刻蚀的条件下才会出现，之后微调部分工艺参数可实现垂直刻蚀，可以用来寻找垂直刻蚀工艺参数。

3. 干法刻蚀的比较及应用

干法深刻蚀已经被应用于三维封装、微流体器件、微生物医学仪器、汽车传感器、微航天器等多个领域，取得了前所未有的效果。它与键合工艺结合，甚至可以加工出传统机械加工才能制造的复杂结构形状。干法刻蚀不仅可以刻蚀单晶硅，还可以刻蚀多晶硅、氮化硅、碳化硅、金属、有机物以及压电材料等多种材料，成为 MEMS 加工的有利工具。

图9-34　低温深刻蚀结构

低温刻蚀需要复杂的低温控制系统，成本比较高；同时低温会导致光刻胶开裂等问题，掩膜比常温复杂。但低温刻蚀的选择比很高、刻蚀速度高，并且结构表面光滑；时分多用法不存在由于低温引起的问题，但是结构表面不够光滑，刻蚀速度稍慢。表9-5 比较了两种 DRIE 刻蚀的特点。

表9-5　干法刻蚀的比较

参数	时分多用法	低温刻蚀法
侧壁保护	类似特富龙的氟化碳高分子膜	SiO_xF_y
侧壁粗糙度	粗糙，尤其是接近硅片表面处	光滑
电容偏压	50V	$15 \sim 20V$
掩膜选择比	光刻胶：75∶1，二氧化硅：>200∶1	光刻胶：>100∶1，二氧化硅：1000∶1
光刻胶处理	低温烘干，对种类和时间不敏感	高温烘干，厚度不能超过 $1.5\mu m$
特殊设备	高效真空泵，高速气流控制器（切换开关），腔体加热和真空设备，短混合进气设备	低温控制平台，小气流氧气控制器，高效低温硅片装卡设备

图9-35 所示为干法刻蚀加工悬浮结构的方法。图9-35a 被称为单晶硅反应刻蚀及金属化方法（SCREAM），能在完整硅衬底结构上加工悬浮结构。在硅深刻蚀后淀积一层保护层，

然后去掉底部的保护层，通入 SF_6 进行各向同性刻蚀，向结构底部横向刻蚀。这种方法已经被用于加速度传感器和陀螺的制造。图 9-35b 所示是加工硅衬底上非硅材料悬浮结构的方法，首先各向异性刻蚀上层材料，然后对衬底进行各向同性刻蚀。图 9-35c 所示是双面刻蚀硅悬浮结构的方法，在背面用 DRIE 或 KOH 刻蚀达到一定深度，再从正面进行干法深刻蚀，直到刻穿整个硅片为止。后两种情况刻蚀结构平整，但是图 9-35c 所示的方法需要双面刻蚀。利用刻蚀 SOI（绝缘体上硅）衬底到达绝缘层后，刻蚀结构底部出现的横向凹槽也可以加工较小的悬浮结构。

图 9-36a 所示为六自由度微型综合惯性仪和微型陀螺。微型惯性仪可以同时测量三个方向的加速度和角度偏移，在汽车、导弹、导航等领域应用广泛。这个惯性仪集成 CMOS 处理电路，采用了后 IC 工艺和图 9-35a 所示的加工方法，展示了深刻蚀技术的 IC 兼容性。图 9-36b 所示是时分多用法刻蚀的微型陀螺。

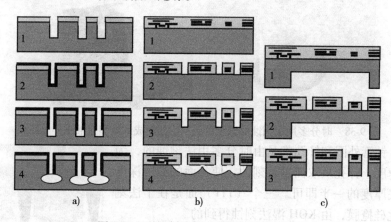

图 9-35 干法刻蚀加工悬浮结构的方法

a）SCREAM 法 b）非硅悬浮结构 c）硅悬浮结构

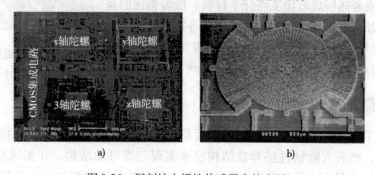

图 9-36 深刻蚀在惯性传感器中的应用

a）六自由度微型综合惯性仪和微型陀螺 b）时分多用法刻蚀的微型陀螺

图 9-37a 所示是可调微反射镜，梳状驱动器驱动的反射镜转动时，反射光线的角度发生改变，从而实现对反射光的控制。该反射镜使用图 9-35c 所示的方法加工的。图 9-37b 所示是梳状驱动器驱动的伸缩型光开关，当开关缩回在壳体中时，光可以沿着一个通道进入与之相对的通道；当开关伸出后，光被开关反射，进入与之垂直的通道。

图 9-38 所示为微型针头及由其制成的微型血液采样分析仪。针孔是穿透硅的空心孔，以便血液能够进入分析部分。图中三个斜面是（111）面，其中一个（111）面和针管相切

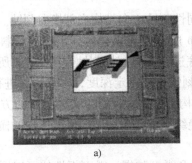 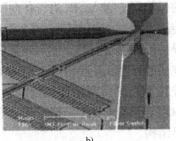

a) b)

图 9-37　时分多用法 DRIE 技术在微型光学设备中的应用

a）可调微型反射镜　b）伸缩型光开关

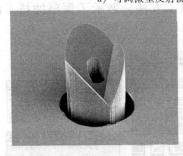 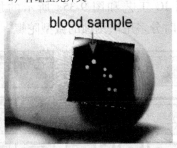

图 9-38　时分多用法刻蚀的微型针头及由其制成的微型血液采样分析仪

形成了针尖。针管外圆和针孔都是由时分多用法刻蚀的，为了加快刻蚀速度，针孔从双面进行刻蚀，使每面的刻蚀深度只要达到衬底厚度的一半即可。三个（111）面是在干法刻蚀后淀积氮化硅掩膜，由 KOH 湿法刻蚀得到的。

图 9-39 所示是用低温刻蚀的微型金属铸模模具，可以用来铸造金属或者热压成形加工高分子材料。低温刻蚀的高深宽比、高刻蚀速度、表面光滑、形状任意等特点使其成为电镀、铸模模具加工的重要方法。该结构深 $150\mu m$，在 DRIE 以前只有利用极其昂贵的 LIGA 可以实现。

图 9-39　低温刻蚀的微型
金属铸模模具

9.4　表面微加工基础

表面微加工技术采用 IC 制造中的薄膜淀积、光刻和刻蚀工艺，通过在牺牲层薄膜上淀积结构层薄膜、然后去除牺牲层释放结构层来实现三维可动结构，并实现复杂的"装配"关系。表面微加工在硅衬底上"建造"微结构，但只能加工薄膜结构。薄膜应力和粘连现象是需要重点解决的问题。

9.4.1　表面微加工过程

表面微加工的主要步骤包括牺牲层和结构层的淀积与刻蚀、牺牲层的去除（释放结构）。图 9-40 所示为表面微加工过程示意图。首先淀积牺牲层材料（如 SiO_2），然后光刻，见图 9-40a；刻蚀牺牲层（HF），见图 9-40b；在牺牲层上面淀积结构材料（如多晶硅），见图 9-40c；光刻并（RIE）刻蚀结构层，得到需要的结构，见图 9-40e；最后去掉牺牲层

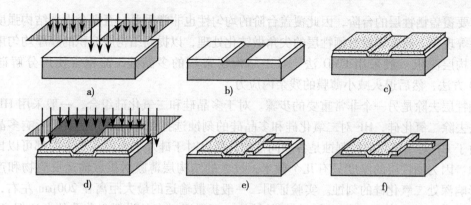

图 9-40　表面微加工过程示意图

a) 光刻牺牲层，图形转移　b) 牺牲层刻蚀　c) 淀积结构层　d) 结构层光刻，图形转移　e) 结构层刻蚀　f) 去除牺牲层，释放结构

（HF），得到悬浮在衬底上的微结构，见图 9-40f。根据需要，这个过程往往要多次重复。从工艺过程可以看出，结构由多层薄膜组合而成，垂直尺寸一般在几十微米以下，因此表面加工结构的基本特点是平面淀积、立体组合。

9.4.2　结构层与牺牲层

选择牺牲层与结构层材料时首先要考虑的问题是二者必须有比较高的刻蚀选择比，即刻蚀结构层时，牺牲层要保留完整；刻蚀牺牲层释放结构时不能刻蚀到结构层。此外，要求结构层薄膜与衬底结合强度高、薄膜内应力小、力学性能好、针孔缺陷少等。有多种牺牲层和结构层的组合可以作为表面加工材料使用，包括多晶硅和二氧化硅、氮化硅和多晶硅等。表 9-6 总结了部分常用牺牲层和结构层材料的组合以及刻蚀方法。利用多孔硅刻蚀速度非常快的特点，可以在衬底制备多孔硅作为牺牲层，实现衬底单晶硅悬浮结构。当使用二氧化硅作为牺牲层材料时，可以在淀积牺牲层的过程中掺杂磷形成磷硅玻璃。磷硅玻璃在 HF 中的刻蚀速度较高，掺杂浓度越高，刻蚀速度越快。一般磷硅玻璃在 HF 中的刻蚀速度不均匀，需要在磷硅玻璃淀积完毕后进行热处理，以使刻蚀速度均匀。

表 9-6　常用牺牲层与结构层材料

刻蚀方法	牺牲层材料	结构层材料
缓冲 HF	磷硅玻璃/二氧化硅	单晶硅/多晶硅/氮化硅/聚酰亚胺
RIE（BHF：$CHF_3 = 6:1$）	LPCVD 二氧化硅	CVD 钨
KOH/EDP/TMAH	多晶硅	氮化硅/二氧化硅
KOH	多孔硅	氮化硅/二氧化硅
磷酸	氮化硅	单晶硅/多晶硅/二氧化硅
磷酸 + 醋酸 + 硝酸	铝	PECVD 氮化硅/镍
碘酸铵	金	钛
RIE	PMMA	PECVD 氮化硅/二氧化硅

微结构是由多层结构层堆积组成的，尽管表面微加工的微结构很少承担大的负载，但是很多可动结构在工作时会产生周期应力，这对结构层和衬底的结合强度要求较高。结构层薄膜的力学和化学性质与淀积方法、工艺参数、热处理以及衬底种类和晶向等都有关。结构层

淀积需要覆盖牺牲层的台阶，因此覆盖台阶的均匀性也非常重要，否则会出现结构强度弱或者断裂等现象。通常需要对牺牲层的尖角做钝化处理，以提高结构层淀积的膜厚均匀度。因此，结构层淀积一般采用 CVD 法。对于结构层常用的多晶硅，淀积常使用分解硅烷的 LPCVD 方法，然后退火减小薄膜的残余内应力。

牺牲层去除是另一个非常重要的步骤。对于多晶硅和二氧化硅组合，一般采用 HF 刻蚀的办法去除二氧化硅，HF 对二氧化硅和多晶硅的刻蚀选择比非常高，基本不影响多晶硅结构。由于 HF 对二氧化硅的刻蚀是各项同性的，所以对于硅片平面内各个方向都可以比较好地刻蚀。因为牺牲层的厚度只有几个微米，过大的结构层薄膜对扩散输运反应物和产物不利，影响深处二氧化硅的刻蚀。实验证明，一般扩散输运的最大距离在 $200\mu m$ 左右，这基本超过了通常微结构的尺寸。对于封闭的结构，可以通过多处设置工艺孔的办法把离子 F^+ 从工艺孔输运到结构层与衬底之间的二氧化硅界面，并把反应物再输运出来。

除多晶硅外，在很多领域需要以特殊功能的材料作为结构层。碳化硅是传感器领域内非常有发展前景的材料，它具有非常好的力学性能、低摩擦系数、高的热导率。更重要的是，它可以工作在高温和化学腐蚀严重的恶劣环境下，成为高温传感器和化学传感器的重要材料。金刚石是也具有非常好力学性能和电性能，化学性质稳定，可以在汽车传感器、高温传感器、生物化学等多个领域应用。由于这两种材料一般为薄膜形态，加上化学性质稳定，材料本身的加工比较困难。用等离子体加工碳化硅已经可以实现比较复杂的结构；而目前金刚石还没有较好的微加工方法。由这两种材料作为结构层时，牺牲层材料和腐蚀液可以有多种选择。碳化硅已经制作出高温压力传感器、气体传感器、微型航天器的涡轮引擎等，采用表面工艺、牺牲层技术和铸模技术，金刚石也已经能够实现悬臂梁、扫描探针、微镊子等结构。

9.4.3 粘连

粘连是指由于表面张力等原因，在去除牺牲层或在工作过程中结构层会部分塌陷与衬底粘在一起的现象。表面工艺的后几个工序通常是结构释放、去离子水浸泡清洗、红外灯照射干燥。在这一过程中，厚度比较小、面积比较大的结构在应力或者表面张力的作用下变形塌陷并粘在衬底上，如图 9-41 所示。在牺牲层去除以后，牺牲层原来的空间被腐蚀液所占据，并且在清洗时充满去离子水。当加热干燥时，刚度较弱的结构层在水的表面张力作用下发生塌陷。塌陷后结构层和衬底之间出现毛细、分子间作用力、静电引力、氢键桥联等作用力，导致永久粘连。由于机械恢复结构层所需的力大到足以破坏结构层，

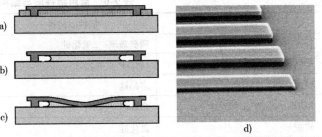

图 9-41　粘连现象

a）薄膜释放牺牲层以前　b）薄膜结构层下面充满水
c）薄膜塌陷、粘连　d）粘连与未粘连的悬臂梁结构照片

所以粘连一旦发生，结构就失效了，因此避免粘连成为表面工艺能否成功的关键之一。即使释放过程中没有出现粘连，在使用的过程中仍有可能出现粘连。

避免粘连的方法可以分为机械结构支承、改进释放方法、减小表面张力处理三种，见表

9-7。

表 9-7　常用防止粘连的方法

种类	方法	基本原理
机械结构支承	并列的支承点	淀积结构层前在牺牲层上刻蚀一些坑，淀积的结构层就会在坑处形成向下的突起，在干燥时支承结构
	侧壁月牙结构支承	防止悬臂梁变形
	临时增强被释放结构	增加刚度防止悬臂梁变形
改进释放方法	二氧化碳临界点释放	将清洗液临界变为气体，防止出现液体-气体相变
	气体 HF 释放	HF 气体腐蚀牺牲层，避免表面张力，但是释放速度很慢
	光刻胶支承释放	有机溶液置换清洗液，浸入光刻胶中，再用等离子刻蚀固化的光刻胶
	冷冻升华法	液体和结构同时冷冻，然后在真空中升华，防止出现液体-气体相变
减小表面张力	表面粗糙处理	等离子体轰击等方法使表面粗糙，减小实际接触面积
	表面厌水处理	用 NH_4F 溶液处理，得到氢基覆盖的厌水性表面，降低毛细现象
	表面镀膜处理	表面覆盖一层低表面能的厌水薄膜，降低毛细现象和表面张力

这些方法中，冷冻升华、二氧化碳临界点释放、光刻胶支承释放、单层膜自组装、气体 HF 释放等可以避免释放后粘连；氢钝化、氢键氟化单层膜、等离子体淀积氟化碳薄膜、自组装单层膜（如二氯二甲基甲硅烷，DDS）等可以用来避免使用中的粘连。DDS 的优点是不仅可以避免粘连，还可以有效降低微结构使用过程中引起粘连的吸附能，并且能够把动态摩擦系数从 0.6 ~ 0.7 降低到 0.12。由 DDS 形成的自组装单层膜化学性质稳定，淀积质

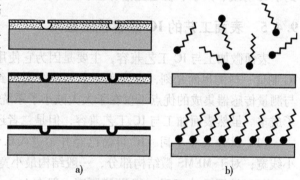

图 9-42　防止粘连原理示意图
a）凸起　b）表面自组装分子膜

量好，可靠性高，价钱便宜。图 9-42 所示为采用凸起和自组装分子膜防止粘连原理示意图。另外，凹陷和表面粗糙化也可以避免使用中的粘连，但是却不能解决摩擦力大的问题。

对于粘连微结构，一般比较难于用机械和力学的方法恢复。最近几年，出现了激光和超声修复粘连悬臂梁的方法。微结构在发生粘连后几天时间内的恢复成功率较高，时间越长，成功率越低。一般认为激光恢复主要是利用激光的输出功率对短期粘连进行加热，减小了表面张力和毛细现象而实现的。

9.4.4　薄膜内应力

负载（热、力）作用下引起的薄膜应力称为外应力；即使无任何负载，薄膜内应力仍旧存在，称为残余应力。残余应力包括热应力和本征应力（内应力）。热应力是由于薄膜淀积是在高温下完成、而薄膜与衬底的热膨胀系数不同引起的，无法避免；本征应力由非均匀变形、晶格失配等问题引起，与淀积工艺关系很大，虽然理论上可以避免，但完全消除非常困难。薄膜内应力一般在 10 ~ 5000MPa 之间，往往比正常工作的外应力大很多。内应力造

成的影响包括：直接导致加工失败——如果内应力是压应力，会造成薄膜弯曲、皱纹等；如果内应力是拉应力，会导致薄膜裂纹；如果存在应力梯度，会导致薄膜的弯曲变形或者促进粘连现象发生；导致不能正常工作和运转，如悬臂梁弯曲、谐振结构频率偏离设计等。

多晶硅、氮化硅、二氧化硅薄膜都存在残余应力。影响残余应力的因素非常复杂，例如温度、组分比例、热处理等。对于多晶硅，淀积温度越低应力越小，570℃以下淀积的多晶硅应力很低。LPCVD 多晶硅薄膜的内应力一般是压应力；在 1000℃ 以上温度退火可以减小残余应力。磷掺杂可以改善应力均匀性，但是会增加应力；氮化硅 LPCVD 薄膜的拉应力很大，在 1000MPa 左右，当膜厚度超过 200nm 时容易出现裂纹。常用降低残余应力的方法包括退火处理、掺杂，以及多层不同工艺或不同材料的薄膜互相补偿等，但是实现低应力甚至零应力的薄膜仍旧是 MEMS 领域的难点之一。

由于薄膜尺寸小、强度低，其力学特性的测量不如宏观材料测量简单。目前已经有多种方法可以测量薄膜的力学性能，包括强度、弹性模量、残余应力等指标。残余应力的测量通常都基于变形原理，已经发展出多种利用可动微结构测量局部残余应力的方法，如测量褶皱、频率变化、压力作用下的薄膜变形，以及多种释放结构的变形等。局部应力测量还利用到了 X 射线、声学、拉曼光谱分析、红外分析，以及电子衍射等复杂设备。

9.4.5 表面工艺的 IC 兼容性及应用

表面微加工与 IC 工艺兼容，主要是因为它使用工艺是 IC 制造的基本工艺，并且使用和 IC 制造一样的单面光刻，这为实现全部系统集成到一个芯片提供了可能。将信号处理电路与测量传感器集成的优点不仅在于大大减小了系统体积，更重要的是提高了系统功能、降低了成本。虽然表面加工与 IC 工艺兼容，但是二者还有区别，这些区别主要体现在：

（1）器件尺寸不同　IC 目前已经开始进入 0.09μm 工艺阶段，并且还在不断地努力减小线宽；对于 MEMS 微结构部分，一般结构最小宽度在 1 ~ 5μm 之间。

（2）纵深尺寸不同　IC 薄膜厚度一般在 1μm 以下，并且不需要悬空和可动；微结构一般在几十甚至上百微米，而且往往需要结构悬空和可动。

（3）复杂程度不同　IC 制造至少需要 10 次以上的光刻，由于线条细，光刻要求极高，但是工艺流程已经标准化；表面微加工光刻一般在 2 ~ 6 次，光刻要求没有 IC 制造高，但是由于结构复杂多样，导致工艺流程多样复杂。

（4）主要困难不同　IC 制造在于精确光刻、严格控制器件电学性能；微加工对尺寸、力学性能要求较高，并且需要解决粘连、摩擦、驱动等问题。

一般来说，IC 与微加工集成比较多地使用后 IC 技术，即首先在硅片上制造集成电路，然后将 IC 保护起来，再进行 MEMS 工艺。这种办法的主要问题在于 MEMS 工艺的可用最高温度受 IC 器件的限制。例如，LPCVD 淀积低温二氧化硅、低应力多晶硅、氮化硅所需要的温度分别为 450℃、610℃ 和 800℃，而对于磷硅玻璃的致密化和多晶硅去除残余应力退火则分别需要 950℃ 和 1050℃。对于 IC 来讲，当温度达到 950℃ 时会发生 PN 结扩散；对于已经金属化的 IC，温度超过 400℃ 会引起铝和硅发生反应。因此，在 MEMS 中必须避免使用较高的温度。对于退火，可以使用快速退火的方法，在几秒钟内将温度升高到 1000℃，并在 1min 内完成退火，这样可以减少高温对 IC 的影响。另外，使用 PECVD 的办法可以降低薄膜淀积所需要的温度。例如，PECVD 氮化硅只要 300℃ 左右，但是 PECVD 氮化硅薄膜的台阶覆盖均匀性比较差，针孔比较多。

图 9-43 所示为 ADXL202 制造原理示意图。该传感器采用后 IC 工艺制造。传感器加工以前要首先在 IC 区域淀积硼磷硅玻璃进行平面化，见图 9-43a；然后淀积 $1.6\mu m$ 厚的二氧化硅作为牺牲层，光刻、刻蚀牺牲层形成结构层与衬底的连接孔，进行 N^+ 注入，使结构层导电，见图 9-43b；用 LPCVD 淀积 $2\mu m$ 厚的多晶硅作为结构层，淀积后快速退火消除结构层残余应力，但保留适度的拉应力；光刻并刻蚀结构层图形，见图 9-43c；光刻并刻蚀牺牲层，开金属引线孔；最后光刻胶保护 IC 区域，HF 释放牺牲层，去掉光刻胶后淀积 IC 保护层。在释放过程中，为了防止粘连，使用了光刻胶支承释放的方法，最后用氧等离子体去除光刻胶。

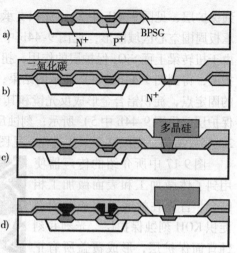

图 9-43　ADXL202 制造原理示意图
a）平面化带有 IC 的衬底　b）淀积牺牲层，光刻并刻蚀牺牲层　c）淀积结构层，光刻并刻蚀结构层　d）去除牺牲层，释放结构

图 9-44 所示为 TI 公司采用表面微加工技术制造的用于投影显示器的数字微型反光镜器件（DMD）。DMD 由三层结构组成，见图 9-44a 所示，最上面为反光镜，它通过支柱安装在第二层的支承板上，支承板由扭转梁控制可以转动；最下面为带有 CMOS 控制电路的硅衬底，衬底上的电极通过静电驱动控制扭转梁的转动。因此，可以通过衬底的控制电路驱动反光镜，使入射光向不同的方向反射。图 9-44b 所示为 DMD 的加工流程示意图。首先在已完成的 IC 衬底上淀积 SiO_2 并用 CMP 平面化，淀积衬底电极，用光刻胶制备牺牲层 1，光刻扭转梁固定点，见图 9-44b 中 1）；淀积扭转梁金属层，淀积 SiO_2，在扭转梁位置光刻、刻蚀得

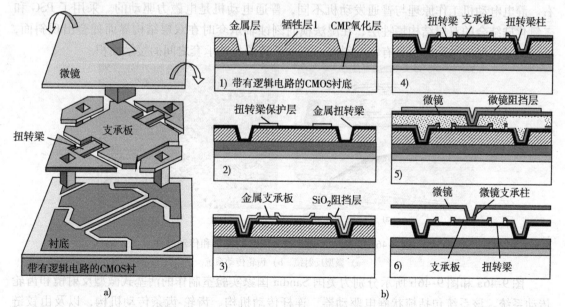

图 9-44　采用表面微加工技术制造的数字微型反光镜器件（DMD）
a）结构示意图　b）加工流程示意图

到保护层，见图 9-44b 中 2）；淀积支承板金属层，淀积 SiO₂ 阻挡层，并光刻、刻蚀形成支承板周围空心区域图形，见图 9-44b 中 3）；刻蚀支承板金属层形成与周围分离的支承板，由于扭转梁上面 SiO₂ 保护层的作用，扭转梁不被刻蚀，然后去除支承板和扭转梁的 SiO₂ 保护层，得到图 9-44b 中 4）所示的结果；用光刻胶形成第二层牺牲层，光刻形成反光镜支柱的固定点，淀积铝合金形成反光镜和其支柱，淀积 SiO₂ 层，光刻、刻蚀 SiO₂ 形成反光镜的保护层，见图 9-44b 中 5）所示；刻蚀反光镜，去除反光镜保护层，去除牺牲层 1 和牺牲层 2，释放结构，完成整个工艺过程，见图 9-44b 中 6）。

图 9-17 中所介绍的传声器使用到了体微加工和表面微加工相结合。首先在衬底正面和背面都淀积 KOH 刻蚀保护层，光刻并刻蚀背面保护层，形成覆盖所有正面图形的窗口，并用 KOH 刻蚀对窗口处的硅衬底进行减薄；光刻、刻蚀正面形成背板电极图形，再使用 KOH 刻蚀背板电极，同时也在减薄背面窗口，达到需要的背

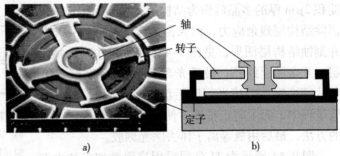

图 9-45　表面工艺加工的硅微静电电动机
a）照片　b）剖面图

板深度时停止，并保证衬底未穿透；正面淀积牺牲层材料，光刻、刻蚀牺牲层，并形成凸点支撑结构，避免释放过程的粘连；淀积波纹膜片结构层，光刻、刻蚀波纹膜片；反面进行 RIE 刻蚀，使牺牲层出现；刻蚀牺牲层，释放膜片，形成膜片和背板电极间的空心区域，完成工艺过程。

图 9-45 所示的静电电动机是依靠静电力驱动的硅微静电电动机，其直径只有 100μm 左右。静电电动机工作原理与普通发动机不同，普通电动机是电磁力驱动的。采用了 PSG 和二氧化硅结合的双层结构牺牲层，在湿法横向刻蚀轴承套时在双层结构界面处会出现斜面，使与转子接触的轴承套也具有一个斜面，减少了转子与轴承套之间的接触面积。

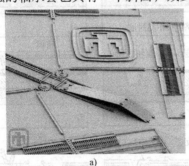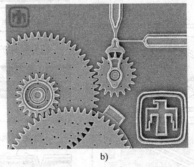

图 9-46　采用表面加工技术制造的光学和传动器件
a）微型反射镜　b）齿轮传动系统

图 9-46a 和图 9-46b 所示分别为美国 Sandia 国家实验室制作的活塞式微型反射镜和齿轮传动系统。该系统包括梳状静电驱动器、连杆传动机构、齿轮-齿条传动机构，以及由铰链连接的微型反射镜。系统连杆分为两组，每组中的一个连杆由梳状静电驱动器驱动作往复运动，推动另一个连杆带动齿轮转动，运动规律类似活塞。齿条将齿轮的转动转变为直线运

动，齿条的末端推动一个由铰链连接的微型反射镜，使齿轮转动过程中反射镜与平面的夹角会发生改变，从而改变入射光的反射角度运动。系统全部采用表面加工技术制造，设计复杂、工艺难度大，体现了非常高的表面加工技术水平。

9.5 其他 MEMS 加工技术

除了体微加工技术和表面微加工技术以外，MEMS 制造还广泛地使用到多种加工方法，其中常用的方法包括键合、LIGA、微立体光刻、电镀等。

9.5.1 键合

键合（Bonding）是指使将两层或多层硅片（或其他材料）叠放在一起，用一定的外界手段促使其在接触面结合为一体的方法。在 MEMS 领域，利用键合技术可以降低单个晶片加工的复杂程度，并实现复杂的沟道、腔体以及绝缘体上硅，同时也是重要的封装方法。键合分为直接键合、阳极键合、中间层键合。

1. 直接键合

直接键合时，硅片间没有其他介质，不施加电场、压力，主要靠硅片间接触时的作用，一般要加热以增加键合强度。根据加热温度不同，直接键合可分为低温键合（450℃以下）和高温键合（即熔融键合，800℃以上）。直接键合依赖于接触表面之间的吸引力，因此表面必须非常光滑和平坦。键合包括表面处理、接触、热处理三个过程。表面处理通过形成亲水层或者等离子处理来增加表面活性能；然后把两个硅片在洁净的环境下接触，并在硅片中间施加比较小的力，接触区域像波一样从加力点向四周传播，完成整个硅片的接触过程；最后在1200℃以下进行热处理增加键合强度。通常 200℃ 以下的热处理不能明显增加键合强度，温度在 300~800℃ 之间时强度明显增加；当温度在 800℃ 以上时可以使强度增加一个数量级；在 1000℃ 以上时，键合强度已经达到了单晶硅的强度水平。在 800℃ 以上进行热处理，几分钟后强度就达到了饱和值，而低温处理时键合强度随着处理时间的增加而增加。

衡量键合效果的标准包括间隙和键合强度。空气间隙和灰尘会严重影响键合质量，甚至导致键合失败。检测空气间隙可以使用 X 射线成像、红外成像和超声成像，在照片中可以判别空气间隙。扫描电子显微镜和投射电子显微镜是观察微观间隙的有利工具。键合强度一般使用力学方法测量，包括拉力、剪力破坏法和劈尖破坏法进行测量。劈尖法是常用的方法，它利用一个已知尺寸的刀片插入键合界面，用红外成像测量裂缝长度，然后计算出键合强度。

2. 阳极键合

阳极键合又称为静电键合，是在 200~500℃ 下对晶片施加一定的电场强度完成的键合，如图 9-47 所示。玻璃接阴极，硅接阳极，电源电压在 200~1000V 之间，硅片和玻璃加热到 300~400℃。此时玻璃成为导体，钠离子向阴极迁移，在靠近接触面的玻璃一侧形成固定空间电荷区，并在硅一侧形成映像电荷区。由于大部分电

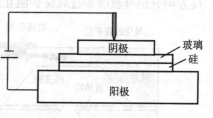

图 9-47 阳极键合示意图

压加在这个区域，界面处电场强度非常高，强电场使硅和玻璃的接触距离被大幅缩小。在温度作用下，两个界面发生类似直接键合的反应，在接触界面形成二氧化硅膜，使键合强度增

加。与直接键合相比，阳极键合温度低、残余应力小，对键合环境和硅片表面粗糙度及坡度要求低。

阳极键合要求玻璃的热膨胀系数与硅相近，否则当温度下降后两者由于热膨胀系数不同产生的应力足以损坏晶片。由于键合过程施加了电场，可能会损坏已有电子器件。为了键合两块硅片，可以在一个硅片上溅射一层玻璃，然后与另一个硅片键合。这种方法的优点在于玻璃薄膜引起的热膨胀应力较小，并且使用的电压比较低，有助于保护电路。

3. 中间层键合

中间层键合指键合需要一定的中间层介质帮助增加强度的键合过程。中间层键合所使用的材料种类很多，可以分为低温共熔键合、高分子层键合、低熔点玻璃键合、热压键合等。它们的特点见表9-8。

表9-8　中间层键合的特点

名称/中间层	方式	温度	优点	缺点
低温共熔/金	在一个硅衬底溅射金，利用金比较软的性质	363℃	金常用；温度低	大面积键合困难，有蠕变、松弛等现象
低熔点玻璃键合/PSG Corning 75 系硼掺杂氧化硅	1～2μm LPCVD PSG 流涂、丝网印刷 APCVD	1100℃ 415～650℃ 450℃	键合效果好 温度较低，效果较好 温度低	温度高 对磷污染敏感
高分子层键合/SU8，聚酰亚胺	涂胶、光刻、键合	130℃以下	温度低，效果尚可	力学性能差、蒸气压高、不能密封
热压键合/金	两个硅片都淀积1μm 金，接触，加温度和压力	300～350℃ 1.5MPa	温度较低	强度一般，工艺复杂

4. 键合的应用

键合技术，特别是比较成熟的硅-玻璃键合技术，在压力传感器、加速度传感器、微流体器件、生物医学、封装等领域得到了广泛的应用。

图9-48、图9-49所示为利用键合、KOH刻蚀和阳极键合加工的差压传感器和加速度传感器。差压传感器KOH刻蚀的上层硅片与下层硅片通过阳极键合形成内腔，内腔与外部压力差使膜片发生变形，通过测量膜片上应变电阻测量膜片两面压力差。加速度传感器把带有KOH刻蚀质量块的硅衬底与玻璃通过阳极键合为一体，当有加速作用的时候，质量块带动梁弯曲，使敏感电阻的阻值发生变化来测量加速度。这种结构的优点可以保护质量块，在正反方向分别有玻璃和过载保护阻止质量块的过度变形，避免梁折断。

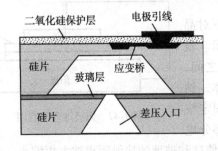

图9-48　键合差压传感器

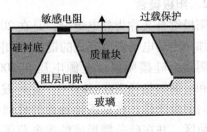

图9-49　键合加速度传感器

图 9-50 所示是 MIT 开发的微型火箭的硅引擎。硅有较好的机械强度和很高的功率体积比，可以加工复杂的内腔形状。微型引擎采用了多达 6 层硅进行直接键合，大大简化了每层的加工复杂性，实现了其他微加工方法无法实现的复杂内腔结构。

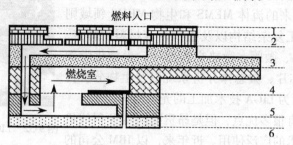

图 9-50　采用键合技术加工的微型火箭硅引擎

9.5.2　LIGA 技术

LIGA（德语 X 射线光刻、电镀、铸塑的缩写）使用 X 光厚胶、高能同步 X 射线发生器，以及电镀等设备，能够加工高深宽比的结构。如图 9-51 所示，LIGA 的基本工艺顺序是：对衬底上的 X 射线光刻胶（厚度从几微米到几厘米）曝光得到三维光刻胶结构，见图 9-51a、b；电镀金属填充光刻胶铸模，见图 9-51c；去掉光刻胶得到与光刻胶结构互补的三维金属结构，见图 9-51d；三维金属结构既可以作为需要的结构使用，也可作为精密铸塑料的模具使用，能够得到与光刻胶结构具有完全相同的结构，见图 9-51e。

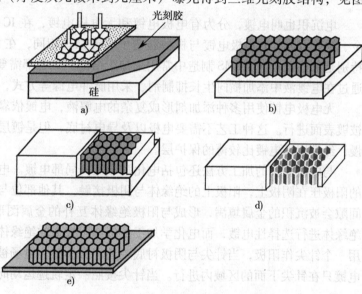

图 9-51　LIGA 技术加工的原理示意图
a）X 射线光刻　b）三维光刻胶结构　c）电镀铸模
d）去除光刻胶　e）铸塑结构

LIGA 能够实现三维结构的原因在于 X 射线光刻与注塑相结合。短波长 X 射线能量高、聚焦深度大，可以光刻深宽比超过 100 的线条，是紫外光的 10 倍。X 射线光刻经常使用的光刻胶 PMMA（聚甲基丙烯酸甲酯）性能好，厚度可以达到毫米级甚至厘米级。通过在衬底电镀金属，使金属充满光刻胶结构的腔体和空隙，形成与光刻胶互补的金属结构。LIGA 加工的衬底必须导电，或在绝缘体衬底上淀积导电层。

LIGA 使用的光刻是 IC 工艺，而电镀和注塑技术是传统机械加工工艺，因此 LIGA 是连接 IC 制造与机械加工的桥梁。LIGA 既可以像 IC 一样大批量、并行加工（同时加工多个器件），又可以像机械加工一样得到三维和复杂结构。LIGA 加工结构表面质量好，完全垂直衬底，加工材料便宜，适合大批量生产。

利用 LIGA 已经成功地实现了多种微系统与结构，包括封装、微发动机、微执行器、微齿轮泵、微陀螺、压力传感器等。最近发展起来的流体 MEMS 和生物 MEMS 领域则利用了 LIGA 擅长加工复杂结构以及生物兼容材料的特点，如微流体器件的微泵、微阀、微热交换器件，生物化学领域的 DNA 序列分析芯片、微总体分析系统以及生物分析传感器等。图 9-52 所示为 LIGA 技术加工的光阻结构。

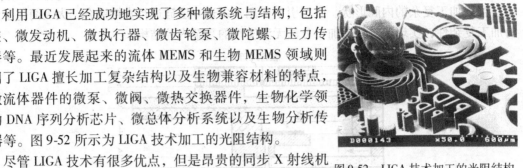

图 9-52　LIGA 技术加工的光阻结构

尽管 LIGA 技术有很多优点，但是昂贵的同步 X 射线机严重阻碍了 LIGA 技术的广泛使用。近年来，以 IBM 公司的 SU-8 为代表的紫外光厚胶的出现，促进了准 LIGA 工艺的发展。准 LIGA 借用了 LIGA 的思想，但是使用紫外光等进行光刻。SU-8 是一种树脂型光刻胶，单层甩胶厚度超过 $100\mu m$，高透光率适合紫外光曝光，因此 SU-8 能够加工三维结构。准 LIGA 工艺的发展促进了三维微结构加工技术的发展。

9.5.3　电沉积

电沉积也叫电镀，分为有电极电镀和无电极电镀，在 IC 和 MEMS 制造中用来淀积铜、金、镍等金属。有电极电镀与机械制造中电镀原理相同，在 IC 制造中用来加工连接导线，特别是电镀铜；在 MEMS 制造中常用来加工结构，二者都需要无间隙填充高深宽比的盲孔。通过在电镀液中添加横向生长抑制剂、采用脉冲电源等方式，可以得到比较满意的结果。

无电极电镀使用多种添加剂形成复杂的电解液，电镀依靠电镀液与被镀表面的电势差在被镀表面进行。这种工艺不需要电极以及导电衬底，但是镀层均匀性难于控制，速度也比较慢，经常用来电镀比较薄的保护层。

与电镀相关的加工方法还包括电化学加工和局部电镀。电化学加工是把带有绝缘体图形的阳极压在阴极上，阳极上的绝缘体与阴极接触，其他部位与阴极形成间隙。当施加电场时间隙会被沉积的金属填满，形成与阳极绝缘体互补的金属图形。LIGA 是依靠衬底阴极上的绝缘体进行选择性电镀，而电化学加工是依靠阳极上的绝缘体进行选择性电镀。局部电镀利用一个针尖作阳极，当针尖与阴极衬底距离非常小时，电场被限制在针尖下面的区域，因此电镀只在针尖下面的区域内进行。当针尖按照一定轨迹运动时，就形成了三维结构。

9.5.4　软光刻

软光刻（Soft Lithography）是最近几年发展起来的 MEMS 图形转移技术，其基本过程是将母版图形复制到弹性体上，然后利用微接触印刷等方法以弹性体为模板进行图形转移。

母版可以使用多种方法制造，如使用光刻、电子束光刻等方法；或者采用合适的结构，如光栅、结构体支承的聚合物点阵等；或者采用微加工方法制造的硅或金属结构。母版在经过硅烷化以后，在上面浇注聚二甲基硅烷弹性体材料（Poly（Dimethylsiloxane），PDMS），然后剥离母版就形成了弹性体模板，如图 9-53a 所示。

有多种方法可以对弹性体模板进行图形转移。图 9-53b 所示为微接触压印法，在 PDMS 图形区域形成一层自组装单分子膜（SAM），在硅上淀积金层，然后将二者接触。由于 SAM

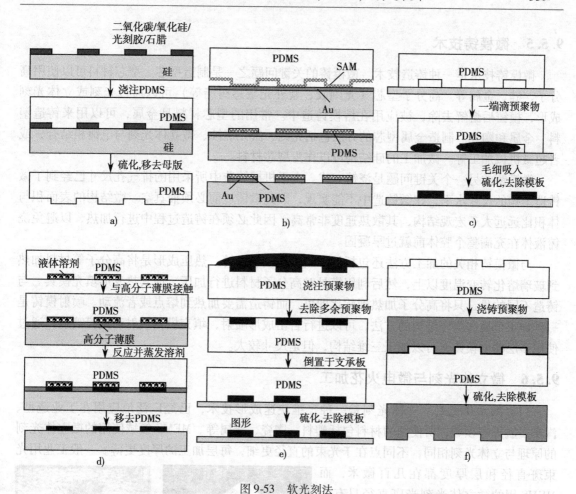

图 9-53　软光刻法

a) 母版制造方法　b) 微接触压印法　c) 毛细微模铸法　d) 溶剂辅助模铸法
e) 微转移模铸法　f) 复制模铸法

会与金相结合，就在 SAM 层上形成了 PDMS 凸出图形相同的图形。目前微接触印刷的分辨力可以达到 35nm。图 9-53c 所示为毛细微模铸法，在 PDMS 模版一端滴入预聚物，预聚物在毛细作用下被吸入模板的空腔部分，固化后移去模板，得到与 PDMS 模板互补的图形。尽管毛细吸入液体需要数小时，但是这种方法对于加工高深宽比结构非常有效。目前毛细微模铸最小分辨力可以达到 1μm。图 9-53d 所示为溶剂辅助微模铸法，该方法在 PDMS 模板图形凹陷区域吸入溶剂，然后将模板与高分子薄膜接触，溶剂使高分子性质改变，去除 PDMS 和未反应高分子，即得到与模板互补的图形。目前该方法的最高分辨力可以达到 60nm。图 9-53e 所示为微转移铸模法，首先在 PDMS 模板上浇注预聚物，去除多余的预聚物，将模版扣放在支承物上，固化后移去模板，即可得到与模板互补的图形，这种方法可以实现的最高分辨力为 1μm。图 9-53f 所示为复制模铸法，用预聚物直接浇铸 PDMS 模板，固化后移去模板，得到与模板互补的图形，该方法的最高分辨力可以达到 30nm。

软光刻法具有灵活、成本低、分辨率高等优点，可以处理高分子、有机物等材料，并且由于能够制造三维图形、甚至不需要超净间等特点，在纳米技术、生物技术以及化学分析和微流体等领域有广阔的应用前景，成为目前的热点研究领域之一。

9.5.5　微模铸技术

　　微模铸技术是一种铸造技术。微模铸的关键问题之一是制造型芯。型芯材料可以使用高分子、硅、金属等。高分子型芯（光刻胶、紫外光敏感树脂等）可以通过光刻或立体光刻成形，模铸后熔解去除，被应用在熔模铸造中。常用的型芯材料是金属，可以用来铸造塑料、金属和陶瓷。制造金属型芯的方法包括光刻、激光烧蚀、微立体光刻与电镀相结合，或者超微机械加工等。微加工的硅结构可以作为型芯材料。

　　微模铸的另一个关键问题是浇铸方式。由于机械铸造中所采用的排气孔尺寸已经到了微铸造结构的尺寸水平，在微铸造中不能实现，因此微铸造前必须抽真空。微结构的表面积与体积比远远大于宏观结构，其散热速度非常高，因此必须在铸造过程中进行加热，以避免浇铸液体在充满整个腔体前就过早凝固。

　　与微模铸相关的加工方法还包括热压成形和喷射模铸。热压成形是将高分子等材料加热到玻璃熔化转变温度以上，然后利用模具对高分子材料进行加压，使其热变形填充模具。与铸造不同的是，只将高分子加热到软化即可，而铸造需要加热到熔点或者流动。喷射模铸是一种加工金属和陶瓷结构的方法，可以进行自由成形喷射，填充模具喷射和掩膜喷射。通过使用多层喷射模铸，可以加工三维结构，但是尺寸较大。

9.5.6　微立体光刻与微电火花加工

　　（1）微立体光刻　立体光刻是一种三维快速成形技术，已经广泛地应用在工业造型、汽车、航天等领域，所使用的材料包括塑料、陶瓷、金属等。MEMS 领域使用的微立体光刻的原理与立体光刻相同，不同点在于光束的直径更细，每层加工的厚度更薄。一般工业用光束斑直径和层厚度都在几百微米，而 MEMS 用的微立体光刻光斑直径只有几百纳米到几微米，每层厚度在几微米到几十微米之间，因此能够加工微型结构。

　　（2）微电火花加工　微电火花加工的基本原理与通常机械制造中电火花加工的原理相同，其不同点在于，因为 MEMS 器件尺寸微小，为了减小由于振动和变形引起的加工误差，加工过程中需要使用导轮对导线进行支撑。微电火花的基本加工

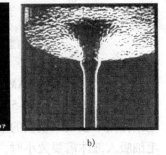

1mm200kU 850E1 4583/41 WM HR07

a)　　　　　　　　　b)

图 9-54　微电火花加工的产品
a）微型推进器（φ1mm）　b）钨钻头（φ20μm）

方法包括磨、铣、钻等，可以加工圆孔和方孔、腔体等结构，几种基本加工方法结合在一起，可以加工更为复杂的结构。图 9-54 所示为微电火花加工的微型推进器和钻头。

9.5.7　MEMS 封装技术

　　IC 封装是把切割后的管芯固定到支架上，并连接管芯引线与支架引线，用塑料、陶瓷或金属等外壳把管芯密封以保护管芯并提高可靠性。IC 封装的功能包括：

　　1）重新排布信号管脚。由于管芯上的引线和间距非常小，不能直接使用，必须通过封装使管脚间距增加。

2）保护芯片不受环境影响。包括机械支承和保护、电器绝缘和保护、防止潮湿、离子及有害化学物质。

3）散热。芯片工作时会发热，这些热量仅靠芯片的微小体积无法即时散掉。

MEMS 封装与 IC 封装类似，但是由于 MEMS 功能复杂多样，其封装远比 IC 封装复杂。MEMS 封装除了需要具有 IC 封装的功能外，还需要解决与外界的信息和能量交换的问题。封装一方面需要密封来消除器件与外界环境的相互影响；另一方面又必须设置一定的"通道"使被测量能够作用到敏感结构，以及执行器能够对外界输出动作和能量，这是一对矛盾体。对于不依赖于介质就可以传递的能量场，这个问题比较容易解决，如加速度传感器和陀螺完全密封也不会影响对加速度和角度的测量。对于力和压力，合适的微结构和封装也可以避免这个问题。对于温度，完全密封会严重影响动态响应速度，对于需要有介质接触（敏感结构与被测物质接触）才能传递的信息，例如化学和生物信息，这个矛盾就比较突出。

MEMS 封装的复杂性还和 MEMS 的多样性与复杂性有关。集成电路只需要处理电信号，一种封装技术可以应用于多种芯片。MEMS 的多样性使封装具有特殊性，能够解决加速度器件的封装形式不能适于光学器件，而能够解决光学器件的封装也不能解决微流体器件的问题。这使得差不多每种 MEMS 器件的封装都要重新考虑和设计。MEMS 封装的难度决定了其封装成本很高，一般传感器的封装成本至少要占到传感器全部成本的 70% 以上。

1. MEMS 封装需要考虑的内容

MEMS 的封装有些共同的特点需要考虑，包括：

（1）划片的机械冲击 划片过程使用的金刚石或者碳化硅锯片会对衬底产生较大的冲击和振动，这对可动结构和微细结构是有害的。

（2）封装材料的抗恶劣环境能力 有些 MEMS 工作在恶劣的环境下，如汽车传感器会遇到振动、灰尘、高温、尾气等，封装材料要保证在这些环境下能够正常工作。

（3）温度 一方面要求封装工艺所需要的最高温度是器件所能承受的，例如键合方式和温度等；二是要考虑封装能否将器件工作时产生的热量及时散掉。

（4）封装对器件的影响 封装不能影响器件的功能，特别是与外界进行的信息和能量交换，这是封装的难点之一。MEMS 的封装的多样性体现在根据不同的功能和特点单独考虑封装方式，这些特点可参阅表9-9。封装产生的应力对器件影响很大，也要重点考虑。

表 9-9 **MEMS 封装需要考虑的内容**

种类	名称	电信号	流体通道	接触介质	透明窗	密封	校准补偿	封装种类
传感器	压力	是	是	是	否		是	PMC
	加速度	是	否	否	否	是	是	PMC
	流量	是	是	是	否	否	是	PMC
	陀螺	是	否	否	否	是	是	PMC
	传声器	是	是	是	否	否	是	PMC
执行器	光开关	是	否	可能	是	是	否	C
	显示	是	否	可能	是	是	否	C
	阀	是	是	是	否	否	可能	MC
	泵	是	是	是	否	否	可能	MC
	PCR	是	是	可能	否	否	否	PMC
	电泳芯片	是	是	是	否	否	否	PMC

（续）

种类	名称	电信号	流体通道	接触介质	透明窗	密封	校准补偿	封装种类
微结构	喷嘴	否	是	是	否	否	否	PMC
	镊子	否	否	是	否	否	否	PMC
	流体混合器	否	是	是	可能	否	否	PMC
	流体放大器	否	是	是	否	否	可能	MC

注：P—塑料，M—金属，C—陶瓷。

2. 连线与封装方式

连线包括两方面的内容：一是管芯与支架管脚的连接；二是管芯内部不同层之间的连接。前者可以借用 IC 的封装技术，使用焊接连线或者倒装芯片等方式，如图 9-55 所示。常用的材料包括金属、陶瓷和塑料，因此可以采用双列直插（DIP）、管脚阵列（PGA）、表面贴装（SMT）等形式。为了实现三维封装（管芯由多层芯片堆叠而成），近几年出现了一种不同层之间连线的方法：利用 KOH 刻蚀或者 DRIE 刻蚀加工穿透硅片的通孔，然后用电镀填充铜，或者通过重掺杂实现导体连接。

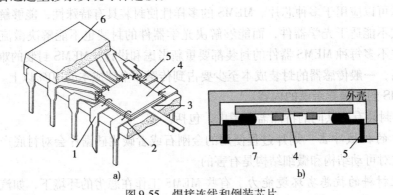

图 9-55 焊接连线和倒装芯片
a）焊接连线 b）倒装芯片

1—管脚支架 2—焊接平台 3—管芯支承 4—管芯 5—焊接连线 6—外壳 7—触点

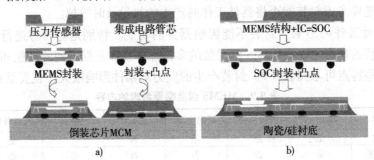

图 9-56 系统集成方式
a）多芯片模块 b）芯片系统

MEMS 与 IC 的集成有两种方式，这两种方式导致不同的封装方法，如图 9-56 所示。如果 MEMS 结构与 IC 在制造过程中就集成在同一个管芯上，实现了所谓的芯片系统（SOC），则封装需要把二者封装在一起，见图 9-56b。如果 MEMS 结构与 IC 在制造过程中是分别制造的，分别集成在两个管芯上，需要通过封装进行集成，形成多芯片模块（MCM），见图 9-56a。

对于 MEMS 封装还要考虑介质连接，即对需要给 MEMS 的信号和动作留有通道。从

表9-9可知，加速度和陀螺需要的是惯性
力，不受密封的影响，因此这种结构可以
完全密封。对于其他 MEMS 结构，光器件
需要考虑是否要设置透明窗，化学、流体、
执行器等要考虑留有媒质接触通道。这增
加了密封的难度并且使其不容易标准化。

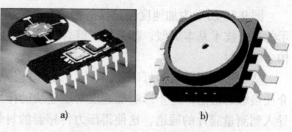

图 9-57　完全密封的传感器

a）加速度传感器　b）压力传感器

　　MEMS 封装中常用到键合技术。前面
提到的多种键合技术在 MEMS 封装中都有
应用，玻璃-硅阳极键合主要应用在太阳能电池和压力传感器等；硅-硅高温直接键合或静电
键合是目前 IC 和传感器产品的主要密封方式。另外，各种中间层键合技术也在封装中得到
了应用。

3．传感器的封装

　　图 9-57 所示分别为完全密封的微型
加速度传感器和留有压力导入孔的压力
传感器外形。压力传感器利用 KOH 刻
蚀、玻璃键合和倒装芯片技术加工和封
装，流程如图 9-58 所示。把两个硅片分
别制作应变电阻和 KOH 刻蚀浅槽，并
淀积玻璃层，见图 9-58a；阳极键合，
见图 9-58b；上面硅片 KOH 刻蚀硅杯，
形成压力测量薄膜，见图 9-58c；上层
硅片键合玻璃，下层刻蚀引线孔，见图
9-58d；金属化，用倒装芯片法准备密封
外壳，然后按照图 9-58e 所示的方法进

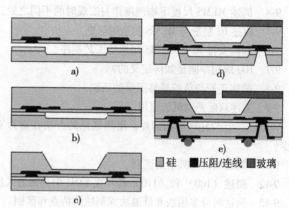

图 9-58　压力传感器制造流程图

a）制备应变电阻，淀积玻璃层　b）阳极键合　c）KOH 刻蚀
d）剥离键合　e）引线

行多芯片模块封装，将传感器和 IC 集成到一个封装里。

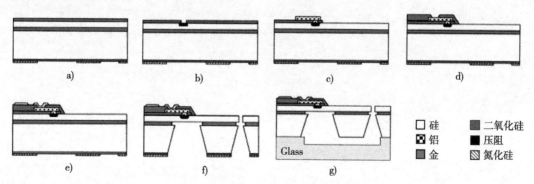

图 9-59　加速度传感器的制造和封装流程图

a）SOI 上生长 SiO_2 掩膜，背面淀积并刻蚀氮化硅掩膜　b）光刻并刻蚀 SiO_2 掩膜，
注入形成压阻　c）淀积铝金属引线，去除部分 SiO_2 掩膜　d）淀积 SiO_2 保护层，光
刻并刻蚀 SiO_2 保护层　e）淀积引线金凸点　f）背面 KOH 刻蚀形成质量块，
HF 和 RIE 刻蚀形成悬臂结构　g）硅-玻璃键合

图 9-59 所示为加速度传感器的制造和封装流程图。该加速度传感器的封装与图 9-58 所示的封装技术基本类似，都采用了键合技术，不同的是加速度传感器可以利用外壳将内部结构全部密封。

从二者的封装结构可以看出，对于加速度传感器可以完全密封，不需要留有任何与外界介质接触的通道，这不影响加速度对质量块的作用。对于压力传感器，必须留有将被测压力导入到测量膜片的通道，这使得压力传感器的封装比加速度传感器的封装复杂。

习题与思考题

9-1   简述 MEMS 的基本特点。

9-2   简述 IC 与 MEMS 的关系。

9-3   为什么硅是 MEMS 的主要材料？

9-4   简述 MEMS 尺度下物理规律与宏观时的不同之处。

9-5   简述 IC 制造与 MEMS 制造的区别。

9-6   如何安排 IC 与 MEMS 制造的工艺顺序？

9-7   100 级超净间是如何定义的？

9-8   简述正胶与负胶转移图形的区别。

9-9   简述双面光刻机的原理。

9-10   一个 $525\mu m$ 厚的硅片，用热氧化的方法在硅片双面各生长二氧化硅薄膜 $2\mu m$。硅片总厚度为多少？

9-11   简述蒸镀和溅射的区别。

9-12   简述（100）和（110）硅片在 KOH 中刻蚀的区别。

9-13   简述时分多用法和低温法深刻蚀的特点和区别。

9-14   简述表面微加工工艺的基本过程。

9-15   设计图 9-38 所示微针头的加工工艺。

9-16   设计图 9-45 所示微发动机的加工过程（忽略 IC 工艺部分）。

9-17   设计图 9-17 所示传声器的制作工艺顺序。

附　录

附表 1　JB/T3208—1999 准备功能 G 代码

代号	功能保持到被取消或被同样字母表示的程序指令所代替	功能仅在所出现的程序段内有作用	功能	代号	功能保持到被取消或被同样字母表示的程序指令所代替	功能仅在所出现的程序段内有作用	功能
(1)	(2)	(3)	(4)	(1)	(2)	(3)	(4)
G00	a		点定位	G50	#（d）	*	刀具偏置 0／－
G01	a		直线插补	G51	#（d）	*	刀具偏置 +／0
G02	a		顺时针方向圆弧插补	G52	#（d）	*	刀具偏置 －／0
G03	a		逆时针方向圆弧插补	G53	f		直线偏移 X
G04		*	暂停	G54	f		直线偏移 Y
G05	#	#	不指定	G55	f		直线偏移 Z
G06	a		抛物线插补	G56	f		直线偏移 Z
G07	*	#	不指定	G57	f		直线偏移 XY
G08		*	加速	G58	f		直线偏移 XZ
G09		*	减速	G59	f		直线偏移 YZ
G10 ~ G16	#	*	不指定	G60	h		准确定位 1（精）
G17	c		XY 平面选择	G61	h		准确定位 2（中）
G18	c		ZX 平面选择	G62	h		快速定位（粗）
G19	c		YZ 平面选择	G63		*	攻螺纹
G20 ~ G32	#	*	不指定	G64 ~ G67	#	#	不指定
G33	a		螺纹切削，等螺距	G68	#（d）	#	刀具偏置，内角
G34	a		螺纹切削，增螺距	G69	#（d）	#	刀具偏置，外角
G35	a		螺纹切削，减螺距	G70 ~ G79	#	#	不指定
G36 ~ G39	#	*	永不指定	G80	e		固定循环注销
G40	d		刀具补偿/刀具偏置注销	G81 ~ G89	e		固定循环
G41	d		刀具补偿-左	G90	j		绝对尺寸
G42	d		刀具补偿-右	G91	j		增量尺寸
G43	#（d）	#	刀具补偿-正	G92		*	预置寄存
G44	#（d）	#	刀具补偿-负	G93	k		时间倒数，进给率
G45	#（d）	#	刀具偏置 +／+	G94	k		每分钟进给
G46	#（d）	#	刀具偏置 +／－	G95	k		主轴每转进给
G47	#（d）	#	刀具偏置 －／－	G96	l		恒线速度
G48	#（d）	#	刀具偏置 －／+	G97	l		每分钟转数（主轴）
G49	#（d）	#	刀具偏置 0／+	G98 ~ G99	#	#	不指定

注：1. * 号：如选作特殊用途，必须在程序格式说明中说明。

2. 如在直线切削控制中没有刀具补偿，则 G43 到 G52 可指定作其他用途。

3. 在表中左栏括号中的字母（d）表示：可以被同栏中没有括号的字母 d 所注销或代替，亦可被有括号的字母（d）所注销或代替。

4. G45 ~ G52 的功能可用于机床上任意两个预定的坐标。

5. 控制机上没有 G53 ~ G59、G63 功能时，可指定作其他用途。

附表2　JB/T3208—1999 辅助功能 M 代码

代码	功能开始时间 与程序段指令运动同时开始	功能开始时间 在程序段指令运动完成后开始	功能保持到被注销或被适当程序指令代替	功能仅在所出现的程序段内有作用	功能	代码	功能开始时间 与程序段指令运动同时开始	功能开始时间 在程序段指令运动完成后开始	功能保持到被注销或被适当程序指令代替	功能仅在所出现的程序段内有作用	功能
(1)	(2)	(3)	(4)	(5)	(6)	(1)	(2)	(3)	(4)	(5)	(6)
M00		*		*	程序停止	M36	*		*		进给范围1
M01		*		*	计划停止	M37	*		*		进给范围2
M02		*		*	程序结束	M38	*		*		主轴速度范围1
M03	*		*		主轴顺时针方向	M39	*		*		主轴速度范围2
M04	*		*		主轴逆时针方向	M40~M45	#	#	#	#	如有需要作为齿轮换挡,此外不指定
M05		*	*		主轴停止	M46~M47	#	#	#	#	不指定
M06	#	#		*	换刀	M48		*	*		注销M49
M07	*		*		2号切削液开	M49	*		*		进给率修正旁路
M08	*		*		1号切削液开	M50	*		*		3号切削液开
M09		*	*		切削液关	M51	*		*		4号切削液开
M10	#	#	*		夹紧	M52~M54	#	#	#	#	不指定
M11	#	#	*		松开	M55	*		*		刀具直线位移,位置1
M12	#	#	#	#	不指定	M56	*		*		刀具直线位移,位置2
M13	*		*		主轴顺时针方向,切削液开	M57~M59	#	#	#	#	不指定
M14	*		*		主轴逆时针方向,切削液开	M60		*		*	更换工件
M15	*			*	正运动	M61	*		*		工件直线位移,位置1
M16	*			*	负运动	M62	*		*		工件直线位移,位置2
M17~18	#	#	#	#	不指定	M63~M70	#	#	#	#	不指定
M19		*	*		主轴定向停止	M71	*		*		工件角度位移,位置1
M20~M29	#	#	#	#	永不指定	M72	*		*		工件角度位移,位置2
M30		*		*	纸带结束	M73~M89	#	#	#	#	不指定
M31	#	#		*	互锁旁路	M90~M99	#	#	#	#	永不指定
M32~M35	#	#	#	#	不指定						

注:1. #号表示:如选作特殊用途,必须在程序说明中说明。

2. M90~M99 可指定为特殊用途。

参 考 文 献

[1] 陆伯印. 仪器制造工艺学 [M]. 天津：天津科学技术出版社，1992.

[2] 端木时夏. 仪器制造工艺学 [M]. 北京：机械工业出版社，1989.

[3] 郑达致. 仪器制造工艺学 [M]. 北京：机械工业出版社，1994.

[4] 袁哲俊，王先逵. 精密和超精密加工技术 [M]. 北京：机械工业出版社，2002.

[5] 王先逵. 机械制造工艺学 [M]. 北京：机械工业出版社，1999.

[6] 卢秉恒. 机械制造技术基础 [M]. 北京：机械工业出版社，2002.

[7] 王启平. 精密加工工艺学 [M]. 北京：国防工业出版社，1990.

[8] 吉卫喜. 机械制造技术 [M]. 北京：机械工业出版社，2001.

[9] 金问楷. 机械加工工艺基础 [M]. 北京：高等教育出版社，1998.

[10] 蔡建国，吴祖育. 现代制造技术导轮 [M]. 上海：上海交通大学出版社，2000.

[11] 郑明新. 工程材料 [M]. 北京：清华大学出版社，1991.

[12] 梁耀能. 工程材料及加工工程 [M]. 北京：机械工业出版社，2001.

[13] 曹大宇，周鹏飞. 光学零件制造工艺学 [M]. 北京：机械工业出版社，1987.

[14] 中国机械工程学会热处理专业分会《热处理手册》编委会. 热处理手册 [M]. 北京：机械工业出版社，2001.

[15] 周凤云. 工程材料及应用 [M]. 武汉：华中理工大学出版社，1999.

[16] 薛实福，李庆祥. 精密仪器设计 [M]. 北京：清华大学出版社，1991.

[17] 殷纯永. 质量工程导论 [M]. 北京：中国计量出版社，1998.

[18] 于涛. 工序质量控制系统研究 [M]. 北京：经济管理出版社，2002.

[19] 王先逵，李庆祥. 精密加工技术实用手册 [M]. 北京：机械工业出版社，2001.

[20] Milton C. Shaw. Metal Cutting Principles [M]. London：Clarendon Press Oxford，1984.

[21] 王启平. 机械制造工艺学 [M]. 哈尔滨：哈尔滨工业大学出版社，1990.

[22] 孟少农. 机械加工工艺手册：第2卷 [M]. 北京：机械工业出版社，1991.

[23] 李华. 机械制造技术 [M]. 北京：机械工业出版社，1997.

[24] 庞滔，郭大春，庞楠. 超精密加工技术 [M]. 北京：国防工业出版社，2000.

[25] 刘晋春，赵家齐，赵万生. 特种加工 [M]. 北京：机械工业出版社，2000.

[26] 刘振辉，杨嘉楷. 特种加工 [M]. 重庆：重庆大学出版社，1991.

[27] 金庆同. 特种加工 [M]. 北京：航空工业出版社，1988.

[28] 胡传炘. 特种加工手册 [M]. 北京：北京工业大学出版社，2001.

[29] 孙康宁. 现代工程材料成形与制造工艺基础 [M]. 北京：机械工业出版社，2001.

[30] 齐乐华. 工程材料及成形工艺基础 [M]. 西安：西北工业大学出版社，2002.

[31] 施江澜. 材料成形技术基础 [M]. 北京：机械工业出版社，2001.

[32] 陈全德. 材料成形工程 [M]. 西安：西安交通大学出版社，2000.

[33] 夏巨谌. 精密塑性成形工艺 [M]. 北京：机械工业出版社，1999.

[34] 吕广庶，张远明. 工程材料及成形技术基础 [M]. 北京：高等教育出版社，2001.

[35] 迟剑锋，吴山力. 材料成形技术基础 [M]. 长春：吉林大学出版社，2001.

[36] 王纪安. 工程材料及材料成形工艺 [M]. 北京：高等教育出版社，2000.

［37］高以熹．石膏型熔模精铸工艺及理论［M］．西安：西北工业大学出版社，1992.

［38］钟毓斌．冲压工艺与模具设计［M］．北京：机械工业出版社，2000.

［39］李仁杰．压力铸造技术［M］．北京：国防工业出版社，1996.

［40］高锦张．塑性成形工艺与模具设计［M］．北京：机械工业出版社，2001.

［41］姚泽坤．锻造工艺学与模具设计［M］．西安：西北工业大学出版社，1998.

［42］严绍华．材料成形工艺基础［M］．北京：清华大学出版社，2001.

［43］曾光廷．材料成型加工工艺及设备［M］．北京：化学工业出版社，2001.

［44］白天申．消失模铸造技术国际会议论文集［C］．北京：清华大学出版社，1998.

［45］杨裕国．压铸工艺与模具设计［M］．北京：机械工业出版社，1997.

［46］黄忠良．新陶瓷超精密工学［M］．台南：复汉出版社，1983.

［47］袁巨龙．功能陶瓷的超精密加工技术［M］．哈尔滨：哈尔滨工业大学出版社，2000.

［48］段继光．工程陶瓷技术［M］．长沙：湖南科学技术出版社，1994.

［49］江东亮．精细陶瓷材料［M］．北京：中国物资出版社，2000.

［50］周达飞，唐颂超．高分子材料成型加工［M］．北京：中国轻工业出版社，2000.

［51］陈洪．精密塑料成型［M］．北京：国防工业出版社，1999.

［52］F.汉森．塑料挤出技术［M］．北京：中国轻工业出版社，2001.

［53］翁其金．塑料模塑成型技术［M］．北京：机械工业出版社，2001.

［54］屈华昌．塑料成型工艺与模具设计［M］．北京：高等教育出版社，2001.

［55］陈铮．材料连接原理［M］．哈尔滨：哈尔滨工业大学出版社，2001.

［56］曾乐．精密焊接［M］．上海：上海科学技术出版社，1996.

［57］李子东．现代胶粘技术手册［M］．北京：新时代出版社，2002.

［58］黄世强．特种胶粘剂［M］．北京：化学工业出版社，2002.

［59］程时远．胶粘剂［M］．北京：化学工业出版社，2001.

［60］汪多仁．新型粘合剂与涂料化学品［M］．北京：中国建材工业出版社，2000.

［61］李盛彪．胶粘剂选用与粘接技术［M］．北京：化学工业出版社，2002.

［62］翟海潮．粘接与表面粘涂技术［M］．北京：化学工业出版社，1997.

［63］李致焕．电气工程中的焊接技术与应用［M］．北京：机械工业出版社，1998.

［64］曹向群．刻划照像光刻［M］．上海：上海科学技术出版社，1996.

［65］曹向群．光学刻划技术论文精选［C］．北京：机械工业出版社，1991.

［66］雷壁华．激光刻划及 JCS－046 精密激光线纹刻划机［J］．制造技术与机床，1994.

［67］张秋鄂．精密激光刻划机［J］．制造技术与机床，2000.

［68］杨力．先进光学制造技术［M］．北京：科学出版社，2001.

［69］辛企明．近代光学制造技术［M］．北京：国防工业出版社，1997.

［70］曹天宁．光学零件制造工艺学［M］．北京：机械工业出版社，1987.

［71］周鹏飞．光学零件制造［M］．北京：机械工业出版社，1984.

［72］张立鼎．先进电子制造技术［M］．北京：国防工业出版社，2000.

［73］汤元信．电子工艺及电子工程设计［M］．北京：北京航空航天大学出版社，1999.

［74］张文典．实用表面组装技术［M］．北京：电子工业出版社，2002.

［75］姚福安．电子电路设计与实践［M］．济南：山东科学技术出版社，2001.

［76］邱成悌．电子组装技术［M］．南京：东南大学出版社，1998.

［77］王天曦．电子技术工艺基础［M］．北京：清华大学出版社，2000.

［78］吴兆华．表面组装技术基础［M］．北京：国防工业出版社，2002.

［79］潘永雄．电子线路 CAD 实用教程［M］．西安：西安电子科技大学出版社，2001.

［80］汤元信. 电子工艺及电子工程设计［M］. 北京：北京航空航天大学出版社，1999.

［81］李方明. 电路的计算机辅助分析与设计［M］. 沈阳：东北大学出版社，2001.

［82］姜兆华. 应用表面化学与技术［M］. 哈尔滨：哈尔滨工业大学出版社，2000.

［83］李金桂. 现代表面工程设计手册［M］. 北京：国防工业出版社，2000.

［84］曾晓雁. 表面工程学［M］. 北京：机械工业出版社，2001.

［85］赵文轸. 材料表面工程导论［M］. 西安：西安交通大学出版社，1998.

［86］胡传炘. 涂层技术原理及应用［M］. 北京：化学工业出版社，2000.

［87］徐滨士. 表面工程新技术［M］. 北京：国防工业出版社，2002.

［88］张廷森. 现代表面工程技术［M］. 北京：机械工业出版社，2000.

［89］阎洪. 金属表面处理新技术［M］. 北京：冶金工业出版社，1996.

［90］Marc Madou. Fundamentals of Microfabrication：the Science of Miniaturization［M］. Boca Raton：Boca Raton CRC Press，2002.

［91］Gad-el-Hak, Mohamed. The MEMS Handbook［M］. Boca Raton：Boca Raton CRC Press，2002.

［92］Gardner, Julian W. Microsensors, MEMS, and Smart Devices［M］. New York：Wiley，2001.

［93］Elewenspoek. Silicon Micromachining［M］. Cambridge：Cambridge University Press，1998.

［94］Chen Wai-Ken, The VLSI Handbook［M］. Boca Raton：Boca Raton CRC Press，2000.

［95］Maluf, Nadim. An Introduction to Microelectromechanical Systems Engineering［M］. Boston：Artech House，2000.

［96］Campbell S. A. Semiconductor Micromachining. V. 2. Techniques and industrial applications［M］. Chichester：Chichester Wiley，1998.

［97］王阳元. 集成电路工艺基础［M］. 北京：高等教育出版社，1991.

［98］李志坚，周润德. ULSI 器件、电路与系统［M］. 北京：科学出版社，2000.

［99］关振中. 激光加工工艺手册［M］. 北京：中国计量出版社，1998.

［100］Stephen D. Senturia. Microsystem Design［M］. Boston：Kluwer Academic Publishers，2001.

［101］Younan Xia, George M. Whitesides. Soft Lithography［J］. Angew. Chem. Int. Ed. 1998，37：550-575.

［102］Meint J. de Boer, J. Gardeniers, Henri Jansen, Edwin Smulders, Melis-Jan Gilde, Gerard Roelofs, Jay N. Sasserath, and Miko Elwenspoek. Guidelines for Etching Silicon MEMS Structures Using Fluorine High-density Plasmas at Cryogenic temperatures［J］. Journal of Microelectromechanical systems, 2002, 11（4）：385-401.

［103］A. Ayon, R. Braff, C. Lin, H. Sawin, and M. Schmidt. Characterization of A Time Multiplexed Inductively Coupled Plasma Etcher［J］. J. Electrochemical Society, 1999, 146（1）：339-349.

［104］Huikai Xie, Yingtian Pan, and Gary K. Fedder. A CMOS-MEMS Mirror with Curled – Hinge Comb Drives［J］. Journal of Microelectromechanical systems, 2003, 12（4）：450-457.

［105］王贵成，张银喜. 精密与特种加工［M］. 武汉：武汉理工大学出版社，2001.

［106］王季琨，沈中伟，刘锡珍. 机械制造工艺学［M］. 天津：天津大学出版社，1998.

［107］盛晓敏，邓朝晖，等. 先进制造技术［M］. 北京：机械工业出版社，2000.

［108］王隆太，等. 先进制造技术［M］. 北京：机械工业出版社，2003.

［109］孙大涌，屈贤明，等. 先进制造技术［M］. 北京：机械工业出版社，2000.

［110］王贵成，等. 机械制造学［M］. 北京：机械工业出版社，2001.

［111］吴启迪，严隽薇，张浩. 柔性制造自动化的原理与实践［M］. 北京：清华大学出版社，1997.

［112］庞怀玉，等. 机械制造工程学［M］. 北京：机械工业出版社，1998.

［113］张建钢，等. 数控技术［M］. 武汉：华中科技大学出版社，2000.

［114］陈吉红，杨克冲，等. 数控机床实验指南［M］. 武汉：华中科技大学出版社，2003.

[115] 徐杜，蒋永平，等．柔性制造系统原理与实践 ［M］．北京：机械工业出版社，2001．

[116] 张根保，等．自动化制造系统 ［M］．北京：机械工业出版社，1999．

[117] 王运赣．快速成型技术 ［M］．武汉：华中理工大学出版社，1999．

[118] 王秀峰，罗宏杰．快速原型制造技术 ［M］．北京：中国轻工业出版社，2001．

[119] 孙乐仁．机电产品可靠性技术 ［M］．北京：机械工业出版社，1987．

[120] 航空航天工业部教育司．质量与可靠性管理 ［M］．北京：宇航出版社，1993．

[121] 刘建侯．仪表可靠性工程和环境适应性技术 ［M］．北京：机械工业出版社，2003．

[122] 姜兴渭，宋政吉，王晓晨．可靠性工程技术 ［M］．哈尔滨：哈尔滨工业大学出版社，2005．

[123] 李海泉，李刚．系统可靠性分析与设计 ［M］．北京：科学出版社，2003．

[124] 曾声奎，等．系统可靠性设计分析教程 ［M］．北京：北京航空航天大学出版社，2001．

[125] 陆俭国．电器可靠性理论及其应用 ［M］．北京：机械工业出版社，1996．

普通高等教育测控技术与仪器规划教材